放射線技術学シリーズ　6大特長

1. 日本放射線技術学会が責任をもって監修した信頼性
2. 大綱化カリキュラムにいち早く対応
3. 教科書にふさわしい説明，内容を重点的に網羅
4. 図表を多用した，わかりやすい内容，見やすい紙面構成
5. 欄外の「解説」で理解しにくい内容をていねいに説明
6. 学生の自習を助けるウェブサイト紹介＆演習問題を多数掲載

日本放射線技術学会　出版委員会

委　員　長	飯森　隆志	（千葉大学医学部附属病院）
副委員長	坂本　肇	（順天堂大学）
委　　　員	阿部　由希子	（東京慈恵会医科大学附属病院）
	神谷　貴史	（大阪大学医学部附属病院）
	齋藤　茂芳	（大阪大学大学院）
	齋藤　祐樹	（帝京大学）
	髙木　卓	（千葉市立海浜病院）
	永坂　竜男	（東北大学病院）

（五十音順）

放射線技術学シリーズ

放射線生物学
Radiation Biology

日本放射線技術学会●監修　江島洋介・木村　博●共編著

改訂3版

external exposure
dose constraint
UNSCEAR
tissue tolerance dose
bone marrow syndrome
microcephaly
sublethal damage
oedema
ataxia telangiectasia
growth retardation
C/kg
radionuclide
ICRP
Roentgen
internal exposure
target theory
therapeutic ratio
ingestion
effective dose
ICRU
cancer
RBE
OER

DDREF
Sievert
reoxygenation
orphan source
organ
Do
Bq
linear-quadratic model
PLD
tumor lethal dose
critical organ
mean lethal dose
$LD_{50/60}$
HPRT
J/kg
Elkind recovery
gene
Dq

hit theory
keV/μm
eV
DNA
LET
MRI
acute radiation syndrome
inhalation
gastrointestinal syndrome
PHA
life span study
tissue weighting factor
mental retardation
doubling dose

radiation weighting factor

Ohmsha

放射線技術学シリーズ

放射線生物学（改訂3版）

編著者：江島洋介（県立広島大学名誉教授）

　　　　木村　博（滋賀医科大学名誉教授）

本書を発行するにあたって，内容に誤りのないようできる限りの注意を払いましたが，本書の内容を適用した結果生じたこと，また，適用できなかった結果について，著者，出版社とも一切の責任を負いませんのでご了承ください．

本書は，「著作権法」によって，著作権等の権利が保護されている著作物です．

本書の全部または一部につき，無断で次に示す〔　〕内のような使い方をされると，著作権等の権利侵害となる場合があります．また，代行業者等の第三者によるスキャンやデジタル化は，たとえ個人や家庭内での利用であっても著作権法上認められておりませんので，ご注意ください．

〔転載，複写機等による複写複製，電子的装置への入力等〕

学校・企業・団体等において，上記のような使い方をされる場合には特にご注意ください．

お問合せは下記にお願いします．

〒 101-8460　東京都千代田区神田錦町 3-1　TEL.03-3233-0641

株式会社**オーム**社編集局（著作権担当）

改訂3版まえがき

　本書『放射線生物学』の初版は，診療放射線技師をめざす学生のための「放射線技術学シリーズ」3巻目として2002年2月に刊行され12刷を重ねた．2011年11月には，全体の内容をみなおし，とくに「人体への影響」という観点から重要性の高い第6章「放射線の組織影響」と第7章「個体レベルでの放射線の影響」を全面的に書き改めた改訂2版を刊行し，これまでに11刷を重ねて，多くの読者の方々にご活用いただいてきた．このたび，内容をいっそう充実させ，いままで以上に使いやすい教科書をめざすべく，改訂3版を刊行することになった．

　今回の改訂にあたっては2人の編者がすべての章の執筆を担当し，10章からなる全体の構成に若干の変更を加えた．1点目は，これまで第9章として独立していた「腫瘍の放射線生物学」の内容を，第4章「放射線による細胞死とがん治療」の中に組み込んだことである．「細胞レベルでの放射線影響」として統合的に理解するのが妥当だと考えたからである．2点目は，旧第10章「放射線障害の防護」の内容を書き改めたことである．これまでの第9章が割愛されたので，改訂3版では第9章「放射線障害の防護」となった．3点目は，第10章「環境と放射線」という新しい章を設けたことである．これまで旧第10章，10.6節でとりあげられていた「環境放射線と非電離放射線」の内容を拡大させ，さらに新たな内容を加えたものである．身のまわりに存在する放射線，医学や産業における放射線利用など，放射線生物学の周辺領域を理解するうえで，ぜひとも知っておいていただきたい事柄をとりあげた．

　全体の構成を要約すると，第1章から第3章までが基礎編である．第1章は生物学，第2章は物理学と化学，第3章は線量の側面から放射線生物学の基礎を解説する．第4章から第8章までの五つの章で，放射線をあびてから放射線障害があらわれてくるまでのプロセスを分子・細胞レベルから組織・個体レベルへと順にみていく．第9章と第10章はいわば応用編である．

　今回の改訂においても「わかりやすいこと」と「必要な項目や資料をこの一冊の中にできるだけ網羅する」というのが本書の基本姿勢である．本書は診療放射線技師をめざす学生の方々の教科書としてだけではなく，医歯薬系・理工学系・農学系などの学部で放射線を学ぶ学生の方々の参考書として，あるいは診療放射線技師や放射線取扱主任者の国家試験の対策書として役立てていただくことを配慮している．またすでに臨床現場で活躍されている診療放射線技師の方々の参考

改訂 3 版まえがき

書として，放射線影響について調べてみたいと考えておられる現場の医師の方々が気軽に手に取れる書籍としてもお使いいただけるのではないかと思う．「放射線の影響」について学びたいと考えておられる幅広い読者の方々が本書を活用してくださることを願っている．

　最後に，終始お世話になった株式会社オーム社の方々に感謝の意を表する．

2019 年 8 月

編　者

改訂 2 版 まえがき

　本書『放射線生物学』の初版（第1版）は，診療放射線技師をめざす学生のための「放射線技術学シリーズ」3巻目として2002年2月に刊行され，これまでに12刷を重ねて，多くの読者の方々にご活用いただいてきた．『放射線生物学』は，発行から9年以上が経過し，この間にICRP（国際放射線防護委員会）の2007年勧告において放射線障害の防護に関するいくつかの基準が変更され，放射線の人体影響，世界規模での放射線被ばく状況，放射線事故等に関する詳細な報告書がUNSCEAR（原子放射線の影響に関する国連科学委員会）から続々と刊行されるなど，全体を通して初版の見直しが必要となった．また，わが国では2011年3月の東日本大震災にともなって発生した福島第一原子力発電所の事故を契機として，放射線の人体影響についての関心が全国的にひろまりつつあるのが現状である．そこで，教科書としての基本的な枠組みは初版を踏襲しつつ，初版の中で不足している箇所を補完して内容をいっそう充実させ，今まで以上に使いやすい教科書をめざすべく，改訂2版を刊行することとなった．

　放射線生物学の内容を10章に分けるという全体構成は，初版と同じである．今回の改訂にあたって，とくに重点をおいた点は以下のとおりである．放射線生物学がカバーする内容のうち，「人体への影響」という観点からとくに重要性の高い第6章「放射線の組織影響」と第7章「個体レベルでの放射線の影響」については，2人の編者が執筆を担当し，内容を一新して全面的に書き改めた．第8章「放射線による発がんと遺伝的影響」と第10章「放射線障害の防護」の内容は，ICRP2007年勧告における新基準とUNSCEAR報告書に含まれる新たな知見をふまえて大幅に見直した．第3章「放射線生物学で用いる単位と用語」では，ともすれば理解しにくい「線量」を平易に解説するように努めた．それ以外の章においても随所に手を加え，「わかりやすさ」と「必要な項目や資料をこの一冊の中にできるだけ網羅する」という本書の基本姿勢を徹底するよう心がけた．「演習問題」の数を増やし，最近の国家試験の傾向をふまえてさまざまなパターンの問題を掲載し，巻末には詳しい解説（演習問題解答）をつけた．また，本文横の側注として，テクニカルターム，わかりにくい概念，数式の説明，臨床現場への応用などをまとめた「解説」を充実させた点は，初版と同様である．

　初版の「まえがき」に記すように，今回の改訂にあたっても，本書が診療放射線技師をめざす学生だけではなく，医歯薬系・理工学系・農学系などの学部で放

改訂 2 版まえがき

射線を学ぶ学生の参考書として，また診療放射線技師や放射線取扱主任者の国家試験の対策書として役立つものとなるよう配慮した．臨床現場で活躍される技師の方々にとっては，卒業後の参考書としてお使いいただけるのではないかと思う．必ずしも専門ではないが放射線診断にかかわっていて，放射線影響について少し知りたいという現場の医師の方々にとっても気楽に手に取ることができる書籍であるという話もうかがっている．このように「放射線の影響」について学びたいと考えておられる幅広い読者の方々が本書をおおいに活用してくださることを願っている．

　最後に，終始お世話になった株式会社オーム社出版部の方々に感謝の意を表する．

2011 年 10 月

編　　者

第 1 版 ま え が き

　本書は，日本放射線技術学会の監修のもとで，このほど刊行のはじまった診療放射線技師をめざす学生のための「放射線技術学シリーズ」の第3冊目にあたる『放射線生物学』の教科書である．放射線生物学は，放射線が生体に及ぼす影響を分子や細胞のレベルから個体のレベルにわたって総合的に理解しようとするもので，生物学，物理学，化学の知識の上に成り立つ境界領域の学問である．診療放射線技師養成のための新しい大綱化カリキュラムでは，放射線生物学は専門基礎分野の中の一科目となっており，専門分野で「放射線治療技術学」や「放射線安全管理学」を学んでいく上での基礎として重要な位置を占めている．また，実際に放射線医療に従事するようになっても，診断や治療に伴う被ばくの影響を正しく評価して，患者に適切な助言ができるためには，しっかりとした放射線生物学の知識を持っていなければならない．

　本書は全部で10章からなる．最初の三つの章は基礎編である．第1章は導入部で，放射線生物学とはどのようなものかを概観し，これを学んでいく上で必要な生物学の基礎を解説する．第2章では，放射線とは何か，放射線をあびた物質の中ではどのような事象がおこるのかを物理学と化学の側面から解説する．第3章では，放射線生物学で用いる主な用語と単位について解説する．この章で，重要なキーワードをしっかり理解していただきたい．第4章から第8章までの五つの章で，生体が放射線をあびてからさまざまな放射線障害としてあらわれてくるまでの過程を，分子・細胞レベルから組織・個体レベルへと順にみていく．第4章では，放射線の線量と細胞死との関係をあらわす生存率曲線と，これを説明するための数学モデルについて，第5章では，DNA損傷と修復，DNA損傷が正しく修復されなかった結果，引き起こされる突然変異と染色体異常について解説する．第6章では，人体を構成しているさまざまな細胞の集団にあらわれてくる影響，すなわち器官や組織の放射線障害を解説する．個体レベルでみられる放射線影響のうち，確定的影響は第7章で，発がんや遺伝的影響などの確率的影響は第8章で解説する．内部被ばくと胎内被ばくについては，それぞれ独立の節をもうけて第7章で取り上げる．最後の二つの章は，ここまでの知識の応用編である．第9章では，がんの放射線治療において，第10章では，放射線の安全基準を決める際に，放射線生物学の知識がどこで，どのように使われているのかをみていく．2001年に大幅に改正された我が国の放射線防護法令についても第10章で解説する．

第1版まえがき

　本書は，放射線生物学あるいは放射線基礎医学について実際に講義している教官が分担して執筆した．まず，第一に「わかりやすさ」を心がけた．第二に，必要と思われる項目と資料を，この一冊の中にできるだけ「網羅する」ように努めた．別の本を何冊も調べたり，辞典をその都度参照したりする手間をへらすためである．このような基本姿勢に沿って工夫を重ねた結果，ページ数は当初の予定をすこし上回りながらも，がっちりと頼もしくかつフレンドリーな教科書ができあがった．

　本書は，診療放射線技師をめざす学生だけでなく，医歯薬系・理工学系・農学系などの学部で放射線を学ぶ学生の参考書として，また診療放射線技師や放射線取扱主任者の国家試験の対策書としても役立つものと思う．幅広い読者の方々が本書をおおいに活用してくださることを願う．

2002 年 1 月

江島　洋介

放射線技術学シリーズ
放射線生物学
（改訂3版）

CONTENTS

目次

改訂3版まえがき
改訂2版まえがき
第1版　まえがき

第1章　放射線生物学の基礎　　　［江島］

1・1　放射線と生物 ……………………………………………… 2
1・1・1　放射線生物学とは ……………………………………… 2
1・1・2　放射線生物学の歴史 …………………………………… 3
1・1・3　放射線作用の特徴 ……………………………………… 4
1・1・4　放射線作用の諸過程 …………………………………… 4
1・2　細　胞 ………………………………………………………… 6
1・2・1　器官・組織・細胞 ……………………………………… 7
1・2・2　細胞の構造 ……………………………………………… 8
1・2・3　細胞の増殖と分化 ……………………………………… 9
1・2・4　細胞周期 ………………………………………………… 9
1・2・5　細胞死とアポトーシス ……………………………… 10
1・3　遺伝子と遺伝 ……………………………………………… 12
1・3・1　核と染色体 …………………………………………… 12
1・3・2　遺伝子とDNA ………………………………………… 13
1・3・3　RNAとタンパク質 …………………………………… 15
1・3・4　生殖細胞 ……………………………………………… 19
1・3・5　遺伝様式 ……………………………………………… 19
1・3・6　遺伝病 ………………………………………………… 20
1・4　が　ん ……………………………………………………… 21
1・4・1　がんとは ……………………………………………… 21
1・4・2　発がんの過程 ………………………………………… 22
1・4・3　がん遺伝子 …………………………………………… 23
ウェブサイト紹介・参考図書・演習問題 ………………………… 24

第2章　放射線生物作用の初期過程　　　［木村］

2・1　放射線の種類と特性 ……………………………………… 28
2・1・1　電離放射線の種類と特性 …………………………… 28
2・1・2　放射性核種（RI）から放出される電離放射線 ………… 28
2・1・3　X　線 …………………………………………………… 29
2・1・4　制動X線 ……………………………………………… 30

ix

2·1·5　X線とγ線 ……………………………………………………………30

2·1·6　中性子線 ………………………………………………………………31

2・2　放射線と生体物質の相互作用 …………………………………… 31

2·2·1　放射線の透過性 …………………………………………………………31

2·2·2　α線（陽子線，重粒子線も同様）と物質の相互作用 …………………32

2·2·3　β線（加速電子線）と物質の相互作用 ………………………………32

2·2·4　電磁波と物質の相互作用 ………………………………………………32

2·2·5　X線による診断と光電効果，コンプトン効果 ………………………33

2·2·6　高エネルギーX線によるがん治療と電子対生成 ……………………34

2·2·7　X線，γ線の物質による減弱 …………………………………………34

2·2·8　中性子と物質の相互作用 ………………………………………………36

2・3　水の放射線化学 ……………………………………………………… 37

2·3·1　電離と励起 ………………………………………………………………37

2·3·2　水分子とラジカル生成 …………………………………………………38

2·3·3　放射線化学収率とG値 …………………………………………………38

2·3·4　化学線量計，放射線の水ラジカル生成能を利用した例 ……………39

2・4　放射線の直接作用と間接作用 …………………………………… 39

2·4·1　DNAに対する直接作用と水ラジカルを介した間接作用 ……………39

2·4·2　間接作用を担う水分子 …………………………………………………40

2·4·3　温度効果 …………………………………………………………………40

2·4·4　希釈効果 …………………………………………………………………40

2・5　防護剤と増感剤（ラジカル生成過程に影響を与える物質）…… 41

2·5·1　化学的防護効果（保護効果）……………………………………………41

2·5·2　放射線防護剤 ……………………………………………………………41

2·5·3　酸素効果 …………………………………………………………………42

2·5·4　酸素効果におけるグルタチオンの役割 ………………………………43

2·5·5　低酸素性細胞増感剤 ……………………………………………………44

ウェブサイト紹介・参考図書・演習問題 …………………………………… 45

第3章　放射線生物学で用いる単位と用語 　　　　［木村］

3・1　線量と単位
　　　（エネルギーフルエンス，照射線量，カーマ，吸収線量）…… 48

3·1·1　フルエンスとエネルギーフルエンス ………………………………48

3·1·2　照射線量と電離箱 ………………………………………………………49

3·1·3　空気カーマ ………………………………………………………………50

3·1·4　吸収線量 …………………………………………………………………51

3・2　LETとRBE ……………………………………………………………… 52

3·2·1　LET ………………………………………………………………………52

CONTENTS

3·2·2　RBE ………………………………………………………… 53
3・3　放射線障害の分類（用語の定義を中心として）………… 55
3·3·1　放射線による細胞死と細胞突然変異の誘導 ………………… 55
3·3·2　身体的障害と遺伝的障害 ………………………………………… 55
3·3·3　早期障害と後期障害 ……………………………………………… 56
3·3·4　確定的影響と確率的影響 ………………………………………… 56
3・4　防護目的の線量（等価線量，実効線量）と放射能 …………… 57
3·4·1　等価線量 …………………………………………………………… 58
3·4·2　実効線量 …………………………………………………………… 58
3·4·3　放射能 ……………………………………………………………… 59
3·4·4　放射能計測の統計 ………………………………………………… 61
3・5　線エネルギー付与（LET）と酸素増感比（OER）…………… 61
3·5·1　生体における酸素濃度 …………………………………………… 61
3·5·2　酸素増感比 ………………………………………………………… 62
3·5·3　LET と OER ……………………………………………………… 63
ウェブサイト紹介・参考図書・演習問題 ……………………… 63

第4章　放射線による細胞死とがん治療　　　　［木村］

4・1　コロニー形成系の確立と細胞死 ………………………………… 68
4·1·1　細胞死を引き起こす放射線線量 ………………………………… 68
4·1·2　培養細胞のコロニー形成能と平板効率 ………………………… 69
4·1·3　二項分布 …………………………………………………………… 69
4·1·4　ポアソン分布 ……………………………………………………… 71
4·1·5　生存率の計算と線量－生存率曲線 ……………………………… 72
4・2　ヒット理論による線量－生存率曲線の解釈 …………………… 73
4·2·1　標的論とヒット論 ………………………………………………… 73
4·2·2　1標的1ヒットモデル …………………………………………… 74
4·2·3　多重標的1ヒットモデル ………………………………………… 77
4·2·4　放射線の分割照射と亜致死損傷（SLD）回復 ………………… 78
4·2·5　がんの放射線治療における多分割照射 ………………………… 80
4・3　臨床サイトで利用される線量－生存率曲線 …………………… 81
4·3·1　2要素モデル ……………………………………………………… 81
4·3·2　直線－2次曲線モデル …………………………………………… 82
4·3·3　直線－2次曲線と α，$\dfrac{\alpha}{\beta}$ の意味 ………………………… 83
4·3·4　潜在性致死損傷回復（PLDR）………………………………… 84
4・4　がんの放射線治療 …………………………………………………… 86
4·4·1　線源としての放射線同位元素の利用 …………………………… 87
4·4·2　外部照射用放射線発生装置 ……………………………………… 87

xi

4·4·3	がん組織に特異的に線量を集中させる方法	88

4・5　細胞の放射線感受性を左右する要因 ……………………… 89

4·5·1	がんの放射線感受性	89
4·5·2	治療比（治療可能比）	90
4·5·3	生物学的等価線量	90
4·5·4	がんの増殖と分割照射による再増殖（repopulation）の問題 ……	91
4·5·5	回復（recovery）	93
4·5·6	再酸素化（reoxygenation）と放射線増感剤および放射線防護剤	94
4·5·7	再分布（redistribution）	95

4・6　放射線治療と血管新生阻害治療，温熱治療の併用効果 ……… 97

4·6·1	毛細血管新生と放射線治療	98
4·6·2	細胞の温熱感受性と温熱耐性の誘導	99
4·6·3	温熱の細胞周期依存性と低酸素性細胞への効果	99
4·6·4	放射線と温熱の併用効果	100
4·6·5	腫瘍組織に対する温熱効果	100

ウェブサイト紹介・参考図書・演習問題 …………………………… 101

第5章　突然変異と染色体異常 [江島]

5・1　DNA 損傷 ………………………………………………… 108

5·1·1	塩基損傷	108
5·1·2	DNA 鎖切断	109
5·1·3	紫外線損傷	109
5·1·4	化学物質による損傷	110
5·1·5	自然状態でおこる損傷	110

5・2　DNA 修復 ………………………………………………… 111

5·2·1	塩基損傷の修復	111
5·2·2	DNA 鎖切断の修復	113
5·2·3	ミスマッチ修復	113
5·2·4	遺伝疾患	115

5・3　突然変異 …………………………………………………… 115

5·3·1	突然変異の種類	115
5·3·2	生成機構	116
5·3·3	体細胞と生殖細胞での突然変異	116

5・4　染色体異常 ………………………………………………… 118

5·4·1	染色体異常の種類	118
5·4·2	染色体異常の生成機構	120
5·4·3	安定型異常と不安定型異常	120
5·4·4	染色体異常の線量効果関係	120

CONTENTS

    5·4·5　体細胞と生殖細胞での染色体異常 ……………………………… 122

5・5　放射線に対するさまざまな細胞の反応 ……………………… 122
    5·5·1　分裂遅延と細胞周期チェックポイント ……………………… 124
    5·5·2　アポトーシス ……………………………………………………… 124
    5·5·3　適応応答 …………………………………………………………… 125
    5·5·4　ゲノム不安定性とバイスタンダー効果 …………………… 126
    ウェブサイト紹介・参考図書・演習問題 ……………………… 128

第6章　放射線の組織影響 ［木村］

6・1　細胞増殖と放射線感受性 ……………………………………… 132
    6·1·1　ベルゴニー・トリボンドーの法則と精巣の放射線感受性 ……… 132
    6·1·2　放射線感受性による実質細胞の分類と結合組織の放射線感受性 … 133
    6·1·3　実質細胞幹細胞の生体内でのコロニー形成系と
         皮ふ，腸管，骨髄の放射線感受性 ……………………………… 134
    6·1·4　例外的に放射線感受性な非分裂細胞，リンパ球とアポトーシス … 137
6・2　組織の放射線感受性に影響を与える要因 ………………… 138
    6·2·1　分化細胞の寿命と潜伏期（末梢血の血球変化） ……………… 139
    6·2·2　各組織の機能的小単位 …………………………………………… 140
    6·2·3　放射線感受性と組織の構造・体積効果と脊髄障害 ………… 141
    6·2·4　血管障害と組織の二次的障害 ………………………………… 142
6・3　主要な組織の放射線障害 …………………………………… 143
    6·3·1　眼 …………………………………………………………………… 143
    6·3·2　卵　巣 ……………………………………………………………… 144
    6·3·3　肺 …………………………………………………………………… 145
    6·3·4　腎　臓 ……………………………………………………………… 145
    6·3·5　胃 …………………………………………………………………… 146
    6·3·6　口腔部と唾液腺 ………………………………………………… 146
    6·3·7　心　臓 ……………………………………………………………… 147
6・4　組織障害のしきい値 …………………………………………… 147
    6·4·1　放射線被ばくと組織障害 ……………………………………… 147
    6·4·2　放射線治療と組織障害 ………………………………………… 148
    6·4·3　放射線感受性による組織の分類 ……………………………… 149
    ウェブサイト紹介・参考図書・演習問題 ……………………… 149

第7章　個体レベルでの放射線の影響 ［江島］

7・1　放射線による個体の死 ……………………………………… 154
    7·1·1　半致死線量 ………………………………………………………… 154

xiii

7·1·2 線量と生存期間の関係 ……………………………………… 156
7·1·3 中枢神経系の障害による死 ………………………………… 157
7·1·4 消化器系の障害による死 …………………………………… 158
7·1·5 造血器系の障害による死 …………………………………… 158
7·1·6 個体の放射線感受性を左右する要因 …………………… 159
7·1·7 放射線によるヒトの死亡例 ………………………………… 161
7·2 急性放射線症 …………………………………………………… 161
7·2·1 急性放射線症の特徴 ………………………………………… 161
7·2·2 急性放射線症の前駆症状 …………………………………… 162
7·2·3 早期障害 ………………………………………………………… 164
7·2·4 後期障害 ………………………………………………………… 164
7·3 胚と胎児への放射線の影響 ………………………………… 165
7·3·1 胚と胎児の発生段階 ………………………………………… 166
7·3·2 胚と胎児への影響に関するデータ ……………………… 166
7·3·3 着床前期 ………………………………………………………… 166
7·3·4 器官形成期 ……………………………………………………… 167
7·3·5 胎児期 …………………………………………………………… 167
7·3·6 ヒトの胚と胎児への影響 …………………………………… 168
7·4 内部被ばくの影響 …………………………………………… 168
7·4·1 内部被ばくの特徴 …………………………………………… 169
7·4·2 放射性核種 ……………………………………………………… 169
7·4·3 内部被ばくの影響をうけやすい器官 …………………… 170
7·4·4 内部被ばくの具体例 ………………………………………… 171
ウェブサイト紹介・参考図書・演習問題 ……………………………… 172

第8章　放射線による発がんと遺伝的影響　　　[江島]

8·1 放射線発がんのリスク …………………………………… 176
8·1·1 発がん機構 ……………………………………………………… 176
8·1·2 放射線疫学 ……………………………………………………… 176
8·1·3 リスク推定 ……………………………………………………… 177
8·1·4 放射線発がんの線量効果関係 …………………………… 178
8·2 器官による発がんリスクの違い ………………………… 180
8·2·1 白血病 …………………………………………………………… 180
8·2·2 白血病以外のがん …………………………………………… 180
8·2·3 発がんリスクの推定 ………………………………………… 181
8·3 発がんリスクに影響する因子 …………………………… 182
8·3·1 物理的因子 ……………………………………………………… 183
8·3·2 生物学的因子 …………………………………………………… 184

8·3·3 　そのほかの因子 ……………………………………………… 186
8・4 　放射線による遺伝的影響 …………………………… 187
8·4·1 　遺伝的影響の種類 ………………………………………… 187
8·4·2 　実験動物における遺伝的影響 …………………………… 188
8·4·3 　遺伝的影響の出現に影響する因子 ……………………… 189
8·4·4 　ヒトにおける遺伝的影響 ………………………………… 190
8・5 　遺伝的影響のリスク ………………………………… 190
8·5·1 　倍加線量 …………………………………………………… 190
8·5·2 　倍加線量の推定 …………………………………………… 191
8·5·3 　遺伝的リスクの推定 ……………………………………… 193
ウェブサイト紹介・参考図書・演習問題 ……………………… 195

第9章　放射線障害の防護 ［江島］

9・1 　放射線防護の歴史 …………………………………… 200
9·1·1 　放射線防護とは …………………………………………… 200
9·1·2 　20世紀初期の放射線障害 ………………………………… 201
9·1·3 　放射線防護の歴史 ………………………………………… 201
9・2 　放射線防護で用いられる用語と単位 …………… 202
9·2·1 　放射線障害の区分 ………………………………………… 202
9·2·2 　等価線量と放射線加重係数 ……………………………… 204
9·2·3 　実効線量と組織加重係数 ………………………………… 205
9·2·4 　内部被ばくに関係する線量 ……………………………… 206
9·2·5 　集団に関係する線量 ……………………………………… 206
9·2·6 　線量預託 …………………………………………………… 206
9·2·7 　実用量 ……………………………………………………… 207
9・3 　ICRP勧告 ……………………………………………… 207
9·3·1 　ICRP勧告における放射線防護の原則 ………………… 207
9·3·2 　ICRP1990年勧告 ………………………………………… 209
9·3·3 　ICRP2007年勧告 ………………………………………… 211
9・4 　放射線障害防止法 …………………………………… 214
9·4·1 　放射線防護に関係する法令 ……………………………… 214
9·4·2 　放射線障害防止法の歴史 ………………………………… 214
9·4·3 　放射線障害防止法の目的と放射線の定義 ……………… 215
9·4·4 　放射線障害防止法に含まれる内容 ……………………… 215
9·4·5 　放射線障害防止法における防護の基準 ………………… 217
9・5 　放射線防護に関係するその他の法令 …………… 217
9·5·1 　医療法施行規則 …………………………………………… 217
9·5·2 　電離放射線障害防止規則，人事院規則 ………………… 220

9·5·3　原子力基本法，原子力規制委員会設置法 ………………………… 220
9·5·4　放射線に関係するその他の法令 …………………………………… 220
ウェブサイト紹介・参考図書・演習問題 ……………………………… 222

第10章　環境と放射線　[江島]

10・1　環境放射線の概要 ………………………………………………228
　10·1·1　放射線源の種類 ………………………………………………… 228
　10·1·2　被ばく形態の区分 ……………………………………………… 230
10・2　自然放射線源 ……………………………………………………231
　10·2·1　自然放射線源の種類 …………………………………………… 231
　10·2·2　宇宙からの放射線 ……………………………………………… 231
　10·2·3　大地からの放射線 ……………………………………………… 232
　10·2·4　人間の活動によって高められた放射線源 …………………… 234
10・3　人工放射線源 ……………………………………………………235
　10·3·1　人工放射線源の種類 …………………………………………… 235
　10·3·2　核実験に関係する人工放射線源 ……………………………… 235
　10·3·3　原子力発電に関係する人工放射線源 ………………………… 237
　10·3·4　その他の人工放射線源 ………………………………………… 238
10・4　職業被ばく ………………………………………………………239
　10·4·1　職業被ばくの種類 ……………………………………………… 239
　10·4·2　自然放射線源 …………………………………………………… 239
　10·4·3　核燃料サイクル ………………………………………………… 240
　10·4·4　放射線の医学利用 ……………………………………………… 240
　10·4·5　放射線の工業利用 ……………………………………………… 241
　10·4·6　その他の職業被ばく …………………………………………… 241
10・5　医療被ばく ………………………………………………………243
　10·5·1　医療被ばくの種類 ……………………………………………… 243
　10·5·2　放射線診断 ……………………………………………………… 243
　10·5·3　核医学 …………………………………………………………… 245
　10·5·4　放射線治療 ……………………………………………………… 246
ウェブサイト紹介・参考図書・演習問題 ……………………………… 248

付録＝放射線生物学基本用語集 ………………………………………251
演習問題解答 ……………………………………………………………262
参考文献 …………………………………………………………………281
索　引 ……………………………………………………………………284

Chapter

第1章

放射線生物学の基礎

1・1 放射線と生物
1・2 細 胞
1・3 遺伝子と遺伝
1・4 が ん

第1章
放射線生物学の基礎

本章で何を学ぶか

　放射線生物学とは，放射線が生体に及ぼす影響を分子・細胞レベルから個体レベルにわたって総合的に扱う学問である．生物学ではありながら物理学や化学の知識も必要になる．また高校などで生物学を習っていない人は，ここではじめて生物学にふれることになるかもしれない．

　この章ではまず，放射線生物学がどのようなもので，どのようなことを学ぶのかを紹介する．つぎに，放射線生物学を学んでいくうえで必要な生物学の基礎知識を説明する．本章にひととおり目を通し，第2章以降に進んでも必要に応じて本章の該当部分を参照していただきたい．

1・1　放射線と生物

　放射線生物学ときけば，どういうものを想像するだろうか．被ばく者の放射線障害，放射線治療，放射線が原因で生じた奇妙な突然変異体など抱くイメージは人によって違うだろうが，いずれも放射線生物学の一面を正しくとらえている．生き物が放射線をあびるという事態はたしかに太古の昔から地球上に存在していたし，人間もその例外ではない．ところが，現在のような放射線生物学がうまれたのはレントゲンによってX線が発見されたあとである．

　放射線生物学は120年ほどしか経ない新しい学問である．

1・1・1　放射線生物学とは

　放射線を生き物にあびせてみるとどのようなことがおこるのだろうかという，単なる好奇心だけが放射線生物学をうんだのではない．診断や治療で放射線の医療効果を最大限に引き出すためには放射線の人体影響を正しく知らねばならないという現実的な理由があった．そのいっぽうで，放射線をあびせた生き物や細胞の反応をくわしくみていくと，ほかの手段では知りえなかったような生物学的な事実がだんだんあきらかになってきた．放射線生物学は放射線の危険度に生物学的な基準を与

表1・1　放射線生物学に含まれる諸分野

基礎放射線生物学 (basic radiation biology)	放射線細胞学 (radiation cytology) 放射線遺伝学 (radiation genetics) 放射線生態学 (radiation ecology) 放射線微生物学 (radiation microbiology) 分子放射線生物学 (molecular radiation biology) 放射線免疫学 (radiation immunology) 放射線疫学 (radiation epidemiology)
医学放射線生物学 (medical radiation biology)	放射線病理学 (radiation pathology) 放射線生理学 (radiation physiology) 放射線治療学 (radiotherapeutic research)

えるものであると同時に，放射線という特殊なメスを用いて生き物を探る学問でもある．

表1・1に放射線生物学が含むおもな分野をあげる．

1・1・2　放射線生物学の歴史

放射線生物学の歴史は19世紀末のレントゲン（Roentgen）によるX線の発見に始まる．19世紀末は放射線科学の画期的な新発見があいついだ時期である．X線の発見に続く3年のあいだに，ベクレル（Becquerel）による放射性ウランの発見，キュリー（Curie）による放射性ラジウムの発見がなされた．放射線と放射能とは，物質を透過するという性質と細胞を殺すという作用ゆえに，いちはやく医学への応用が考えられ，X線が発見された翌年の1896年から人体の透視や治療の試みが始められた．防護の知識のないままに放射線が利用されたことで，利用にともなう急性の放射線障害はあとを絶たなかった．

いっぽう，マラー（Muller）はショウジョウバエにX線を照射することで，ド

表1・2　放射線生物学の歴史

年　代	出　　来　　事
1895	X線の発見（レントゲン）
1896	ウラニウム放射能の発見（ベクレル）
1898	ラジウム放射能の発見（キュリー）
1906	ベルゴニー・トリボンドーの法則
1927	放射線による突然変異誘発（マラー）
1928	レントゲン〔R〕線量単位
1931	人工放射能の発見（キュリー&ジュリオ）
1932	中性子の発見（チャドウィック）
1940	速中性子の生物作用（グレイ）
1945	広島・長崎に原爆投下
1946	ヒット理論（リー）
1953	酸素効果（グレイ）
1953	細胞周期（ハワード&ペルク）
1954	水爆実験による第五福竜丸放射能汚染
1956	ラド〔rad〕線量単位
1956	培養ほ乳類細胞のコロニー形成法（パック&マーカス）
1959	亜致死損傷回復（エルカインド&サットン）
1961	幹細胞（ティル&マカロッホ）
1963	水和電子（ボーグ&ハート，キーン）
1964	DNA損傷の除去修復（セットロー）
1972	アポトーシス（カー）
1984	放射線適応応答（オリビエリら）
1986	ソ連チェルノヴイリ原子炉事故

第 1 章　放射線生物学の基礎

フリース（De Fries）によって予言された「突然変異」がおこることを実験的に証明した．ところが，ハエで誘発された突然変異とヒトで生じている放射線障害とをひとつの枠の中で扱う学問はまだうまれていなかった．バクテリアやハエなどを用いてアカデミックにくり広げられていた放射線遺伝学と人体の放射線障害とを統合的に理解する放射線生物学が現在のようなかたちになったのは，原子爆弾の投下以降である．戦後まもなく，ビキニ環礁での核実験で，日本の漁船の乗組員が被ばくして，放射線障害があらわれた．この出来事がひとつのきっかけになって，わが国でも放射線生物学の研究が本格的に始まった．

表1・2に放射線生物学の歴史を示す．

1・1・3　放射線作用の特徴

放射線は痛みや熱をともなわず，瞬時にして人体に傷害を与える．ところが，人体に有害なのは放射線が人体にたくさんのエネルギーを与えるからではなく，エネルギーをきわめて局所にまとめて付与するからである．図1・1には，放射線医学者ホール（Hall）が考案したひとつの比喩を示す．

人体が全身に 4 Gy（グレイ）の放射線をあびたと仮定する．4 Gy という線量は，ヒトの $LD_{50/60}$[①] とよばれ，4 Gy の放射線を全身にあびると 60 日以内に 50% の人が死にいたることを意味する．Gy とはエネルギー単位のひとつで，1 kg の物体に 1 J（ジュール）のエネルギーを付与することを意味する．4 Gy の全身照射をほかのエネルギー事象と比較すると，仕事エネルギーなら，重さ 70 kg の物体を 40 cm だけ持ち上げるエネルギーに相当し，熱エネルギーなら，温かいコーヒーを一口（3 mL）すする熱量に相当する．わずかにこれだけのエネルギーで放射線は人を殺してしまうほどの威力をもっている．

熱と放射線とをくらべると，熱はエネルギーを均一に付与するのに対し，放射線のエネルギー付与はきわめて不均一であり，局所的にみれば非常に大きいエネルギーを与える．このエネルギー付与の不均一性が放射線の大きな特徴である．

1・1・4　放射線作用の諸過程

さきほどの比喩に戻ろう．人体が 4 Gy を全身にあびると半数の人が 60 日以内に死んでしまう．放射線の局所的エネルギー付与がその原因である．それでは，その放射線を重さ 70 kg の物体（箱でも金属のかたまりでもいい）に照射するとどうなるだろうか．人が死んでしまう 60 日目に観察しても，その物体には見かけ上，なんら大きな変化はみられない．その理由は，人体の中には箱のような物体と違って，放射線をあびることによって生命活動がおびやかされるような放射線に弱い（放射線に感受性の）標的があるからである．

人体を構成する細胞，とくに細胞の中の核とよばれる部分は放射線感受性の標的である．いっぽう，同じように細胞の集まりからできていながら，人体の部分によって感受性には違いがある．たとえば，4 Gy の放射線を手足にあびても死にはいたらないが，骨髄が 4 Gy をあびると死にいたる．すなわち，放射線の生物への作用は，放射線の物理的な特徴と生き物の放射線感受性とが複合した結果だといえる．

それでは，人体が放射線をあびた場合にどのようなことがおこっているのだろう

解説 ①

放射線を被ばくして 60 日以内に被ばくした人の 50% が死亡する線量を，LD(lethal dose)$_{50/60}$ という．ヒト以外の生物の場合には被ばく後 30 日でみた $LD_{50/30}$ が用いられる．

〈全身被ばく〉　　　　　　　　X線

体重＝70 kg
$LD_{50/60}$＝4 Gy
吸収されたエネルギー＝70×4
　　　　　　　　　　＝280 J
　　　　　　　　　　＝280÷4.18＝67 cal

〈熱いコーヒーをのむ〉

温度差＝60−37＝23℃
$LD_{50/60}$の熱量に相当する
　　コーヒーの量＝67÷23
　　　　　　　　＝3 mL（一口）

〈70 kgのものを持ち上げる〉

ものの重さ＝70 kg
$LD_{50/60}$のエネルギーで
　持ち上げられる高さ＝280÷(70×0.0981)
　　　　　　　　　　＝0.4 m

図1・2　放射線が人体に与えるエネルギー
ヒトの$LD_{50/60}$にあたる4 Gyの放射線が人体に与えるエネルギーを熱のエネルギー（熱いコーヒーをのむ）と仕事のエネルギー（重いものを持ち上げる）に換算して比較する．

か．放射線が人体を通過するのはほんの一瞬である．さきほどの例では，死亡というかたちのはっきりとした障害があらわれるのは60日後である．

図1・2は，放射線が人体を通過してから，人体に障害があらわれるまでの時間経過をまとめたものである．時間的に早いものから**物理的過程，化学的過程，生物学的過程**とよばれている．

これから，この放射線作用の時間軸の全貌を順に理解していくことになる．本書の構成をこの時間軸の上にあてはめると，物理的過程と化学的過程は第2章，第3章で扱う．生物学的過程のうちの各項目を第4章以降で学んでいく．細胞死は第4章で，DNA損傷と修復は第5章で学ぶ．生体の組織レベルでの影響を第6章で，個体レベルでの影響を第7章で学ぶ．発がんと遺伝的影響については第8章で学

第1章 放射線生物学の基礎

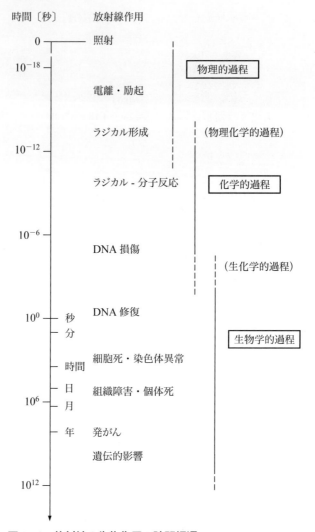

図1・2 放射線の生物作用の時間経過
人体が照射されてからさまざまな障害があらわれるまでの出来事は,物理的過程,化学的過程,生物学的過程の三つの過程にわけて考えられる.

ぶ.第9章と第10章はいわば第8章までの知識の応用編である.

1・2 細 胞

人体は細胞から構成されている.放射線で障害がおこる場合には,たとえそれが全身的な障害であっても,基本的には細胞のレベルで説明ができる.第6章や第7章では,人体を構成するさまざまな器官や組織での放射線障害を学ぶが,細胞が基本的な構成単位であることを認識しておくことで理解がたすけられる.ただし,われわれ人間と単細胞生物をくらべてみればわかるとおり,人体は,細胞の集団が何重もの階層をなした複雑な構造体である.

1・2 細胞

　人体の階層構造を系統的に学ぶのは解剖学であるが，ここでは放射線生物学を理解するうえで必要な人体と細胞の基礎知識をのべる．

1・2・1　器官・組織・細胞

　器官，臓器，組織，という三つの用語はしばしばオーバーラップして用いられる．英語では器官と臓器はともに「organ」であり，組織は「tissue」である．それぞれがオーバーラップしながらも，器官（または臓器）・組織の順でより小さな細胞集団の単位を指す．本書では，基本的には「器官」と「組織」というふたつの用語を用いる．

　ひとつの器官は，ただ1種類の組織からなっているのではなく，いくつかの異なる組織の複合体である．また，ひとつの組織も通常は2種類以上の細胞から構成されている．人体には200種類以上の細胞があるといわれている．細胞といっても，その大きさ，構造，機能は実にさまざまである．たとえば，リンパ球と神経細胞との大きさの違いは100倍以上である．表1・3に生物の階層構造とおもな器官・組織・細胞の例を示す．

　全身が放射線をあびた場合には，すべての器官が同じくらいの線量をあびる．それにもかかわらず，放射線障害がでやすい器官とそうでないもの，障害が早くでる器官とそうでないものなどの差が生じるのは，その器官を構成する組織や細胞の種類が異なるからである．

　放射性核種が体内に取り込まれることによっておこる内部被ばくの場合には，障害の度合いは器官や組織の機能にも関係してくる．たとえば放射性ヨウ素は甲状腺に集まってそこに障害を及ぼすが，これは甲状腺がヨウ素代謝の機能をもっているからである．ラジウムやプルトニウムなどは向骨性核種とよばれて骨に沈着してそ

表1・3　生物の階層構造

階　　層	具　体　例
集　団	ヒト集団
個　体	ヒト
器　官	皮ふ，骨格系，運動器官（筋肉），消化器官（口腔，食道，胃，腸），循環器官（動脈系，静脈系，毛細血管，リンパ系），呼吸器官（上気道，肺），排出器官（腎臓，膀胱，尿道），神経系（脳，末梢神経系），感覚器官（眼，鼻，舌），内分泌器官（視床下部，脳下垂体，甲状腺，胸腺，膵臓，副腎）など
組　織	上皮組織（腺上皮，感覚上皮，吸収上皮，生殖上皮，色素上皮），結合組織（繊維性結合組織，網様組織，骨組織，軟骨組織，血液），筋肉組織（平滑筋，横紋筋），神経組織など
細　胞	小腸上皮細胞，内耳有毛細胞，網膜桿体細胞，平滑筋細胞，生殖細胞（卵，精子），繊維芽細胞，造骨細胞，脂肪細胞，ニューロン，グリア細胞，赤血球，白血球，リンパ球など200種類以上
細胞小器官	核，ミトコンドリア，小胞体，ゴルジ体，リソソーム，エンドソーム，ペルオキシソーム，細胞骨格，細胞膜など
分　子	水，タンパク質，脂質，多糖，核酸など
元　素	炭素，水素，酸素，窒素など

第 1 章　放射線生物学の基礎

こに傷害を及ぼすが，これは骨という組織がこれらの核種を集積するという特徴をもっているからである．

1・2・2　細胞の構造

バクテリアなどの**原核生物**[2]とヒトを含めた**真核生物**[3]とでは基本構造に違いがある．真核生物の細胞では，遺伝物質である DNA が核に収納されている．小胞体，ゴルジ体，**ミトコンドリア**などの膜構造があり，アクチン繊維や微小管などの細胞骨格をもつのも真核生物の細胞の特徴である．

図 1・3 に真核生物の細胞の基本的な構造を示す．細胞の中にあって種々の機能を担っている構造物を**細胞小器官**という．**表 1・4** には，それらの特徴とおもな機能を示す．

人体を構成する細胞の形はさまざまで，その機能に応じてバリエーションがある．たとえば，神経細胞は情報伝達という機能のために細胞骨格が発達して特徴的な長い細胞質をもっている．精子では核が大半を占めていて細胞質の大半を失っている．赤血球では核すら失っている．

放射線をあびるということは，さまざまな形をした細胞のそれぞれに含まれる核，細胞質，細胞小器官などの構造物すべてが照射をうけることであり，これから放射線障害のおこるしくみを探るのは至難のわざであるという印象をもつかもしれない．放射線生物学では「細胞の核が標的である」という思い切った簡略化をおこなうことによって放射線障害を理解しようとする．

おもしろいことに，この簡略化したモデルによって，多くの現象がうまく説明で

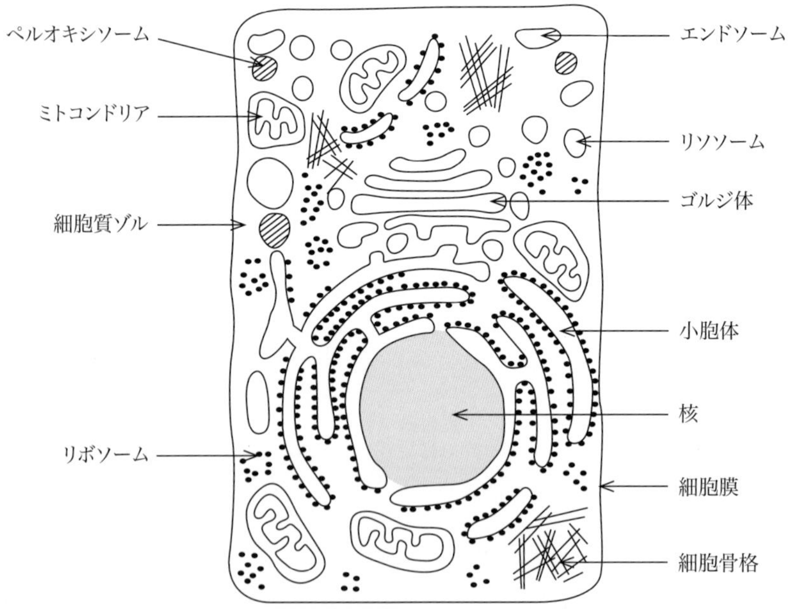

解説 ②
核をもたない細胞からなる生物を原核生物（prokaryote）という．大腸菌などの細菌がこれに属する．

解説 ③
核をもつ細胞からなる生物を真核生物（eukaryote）という．菌類，植物，動物はすべてこれに属する．

ペルオキシソーム
ミトコンドリア
細胞質ゾル
リボソーム
エンドソーム
リソソーム
ゴルジ体
小胞体
核
細胞膜
細胞骨格

図 1・3　真核生物の細胞の模式図
ここに示すのは基本的な構造で，細胞によっては特定の細胞小器官がとくに発達したり，あるいは退縮したりするため，さまざまな形態をとることがある．

8

1・2 細 胞

表1・4　細胞小器官のおもな機能

細胞小器官	おもな機能
核	ゲノムの収納，DNA合成，RNA合成
細胞質ゾル	代謝系，タンパク質合成
ミトコンドリア	ATP合成，酸化的リン酸化
小胞体	タンパク質合成，脂質合成
ゴルジ体	タンパク質と脂質の修飾・選別・輸送
リソソーム	細胞内消化
エンドソーム	物質の選別・輸送
ペルオキシソーム	有毒分子の酸化
細胞骨格	構造の維持・運動

きる．ただし，このモデルだけでは説明できないような場合には，複雑な細胞のつくりをあらためて考慮する必要がある．

1・2・3　細胞の増殖と分化

　生物のからだは，もとは1個の細胞である受精卵が細胞分裂で増えつづけてできたものである．ただし，増えるばかりでは大きな細胞のかたまりになるだけで秩序ある個体とはいえない．そのためには，細胞が形をかえて特殊な機能をもつように変化しなければならない．細胞が増えることを増殖というのに対して，細胞が形をかえて特殊な機能をもつように変化することを細胞の**分化**という．

　受精卵がやがてさまざまな器官の原基④をつくり，胎児となってヒトのからだに近づいていく発生の過程をみると，増殖だけでなく分化が重要な役割をしているのが納得できる．いっぽう成人ではすでにめだった成長が止まってしまったとはいえ，細胞は休むひまなく増殖と分化を続けている．人体では毎秒数百万回の細胞分裂がおこっているといわれている．

　人体を構成する組織では常に分化がおこっている．たとえば，血液には赤血球，白血球，リンパ球などの血球細胞が含まれているが，血球細胞にも寿命があり，造血組織で常に補給生産されている．この過程では，細胞の増殖だけではなく血球になる前段階の「前駆細胞」がそれぞれの血球に変化していくという細胞の段階的な分化がおこっている．

　前駆細胞のもとになるのが「造血幹細胞」とよばれるものである．放射線を全身に4Gyあびた場合に死亡するおもな原因は，この造血幹細胞が放射線の作用で分裂できなくなり，もはや分化した血球細胞を補給しなくなるからである．

1・2・4　細胞周期

　細胞が分裂してふたつの細胞になるためには，まず遺伝物質のDNAが倍にならなければならない．また，細胞質や細胞小器官も倍加しなければ，細胞は分裂して増えるたびに小さくなってしまう．ヒトの細胞1個に含まれるDNAは60億個の塩基対からなっている．この遺伝情報を正確に誤りなく複製することだけでも，か

解説④
発生中の胚の中で，ある器官が形成される前の未分化の状態にある部分を原基という．たとえば，胚の神経板という部分は中枢神経になる前の原基である．

第1章　放射線生物学の基礎

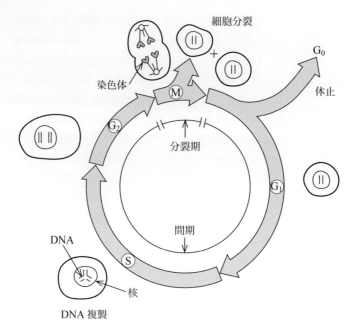

図1・4　細胞周期の模式図
細胞周期のM期をとくに分裂期とよんで，間期（G_1期，S期，G_2期の総称）と区別することもある．核に含まれるDNA量の変化は図の細胞核の中に示す．

なりの時間と手間がかかる．

　このように，細胞が分裂するという出来事は，DNAを複製し，ほかの構成成分も倍加させ，さらにそれらをふたつに分配するという正確な手順を必要とするプロセスである．細胞分裂にともなう，これらの順序だった一連の過程を**細胞周期**（cell cycle）という．DNAの複製する時期を**S**（synthesis，合成という意味）**期**とし，細胞が分裂してふたつになる時期を**M**（mitosis，有糸分裂の意味）**期**とする．そしてM期からS期まで間をG_1（'G'はギャップに由来する）**期**，S期からM期までの間をG_2**期**とよぶ．図1・4に細胞周期の模式図を示す．

　細胞周期が回転しているのは増殖をしている細胞だけである．人体の中には，分化を終了してもはや細胞分裂をしない細胞や，増殖を一時的に休止している細胞が少なくないが，これらは細胞周期のどの時期にあるのだろうか．これらの分裂をしない細胞は，通常はG_1期に相当する段階でとどまっており，これをとくに**G_0期**とよぶこともある．細胞の中には，G_1期やG_0期以外の段階で長いあいだとどまっているものもある．生殖細胞は，減数分裂という特殊な分裂を2回おこなって卵や精子をつくるが，1回目の減数分裂をする細胞は，細胞周期のG_2期とM期の境界に相当する段階で長いあいだとどまっている．

1・2・5　細胞死とアポトーシス

　成人のからだの中でも細胞はたえず増殖しているのに，胎児のようにみるみる成長しないのは，たえず細胞が死んでいるからである．細胞が死んで，その内容物が細胞の外に漏れだすと，その悪影響が人体のあちこちにあらわれてしまう．体内で

1・2 細 胞

これほどの細胞が常時死んでいるのに人体がその影響をうけないのは，細胞死がきちんとした手順のもとでおこなわれているからである．

このように生体の中のひとつの正常な過程として生じている細胞の死を**プログラム死**あるいは**アポトーシス**（apoptosis）という．アポトーシスをおこした細胞や核はちぢんで凝縮し，細胞骨格は壊れ，核のDNAは分解される．細胞の表面にも特有の変化があらわれてマクロファージ⑤などの食作用をもつ細胞を引き寄せて，内容物が周囲に漏れ出さないうちにこれらの細胞に取り込まれるため周囲に害を及ぼさない．おこるべきときにアポトーシスがおこらない例として，たとえば，がん化した細胞がある．

がんとは，細胞が無秩序に細胞分裂をくりかえして体内で異常増殖するものであるが，増殖にともなうはずのアポトーシスの過程が欠落している異常であるともいえる．このアポトーシスがおこるしくみは，最近の研究でしだいにあきらかになってきた．図1・5にアポトーシスのモデルを示す．

アポトーシスには，外因性と内因性の経路がある．DNA損傷によるアポトーシスは外因性の経路で誘発され，細胞小器官のひとつであるミトコンドリアが中心的なはたらきをしている．ミトコンドリアは，細胞膜への刺激やDNA損傷などさまざまなシグナルを受け取ると，カスパーゼ⑥（何種類ものカスパーゼがある）というタンパク質分解酵素を活性化し，細胞骨格の破壊，核の凝縮，DNAの分解などアポトーシスに特有の一連の反応をおこさせる．細胞が死ぬという単純このうえな

> **解説⑤**
> マクロファージ（macrophage）は血球細胞のひとつで大食細胞ともいう．食作用をもち，外部からはいった細菌などの異物や死細胞などを食べて消化する．

> **解説⑥**
> 細胞がアポトーシスをおこすさいにはたらくいくつかのタンパク質分解酵素を総称してカスパーゼ（caspase）という．ヒトでは，10種類以上のカスパーゼがある．

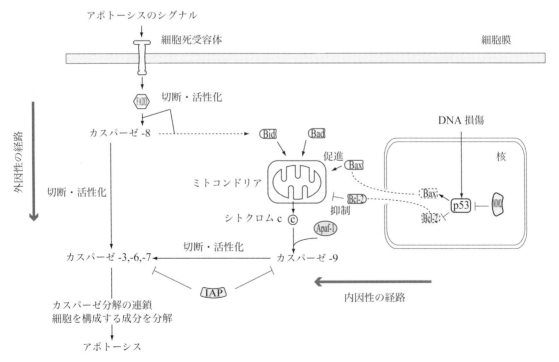

図1・5 アポトーシスが引き起こされるしくみ
アポトーシスには外因性の経路と内因性の経路がある．外因性の経路は細胞膜の細胞死受容体から始まる．内因性の経路ではミトコンドリアが重要な役割をする．DNA損傷によるアポトーシスは内因性の経路でおこる．

第1章 放射線生物学の基礎

い出来事のために，細胞はこれほどまでに入り組んだしくみを使っている．

　放射線生物学では，放射線障害のひとつとして細胞の死を学ぶ．放射線による細胞死の中にもアポトーシスはあるが，そうではない場合も多い．生理的な細胞死ではなく病的な細胞死であるからこそ，種々の放射線障害の原因となるのである．

1・3　遺伝子と遺伝

　放射線障害は，核や染色体あるいはDNAへの損傷が原因になる場合が多い．その意味で放射線障害の多くは遺伝子に関係した障害だといえるが，放射線障害をすべて遺伝的障害とはいわない．遺伝子と遺伝というふたつの言葉は意味合いが少し異なるからである．ここでは，遺伝子と遺伝の基礎知識をのべる．

1・3・1　核と染色体

　遺伝子，DNA，ゲノムなどの言葉が日常的にも耳にされるようになっている．混乱をさけるため，それぞれの言葉が意味するところを正しく理解しておかなければならない．

　DNAとは**ヌクレオチド**という分子が長くつながった糸状の分子であり，そのほとんどが核の中にある．細胞小器官のひとつであるミトコンドリアにも少量のDNAが含まれており，少ないながら遺伝情報をもっている．DNAは核の中では裸の状態ではなく，ヒストン⑦というタンパク質に巻きついたかたちで存在する．これを**クロマチン**構造という．DNAはクロマチン構造をとることによって何重にも折りたたんで圧縮することができる．クロマチンが最大限に凝縮されたものがM期にみられる中期染色体であり，圧縮率は数万倍である．**図1・6**にDNAと染色

解説 ⑦
ヒストン (histone) は染色体にある塩基性のタンパク質で，DNAと結合した状態で存在する．H1, H2A, H2B, H3, H4の5種類がある．

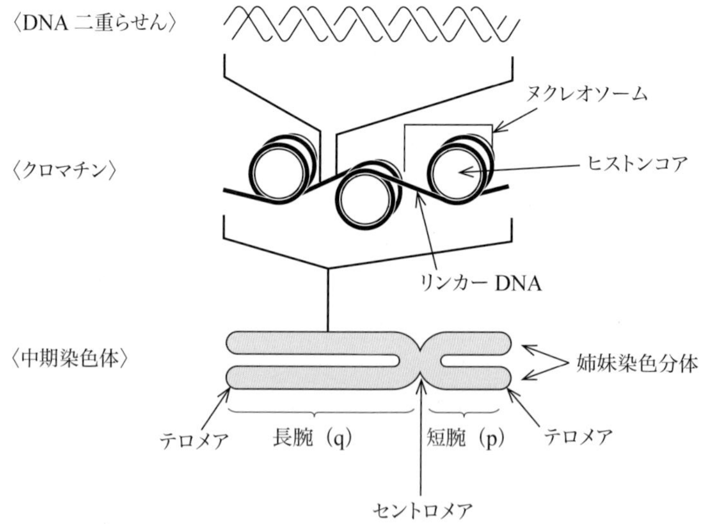

図1・6　DNAと染色体との関係
　DNA二重らせんはヒストンコアに巻きついてクロマチン構造をとる．クロマチン繊維はコイル状あるいはループ状に折りたたまれ，凝縮されて中期染色体となる．

1·3 遺伝子と遺伝

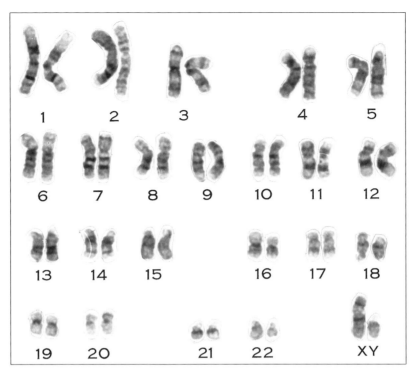

図1・7 ヒトの染色体
ヒト男性の中期染色体をGバンド法で染色したもの．染色体上にみられるしま模様によって染色体の識別や，染色体上のさらにこまかい位置を特定できる．

体の関係を示す．

ヒトの体細胞は46本の染色体をもち，1個の細胞に含まれるDNAの長さは約2mに相当する．長いDNA分子が圧縮されて46個の容器にわけて収納されていると考えればよい．46本の染色体のうち44本は**常染色体**とよばれ，第1番から第22番までの染色体が2本ずつある．たとえば2本の第1番染色体はたがいに**相同染色体**とよばれ，父と母からそれぞれ1本ずつ受け継いだものである．残りの2本は**性染色体**とよばれ，女性は2本の**X染色体**を，男性は1本のX染色体と1本の**Y染色体**をもっている．中期染色体は，動原体をはさんで両手両足を開いたようなかたちをしている．1本の染色体は2本の**姉妹染色分体**からなっており，もとは1本であったものが細胞周期のS期に複製した結果できたものなので「姉妹」とよんでいる．相同染色体と姉妹染色分体の違いに注意してほしい．

図1・7にヒト男性の染色体を示す．

1·3·2 遺伝子とDNA

DNAは糖，リン酸基，塩基という三つの構成要素からなる．糖とリン酸基とは，互い違いに結合してDNAの骨格をなす．糖としては5炭糖⑧であるデオキシリボースが使われている．デオキシリボ核酸（DNA）という名称は，この糖の名前からきている．

解説⑧
5炭糖とは，五つの炭素原子をもつ糖のことで，ペントースともいう．DNAとRNAの構成成分であるデオキシリボース，リボースはいずれも5炭糖である．

デオキシリボースのうちひとつの水素（H）が水酸基（OH）になるとリボースとなり，**RNA**の構成要素となる．DNAとRNAとは，使われる糖がわずかに違っているだけである．DNAの中で遺伝情報を担うのが塩基である．塩基には4種類（**アデニン**：A，**グアニン**：G，**シトシン**：C，**チミン**：T）があり，遺伝情報

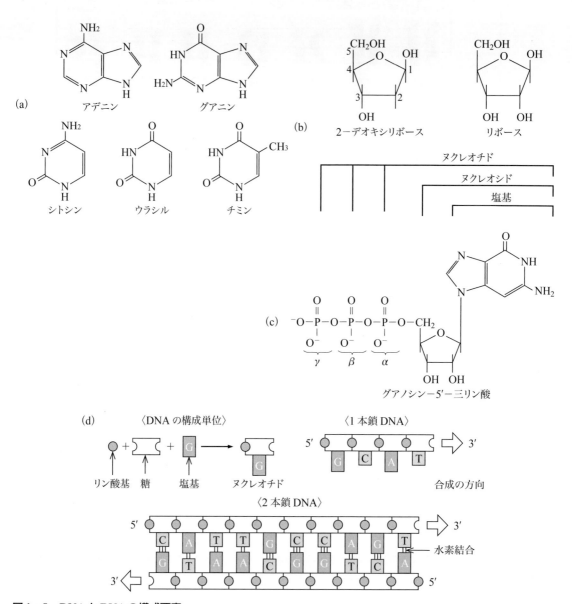

図1・8 DNAとRNAの構成要素
DNAとRNAの最小構成単位はヌクレオチドで，塩基（a），糖（b），リン酸基から構成される．DNAとRNAは，塩基と糖に違いがある．図中のウラシルとリボースはRNAの構成単位である．塩基と糖からなる部分をヌクレオシド，これにリン酸基がついたものをヌクレオチドという（c）．長いDNA分子は模式化するとわかりやすい．糖とリン酸基がDNAの骨格となり，糖の部分から遺伝情報を担う塩基が内側に飛び出している．DNAには方向性があり，5′（5プライム）から3′（3プライム）方向に合成される．二重らせんのDNAはたがいに逆方向を向いている．

1・3 遺伝子と遺伝

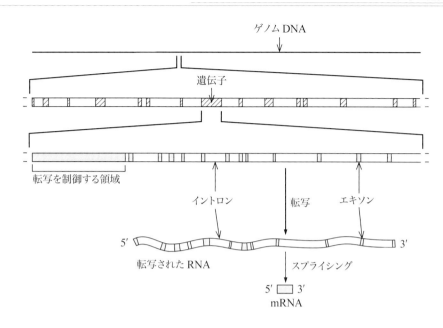

図1・9　DNAと遺伝子の関係
　ゲノムの中のDNAには，とびとびに遺伝子が存在する．遺伝子の中のエキソンとよばれる部分だけがmRNAとなりタンパク質に翻訳される．

はすべてこの4文字の組合せで書かれている（**図1・8**）．
　DNAは四つの文字で書かれた情報であるが，DNAをすべて遺伝子とはよばない．1個のヒト細胞は30億文字の塩基で書かれた遺伝情報を2セットずつもっている．その30億文字のうちの大半は「ジャンク」とよばれる部分で，情報としては使われない．そのジャンクの中にとびとびに存在するのが遺伝子である．ひとつの遺伝子をとってみると，その中にも2種類の領域がある．
　遺伝子の構造を**図1・9**に示す．遺伝子の大半を占める「イントロン」の中にとびとびに存在する「エキソン」とよばれる領域があり，この部分だけが実際に使われる．また，エキソン，イントロン，ジャンクDNAのすべてを含むDNAの情報をひとまとめにして**ゲノム**とよぶ．放射線でDNAが傷害をうけたとき，ジャンクやイントロンの中の配列がわずかに変化しても，障害には結びつかない場合もある．

1・3・3　RNAとタンパク質

　核のDNAは遺伝情報をたくわえるだけで，それ自身は細胞の中で生理的なはたらきをするのではない．DNAが転写[9]という過程を経てRNAに変換され，そのRNAが翻訳[10]という過程でタンパク質に変換されてはじめて細胞の中で機能する．
　タンパク質は人体の重要な構成成分である．酵素や細胞骨格をはじめとするすべてのタンパク質は，もともとはその設計図のDNAからつくられたものである．**図1・10**にDNAからRNAを経てタンパク質にいたる遺伝子発現[11]の過程を示す．
　DNA上の遺伝子の部分がまずRNAに転写され，スプライシングというしくみでイントロンの部分だけが除かれる．そのため，タンパク質になるのはDNAのエ

解説⑨
DNA二重らせんのうち一方の鎖をもとに，これからRNAを合成することを転写(transcription)という．

解説⑩
DNAの配列をもとに合成（転写）されたmRNA（メッセンジャーRNA）の配列にしたがってアミノ酸をつなぎあわせ，タンパク質を合成する過程のことを翻訳(translation)という．

解説⑪
DNAから転写によってmRNAが，さらに翻訳によってタンパク質が合成される過程をまとめて遺伝子発現(gene expression)という．

第1章 放射線生物学の基礎

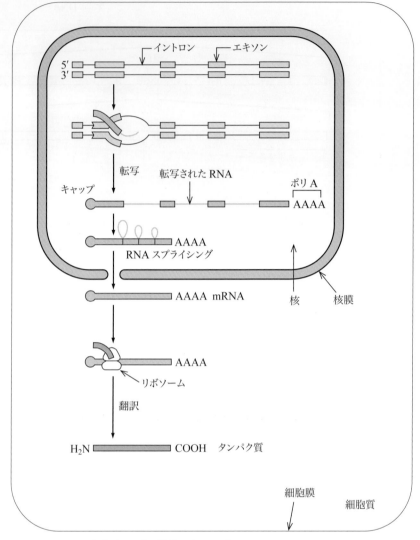

図1・10 **DNAからタンパク質ができるしくみ**
DNAからRNAへの転写は核の中でおこなわれる．転写されたRNAは，キャップやポリAなどの修飾をうけたあと細胞質に輸送され，このあいだにイントロンが除かれる．mRNAからタンパク質への翻訳はリボソームによっておこなわれる．

キソンの部分だけである．DNAは四つの文字（A, T, G, C）で書かれた情報であり，RNAはこれを別の4文字（U, A, C, G）にコピー（転写）したものである．タンパク質は20種類の**アミノ酸**がつながってできた分子である．RNA（DNA）の情報をアミノ酸の情報に翻訳する場合に使われるのが**表1・5**に示す暗号（遺伝子コード）である．こうして遺伝子のDNAからさまざまなアミノ酸配列をもったタンパク質がつくられる．

表1・6は，ヒトの細胞に存在するおもなタンパク質の例である．

1・3 遺伝子と遺伝

表1・5 遺伝子コード

アミノ酸	略号	コドン
アスパラギン酸（Asp）	D	GAC GAU
グルタミン酸（Glu）	E	GAA GAG
アルギニン（Arg）	R	AGA AGG CGA CGC CGG CGU
リシン（Lys）	K	AAA AAG
ヒスチジン（His）	H	CAC CAU
アスパラギン（Asn）	N	AAC AAU
グルタミン（Gln）	Q	CAA CAG
セリン（Ser）	S	AGC AGU UCA UCC UCG UCU
トレオニン（Thr）	T	ACA ACC ACG ACU
チロシン（Tyr）	Y	UAC UAU
アラニン（Ala）	A	GCA GCC GCG GCU
グリシン（Gly）	G	GGA GGC GGG GGU
バリン（Val）	V	GUA GUC GUG GUU
ロイシン（Leu）	L	UUA UUG CUA CUC CUG CUU
イソロイシン（Ile）	I	AUA AUC AUU
プロリン（Pro）	P	CCA CCC CCG CCU
フェニルアラニン（Phe）	F	UUC UUU
メチオニン（Met）	M	AUG
トリプトファン（Trp）	W	UGG
システイン（Cys）	C	UGC UCU
終止コドン		UAA UAG UGA

表1・6 タンパク質の種類

種類	機能	例
酵素	生体内化学反応の触媒	トリプトファン合成酵素，ペプシン，タンパク質キナーゼ，DNAポリメラーゼ
構造タンパク質	細胞の支持体	コラーゲン，アクチン，チューブリン
輸送タンパク質	分子・イオンの運搬	アルブミン，ヘモグロビン，トランスフェリン
モータータンパク質	運動	ミオシン，ダイニン，キネシン
貯蔵タンパク質	分子・イオンの貯蔵	フェリチン，カゼイン，オボアルブミン
シグナルタンパク質	シグナル伝達	インスリン，ネトリン，神経成長因子（NGF），上皮成長因子（EGF）
受容体タンパク質	シグナル認識	ロドプシン，インスリン受容体，アドレナリン受容体
遺伝子調節タンパク質	遺伝子発現の調節	ホメオドメインタンパク質

1·3·4 生殖細胞

　細胞が分裂してふたつになる場合には，細胞周期のS期でDNAが複製されてふたつの細胞に平等に分配される．これも遺伝情報の伝達のひとつの形である．ところが親から子へと遺伝情報が伝達される場合には，これとは少し違ったしくみがある．

　生殖細胞（germ cell）とは，生殖器官にあって自分の遺伝子を子供に伝えるための卵と精子（ふたつをまとめて配偶子とよぶ）をつくる細胞である．人体を構成するほかの細胞は，すべてひとまとめにして**体細胞**（somatic cell）という．生殖細胞と体細胞の根本的な違いは，その細胞分裂のしかたである．生殖細胞の分裂は**減数分裂**（meiosis）といって，体細胞の**有糸分裂**（mitosis）と区別され，ふたつの大きな違いがある．第一に，減数分裂では2回の細胞分裂が引き続いておこることにより，染色体数が半減して二倍体から一倍体[12]になる．このため，ヒトの**配偶子**は23本の染色体（22本の常染色体と1本の性染色体）しかもっていない．第二の違いは，減数分裂の1回目の分裂では，2本の相同染色体（父と母に由来する同じ形の染色体）どうしがぴったりくっついて対合し，たがいの染色分体の一部が入れかわることによって遺伝情報の一部を交換しあうことである．これを交差といい，減数第一分裂のM期におこなわれる．交差がおこることによって，多様な遺伝子構成をもった配偶子がつくられるのである．

　さらに，男性と女性とでは減数分裂のおこなわれる年齢が異なる．男性の生殖器官では，成長して思春期をすぎたころになってはじめて減数分裂が始まる．女性の生殖器官では，うまれたときにはすでに減数第一分裂の途中まで完了したところで停止しており，その後の過程が思春期以降になって再開する．生殖器官での放射線障害のようすが男女間で異なるのは，このような成熟過程の違いにも関係している．

　図1·11に減数分裂と有糸分裂の違いを示す．

1·3·5 遺伝様式

　遺伝子（gene）とは遺伝情報を担うDNAのことであるが，**遺伝**（heredity）とは親から子へと1セットの遺伝情報を伝えることである．細胞が分裂する場合には，2個の細胞に平等に遺伝情報を伝達するが，これは遺伝とはいわない．遺伝とは生殖細胞を介して遺伝情報をつぎの世代に伝えることをいう．

　放射線障害のうち，遺伝的（hereditary, heritable）障害とは次世代に伝わる遺伝子上の障害を指す．遺伝の様式は，**常染色体性**と**X染色体連鎖（伴性）**，**優性**と**劣性**に分類される（**図1·12**）．この図をみながら，それぞれの遺伝様式の特徴を理解していこう．

　常染色体は2本ずつの相同染色体からなっているので，常染色体上の遺伝子については，必ず父と母のそれぞれから受け継いだふたつの遺伝子がある．この相同の遺伝子のことをたがいに対立遺伝子（アレル，allele）という．ふたつのアレルAとaが共存してAの形質があらわれる場合，Aを優性（dominant），aを劣性（recessive）という．同じアレルをもつ場合（AAまたはaa）をホモ，ふたつのアレルが異なる場合（Aa）をヘテロという．AA, Aa, aaのようなアレルの組合せ

解説 ⑫

相同の染色体を2セットもつ細胞を二倍体（diploid），1セットしかもたない細胞を一倍体（haploid）という．人体を構成する体細胞はすべて二倍体であり，精子や卵などは一倍体である．

1・3 遺伝子と遺伝

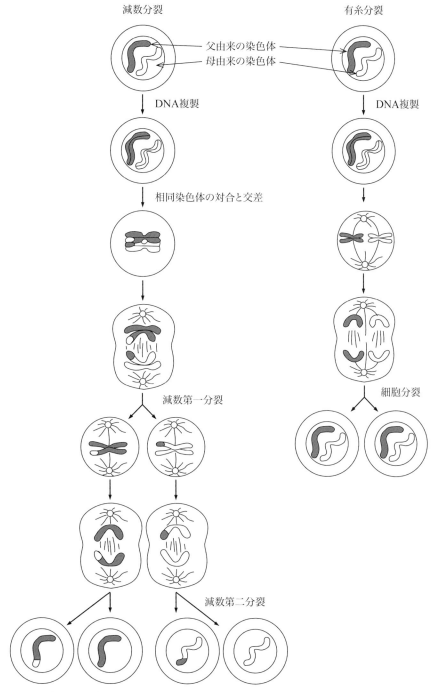

図1・11 減数分裂と有糸分裂の違い
　減数分裂ではDNA複製を終わった細胞が2回の分裂をおこなうため二倍体から一倍体になる．減数第一分裂では，相同染色体どうしが対合して染色体の一部が交換される．そのあと相同染色体は別々の細胞にわかれるため，1個の細胞には2本の姉妹染色分体が同居するかたちになる．有糸分裂では，姉妹染色分体が別々の細胞にわかれるため，ふたつの相同染色体が1個の細胞の中で同居するかたちになる．減数第一分裂を終わった細胞と有糸分裂を終わった細胞はDNA含量は同じであるが，染色体の構成が違う点に注意．

第1章 放射線生物学の基礎

解説⑬
ある遺伝子について，細胞または生物がもつアレルの組合せ．「表現型」に対する用語．たとえば，マメの木で，背が高い(T)と背が低い(t)の2種類のアレルがあるとする．「TT, Tt, tt」などを遺伝子型（genotype）といい，「背が高い，背が低い」などを表現型（phenotype）という．

を遺伝子型⑬という．いま仮にAが異常でaが正常のアレルの場合を想定してみると，ヘテロ（Aa）の人では優性形質のAすなわち異常があらわれる．このAaの人が正常人（aa）とのあいだに子供をつくると，子供の半数に異常があらわれる（常染色体優性遺伝，図1・12(a)）．逆にaが異常でAが正常のアレルの場合，ヘテロ（Aa）の人自身には異常がみられないが，Aaの人どうしが子供をつくると，その1/4に異常があらわれる可能性がある（常染色体劣性遺伝，図1・12(b)）．アレルがX染色体上にある場合には，異常アレルxがたとえ劣性でも男性では異常があらわれる．これは男性ではX染色体が1本しかないためである（X染色体連鎖劣性遺伝，図1・12(c)）．

　図(a)の場合に即して放射線による遺伝的影響のひとつのケースを考えてみよう．仮に正常人（aa）が放射線をあびた結果，その生殖細胞に$a \rightarrow A$の突然変異がおこり，Aという異常なアレルをもつ配偶子が受精すると相手の配偶子が正常であっても，その子供はAaで優性遺伝病となる．

1・3・6　遺伝病

　ヒトには20,000程度の遺伝子（タンパク質の情報をもつ遺伝子）があると推定されている．どの遺伝子に有害な突然変異がおこっても，なんらかの遺伝的障害がでてくる．また，同じ遺伝子上の突然変異であっても変異の種類が違うと，あらわれる障害のようすが異なる可能性がある．すなわち，ヒトには遺伝子の数だけあるいはそれ以上の数の遺伝病があることになる．ただし，その遺伝子が突然変異をおこすと生存できないような場合には，うまれるまでに淘汰されてしまうので，遺伝病としてあらわれない場合がある．

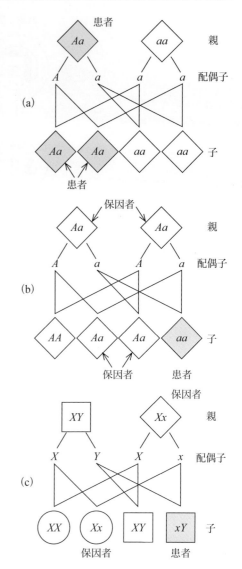

図1・12　遺伝様式の模式図
(a) 常染色体優性遺伝
(b) 常染色体劣性遺伝
(c) X染色体連鎖劣性遺伝
AとXは優性アレルを，aとxは劣性アレルを示す．○印は女性，□印は男性，ぬりつぶした印は患者，◇印は男女を問わない．この図の場合，(a)ではAが，(b)ではaが，(c)ではxが，それぞれ異常アレルである．

1・4 がん

表1・7 おもなヒト遺伝病

遺伝様式	病　名	遺伝子座位 （染色体上の位置）
常染色体優性遺伝	ハンチントン病 網膜芽細胞腫 結節性硬化症 家族性大腸ポリポージス 軟骨無形成症 マルファン症候群	*HD*（4 p 16） *RB1*（13 q 14） *TSC1*（9 q 34） *APC*（5 q 21-22） *FGFR3*（4 p 16） *MFS1*（15 q 21）
常染色体劣性遺伝	嚢胞繊維症 ヒスチジン血症 ウイルソン病 鎌状血球症 毛細血管拡張性失調症 色素性乾皮症（A群）	*CFTR*（7 q 31） *HAL*（12 q 22-24） *ATP7B*（13 q 14） *HBB*（11 p 15） *ATM*（11 q 22-23） *XPA*（9 q 22）
X染色体連鎖劣性遺伝	デュシェンヌ型筋ジストロフィー 血友病A 血友病B 色盲 レッシュ・ナイハン症候群 脆弱X症候群	*DMD*（Xp 21） *F8C*（Xq 28） *F9*（Xq 27） *RCP*（Xq 28） *HPRT*（Xq 26） *FRAXA*（Xq 27）

　現時点で記載されているヒトの遺伝病（発症の分子機構がわかっているもの）は6,000種類以上あり，**表1·7**にその代表例を示す．これらはひとつの遺伝子の突然変異が原因となるので単一遺伝子疾患とよばれるが，ヒトの病気の中には複数の遺伝子の異常が関与する多因子疾患もある．

1・4　が　ん

　放射線生物学はふたつの側面でがんとかかわりあっている．第一に，重要な放射線障害のひとつとして放射線発がんがある．第二に，放射線によるがんの治療がある．これらについてはそれぞれ第8章と第4章でくわしく学ぶ．

　ここではがんとはなにか，について解説する．

1・4・1　がんとは

　がん（cancer）とは，異常に増殖して周囲の正常組織を侵害し致命的な影響を及ぼす細胞集団のことである．腫瘍（tumor）という類似の用語があるが，腫瘍とは異常増殖をする細胞集団を指す広義の概念であり，良性腫瘍と**悪性腫瘍**の両方が含まれる．このうち悪性のものががんである．厳密には，上皮組織に由来する細胞の悪性腫瘍のみをがん（癌，carcinoma）とよんで肉腫（sarcoma）と区別する場合もある．

　がん細胞の特徴は活発に増殖するというだけではない．むしろ増殖のスピードという点では，正常細胞の中にはがん細胞よりもずっと早いものもある．非常に早く増殖する良性腫瘍もあれば，増殖の遅い悪性腫瘍もある．がん細胞が人体にとって有害であるのは，異常に増殖しながら周囲の正常組織に浸潤したり，血流にのって人体のあちこちに転移[14]し，そこでさらに周囲の正常組織に浸潤するという過程で

解説⑭
最初に発生した場所（原発巣）から，がん細胞の一部が遊離し，血流などによって別の場所に運ばれ，そこで増殖することを転移（metastasis）という．

全身をむしばむからである．

1・4・2　発がんの過程

ヒトの体内では，一生に約 10^{16} 回の細胞分裂がおこる．1回の細胞分裂での突然変異率を 10^{-6} と仮定すると，ヒトの一生のあいだに 10^{10} 個の突然変異した細胞ができることになる．がんも，こうした突然変異した細胞の一種である．ところが，ただひとつの突然変異だけでは細胞はがん化しない．

図1・13は，横軸に年齢，縦軸に大腸がんの発生率をプロットしたものである．縦軸を普通目盛にした場合には，がん発生率がある年齢をこえるあたりから急激に上昇するのがわかる．同じデータを対数目盛にプロットすると，傾きが5程度の直線にフィットする．これは，ほかのがんにもみられる特徴で，白血病の場合は傾きが2程度でもっとも小さく，固形がんでは傾きが2～6の範囲内にある．たったひとつの突然変異で発がんするなら，この直線の傾きは0であるはずだから，白血病の場合には3個の，大腸がんの場合には6個の変異がひとつの細胞に蓄積してはじめてがん化することになる．つまり，細胞の発がんにはいくつかの突然変異が蓄積することが原因であるらしい．現在では，それぞれの突然変異が具体的にどのようなものであるかについてもわかりつつある．

発がんの過程を大きく，**イニシエーション**（initiation），**プロモーション**（promotion）のふたつの段階にわけて理解することがある．イニシエーションは発がんの引き金ともいうべきもので，多くの場合は遺伝子の突然変異である．プロモーションは，イニシエーションによって生じた初期の前がん細胞の増殖を促して

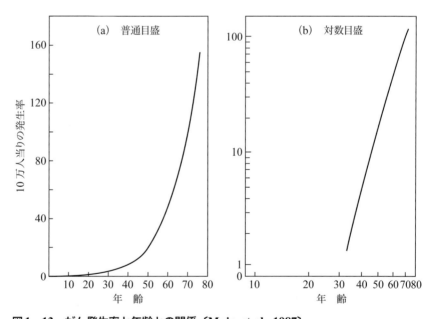

図1・13　がん発生率と年齢との関係〔Muir, et al., 1987〕
　　　英国での大腸がん発生率を年齢に対してプロットしたもの．普通目盛でプロットした場合(a)には，がん年齢をすぎると発がん率が急上昇するのがわかる．対数目盛でプロットした場合(b)には，傾きをもつ直線となる．

1・4 がん

解説⑮
植物油の一種で, 発がんプロモーターの作用がある. 有効成分はホルボールエステルで, なかでも TPA (12-O-テトラデカノイルホルボール 13-アセテート) はとくに強いプロモーター作用をもつ.

発がんを促進する過程である. 発がんの二段階説はマウスの皮ふを用いた発がん実験に基づくものである. マウスの皮ふを発がん物質で処理したあとクロトン油[15]を塗り続けると, 発がん物質だけで処理した場合よりも高率に皮ふがんが誘発される. この場合, 発がん物質がイニシエーションを引き起こし, クロトン油の役目はプロモーションを進める. クロトン油などは, **プロモーター**とよばれて, それ単独では突然変異をおこす性質はなく発がん性も低いが, すでにイニシエーションをうけた細胞の発がんを強く促進させる性質がある.

1・4・3 がん遺伝子

細胞に突然変異がいくつか蓄積すると, かならず発がんするわけではない. 細胞がもっている膨大な数の遺伝子のうち, 特定の遺伝子に突然変異がおこった場合にだけ発がんがおこる. このような遺伝子には「がん抑制遺伝子」と「がん原遺伝子」のふたつのタイプがある.

がん抑制遺伝子とは, その遺伝子が突然変異によって機能を失うことが発がんにつながるような遺伝子である. これに対して, がん原遺伝子とは, その遺伝子が突然変異によってそれまでになかった新しい機能を獲得することが発がんにつながるような遺伝子である. がん抑制遺伝子とがん原遺伝子は正常な細胞にも存在し, ふだんは細胞の増殖やアポトーシスのためにはたらいているが, こうした遺伝子が突然変異をおこして本来のはたらきができなくなると細胞は発がんにむかって進んでいくことになる.

表1・8には, おもながん抑制遺伝子とがん原遺伝子を示す. **図1・14**では, 正常組織ががんへと進行していく過程にがん抑制遺伝子やがん原遺伝子の突然変異がどのようにかかわっているのかの一例を示す.

表1・8 がんに関連する遺伝子

種　類	遺伝子名	関連のあるがん
がん抑制遺伝子	*RB1*	網膜芽細胞腫, 骨肉腫
	TP53	多くのがん
	APC	大腸がん
	DCC	大腸がん
	INK4A	悪性黒色腫, 食道がん
	BRCA1	乳がん
	WT1	ウィルムス腫瘍
	NF1	神経繊維腫
	MLH1	大腸がん
	PTEN	脳腫瘍, 子宮内膜がん
がん原遺伝子	*ABL*	白血病, 肉腫
	SRC	肉腫
	HRAS	肉腫, 白血病
	KRAS	肉腫, 白血病
	MYC	肉腫, 骨髄球腫, 扁平上皮がん
	REL	細網内皮症
	ERBB2	赤芽球症, 繊維肉腫
	FOS	骨肉腫
	JUN	繊維肉腫
	BRAF	肉腫

第1章 放射線生物学の基礎

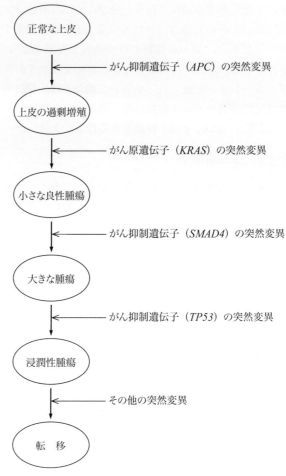

図1・14　がんの進行にともなって蓄積される突然変異
大腸がんの場合には，正常の上皮細胞が前がん的な変化として過剰増殖を始め，やがてこれが浸潤性や転移能をもつ悪性のがん細胞へと進行していく過程にともなってどのような遺伝子に突然変異がおこるのかがよく解明されている．

◎ ウェブサイト紹介

原子力安全技術センター
　https://www.nustec.or.jp
　　　第一種（第二種）放射線取扱主任者試験の情報などがある．

放射線医学総合研究所
　https://www.nirs.qst.go.jp
　　　放射線被ばくの基礎知識に関する情報や，放射線Ｑ＆Ａなどがある．

放射線計測協会
　http://www.irm.or.jp
　　　放射線測定器の校正などに関する情報がある．

演習問題

日本アイソトープ協会

　https://www.jrias.or.jp

　　　放射線関連の法令に関する情報などがある.

放射線影響研究所

　https://www.rerf.jp

　　　放射線の基礎知識, 用語集, Q & A などがある.

がん情報サービス

　http://ganjoho.jp/public/cancer

　　　国立がん研究センターのがん情報サービス. 各種がんの解説, がん用語集, 統計データなどがある.

米国国立バイオテクノロジー情報センター (NCBI)

　https://www.ncbi.nlm.nih.gov

　　　英語であるが, ゲノム, 遺伝子などバイオテクノロジーに関する多くの情報に触れることができる. 文献検索もできる.

OMIM (On Line Mendelian Inheritance In Man)

　https://www.ncbi.nlm.nih.gov/omim

　　　ヒトのメンデル遺伝オンラインのサイトで (NCBI にリンク), ヒトの遺伝疾患に関する情報が検索できる.

◎ 参考図書

近藤民夫:わかる放射線, 共立出版 (1992)

野島　博:遺伝子工学への招待, 南江堂 (1997)

山村研一:考える遺伝学, 南山堂 (1997)

大倉興司監修:看護のための臨床遺伝学, 医学書院 (1992)

江島洋介:これだけは知っておきたい図解バイオサイエンス, オーム社 (2004)

江島洋介:これだけは知っておきたい図解分子生物学, オーム社 (2005)

Alberts, B., et al. (中村桂子, 他訳):Essential 細胞生物学 (原書第4版), 南江堂 (2016)

◎ 演習問題

問題1　A〜Eの事項ともっとも関連の深い語句を, イ〜ホの中からひとつずつ選べ.

　　　1) A. DNA複製　　　　イ. ミトコンドリア

　　　　　B. 中期染色体　　　ロ. S期

　　　　　C. アポトーシス　　ハ. イニシエーション

　　　　　D. がん　　　　　　ニ. 生殖細胞

　　　　　E. 減数分裂　　　　ホ. M期

　　　2) A. 分子　　　　　　イ. 上皮

　　　　　B. 細胞小器官　　　ロ. ニューロン

　　　　　C. 細胞　　　　　　ハ. DNA

　　　　　D. 組織　　　　　　ニ. 脳

　　　　　E. 器官　　　　　　ホ. 核

問題2　つぎの文のうち正しいものには○, 誤っているものには×をつけよ.

　　　A. 大腸菌の細胞には小胞体とミトコンドリアがある.

第1章 放射線生物学の基礎

　　B. 染色体のおもな構成成分は DNA と RNA である．
　　C. 間期の染色体は核の中にある．
　　D. 神経細胞はすでに分化を終了しているので細胞周期の G_0 期にある．
　　E. G_1 期と G_2 期とでは，1個の核に含まれる DNA 量はほぼ等しい．
　　F. アポトーシスは成人だけでなく，胎児でもおこっている．
　　G. ヒトのリンパ球は二倍体である．
　　H. ヒトの精子は二倍体である．

問題3　細胞周期で正しいのはどれか．
　1. G_0 期の細胞は放射線感受性が高い．
　2. 分裂をしない体細胞は G_2 期で停止している．
　3. 腫瘍細胞ではM期がS期より長い．
　4. 凝縮した染色体が出現するのはM期である．
　5. DNA 合成がおこなわれるのはM期である．

問題4　アポトーシスで誤っているのはどれか．
　1. 核が凝縮する．
　2. 細胞が膨潤する．
　3. DNA が一定の長さに断片化される．
　4. カスパーゼがはたらく．
　5. マクロファージを引き寄せる．

問題5　つぎの遺伝疾患のうち，常染色体優性遺伝疾患の組合せはどれか．
　A　血友病
　B　ハンチントン病
　C　フェニルケトン尿症
　D　マルファン症候群
　1　AとB　　2　AとC　　3　BとC　　4　BとD　　5　CとD

問題6　つぎの問に答えよ．
　1) ある細胞の DNA では塩基の 31% がアデニンである．グアニン，シトシン，チミンの割合を求めよ．
　2) DNA 鎖 5′-CTCCTCAGGAGTCAGGTGCACCAT-3′ から転写された RNA 鎖の配列はどうなるか．

問題7　下にふたつの家系図がある．○は女性，□は男性，塗りつぶした印は患者を示す．疾患の遺伝様式はなにか．常染色体優性，常染色体劣性または X 染色体連鎖劣性のいずれかで答えよ．ただし，1種類以上の遺伝様式にあてはまる可能性もある．

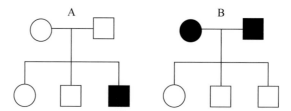

問題8　人体が被ばくしてから障害があらわれるまでの過程をつぎの語句を用いて説明せよ．
　語句：電離，ラジカル，生体分子，細胞，世代，物理的過程，化学的過程，生物学的過程

問題9　遺伝子と DNA の関係について説明せよ．

問題10　発がんにおけるイニシエーションとプロモーションについて説明せよ．

Chapter

2

第2章
放射線生物作用の初期過程

2・1 放射線の種類と特性
2・2 放射線と生体物質の相互作用
2・3 水の放射線化学
2・4 放射線の直接作用と間接作用
2・5 防護剤と増感剤
　　（ラジカル生成過程に影響を与える物質）

第2章
放射線生物作用の初期過程

本章で何を学ぶか

　この章では，どんなものが放射線であるのか，あるいは放射線が生体に対して影響を与えるとき，原子，分子レベルではどんなことがおこっているのかを学ぶ．医療現場で直接必要になることはここには多くはないが，放射線の医学利用を理解するうえでおおいに役立つはずである．

2・1　放射線の種類と特性

　ここでは，電離放射線の種類と特性についてみていこう．紫外線のように，通常は物質を電離しない放射線については5・1・3項や5・2・1項が参考になる．また，放射性核種については，くわしくは本シリーズ『放射線物理学』，『放射化学』を参照してほしい．

2・1・1　電離放射線の種類と特性

　電離放射線は大きく**電磁波**と**粒子線**にわけられる．電磁波放射線は，波長のごく短い光だと思えばよい．いっぽう，粒子線は，猛スピードで物質中を通過している電子や原子核などである．たとえば，窒素原子核を加速（技術的には窒素イオンの加速）してやると，人工放射線になる．

　表2・1に放射線の種類をあげる．なお，**X線**や**γ線**は電磁波であると同時に粒子の性質をもち，光量子あるいは**光子**とよぶことがあるので注意したい．

2・1・2　放射性核種（RI）から放出される電離放射線

　α線，**β線**，**γ線**は，エネルギーのあまっている原子核（このような核をもつ核種[1]を**放射性核種**[2]（radionuclide）という）から，それぞれヘリウム核，電子，電磁波が飛び出たものである．また，飛び出た電子がプラスの電荷をもつ（**陽電子**[3]）場合，β^+線とよぶ．

　図2・1に，水素の放射性同位体（radioisotope：RI）[4]である三重水素（トリチ

解説①
ひとつの核種は陽子の数（$Z=$原子番号）と中性子の数（N）できまる．ZかNの片方でも違えば異なる核種になる．質量数Aとすると，$A=Z+N$．

解説②
Zが同じでN（またはA）が異なる場合，核種は異なるが化学的性質は同じである．これらは同じ元素に属する．元素の中で原子核が安定なものを安定核種，不安定で放射線をだすものを放射性核種という．

解説③
陽電子とは，通常の電子と同じであるが，電荷がプラスであるもの．プラスの電気量は電子のマイナスの電気量と同じである．

解説④
Zが同じでN（またはA）が異なる核種どうしを同位体という．

表2・1　放射線の種類と特性

名　称	実　体	発生機構	電　荷	透過性
α線	ヘリウム核	励起状態の原子核，素粒子の反応（陽電子消滅を含む）などから発生	あり	低い
β線	電子			中程度（$>\alpha$線）
γ線	電磁波（X線＝γ線）	電子の運動にブレーキがかかったときなどに発生	なし	高い
X線				
中性子線	中性子	核分裂，核反応など		

解説 ⑤
1C（クーロン）の電荷が電位に逆らって運ばれ1J（ジュール）のエネルギーを費やした場合の電位差を1V（ボルト）と定義する．逆に1Vの電位差によって1Cの電荷は1Jのエネルギーを獲得する．J＝C・V＝A（アンペア）・s（秒）・V＝W（ワット）・s

解説 ⑥
1Vの電圧により電子が加速されて獲得する運動エネルギーは1eVである．100kVでは100keVのエネルギーを獲得する．電子の電荷は1.6×10^{-19}Cなので，1eV＝1.6×10^{-19}C・V＝1.6×10^{-19}J．

解説 ⑦
粒子線のエネルギーとは，その粒子の運動エネルギーである．粒子の質量をm，速度をvとすると，運動エネルギーは$\frac{1}{2}mv^2$であらわされる．

解説 ⑧
電磁波のエネルギーEは$h\nu$であらわされる．νは電磁波の振動数で波長に反比例する．つまり波長が短いほどエネルギーは大きくなる．hはプランク定数である．波長λ〔nm〕とエネルギーE〔eV〕の間には$\lambda \fallingdotseq \frac{1,240}{E}$の関係がある．

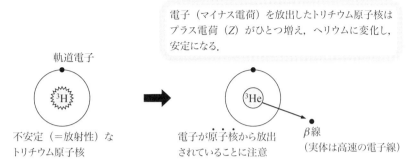

図2・1 放射性核種からの放射線の放出

ウム）からβ線がでるようすを示す．

2・1・3 X 線

X線については，医療現場でもっともよく使われるので，少しくわしく説明しよう．

X線を発見したのがレントゲンであることはよく知られている．彼は，ほぼ真空状態にした管球の中で，電子線を金属板にあてる実験をおこなっている最中に，管球から透過性の高い未知の線がでているのを発見し，X線と名づけた．その後の研究により，X線は高速の電子が金属原子核などの近くを通過し，電子にブレーキがかかったときに生じる（**図2・2**）ことがわかってきた．原子の世界では，人間の世界の常識では計り知れないことがときどきおこるのである．

管球内の両極に100 kV⑤の電圧をかけると，電子は管球内を陰極から陽極へと進み，その結果，100 keV（**eV**⑥，**エレクトロンボルト**）の運動エネルギー⑦をえる．

図2・2左図に，加速された電子が陽極の金属原子核の近くを通り減速し，100 keVのうち50 keVがX線のエネルギー（X線の場合は光子のエネルギー⑧であって運動エネルギーではないことに注意）に変化しているようすを示す．右図は，電子が完全に止まり，100 keVすべてがX線のエネルギーに変化した場合である．このとき，最大のエネルギーをもつX線が発生する．

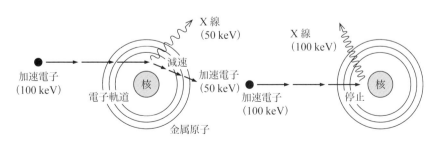

図2・2 制動X線の発生原理

2・1・4 制動X線

X線発生装置では，電子線のブレーキによって発生する**制動X線**が主である．ブレーキのかかりぐあいが連続的なので，発生するX線のエネルギーも連続的である（**図2・3**）．

図に示すように，発生するX線の平均エネルギーは加速電子線のエネルギーより小さい．

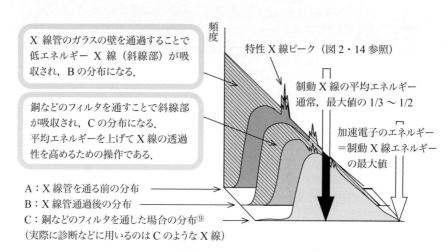

図2・3 制動X線のエネルギー分布[9]

2・1・5 X線とγ線

以上みてきたように，制動X線は連続エネルギー分布をもつ．いっぽう，α, β, γ線などは，ある特定のエネルギーをもっている．これは，ある原子核が不安定な状態から放射線をだして安定な状態に移るとき，きまった値（量子化されているという）のエネルギーを放射線に与えるからである．ただし，β線の場合，ニュートリノ[10]（ν）といっしょに放出されるので，β＋νのエネルギーが一定というかたちをとり，β線そのものは連続エネルギー分布する．

X線とγ線の違いとはなんだろうか．一般に電磁波は，波長がかわれば異なる性

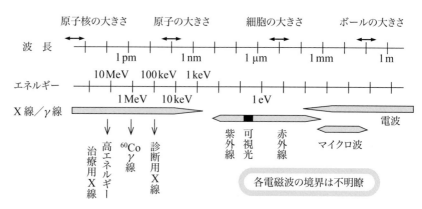

図2・4 短い波長をもった電磁波（X線/γ線）

解説⑨
エネルギーの高いX線を'硬い'X線，低いものを'軟らかい'X線とよぶ．フィルタを通して平均エネルギーが高くなることを'X線が硬くなる（harden）'という．

解説⑩
小柴博士のノーベル賞受賞で有名になった，ニュートリノとは中性微子のこと．電荷がなく，質量はごくわずかである（梶田先生のノーベル賞）．物質との相互作用が弱いので，透過性が高く，測定が非常に困難である．

質を示す（図2·4）が，伝わるための媒質を必要とせず，また，真空中であれば光の速さで進むという共通の性質をもっている．電磁波は真空中の波長（真空中の速度は一定であるので，波長がきまると振動数もきまり，また，エネルギーもきまることに注意[8]）によって特定され，その性質がきまってしまう，と言い換えてもよい．つまり，波長の同じX線とγ線は本質的に同じものなのである．歴史的に，電子の運動エネルギーや位置エネルギー[11]が変化したものをX線，原子核や素粒子由来のものをγ線とよんでいる．これと同様に，エネルギーが同じであれば，加速電子線もβ線も同じものである[12]．違いは，β線が原子核から放出されるところにある．

2·1·6 中性子線

ウランなどの核分裂で中性子がでるので，原子炉などでは**中性子線**が観察される．また，高エネルギーX線によるがん治療時に，ごくわずかではあるが，X線がまわりの原子核と反応（光核反応）し，中性子線が発生する．中性子には電荷がないので，物質への透過性がきわめて高い．

2·2 放射線と生体物質の相互作用

電離放射線[13]は，いったい，どのようにして生体に影響を及ぼすのだろうか．どの電離放射線であっても，最終的には物質を**電離**（軌道電子を原子から引き離す）あるいは**励起**（軌道電子のエネルギー状態を上げて活性化する）することで影響を及ぼす（図2·14）．その電離・励起された物質が変化し，また，まわりと反応して，異常なものを形成するのである．この電離・励起のしかたが放射線によって異なっている．2·2·2～2·2·6項では個々の放射線の相互作用，2·2·7項では集団の放射線の相互作用について学ぶ．

2·2·1 放射線の透過性

原子はプラスの電荷をもつ原子核と，核の半径の1万倍以上もある空間を回っているマイナスの電荷をもつ小さな電子とからなる（図2·5）．原子そのものがすきまだらけなのである．そこで，放射線が物質を通過するとき，その放射線が電荷をもっていれば，原子核や電子との電気的相互作用のため，あまり前に進めないが，そうでなければ，中性子のようにその広い空間を進んでいく（図2·5）．また，X線，γ線は波長が短く，可視光のように簡単には物質に吸収されないので透過性が高い．^{32}Pのβ線のように，よほどエネルギーが高くないかぎり，体外からのα

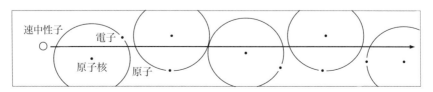

図2·5 速中性子にとって物質とはそのほとんどがすきまである

解説 [11]
たとえば，X線や電子線によりK殻電子が原子外にはじきだされ，そのあとL殻にいる軌道電子がK殻に移動すれば，その位置エネルギー差（量子化されている）に相当する一定のエネルギーをもった特性X線が放出される（図2·14参照）．

解説 [12]
けっきょく放射線は種類（どんな粒子なのか，あるいはXやγ線など電磁波なのか）とエネルギーがきまれば特定されることになる．この場合，エネルギーとは個々の放射線がもつもので，放射線集団のエネルギーは'線量'で扱う（3章参照）．

解説 [13]
電離放射線とは，物質を電離することのできるエネルギーの高い放射線をいう．このとき，同時に励起もおこっている．電離にくらべて励起のエネルギーは一般に小さい．

第2章 放射線生物作用の初期過程

線，β線の影響は少ないが，X線，γ線，中性子線の取り扱いには特別に注意が必要なのは，このためである．

2・2・2　α線（陽子線，重粒子線も同様）と物質の相互作用

α線は重いので，生体組織中をまっすぐに進む（**図2・6**）．また，速度が遅いので[14]，電離が密におこる．これは止まる直前にとくに著しい（図3・5参照）．

α線によって飛ばされた**2次電子**[15]のエネルギーが高い場合，この電子がまた他の電離を引き起こす．これを**2次電離**とよび，エネルギーの高い2次電子を特別に**δ（デルタ）線**とよぶ．

2・2・3　β線（加速電子線）と物質の相互作用

電子は質量が小さく，軌道電子との相互作用による多数回の散乱で方向が大きくずれる（図2・6）が，そのあいだに励起・電離をくりかえす．進行方向のいちばん遠くまでとどいた場合に**最大飛程**という．逆の方向に向かったものを**後方散乱**とよぶ．β線や加速電子線が原子核の近くを通って減速すると制動X線が生じるが，生体組織を構成する元素の原子番号が小さいので，生成確率はごく小さい[16]．

また，$β^+$線はβ線と同様にふるまうが，止まると近くの電子と結合・消滅し（**陽電子消滅**），たがいに反対方向に進む2本の0.51 MeVのγ線にかわる（陽電子，電子の質量がそれぞれ0.51 MeVのγ線のエネルギーにかわる）．これを利用したのが**PET診断**である．

2・2・4　電磁波と物質の相互作用

電磁波は，その波長によって物質との相互作用が異なる．マイクロ波は水の分子

> **解説⑭**
> 粒子線の運動エネルギーは $\frac{1}{2}mv^2$ である（解説⑦）．全般的にいえば，α線のエネルギーはβ線とほぼ同レベルである．一方，m には7,300倍（陽子，中性子のm ≒ 1,825×電子のm）ほどの差がある．そこで，α線のvは小さくなるのである．

> **解説⑮**
> α線やβ線，加速電子線などにより直接電離をうけた電子を2次電子という．X線やγ線では光電効果，コンプトン効果，電子対生成などの結果，飛ばされた電子を指す．

> **解説⑯**
> 制動X線のできる確率は物質の原子番号の2乗と電子線のエネルギーに比例する．原子番号が小さく，電子のエネルギーが小さいと制動X線はほとんどできない．

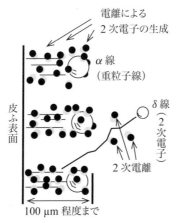

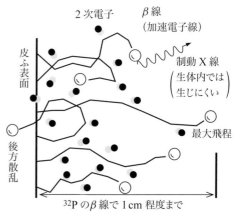

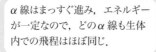

α線はまっすぐ進み，エネルギーが一定なので，どのα線も生体内での飛程はほぼ同じ．

β線は散乱をくりかえすので，まっすぐ進まない．また，エネルギーも一定でないので，いろいろな到達距離がある．

図2・6　生体におけるα線とβ線による電離
図には示していないが，励起もおこっている．

2・2 放射線と生体物質の相互作用

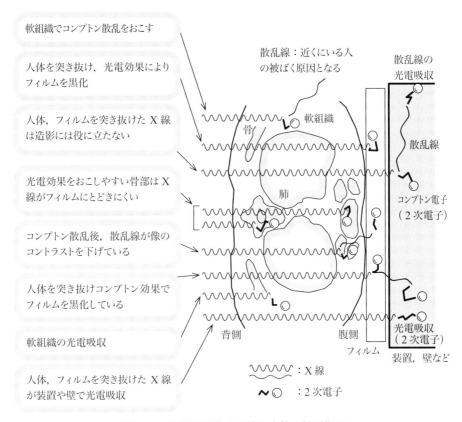

図2・7 胸部撮影時のX線と人体の相互作用

解説⑰ ある波長の光を金属にあてると同じエネルギーをもつ電子がたくさんでる．光の量を増やすと電子の数が増え，波長を短くすると出る電子のエネルギーが大きくなる．光を粒子とし，1個の光が1個の電子をはじきだすと考えると説明がつく（光電効果）．アインシュタインにより提出された光量子（光子）仮説である．X線も'光'であるから原理は同じである（そのときの光のエネルギーは解説⑧参照）．

解説⑱ ほかに電子を原子から引き離すためのエネルギーに必要．

解説⑲ 光を粒子と考えたときの，光子と電子（玉と玉）のぶつかりあいで説明がつく．この現象により光の粒子性が確実になった．また，光の粒子がぶつかるおかげで，帆を広げた JAXA のイカロスは太陽光の圧力（太陽風とは別もの）をうけ，ゆっくりと加速される．

を激しく振動させて水の温度を急激に上げる．そのため電子レンジに用いられる．また，**紫外線**は，X線やγ線と比較してエネルギーが小さく，半導体などを除いて物質を電離することはないが，DNAの塩基を励起し，傷をつくるので殺菌効果を示す（5・1・3項参照）．

波長のごく短い電磁波であるX線やγ線と物質の相互作用とはどんなものであろうか．診断において，X線と人体がどのように相互作用して造影にかかわっているのかを，**図2・7**に示す．もちろん，同程度のエネルギーのγ線の場合でも同様であるが，一般にγ線は診断には用いられない．

2・2・5 X線による診断と光電効果，コンプトン効果

光電効果⑰がおこると，X線のエネルギーはほぼ全部が電子の加速にあてられ⑱，X線は消滅する（図2・7）．加速された2次電子は，まわりの物質を電離・励起しながら，あまり遠くまでとどかずに吸収される．これを**光電吸収**という（図2・7）．

いっぽう，**コンプトン効果**⑲では，かならず**コンプトン電子**と**散乱線**が生じる．コンプトン電子も飛程が小さいので，**コンプトン吸収**とよばれる．散乱線はつぎの散乱を引き起こすか，光電吸収で消滅する．

コンプトン効果のおこる確率はX線のエネルギーや物質の原子番号にあまり影響されないが（Zに比例，$100\,\mathrm{keV}$～数MeV域でおも），光電効果の生成確率は低

エネルギー域で，かつ原子番号が大きい場合に急激に大きくなる（$Z^{4\sim5}$に比例，10〜100 keVでおも）．診断に低エネルギーX線を用いるのは，軟組織と骨（軟組織より原子番号が大きい）などとの光電吸収の差を造影にいかしたいからである．

2・2・6　高エネルギーX線によるがん治療と電子対生成

最近，がん治療に20 MV程度の高エネルギーX線発生装置（**リニアック**）を導入しているところが多い．この装置により15〜20 MeVを最大とする制動X線がえられる．このとき，コンプトン効果は観察されるが，光電効果は減少し，かわりに**電子対生成**[20]が増加してくる（Z^2に比例，数MeV以上でおも）．電子対生成のおこっているようすを図2・8に示す．なお，深部に放射線を集中して皮ふ障害を軽減[21]するには，高エネルギーのほうが有利である（図2・9）．

こうしてみてくると，X線の生体や物質に対する効果とは，光電効果，コンプトン効果，電子対生成の結果，生じる2次電子によるものであることがわかる．なお，トムソン散乱[22]や光核反応（高エネルギーX線，γ線と原子核の核反応）などについては，問題としているX線のエネルギー域では，生成確率は小さい．

2・2・7　X線，γ線の物質による減弱

個々のX線（γ線）は物質と相互作用し消滅・散乱していく（2・2・4〜2・2・6項参照）．いっぽう，集団でのX線（γ線）の消滅・散乱のしかたは，X線（γ線）のエネルギーが単一の場合，ごく単純な法則にしたがう．その理由を以下に示す．X線（γ線）のエネルギーと物質がきまると，ある厚さを通過するあいだにおこる光電効果，コンプトン効果，電子対生成の確率がきまる[23]．そこで，X線（γ線）が消滅・散乱する確率が決定され，その確率がきまると，減るX線（γ線）の数がきまってしまうのである（減るX線（γ線）の数＝そこに存在するX線（γ線）の数×減る確率）．

解説⑳
X線やγ線のエネルギーが1 MeVをこえると，ある確率で電子と陽電子の対があらたにうまれる．電子の質量は約0.5 MeVのエネルギーに等しいので，電子がふたつできるためには最低1 MeVのエネルギーが必要である．

解説㉑
高エネルギーX線により皮ふ線量が下がる理由を図2・12に示す．皮ふ線量の低下による放射線治療成績の向上は，高エネルギーX線が技術的に困難であった時代にすでに予想されていた．

解説㉒
結晶構造解析に用いられる弾性散乱（エネルギーの受け渡しがない）で，空が青く見える原因（太陽光が大気圏の空気分子により散乱されるが，波長が短い紫や青のほうが散乱されやすく波長の長い赤は散乱されにくい）であるレリー散乱のX線版（X線としては波長が長いものが原子核により散乱される→レリー散乱の波長のごく短い場合で，これがトムソン散乱である）である．

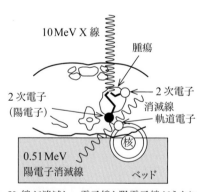

X線が消滅し，電子線と陽電子線がうまれる．陽電子は止まると，近くの電子と結合し，消滅し，2本の0.51 MeVのγ線にかわる．

図2・8　高エネルギーX線治療における電子対生成

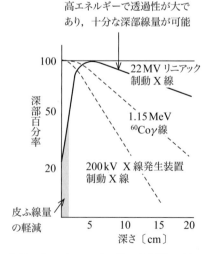

図2・9　22 MVリニアック制動X線の体内線量分布

2・2 放射線と生体物質の相互作用

解説㉓
X線が物質を通過するとき，光電効果，コンプトン効果，電子対生成により消滅・散乱してその本数が減っていく．この三つの相互作用の確率がX線のエネルギーと物質の原子番号によってかわる．

ある厚さの物質中を，あるエネルギーのX線が8本進入して，そのうち4本が反対側からでてきたとする（**図2・10**）．したがって，この厚さの物質によって1/2の確率でX線が消滅・散乱したことになる．通過した4本がもう一度同じ厚さの物質中を進むと何本に減るだろうか．4本が1/2の確率で消滅・散乱するから，2本が通過するはずである．この関係は，放射能の半減期（3・4・3項参照）とよく似ている．つまり，あるエネルギーのX線がある物質を通過するとき，その本数が1/2になる厚さがあって，その厚さが倍になれば本数は1/4，3倍になれば1/8に減るのである．つぎに，低エネルギーX線が同じ厚さの軟組織と骨を通過するとき，片方は4本残るのにもう片方では1本になると仮定した場合を考えよう（図2・10）．半分になるのに必要な厚さは，骨では1/3ということになる[㉔]．このとき，単位長さ（SI単位系ではm，場合によってはcm）あたりにX線が消滅・散乱する確率は，当然，骨では軟組織の3倍になる（図2・10，図2・11）．この確率のことを**線減弱係数**あるいは線吸収係数とよび，μであらわし，一般に単位はSI単位系で〔/m〕，場合によっては〔/cm〕である．

解説㉔
軟組織を構成する元素はC，H，N，Oなど原子番号が小さいものが主である．骨ではリン酸カルシウムが主体で，その原子番号は軟組織のものより大きい．とくに，低エネルギー域では光電効果のおこる確率は原子番号に大きく左右される（2・2・5項参照）．

図2・11で，I_0はフルエンス率（3・1・1項参照）であらわしてある．これは，1秒間に単位面積を通過するX線の本数であり，エネルギーが一定のX線について考えるのに便利である．エネルギーが一定でない場合，I_0として，エネルギーフルエンス率や照射線量率，空気カーマ率（3・1・1～3・1・3項参照）を用いる．この場合，低エネルギー成分が急速に吸収されるので，図2・11右図に書き入れると，破線で示すように，直線ではなく，下に凸の曲線になることに注意する．

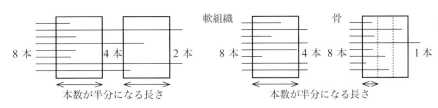

図2・10 X線の物質による減弱と物質の違いによる減弱の違い

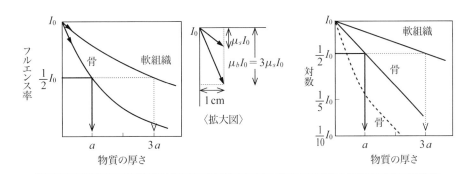

μ_s, μ_b：線減弱係数．X線がそれぞれ単位長さの軟組織，骨に吸収される確率．
$\mu_s I_0$, $\mu_b I_0$：単位長さの軟組織，骨に吸収されるX線の本数（1秒間に単位面積あたり：フルエンス率については3・1・1項参照）．右図破線はエネルギーが一定でない場合．

図2・11 物質によるX線の減弱と線減弱係数

第 2 章　放射線生物作用の初期過程

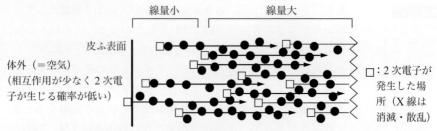

図 2・12　高エネルギー X 線による皮ふ線量の軽減

このように X 線のエネルギーがきまれば，X 線の減弱は単純な法則にしたがう．縦軸を対数にとれば，図 2・11 右図のように減弱曲線は直線になる．体内での実際の減弱については，200 kV X 線と ^{60}Co γ 線の減弱（図 2・9）を参考にしてほしい．ただし，図 2・9 において，22 MV リニアック X 線の体内分布で，皮ふ表面から 5 〜 7 cm まで線量が上昇するのには減弱以外の要因がかかわっていることに注意しよう．X 線や γ 線のエネルギーが非常に大きくなると，相互作用の結果，生じた 2 次電子の飛程が長くなり，図 2・12 に示すように皮ふ表面より深部のほうが，線量が高くなるのである[25]．

さて，1 秒間に単位面積に入射する X 線の本数（I_0）がある物質を単位長さ進むことを想像してほしい．いま問題としている単位体積中（単位面積×単位長さ）に，その物質を構成する原子が 2 倍存在していたら，どうなるであろうか．当然，相互作用の確率は 2 倍になるはずである．つまり，密度が 2 倍になると μ は 2 倍になるのである．比例の関係である．そこで，μ をあらかじめ密度で割った数値 $μ_m$ を定義し，これを **質量減弱係数** とよぶ．単位は，/cm を g/cm^3（SI 単位では /m を kg/m^3）で割るから，**cm^2/g** である（SI 単位では m^2/kg）．また，この場合，厚さは cm（SI 単位では m）でなく，**g/cm^2**（SI 単位では kg/m^2）を用いる．$μ_m$ は密度によらない数値なので便利である．臨床的にもしばしば $μ_m$ が用いられる．

2・2・8　中性子と物質の相互作用

中性子線は鉄などをいとも簡単に通過するいっぽうで生体に対する影響は大きい．これは生体内の水素原子核（＝陽子）にぶつかると，両者の質量がほぼ同じなので，そのエネルギーの多くを陽子に与え（**陽子線**），スピードを落としてしまうからである（**図 2・13**）．このあと，ほぼ静止した中性子は β 線をだして陽子になったり，まわりの原子に吸収され，その原子を放射性にかえたりする．

いっぽう，重い原子核にぶつかると，多くの場合，重い原子核はほとんど動かず，中性子のスピードもあまり落ちない．

解説 [25]
表面から徐々に線量が高くなる領域（ビルドアップ領域）とその後の線量が一定になる 2 次電子平衡の領域がある．一定といっても実際には深部にはいるにしたがい X 線は減弱されていくので，線量は徐々に下がっていく．200 kV 発生装置の X 線やコバルト γ 線でもわずかにビルドアップがある（図 2・9）．

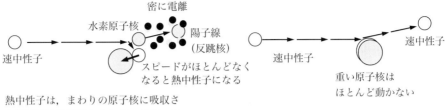

図2・13 中性子と物質の相互作用

2・3 水の放射線化学

放射線と物質，とくに生体との相互作用をみてきた．

それでは放射線はこのあと，生体に対してどのように作用し，障害を与えるのであろうか．生体内にはいろいろな低分子，高分子物質が存在する．化学的な立場からみると，放射線はこれらのどの物質に対しても影響を与える．しかし，生物学的な観点からすると，障害の対象となるもっとも重要な分子はDNAだということができる．

このDNAに対して放射線のエネルギーがどのように伝わるかには，水分子がおおいにかかわっている．ここでは，そのことについて学ぶ．なお，これ以降本章ではとくに記述がないかぎり，X線や電子線など低LET放射線（3・2・1項参照）を用いた場合の話であることに注意してほしい．

2・3・1 電離と励起

どの放射線であっても，そのエネルギーは最終的には原子，分子の電離・励起に還元される（図2・14）．

通常，ひとつの電離・励起に使われるエネルギーは数〜数十eVであるから，100 keVのX線のエネルギーが光電効果などにより2次電子の運動エネルギーにかわれば，その2次電子のまわりに，最低でも1,000個以上の電離・励起がおこる計算になる．また，100 keVの電子線やβ線があれば，同様のことがおこるはずである．

> 内殻電子が飛ばされる（図右）とエネルギーの高い位置にある外殻電子が移動し，あまった位置エネルギーが特性X線として放出される[26]．

解説 26
原子核の外側を回っている電子は内側の電子より位置エネルギーが高い．たとえばビルの上の階と下の階と考えてよい．上の階から下の階に飛び降りれば，その位置エネルギーに相当する運動エネルギーをもらう．原子の世界では，運動エネルギーでなくX線や光にかわる．

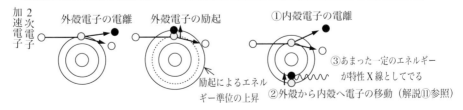

図2・14 X線により生じた2次電子や加速電子線（β線）による物質の電離と励起

第2章 放射線生物作用の初期過程

2·3·2 水分子とラジカル生成

1本の放射線のエネルギーは数多くの原子，分子の電離・励起というかたちで伝わる．

では，電離・励起のあと，いったいなにがおこるのであろうか．それは，**ラジカルの生成**である．ラジカルとは**不対電子**（一般に軌道電子は対を組んでいるが，対を組まない電子をいう）をもち，反応性に富んだ化学種である．ラジカルは化学式の前か後かに・記号をつけることであらわす．

放射線を照射するといろいろなラジカルが生成するが，**図2·15**では生体を構成する成分のうち圧倒的に多く存在する水分子について示してある．

なお，水のラジカルの中でもっとも重要なのは**水酸化ラジカル**（OH·）であることを付け加えておく．

2·3·3 放射線化学収率とG値

放射線を与えられた物質中では，あらたにあるものができたり，あるいは，壊れたりする．このとき，放射線エネルギー $100\,\mathrm{eV}$ あたりに，できたり，壊れたりするものの個数を**放射線化学収率**（**G値**）とよぶ．

放射線のエネルギーが水に吸収されると，OHラジカル，水和電子，Hラジカル（図2·15）や過酸化水素などができる．pHが中性に近い条件で，X線を照射した場合のG値は，それぞれ約2.8，2.8，0.6，0.75である．なお，G値において，できたり壊れたりするものはラジカルである必要はない．

解説 ㉗

水分子では，水素原子ふたつと酸素原子ひとつがそれぞれ電子をひとつずつ共有することで，水素原子はふたつ，酸素原子は八つの電子をもつことができ，安定する．

●共有結合㉗（ここではラジカルの記号と区別するため，あえて電子を・でなく × で示した）

$$\mathrm{H}\times + \times\mathrm{H} = \mathrm{H}{\times}\mathrm{H} \qquad 2\mathrm{H}\times + \times\overset{\times\times}{\underset{}{\mathrm{O}}}\times = \mathrm{H}\overset{\times\times}{\underset{\times\times}{\mathrm{O}}}\mathrm{H}$$

　　水素原子　　　水素分子　　　水素原子　酸素原子　　水分子
　　（不安定）　　（安定）　　　（不安定）（不安定）　（安定）

最外殻の電子が水素ではふたつ，酸素では八つあると安定．水素原子，酸素原子はラジカル．

●電離，励起による水ラジカルの生成過程（ごく代表的なもののみ示した）

$$\mathrm{H_2O} * \ (\text{*は励起の意味}) = \cdot\mathrm{H} + \cdot\mathrm{OH}$$

$$\mathrm{H_2O} = \cdot\mathrm{H_2O^+} + \mathrm{e^-}\ (\text{電離}) \implies \mathrm{e^-} + n\mathrm{H_2O} = \mathrm{e^-_{aq}}\ (\text{水和電子})$$

$$\implies \cdot\mathrm{H_2O^+} = \mathrm{H^+} + \cdot\mathrm{OH}$$

●水の解離と放射線によるラジカル生成との違い

　　　　　　　　　　　　　　　　　　この電子がひとつ多いので全体で−

・水の解離　　　　$\mathrm{H}\overset{\times\times}{\underset{\times\times}{\mathrm{O}}}\mathrm{H} = \overset{\times\times}{\underset{\times\times}{\mathrm{O}}}\mathrm{H^-} + \mathrm{H^+}$
（ラジカルは生じない）
　　　　　　　　　　　　　　　　　　ここに電子がひとつないので全体で+

・ラジカル生成　　$\mathrm{H}\overset{\times\times}{\underset{\times\times}{\mathrm{O}}}\mathrm{H} = {\times}\overset{\times\times}{\underset{\times\times}{\mathrm{O}}}\mathrm{H}\ (\mathrm{OH}\cdot) + \times\mathrm{H}\ (\mathrm{H}\cdot)$

　　　　　　　　　　　　　　　　　　電子が対でないのでラジカル

図2·15 共有結合の成立と電離，励起によるラジカル生成

2·3·4 化学線量計，放射線の水ラジカル生成能を利用した例

G値が安定している場合，つまり，吸収された放射線エネルギーとラジカルの生成量が厳密に比例しているとき，ラジカルの生成量を測定することで，放射線量を知ることができる．

Frickeの線量計は，Fe^{2+}がラジカルと反応し酸化されてできるFe^{3+}の量を，分光光度計によって300 nm付近の光の吸収として測定するものである．比較的大きな線量の測定に適している．大気圧の酸性条件下で，硫酸第一鉄の水溶液をX線で照射した場合のOH・，e_{aq}，H・，H_2O_2のG値はそれぞれ2.95，3.05，0.6，0.8である．これらのラジカルはFe^{2+}と以下のような反応をする．

$$\boxed{OH\cdot} + Fe^{2+} \longrightarrow OH^- + Fe^{3+}\ （1個）$$

$$\boxed{e_{aq}} + H^+ \longrightarrow H\cdot \Longrightarrow \text{このあと}\ \boxed{H\cdot}\ \text{に続くので計3個}$$

$$\boxed{H\cdot} + O_2 \longrightarrow HO_2\cdot \Longrightarrow HO_2\cdot + Fe^{2+} \longrightarrow HO_2^- + Fe^{3+}\ （1個）$$

$$HO_2^- + H^+ \longrightarrow H_2O_2 \Longrightarrow \boxed{H_2O_2} + 2Fe^{2+} \longrightarrow 2OH^- + 2Fe^{3+}\ （2個）$$

OH・は1個，e_{aq}とH・は一連の反応で計3個，H_2O_2は最後の反応で2個のFe^{3+}を生じる．そこで，Fe^{3+}のG値は

$$G(Fe^{3+}) = 1 \times 2.95 + 3 \times 3.05 + 3 \times 0.6 + 2 \times 0.8 = 15.5$$

となる[28]．ただし，この値は，酸素の有無，pHなどによって異なってくる．

解説 ㉘
1 eV = 1.6 × 10^{-19} J の関係がある（解説⑥参照）．分光光度計によるFe^{3+}量の測定（モル数から個数の算出）とG(Fe^{3+})値（15.5個/100 eV）からeV単位で吸収されたエネルギーが計算され，それをJに換算すれば吸収線量（3·1·4項参照）が求められる．

2·4 放射線の直接作用と間接作用

放射線が直接，標的となる分子の電離・励起を引き起こし，その分子のラジカル生成につながる場合に，これを**直接作用**とよぶ．ただし，X線やγ線の場合，直接という言葉にまどわされないようにしよう．この場合には，X線やγ線が直接，標的分子と相互作用するのではなく（皆無ではないが），相互作用の結果，生じた2次電子が直接，標的分子の電離・励起を引き起こすのである．

いっぽう，標的以外の分子が電離・励起されたあと，ラジカルが生成され，そのラジカルが標的分子を攻撃する場合を**間接作用**という．生物学的影響にとっての標的分子とはDNA分子であり，間接作用の主役は，生体を構成する主成分である水分子が演じている．

2·4·1 DNAに対する直接作用と水ラジカルを介した間接作用

DNAに対する直接作用では，荷電粒子線やX線による2次電子が，文字どおり直接，DNA分子を電離・励起し，DNAを構成する塩基，糖やリン酸のラジカルをつくる．この反応は，

$$R : R' = \cdot R + \cdot R'\ （R,\ R'：塩基，糖，リン酸やそれらの分子片）$$

で表される．もちろん，電離・励起された分子がエネルギーをいろいろなかたちで放出してしまえばラジカルは生成されずに，分子はもとどおりになる．直接作用に対し，水のラジカルである・Hや・OHがDNAを攻撃する場合を間接作用という．その代表的な反応をつぎに示す．

第 2 章　放射線生物作用の初期過程

$$RH^{㉙} + ·H = RH_2· \qquad RH + ·H = R· + H_2$$
$$RH + ·OH = RHOH· \qquad RH + ·OH = R· + H_2O$$

解説㉙　RHは有機分子をあらわす．有機分子はほとんどの場合，H基をもつ．いま注目しているH基だけを外にだしてRHと記述する．OH基に注目すればROHになる．

2·4·2　間接作用を担う水分子

水が間接作用の主役を演じていることの証拠として，大腸菌を使った実験がある．大腸菌を乾燥させていき，菌内の水分を減らすにしたがって，菌の放射線感受性が減っていく．これは，放射線のエネルギーの少なくとも一部が，水を介してDNAに伝わっている証拠である．

大腸菌では直接作用と間接作用の割合はほぼ同じと考えられるが，X線を照射された，ほ乳類細胞の場合には，実験から 1：2 程度であると考えられている．

2·4·3　温度効果

間接作用が放射線の障害にかかわっているもうひとつの傍証が**温度効果**である．
細胞を凍結し，あるいは，低温におくことで，細胞の放射線感受性を下げることができる．間接作用のおもな担い手である水ラジカルの拡散が妨げられる結果，標的分子が影響をうけにくくなっていると考えられる．ただし，直接作用も低温におくことで効果が少し下がることに注意しよう．

2·4·4　希釈効果

ここでは，実験の簡便性のために，標的分子としてDNAのかわりに酵素をとりあつかう．X線による細胞死などのかわりに酵素の失活㉚を指標にするのである．

酵素水溶液に，ある線量のX線を照射したとする．このとき，間接作用では，酵素の濃度（分子数）を下げても，ラジカルの攻撃により活性を失う酵素分子数はかわらないと予想される（**図 2·16** 右下図）．失活する酵素分子数がかわらないのに，酵素の全分子数が下がるので，全酵素分子あたりの失活した酵素の割合（不活性化率）は増加する（図 2·16 右上図）．この効果のことを**希釈効果**とよぶ．いっぽ

解説㉚　ラジカルが酵素の立体構造を壊したり活性中心を攻撃したりすると酵素が失活すると考えられる．しかし，酵素の失活に必要な線量はDNAの傷により細胞が死ぬ線量より通常は10倍以上大きい．

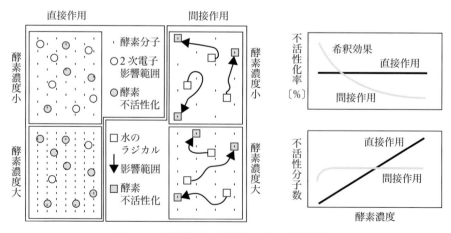

図 2·16　間接作用の証拠としての希釈効果
ラジカルの影響範囲はたいへん長い

う，直接作用では，希釈により活性を失う分子数は減るが（図2·16右下図），全分子数に対する失活分子の割合はかわらない（図2·16右上図）．

2·5　防護剤と増感剤（ラジカル生成過程に影響を与える物質）

　ここまで，ラジカル生成が放射線障害の初期段階であることを示してきた．この初期段階に化学的に影響を与える物質がある．ひとつは，内部にSH基をもつ物質をはじめとして，ラジカルと反応し，これを捕捉する物質であり，もうひとつは，酸素を中心とした物質である．

　これらの物質の存在により，放射線の生物作用が軽減されたり増感されたりする．ラジカルが関与しているので，おもに間接作用が影響をうけるが，直接作用も影響をうけていると考えられる．治療における防護と増感については4·5·6項を参照すること．

2·5·1　化学的防護効果（保護効果）

　放射線により生成したラジカルを取り除くことのできる物質は，放射線の生物作用を軽減する（**放射線防護効果**）．なかでも，硫黄と水素からなる**SH基**をもつ化合物は昔からよく研究されている．SH基をもつ唯一のアミノ酸であるシステインを分子内にもつ**グルタチオン**[31]は，細胞内の酸化還元状態を調節していると考えられている．

　この還元能により，**図2·17**に示すように，生体にできた水のラジカルやDNAなどのラジカルを取り除いていると考えられる．グルタチオン以外にもシステイン，システアミン，メルカプトエタノールなどのSH基をもつ化合物の防護効果は，培養細胞を用いた系で証明されている．また，アルコールやグリセリンなどOH基をもつものもラジカルを取り除くことができ，これらを総称して**ラジカルスカベンジャー**（ラジカルの掃除をしてくれるものの意）とよぶ．

> **解説 31**
> グルタミン酸-システイン-グリシンからなるトリペプチドで，細胞内で電子供与体としてはたらき，物質を還元しみずからは酸化される．アミノ酸の3文字表記ではGlu-Cys-Glyであり，1文字表記ではE-C-Gである．

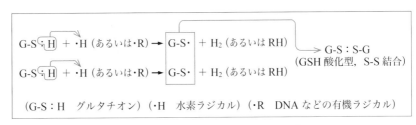

図2·17　ラジカルスカベンジャーの作用

2·5·2　放射線防護剤

　核戦争を想定して数多くのSH化合物の防護効果が研究されてきた．いっぽうで，宇宙旅行のさいの宇宙線被ばくや放射線治療における正常組織の防護の目的でも検討がなされてきている（**表2·2**）．

　がん治療において，防護剤のもっとも重要な点は，十分に防護効果をもつ量で，

第 2 章　放射線生物作用の初期過程

表 2・2　マウスで放射線防護効果の確認されている代表的な化合物

化合物名	化学式	DRF*	投与量〔mg/kg〕	毒性〔mg/kg〕
システイン	$SHCH_2CH(NH_2)COOH$	1.7	1 200	7 000
システアミン	$SHCH_2CH_2NH_2$	1.7	150	250
WR-2721	$H_2N(CH_2)_3NHCH_2CH_2SPO_3H_2$（細胞内で SP のあいだが切れて SH 基になる）	2.6	400	550
グルタチオン	グルタミン酸 - システイン（SH）- グリシン	1.3	4 000	4 000
セロトニン	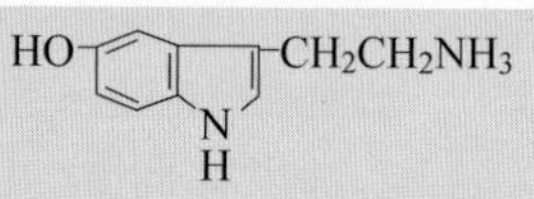 HO——CH₂CH₂NH₃（環構造、N−H）	1.9	90	1 000
（血流量を下げることで，細胞内の酸素分圧を下げ，結果として防護効果をもつ）				

* DRF（dose reduction factor）：防護剤存在下で，ある生物学的影響を得るために必要な線量を防護剤非存在下での線量で割った値．たとえば，DRF＝2 とすると，同じ効果のために必要な線量が防護剤によって 2 倍になるという意味になる．

副作用が小さいことである．残念ながら，現在までに臨床応用にいたっている例はない．SH 化合物や OH 化合物以外では，放射線の作用を増加させる酸素（次項参照）の細胞内分圧を下げる処理などが，わずかではあるが，防護効果を示す．また，厳密な意味では照射後の投与が有効なので，防護の定義からははずれるが，造血系幹細胞の分裂を促進[32]してやると，放射線の障害が軽減されることがある．

2・5・3　酸素効果

X 線や電子線（低 LET 放射線）の生物作用は酸素の存在によって著しく増加する．逆にいうと，酸素がないと，これら放射線の作用はずいぶんと小さいものになってしまう．これを**酸素効果**という．なぜ，酸素効果があらわれるのかについては，不明の点が多いが，一義的ではないようである．しかし，いずれの場合にも，酸素はこれらの放射線の増感に必要であり，ラジカル生成と関係している（3・5・2項参照）．

放射線によって水ラジカルや DNA などの有機ラジカルができることはすでにのべた．このとき，酸素が存在すると，これらのラジカルが酸素と反応することで長寿命化し，複雑な傷をつくることが原因らしい．

解説 ㉜

か粒球コロニー刺激因子（G-CSF）の被ばく後投与により，白血球の供給を増やすことで減少を抑え，感染や出血から個体をまもる．か粒球マクロファージコロニー形成刺激因子（GM-CSF）やインターロイキン 6（IL6）でも同様であるが，副作用が G-CSF より強い．

● 酸素存在下での過酸化ラジカル（下線）とスーパーオキシド（枠内）の生成
$\cdot H(\cdot R) + O_2 \longrightarrow \underline{\cdot HO_2(\cdot RO_2)} \Rightarrow \cdot HO_2$（弱い酸）$\longrightarrow H^+ + \boxed{O_2^- \cdot}$
$e_{aq}^- + O_2 \longrightarrow \boxed{O_2^- \cdot} \Rightarrow \boxed{O_2^- \cdot} + H_2O(ROH) \longrightarrow \underline{\cdot HO_2(\cdot RO_2)} + OH^-$

● HO₂ 過酸化ラジカルによる過酸化水素（枠内）あるいは過酸化物（下線）の生成
$R'H + \cdot HO_2(\cdot ROO) \longrightarrow \cdot R' + \boxed{H_2O_2} \ (\underline{ROOH})$
$\cdot HO_2(\cdot ROO) + \cdot H(\cdot R') \longrightarrow \boxed{H_2O_2} \ (\underline{ROOR'})$

図 2・18　酸素とラジカルの反応

e_aqや水のラジカルである・HラジカルあるいはDNAなどの有機ラジカルが酸素と反応するようすを**図2・18**に示す．これらのうち，特に・OHラジカルは間接作用の主体と考えられている．

こうしてみてみると，間接作用の結果生成したe_{aq}^-や・Hは酸素と反応し**スーパーオキシド**[33]や**過酸化水素**にかわり，それらがDNAの過酸化ラジカルや過酸化物をつくっていることがわかる．いっぽう，酸素が，直接作用でできたDNAなどの有機ラジカルと反応して過酸化ラジカルや過酸化物をつくることもあると考えられる．

ここで，ひとつおもしろい話を紹介しよう．

酸素の利用は爆発的な生物の進化をもたらし，現在多くの生物は酸素呼吸によって効率の良いエネルギー産生をおこなっている．このとき，酸素分子は四つの電子を受け取って還元され水になる（**図2・19**）[34]．つまり，4電子還元をうけるわけである．この途中の段階，1〜3電子還元をうけたものが，それぞれスーパーオキシド（1電子還元，H^+存在下では$HO_2 \cdot$），過酸化水素（2電子還元），OHラジカル（3電子還元）であり，これらは反応性が高いので**活性酸素**とよばれる．つまり，放射線によって生じた水のラジカルやそれが酸素と反応する結果生成されるものは，呼吸の途中で生じるものと瓜ふたつということになる．生きてゆくために必要な呼吸によって必然的に生じ，老化の一因とされる活性酸素が，放射線によっても形成される[35]，というお話．

2・5・4 酸素効果におけるグルタチオンの役割

DNA溶液に放射線を照射すると，酸素の有無にかかわらず形成される傷の量は一定である．DNA溶液を用いると，なぜ酸素効果はあらわれないのであろうか．そのひとつの答えがグルタチオンであることがわかってきた（**図2・20**）．

	1電子還元		2電子還元	3電子還元	4電子還元	
O_2	$O_2^- \cdot$	($HO_2 \cdot$)	H_2O_2	$OH \cdot + OH^-$	$2 OH^-$	($2 H_2O$)

OH・は放射線によって生じるが，鉄イオン，銅イオンなど遷移金属が存在すれば，呼吸によっても生成すると考えられている．

図2・19 呼吸と放射線による活性酸素の生成

ラジカルによるDNAの傷

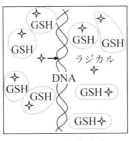
GSHにより無毒化

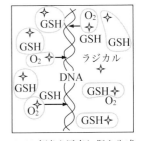
O_2は素速く反応し傷を生成

図2・20 DNA傷生成におけるGSHと酸素の役割

第2章 放射線生物作用の初期過程

水のラジカルができるとDNAに傷害を与える．このとき，グルタチオンの存在によってラジカルが捕捉され，傷害の程度が下がるのである．しかし，同時に酸素があると，酸素はラジカルがグルタチオンに捕捉されるより速く反応し，活性酸素などがうまれる．その結果，DNA傷害が増えるというしくみである．すなわち，細胞内にはもともとグルタチオンが存在するので酸素効果がみられ[36]，DNA溶液中にはグルタチオンがないので，酸素効果が観察されないのだと考えられている．実際，DNA溶液にグルタチオンを加えることで酸素効果が観察されるようになるのである．

2·5·5 低酸素性細胞増感剤

SH基のような還元剤はラジカルに電子を与え，それを無毒化する．いっぽう，酸素のように電子を受け取る性質が強いとラジカルと反応し，より安定で強い作用をもつラジカルへと変身する．

がん組織には，一般に酸素分圧の低い部位が存在し，**低酸素性細胞**とよばれる．上に示したように，低酸素状態では細胞は放射線に抵抗性になるので，放射線治療にとって大きな問題である．この細胞を放射線感受性にかえるため，酸素分圧を高める工夫や，低酸素性細胞増感剤の開発がされてきている．**増感剤**は酸素と同様，電子を受け取る性質があるので電子親和性であり，GSHに競り勝ってラジカルをすばやくとらえ，DNA傷害をおこす．しかし，残念ながら増感剤の多くは強い副作用のため，ごく一部を除いて（4·5·6項参照）臨床応用にはいたっていない．また，ブロモデオキシウリジン（BUdR）は低酸素性細胞増感剤とは違ったメカニズムで傷害を大きくする．BUdRはDNA合成時にチミジンのかわりにDNAに取り込まれることで細胞の放射線感受性を高める．

図2·21に，代表的な低酸素性細胞増感剤とBUdRの構造を示す．

解説㊱
1気圧のもとでは，酸素100％の場合，酸素分圧は760 mmHgであり，空気中では約21％が酸素で，酸素分圧は159 mmHgである．酸素分圧を低くしていくと，20 mmHgあたりから酸素効果が減りはじめ，通常，3 mmHg 程度で酸素効果は半減する．

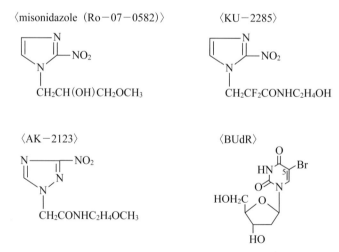

図2·21　低酸素性細胞増感剤とBUdRの構造

◎ ウェブサイト紹介

原子力百科事典

https://atomica.jaea.go.jp/

　　放射線物理，化学，生物に関する用語集

◎ 参考図書

日本アイソトープ協会編：ラジオアイソトープ・講義と実習，丸善

石川友清編：放射線概論 ― 第1種放射線取扱主任者試験用テキスト，通商産業研究社
　（1989）

日本アイソトープ協会：改訂版・放射線取扱の基礎 ― 第1種放射線取扱主任者試験の要
　点，丸善（1993）

坂本澄彦：放射線取扱主任者シリーズ1　放射線生物学，秀潤社（1998）

村上悠紀雄，團野皓文，小林昌敏編集：放射線データブック，地人書館（1982）

日本アイソトープ協会編：ラジオアイソトープ，密封線源とその取り扱い，第6版，丸善
　（1998）

日本アイソトープ協会編：アイソトープ便覧，第3版，丸善（1984）

◎ 演習問題

問題1　個々の放射線のもつエネルギーについて，粒子線と電磁波にわけて説明せよ．

問題2　放射線の透過性を決定しているものはなにか．また，α線，β線，γ線（X線），
　　　中性子線の透過性についてのべよ．

問題3　線減弱係数や質量減弱係数をX線（γ線）と物質の相互作用の観点から説明せよ．

問題4　1 MeV以下のX線（γ線）が水に入射してからラジカル生成にいたるまでの過程
　　　について説明せよ．また，放射線化学収率（G値）についても簡単にのべよ．

問題5　放射線の直接作用と間接作用についてのべ，間接作用の証拠を三つあげよ．

問題6　化学的防護効果と酸素効果について説明せよ．

問題7　放射線防護剤と増感剤について説明せよ．

問題8　つぎの対のうち正しいのはどれか．

　　　a　診断用X線－低エネルギー

　　　b　電子対生成－100 keV以上のエネルギー

　　　c　コンプトン効果－散乱線の原因

　　　d　光電効果－治療用に最重要

　　　e　皮膚線量の低減－高線量X線

　　　1．a，b　　2．a，b，c　　3．a，c　　4．a，c，e　　5．d，e

問題9　つぎのうち正しいのはどれか．

　　　1．ラジカルとは最外殻電子のエネルギー準位の高いものをいう．

　　　2．OHラジカルは結局OHイオンのことである．

　　　3．間接作用とは間接電離放射線による目的分子の傷害である．

　　　4．X線の直接作用とはX線のエネルギーを受け取った2次電子による目的分子
　　　　の傷害である．

　　　5．ほ乳類細胞においては間接作用の割合はきわめて大きく全作用の90%を占
　　　　める．

第 2 章　放射線生物作用の初期過程

問題10　つぎの対どうしで関係のないものはどれか.
1.　増感剤－銅フィルタ
2.　化学防護剤－ラジカルスカベンジャー
3.　化学防護剤－スーパーオキシド
4.　酸素効果－グルタチオン
5.　酸素効果－低 LET 放射線

第3章
Chapter 3 放射線生物学で用いる単位と用語

3・1 線量と単位（エネルギーフルエンス，照射線量，カーマ，吸収線量）

3・2 LET と RBE

3・3 放射線障害の分類（用語の定義を中心として）

3・4 防護目的の線量（等価線量，実効線量）と放射能

3・5 線エネルギー付与（LET）と酸素増感比（OER）

第3章
放射線生物学で用いる単位と用語

本章で何を学ぶか

　本章では，放射線生物学でしばしば用いられる単位と用語について学ぶ．これらの単位や用語は式であらわされる場合が多いが，ここでは，できるだけ式などは省き，考え方の背景にあるものを理解できるようつとめた．

3・1　線量と単位
　　　（エネルギーフルエンス，照射線量，カーマ，吸収線量）

　「線量」や「単位」というと，つい敬遠してしまうかもしれない．しかし，それほど堅苦しく考えることはないのである．水深2mのプールで背が立つと思う人はほとんどいないだろうし，1kgの肉を平然と平らげられるとは，通常は考えない．いっぽう，1.5億kmといわれてもぴんとこないのはあたりまえである．日常，地球と太陽のことを深く考えている人は，ほとんどいないからである．つまり，単位とうまくつき合うには「習うより慣れろ」が肝要である[①]．

　そのためにも，線量の定義や単位について，単に記憶するだけではなく，ぜひとも一度は理解しておいてほしい．

3・1・1　フルエンスとエネルギーフルエンス

　単位面積を通過する放射線の数（フルエンス[②]）あるいは，エネルギー（エネルギーフルエンス）で定義される．

　図3・1に，右に一般の定義，左に放射線が一方向からくる特別の場合を示す．左

解説①
cgs (cm, g, s)単位系からSI単位系（MKS；m, kg, s）への移行時に一般人に混乱を与えないい配慮がなされている場合もある．よい例が気圧である．1気圧は1,013ミリバールであるが，この数値を変更しないため，現在ではヘクトパスカル (hP；ヘクトは100）を用いている（1 bar = 10^5 P）．

解説②
粒子フルエンスともいう．

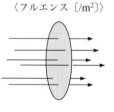

〈フルエンス〔$/m^2$〕〉

単位面積あたりの本数（放射線のエネルギーが同じときに便利）

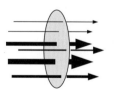

〈エネルギーフルエンス〔J/m^2〕〉

単位面積を通過した放射線のエネルギーの総和

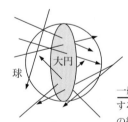

一般の定義　ある球を通過する放射線数または放射線の総エネルギーを大円の面積で割る．

便宜的に，線の太さにより個々の放射線のエネルギーの違いをあらわしている．

図3・1　フルエンスとエネルギーフルエンス

3・1 線量と単位（エネルギーフルエンス，照射線量，カーマ，吸収線量）

解説③
2・2・7項に示したように，X線（γ線）の物質による減弱はエネルギーが一定のときに単純な式にしたがう．この場合にフルエンスは便利である．ただし，Iとしてはフルエンス率（強さ；1秒あたりのフルエンス）を用いる．ワットでの表示にはすでに/sが含まれていることに注意（解説⑤参照）．

解説④
'強さ'を知るには，単位時間あたり，あるいは一定時間での量で比較する必要がある．一方，'線量'は単位面積，単位体積や単位質量あたりなどを用いる．エネルギーフルエンス率は放射線場の強さをもっともよくあらわしたものである（線量として単位面積あたり，さらに強さとして単位時間あたりであらわした数値）．

解説⑤
紫外線量はJ/m²で，紫外線量率（強さ）は（J/m²）/sであらわされる．J = C·V = A·V·s = W·sである（第2章解説⑤参照）ので，紫外線量は(W/m²)×s で，紫外線量率（強さ）はW/m²であらわすこともできる．市販のUVケア商品で

下図に注目してみよう．ある平面を通過する放射線について，もっているエネルギーを全部加え，その平面の面積で割るとエネルギーフルエンスが求められる．つまり，**エネルギーフルエンス**は，単位面積を通過した放射線の全エネルギーである．**フルエンス**ではエネルギーではなく本数が問題となる[③]．したがって，これらの量は，純粋に放射線についてだけ考えられたものであり，そこにどんな物質が存在するのかについては考えられていない．

フルエンスおよびエネルギーフルエンスの単位は，それぞれ〔/m²〕および〔J（ジュール，エネルギーの単位）/m²〕である．また，1秒間に通過する放射線の数，総エネルギーはそれぞれ**フルエンス率**〔(/m²)/s〕，**エネルギーフルエンス率**〔(J/m²)/s〕であり，その場所での**放射線の強さ**[④]を示す．

紫外線はX線と比較するとエネルギーが低く，一般に物質を電離しないので非電離放射線である．また，物質への透過性が小さいので，紫外線を吸収する専用の板をおいて，吸収されたエネルギーを測定することにより，線量（エネルギーフルエンス）を測定することができる（図3・1左下）[⑤]．いっぽう，X線やγ線の測定には古くから電離箱が用いられてきた．ただし，この場合はエネルギーフルエンスではなく，照射線量（つぎの3・1・2項参照）を測定していることに注意しよう．

3・1・2 照射線量と電離箱

照射線量はX線，γ線にのみ定義されている．また，対象物質は空気である．測定には，空気の空間を陽極と陰極ではさんで両端に電圧をかけただけの自由空気**電離箱（図3・2）**を用いる．しかし，実際には簡便な，空気と実効原子番号が等価なベークライトなどの空気等価物質で囲まれた電離箱を用いている（**図3・3**）．定義は，X線（γ線）と空気との相互作用（光電効果，コンプトン効果，電子対生成）で，生じた2次電子による空気1kg当りの電離量〔C〕である．2次電子が止まるまでにした電離をすべて含む（図3・2）．したがって，単位はC/kg[⑥]である．ただし，2次電子から生じた制動X線がほかでおこした電離は含まれない．この照射線量を電離箱で測定するさいに問題が生じる．定義では，目的場所での相互作用に着目するため，外から入射した2次電子による電離（図3・2b）は含まないが，中から外にでた2次電子による電離（図3・2a）は含むためである．しかし，X線（γ線）のエネルギーが数keV以下や3MeV以上でなければ，aとbはほぼ等しい（**電子平衡**）ので，測定を照射線量としてよい．

かつて用いられていた単位である**レントゲン**〔**R**〕の場合は，0℃，1気圧，

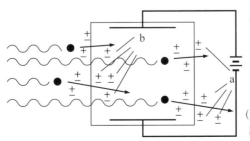

●→ : 2次電子
　　　（光電吸収・コンプトン吸収など）
± a : 2次電離（定義にはいる）
± b : 2次電離（定義にはいらない）
□ 内 : 電離箱により測定される電離

（コンプトン散乱線や制動放射については
　記述は省いてある）

図3・2 照射線量の定義と電子平衡

第3章 放射線生物学で用いる単位と用語

は後者がよく使われている．

解説⑥
吸収線量や等価線量はGyやSvという特別な名称をもっている（後述）．SI単位系（国際単位系）でC/kgに特別な名称は与えられなかった．

解説⑦
X線（γ線）による2次電子のエネルギーがどれほど空気に吸収されるかの程度（空気の質量エネルギー吸収係数）はX線（γ線）のエネルギーに強く依存する．とくに低エネルギー域で程度の違いが顕著である．しかし，0.08～2 MeVでは係数が±2割以内程度の違いに収まるので，照射線量はエネルギーフルエンスにほぼ比例している．

解説⑧
X線（γ線）や中性子などの非荷電粒子は，そのものが物質に影響を与えるわけではなく，それらからエネルギーを与えられた電子や反跳原子核が物質に影響を与えるので，間接放射線とよばれる．

解説⑨
制動X線に与えられるエネルギーは2次電子に与えられるエネルギーの一部だから．

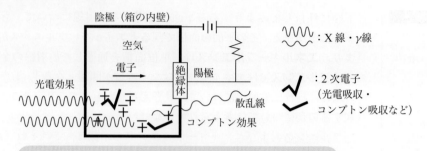

光電効果，コンプトン効果の結果生じた2次電子により2次電離（±で示してある）がおこる．これらを電流としてとらえる．

図3・3　電離箱による照射線量の測定
ここではプラスチックの箱で囲まれたものを示す．厳密な測定には，まわりも空気からできている自由空気電離箱を用いる．

$1 cm^3$の空気に1 esuの電気量が生じたときの線量ということになる．$1 R ≒ 2.58 × 10^{-4}$ C/kg（1 C/kg＝3,876 R）の関係がある．〔R〕は吸収線量（後述）とのあいだで便利な関係があるので，あえて，ここで紹介した．

照射線量はエネルギーフルエンスと異なり，放射線だけに注目した場の線量ではなく，測定目的で空気との相互作用の中で定義されている．ただし，X線（γ線）のエネルギーが0.08～2 MeV程度の範囲では，照射線量はエネルギーフルエンスとほぼ一定の関係にある⑦ので，場の線量ととらえても問題ない．

3・1・3　空気カーマ

照射線量はX線（γ線）にだけ定義されていた．一方，透過性が高く外部被ばくの原因となる**非荷電粒子**（中性子など**間接放射線**⑧）にも定義を広げたのがカーマである．**カーマ**（kerma）とは kinetic energy released in material の略称で，物質中にときはなたれた運動エネルギーというほどの意味である．物質としてはなにをとってもよい．X線（γ線）を例にとると，相互作用（光電効果，コンプトン効果，電子対生成；2・2・5，2・2・6項参照）の結果，最初に生じる2次電子に与えられた運動エネルギーの総和（〔J〕ジュール）ということになる．この場合，2次電子による制動X線の発生に必要なエネルギーは含まれることになる⑨．単位は〔**J/kg**〕で，名称は**Gy（グレイ）**を用いる．中性子の場合であれば，1 kgの物質中で中性子により生じた2次荷電粒子の初期運動エネルギーの総和ということになる．こうして定義しておけば，相互作用の最初の段階での出来事に注目することになる．

照射線量の対象物質は空気であった．そこで，照射線量に対応させるように，対象物質を空気に限定したものが**空気カーマ**である．照射線量は測定に基づいた線量のため，X線（γ線）の高エネルギー域での測定上の問題があり，また非荷電粒子を定義に含まないので，空気カーマが登場してきた．最近は10 MeVをこえるX線をがん治療用に用いるようになってきた．このような高エネルギーX線により生成する2次電子は，そのエネルギーの高さゆえ制動X線生成の確率が高くなる（2・1・4項参照）⑩．この制動X線による電離は照射線量には含まれないが，空気

3·1 線量と単位（エネルギーフルエンス，照射線量，カーマ，吸収線量）

カーマには含まれるのである．

荷電粒子平衡（図 3·2 の電子平衡を荷電粒子一般に広げた概念）が成り立ち，また制動 X 線やふたたび非荷電粒子が生ずる反応を無視できる場合，空気カーマは空気吸収線量（吸収線量；つぎの 3·1·4 項参照）にほぼ等しくなる[11]．いっぽう，照射線量は基本的に空気吸収線量に定数をかけて変換できる[12]．そこで，制動 X 線発生が無視できる程度のエネルギー域では，空気カーマは定数をかけることで照射線量に変換できる．なお，単位時間あたりの照射線量や空気カーマはそれぞれ**照射線量率**および**空気カーマ率**とよばれる．

3·1·4 吸収線量

フルエンスや照射線量および空気カーマなどがその場所での放射線の量のためであるのに対し，**吸収線量**は，放射線のエネルギーが実際に物質にどれくらい吸収されたかを示す量である．図 3·2 でいえば，吸収線量には b の電離は含まれるが，a の電離は含まれない．そのため，吸収線量は物質への影響を考える基本量であるといえる．もちろん，照射線量と異なり励起によるエネルギー吸収も含まれる．また，α 線や β 線を含め，すべての放射線に使用が可能である．

いま，生体から骨と軟組織を取り出し，同じ照射線量を与えたとする．X 線のエネルギーはどちらに多く吸収されるだろうか[13]．

図 3·4 に示すように，X 線のエネルギー域が 100 keV 程度までならば，軟組織と比較して骨には最大 5 倍程度のエネルギー吸収がおこることがわかる．つまり，同じ照射線量を与えても，物質によって吸収線量は異なるのがふつうである．骨など原子番号が大きな物質による低エネルギー域 X 線の吸収増大は，おもに光電効果の確率増加によるものである．

いっぽう，脂肪組織では反対にエネルギー吸収は減る．X 線のエ

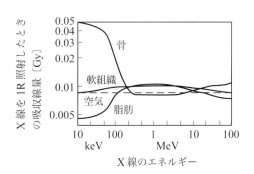

図 3·4 照射線量と吸収線量
〔出典 菅原努，青山喬：放射線基礎医学（第 9 版），金芳堂（2000）〕

ネルギーが 200 keV 近くからそれ以上になると光電効果の割合が減り，どの組織でも同じようにエネルギー吸収がおこっているのがわかる（図 3·4）．物質 1 kg に 1 J の放射線のエネルギーが吸収されたときの吸収線量は 1 Gy，したがって単位は〔J/kg〕である．この特別な名称も単位もカーマの場合と同じであるので，記入するときにはどちらの線量かがわかるようにしておきたい．また，図 3·4 にみられるように，軟組織では，X 線の広い エネルギー領域にわたって，照射線量 1 R あたり，おおよそ 0.01 Gy[14] の吸収線量がえられるので，おぼえておくと便利である．

なお，図 3·4 をよくみると，診断用には低エネルギー X 線を用い，治療用には高エネルギー X 線を用いる理由がよくわかる．骨，軟組織，脂肪など，部位によるエネルギー吸収の差を造影に反映させるため診断用には低エネルギー X 線が，骨

解説⑩
制動 X 線の確率は X 線（γ 線）のエネルギーが高いほど，物質の原子番号が大きいほど高くなる（第 2 章解説⑯参照）．

解説⑪
D（空気吸収線量）$= (1 - g) \times K$（カーマ）；g は制動 X 線として放出されるエネルギーの割合．

解説⑫
X（照射線量 C/kg）$= D$（空気吸収線量 J/kg）$\times e$（1.6×10^{-19} C/個）/ W 値（34 eV/個）；e は電気素量，空気 1 分子の電離に必要なエネルギー（W 値）は放射線のエネルギー，種類によらず乾燥空気ではほぼ 34 eV と一定（細かくは 33.97 eV）．34 eV = 34 × (1.6×10^{-19}) J（第 2 章解説⑤参照）．

解説⑬
図 3·4 の縦軸は吸収線量/照射線量である．一方，解説⑫の式から，空気吸収線量/照射線量 = W 値/e（≒ 34 J/C）であり一定となる．図 3·4 の点線（空気）はそのことを示している．また，照射線量〔C/kg〕= 空気吸収線量〔J/kg〕/34 と R = 2.58 ×

10^{-4} C/kg から，照射線量(R) = 空気吸収線量〔J/kg〕/ (34 × 2.58 × 10^{-4}) となる．これを計算し照射線量 (R) = 空気吸収線量 (J/kg = Gy)/ 0.00877 をえる (W値として正確に 33.97 eV を用いると 0.00876)．つまり，空気吸収線量 0.00877 Gy のとき，照射線量が 1R となる（図3·4参照）．

解説⑭

くわしくは，軟組織で 1R 照射により 0.0092〜0.0096 Gy の吸収線量がある（図3·4参照）．

解説⑮

たとえば，1,000個のX線（光子として数えた場合）のうち500個が人体を透過したとしよう．このときβ線にくらべてX線の透過性は圧倒的に高いといえる．しかし，人体に吸収された500個は人体のどこかで2次電子にエネルギーを与えて消滅しているはずである（コンプトン散乱線を除く）．そのため，X線のLETはそれらの電子のLETに等しくなる．

などの裏側にあるがん組織への線量を減らさないため治療用には高エネルギーX線が好都合である．ただし，治療用に高エネルギーX線を用いるのは，皮ふへの過剰な被ばくをさける目的もある（図2·9，図2·12参照）．

いま，水に1 Gyの吸収線量があったとすると，その温度上昇はおおざっぱにいって4,000分の1度である．この温度差を測るのは至難のわざである．そのため，吸収線量の測定にはフィルムの黒化度（フィルムバッジ）や静電気量（ポケット線量計），光の放出量＝結晶へのエネルギー蓄積（TLD）などを利用している．

3・2　LETとRBE

前節ではフルエンス，照射線量，カーマ，吸収線量について学んだ．このうち，生物への影響を考えるうえではとくに吸収線量が重要である．これらの線量に加えて，放射線防護の目的で，いくつかの線量が定義されている．それらの線量を理解するために必要なものが，ここで解説するLETとRBEや次節での放射線障害の分類である．

3·2·1　LET

放射線は種類とエネルギーによって特定される（2·1·1，2·1·5項参照）．いっぽう，放射線と物質の相互作用には，透過性とLETが重要である．放射線に電荷があるかないかで，その透過性が著しく異なり，荷電粒子線の場合，その重さ，電荷の大きさで進み方がずいぶんと異なる（2·2·1参照）．それでは，LETとは，いったいどんなものなのであろうか．

LETはlinear energy transferの略で，日本語で**線エネルギー付与**と直訳されている．LETは荷電粒子の通過した飛跡にそって，物質にどれだけエネルギーを与えたかを表現している．通常，荷電粒子線が1 μm進んだときに平均何keVのエネルギーを与えたかで示し，単位は〔**keV/μm**〕がよく使われる．もう少しこまかくいうと，2·2節で定性的に示したように，α線やβ線などの荷電粒子は物質を励起および電離しながら，また，制動放射（X線）にかえながらエネルギーを失って止まる．止まるまでの距離を**飛程**とよび，単位距離当りに失うエネルギーをエネルギー損失または**阻止能**という．阻止能は励起や電離による**衝突阻止能**と制動放射による**放射阻止能**にわけられる．ここではくわしくはのべないが，条件をしぼらなければ，衝突阻止能がLETであると考えてよい．

なお，α線が飛跡にそってどのようにエネルギーを与えるかを**図3·5**に示す．ただし，この図では電離だけに注目しているが，励起も同時におこっていることを念頭においていてほしい．図から，α線（重粒子線）は止まるまでに一様に物質を電離するのではなく，止まる直前に電離を多くおこすことがわかる．このような速度による電離の度合いの違いは，電子線やβ線ではほとんどみられない．

以上，荷電粒子線のLETについては理解できた．次に，X線やγ線あるいは中性子線のLETについてみてみよう．

X線やγ線のエネルギーは，相互作用の結果，まず2次電子に与えられることを学んだ（2·2·5項および2·2·6項参照）．このことは，X線やγ線のLET[15]は電子線

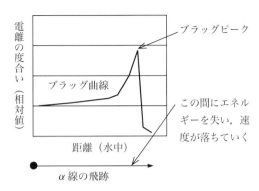

図3・5 α線に対するブラッグ曲線

解説⑯
陽子線は低LETであるが，体内線量分布はX線やγ線のものと異なりα線や重粒子線のものと似ている（図3·5）．つまり，止まる直前に，たくさんエネルギーを放出する（ブラッグピーク）ので，ブラッグピークでの陽子線のLETはずっと高くなる．このブラッグピークをがん組織に合わせるよう陽子線の速度を調節すれば，がん組織にエネルギーを集中することが可能である．

やβ線のものとほぼ等しいことを示している．また，速中性子と生体との相互作用では，速中性子のエネルギーの大半は水素原子核に与えられる．高速の水素原子核は陽子線であるから，速中性子の生体中のLETはそれらの陽子線のものに近いはずである．これらをまとめると，β線，電子線，X線，γ線のLETはほぼ等しく，また，その値が小さい．いっぽう，α線やそのほかの重粒子線，中性子線はLET値が高い．したがって，β線，電子線，X線，γ線は**低LET放射線**とよばれ，α線，重粒子線，中性子線などは**高LET放射線**とよばれる．なお，がん治療に用いられる陽子線⑯は低LET放射線に分類される．

3・2・2 RBE

RBEは relative biological effectiveness の略で，日本語では**生物学的効果比**と訳されている．RBEの説明にはよく生存率曲線（図4·4参照）が用いられるので，ここでもそれにならいたい．

図3·6は，低LET放射線の代表，X線と高LET放射線の代表，α線を細胞に照射したときの生存率曲線を示している．横軸が吸収線量〔Gy〕で，縦軸は細胞の生存率⑰を対数でとってある．生存率が0.1ということは，たとえば100個の細胞に放射線をあてたら，そのうち10個の細胞が肉眼でみえるコロニーをつくるという意味である．図ですぐに気がつくことは，同じ吸収線量を与えているのに，

解説⑰
放射線による細胞死は基本的に増殖死である（3·3·1参照）．つまり，細胞は「生きて」はいるが分裂ができなくなる．シャーレに細胞をまいて培養すると，分裂のできる細胞は数日で肉眼でみえる大きさのコロニー（集落）をつくるが，傷害をうけた細胞は分裂を途中で止め，1～数十個のままで肉眼ではみえない．肉眼でみえるコロニーがいくつかを調べれば，生存率がわかる．

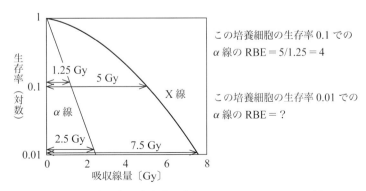

図3・6 ある培養細胞の生存率を指標としたときの4 MeV α線のRBE

第3章 放射線生物学で用いる単位と用語

解説⑱
250kVのX線と書く場合には発生装置の電圧を示す．したがって，この装置により発生する制動X線のエネルギー分布は図2・3のようになる．いっぽう，250keVのX線と書くと，単一エネルギーのX線を指す．

250kV⑱のX線と4MeVのα線の場合で生存率が異なるということである．見方をかえてみると，生存率0.1をえるため必要な線量はX線で5Gy，α線で1.25Gyと異なっている．この場合，5Gy（X線）/1.25Gy（α線）＝4をα線のRBEという．つまり，RBEは，同じ生物学的効果をえるのに必要な線量が，α線ではX線の何倍少なくてすむかを示している．言い換えると，α線はX線より何倍強い生物学的作用をもっているのかを示している．ここの例では，4MeVα線のRBEは4であり，250kVのX線より4倍強い生物学的効果をもっている．基準に250kVのX線を用いるので，当然，250kVのX線のRBEは1となる．

つぎに図3・6を使って，生存率0.01に対するα線のRBEを計算してみよう．RBEは3になるはずである．また，**図3・7**上には，同じ培養細胞を使って，いろいろなLETをもつ放射線を用い，その放射線の生存率0.1に対するRBEを調べた結果を示す．低LET放射線ではLETは10keV/μmまでであるから，X線，γ線，電子線，β線のRBEは1と考えてよい．いっぽう，10keV/μmをこえて100keV/μmまでの高LET放射線ではしだいにRBEは高くなる．しかし，さらにLETが大きくなるとRBEは逆に下がってくる．この理由は図3・7下に示す．

以上のように，RBEは，たとえ同じ組合せで放射線どうしを比較しても，なに

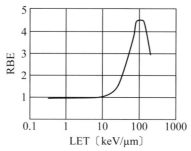

電離が密でなく1本鎖切断がおこる．ほとんどが修復されてしまう．2本鎖切断になる確率は低い．

DNAのそばを通るとかならず2本鎖切断がおこる．

かならず2本鎖切断がおこるがエネルギー吸収（吸収線量）が増えるのでRBEは下がる．

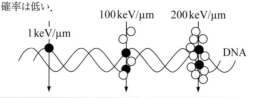

放射線によってDNA二重らせんの向かい合う部位に同時に切断がおこると2本鎖切断が生じる．修復されなかった2本鎖切断（生じた2本鎖切断の数％）は放射線による細胞死の主因とされる．上の説明で2本鎖切断とあるのは，実際には修復されずに残った2本鎖切断と読みかえてほしい．

図3・7　LETとRBE

3・3　放射線障害の分類（用語の定義を中心として）

を生物学的影響としているかにより，また，LET，線量，線量率の違いなどにより値がかわる．

3・3　放射線障害の分類（用語の定義を中心として）

　国際放射線防護委員会（ICRP）は放射線防護の目的でいくつかの線量を定義している．わが国においても，それをもとに，各事業所での放射線被ばく管理がおこなわれている．しかし，これらの線量の定義を理解するためには，まず，放射線の生物作用についておおざっぱに知る必要がある．

　この節では，放射線の生物作用をいくつかの角度から学んでいく．なお，くわしくは第4章から第8章までを参照してほしい．

3・3・1　放射線による細胞死と細胞突然変異の誘導

　電離放射線が細胞に与えられると，細胞核，細胞質，細胞膜など，どの細胞小器官においても，これらの小器官を構成するいろいろな分子が電離・励起され，ラジカルが形成される．放射線のエネルギーのうち，励起に使われるものは約半分とされるが，一般に励起は電離にくらべると，その生物影響は小さい．電離や励起により影響をうける分子としては，DNA，タンパク質，多糖類，脂質などの高分子から，ヌクレオチド，アミノ酸，単糖類，ビタミンなどの低分子にいたるまで，ほとんどすべてのものが考えられる．しかし，この中で，細胞への影響を考えるうえでもっとも重要な分子といえば，文句なくDNAということになる（5・1節参照）．

　それでは，DNAにおこった傷害は，いったいどんなかたちで細胞障害としてあらわれるのであろうか．吸収線量で10 Gy程度までの比較的低い線量では，細胞の死と細胞の**突然変異**[19]が，多くの放射線障害の原因となっている．**細胞死**は，放射線をあびてから一度も分裂をしないで死にいたる**間期死**と，1回あるいは数回の分裂を経たあと，分裂ができなくなる**増殖死**とにわけられる．一般に大線量をあびると，どんな細胞でも間期死をおこすが，非感作**リンパ球**（成熟リンパ球）は例外的に数Gy以下の線量で間期死をおこす．このとき，リンパ球は**アポトーシス**をおこしている（1・2・5項参照）．

　いっぽう，分裂能が高い細胞は低い線量で増殖死をおこす．増殖死の場合，「死」といっても，実際は，細胞が分裂しなくなるだけで，細胞自体は，しばらくは生きていることに注意したい．DNAの傷害が染色体異常を引き起こし，その異常によって分裂停止がおこるものと考えられる．幹細胞[20]などの増殖すべき細胞が増殖しなくなることで，幹細胞から分化し，それぞれの機能を獲得するはずの細胞が供給されなくなるため，組織，器官の障害がおこるのである．

3・3・2　身体的障害と遺伝的障害

　生物のからだは，大きく，その個体をつくるための細胞（**体細胞**）と子孫をつくるための細胞（**生殖細胞**）にわけられる．後者は生殖腺に存在し，具体的には精子と卵細胞およびそれぞれのもとになる細胞ということができる．放射線が体細胞に影響を及ぼせば，その個体に影響がでるので，これを**身体的障害**という．いっぽ

解説⑲
突然変異とは，ある遺伝子が障害をうけて変化し，細胞のある性質がかわることをいう．

解説⑳
幹細胞は未分化な細胞で分裂により分化した細胞を供給する．

第3章◇放射線生物学で用いる単位と用語

55

第 3 章　放射線生物学で用いる単位と用語

表3・1　放射線障害の分類

放射線障害	早期/後期	身体的/遺伝的	確定的/確率的
脱毛・皮ふ紅斑			
骨髄死・腸死	早期		確定的
男女不妊		身体的	
白内障・再生不良性貧血			
発がん	後期		確率的
遺伝的影響		遺伝的	
胎児への影響	早期/後期	身体的/遺伝的	確定的/確率的

う，生殖細胞が障害をうけて，そのあと受精し，子としてうまれれば，**遺伝的障害**がでる．とくに，その障害をもった個体が生殖可能であると，障害は世代を重ねて集団内に広がっていく危険性を秘めている．

　一般に身体的障害は，細胞死が原因となる**組織や器官の障害**と体細胞の突然変異が原因となる**発がん**にわけられる（**表3・1**）．組織や器官の障害には，早期障害と後期障害（次項）があり，発がんは後期障害に分類されている．

　遺伝的障害は，生殖細胞の突然変異が原因でおこる．障害をうけた生殖細胞が，受精のあと，発生の段階で死亡したり奇形が発生したりする場合も遺伝的障害である．同様の影響は胎児期に放射線被ばくした個体にも観察されることがあるが，その場合は遺伝的影響ではなく，胎児への身体的影響であることに注意しなければならない．もちろん，放射線による不妊も身体的影響である．

3・3・3　早期障害と後期障害

　被ばく直後から数十日以内に生じる障害を**早期障害**といい，数か月から数年にわたる**潜伏期**[21]（症状がでない期間）を経たあとに生じる障害を，晩発障害あるいは**後期障害**とよぶ．早期障害と後期障害の例を表3・1に示す．くわしくは第6章を参照すること．

　大線量を被ばくしたのちに顕著な，神経系や筋肉系が関与する早期障害はかなり早い時期からその症状があらわれる．いっぽう，数Gyから十数Gyであらわれるほかの組織，器官の早期障害は，それぞれの組織，器官の幹細胞の分裂阻害が主因となっているので，症状があらわれるのに少し時間がかかる．後期障害の例としては，遺伝的影響，発がん，**白内障，再生不良性貧血**などがあげられる．また，肺がん治療後にみられる肺繊維症なども後期障害である．これは肺の機能を担う実質細胞が放射線で障害をうけ，そのあとに繊維芽細胞が浸潤，増殖し，肺組織の硬化などが原因で，肺機能の低下が引き起こされるものである．放射線による**寿命短縮**の場合は，当然，後期障害に分類される．しかし，とくにヒトの場合に，発がんによる寿命短縮を除くと，放射線による寿命短縮はないとされている．

3・3・4　確定的影響と確率的影響

　放射線影響は，防護の立場から確定的影響と確率的影響にわけられている．
　確定的影響にはしきい値が存在する（**図3・8**）．**しきい値**とは，その線量までは

解説 ㉑
潜伏期は障害があらわれるまでの期間で，しきい値は障害のあらわれない，ぎりぎりの線量のことである．

3・4 防護目的の線量（等価線量，実効線量）と放射能

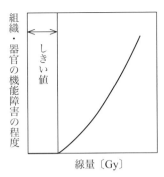
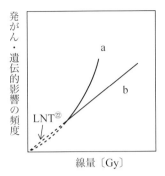

確定的影響 しきい値以下でも細胞死などがおこっているが組織・器官の機能低下につながらない．しきい値以上では，個体差を無視すれば，誰もが機能障害にいたる．

確率的影響 誰ががんになるかは予測できないが，線量に応じた頻度でがん患者が増える．ただし，低線量域でのデータがたりないため，現時点では直線であることを仮定している．

図3・8 確定的影響と確率的影響

放射線影響がでないという，ぎりぎりの線量のことである．この線量をすぎると，それぞれの組織，器官での障害の程度が線量依存的に増加する．確定的影響は基本的に細胞の増殖阻害（増殖死）によっておこると考えられるが，それ以外にも神経系，血管系，筋肉系細胞などへの障害が原因となることがある．

　確率的影響とは，しきい値が存在しないと考えられている影響のことである．具体的には，発がんと遺伝的影響だけが確率的である（表3・1）．したがって，発がんを除くすべての身体的影響は確定的であるといえる．

　発がんと遺伝的影響はなぜ確率的なのだろうか．それは，これらの影響には細胞の突然変異がかかわっているからである．遺伝的影響や発がんは，遺伝的影響の場合，生殖細胞に1回，発がんの場合，ひとつの体細胞に数回の突然変異が生じることでおこる．つまり，遺伝的影響や発がんは，一個体中の生殖細胞や体細胞がひとつでも性質をかえれば，発生する可能性があるという特徴がある．おこるかおこらないかであるから，線量を小さくしていった場合に，発がんや遺伝的影響の発生する個体数は減ってもゼロにはならないだろうと予想できるのである[22]．

　確定的影響では，組織，器官において，個々の細胞が死ぬ確率は突然変異にくらべるとずっと高いし，相当数の細胞が死なないと機能低下としての影響がでない．そこで，個々の細胞死自体は確率的（4・1・1～4・1・4項参照）であっても，線量がきまってしまえば，細胞集団内での死ぬ数はある範囲内で何千個あるいは何万個と，決定してしまう．その結果，どのような症状がどの程度おこるのかもきまってしまうので，確定的なのである．

3・4 防護目的の線量（等価線量，実効線量）と放射能

　3.1節では，純粋に放射線のことだけを考えた線量と放射線と物質の相互作用をもとにきめた線量を扱った．ここでは，これらに加えて，国際放射線防護委員会（ICRP）によって，LETや放射線障害との関係において，防護を目的とした線量

解説 ㉒
図3・8の右図の実線は原爆被ばく者の追跡調査のデータを参考にした（図8・1参照）．点線部はデータがなく，推測に基づいている．このとき，防護目的であるから安全側に考えて，しきい値のない直線になると'きめている'のである．これをLNT (liner non-threshold) 仮説という．

第3章　放射線生物学で用いる単位と用語

が定義されていることを学ぶ．ただし，防護目的には，確率的影響が問題となるような現代社会生活の中で多くの人びとがうける低線量域での障害が対象となっていることに注意しなければならない．つまり，大線量被ばく事故やがん治療における正常組織障害などについては，一般論として扱うのではなく，それぞれの場合に即した評価をおこなうよう勧告されている．その場合，吸収線量とそれぞれの場合のRBEを用いて影響評価をおこなうものとしている[23]．

　なお，本節では，ICRP 1990年勧告で定義されている防護目的の線量の中で，等価線量と実効線量についてのみ扱い，また，放射能についても簡単に学ぶ．よりくわしい内容あるいはほかの放射線防護上必要な線量や，わが国において2001年4月に施行された放射線障害防止法で扱われている線量などについては，第9章にゆずる．

3·4·1　等価線量

　放射線防護において，もっとも基本となる線量は吸収線量である．つまり，対象としている組織，器官にどれだけ放射線のエネルギーが吸収されたかが，生物作用を考えるうえでの基礎となるのである．しかしながら，同じ吸収線量でもLETが異なるとRBEが違ってくることはすでに3·2節で学んだ．［RBE×吸収線量］のかたちであらたに線量を定義すれば，LETの大小にかかわらず，生物影響が統一的に扱えるはずである[24]．ただ問題は，RBEの値は一定ではないことである（3·2·2項）．

　そこで，ICRPの1977年の勧告では，RBEを用いるのではなく，LET値からきめられた線質係数Qを導入することで，線量当量（＝Q×吸収線量）を定義したのである．わが国での法令改正のもととなった1990年勧告[25]では，線質係数のかわりに，生物学的データなどを考慮に入れた**放射線加重係数**[26]（w_R）を導入し，**等価線量**（＝w_R×吸収線量）を定義している（表9·1参照）．

　具体的には，たとえば，X線をあびた場合には，等価線量は吸収線量と同じであるが，α線をあびた場合，吸収線量に20をかけた数値を等価線量とする（表9·1）．放射線加重係数には次元がないので，等価線量の単位は吸収線量と同じ〔**J/kg**〕であるが，特別な名称はGyではなくSv（**シーベルト**と読む）を用いる．もちろん，複数の放射線を被ばくしたときは，それぞれの等価線量を加算すればよい．

　ここでいう組織，器官での吸収線量（器官線量）とは，その組織，器官内の平均線量を用いる．たとえば，ある組織，器官に平均的に1 Gyの吸収線量があった場合と，その組織，器官の半分に2 Gyの線量があたり，残り半分には放射線があたらなかった場合の確率的影響の生じる確率は同じだと考える．その根拠は，低線量域で影響のでる確率は線量に比例すると仮定していることである（図3·8）．ただし，等価線量は基本的には確率的影響を対象としてはいるが，確定的影響のしきい値の推定値や線量限度としても用いられている（表9·3参照）．

3·4·2　実効線量

　以上のように等価線量は，線質の差によらず，確率的影響がどの程度あらわれるのかの予測に役立つ線量である．しかし，確率的影響を統一的に扱うには，もうひとつの問題を解決しなければならない．それは，同じ等価線量を被ばくしても器官が異なると確率的影響のでる確率が違ってくるので，どの器官にどれだけ被ばくし

解説㉓
そこで，事故等ではGy単位で吸収線量を用いるのが原則であるが，事実上は組織影響にもSv単位で等価線量を用いていることに注意しよう．とくに，組織障害回避のための被ばく限度を指定する場合に使われる．

解説㉔
LETの高い放射線や低い放射線のまざった複合被ばくによりある影響がでたとする．もし，被ばくがX線（RBEが1）だけによるものであった場合に，その大きさの影響がでるのに必要な線量はどれほどか，に換算する（X線換算）．

解説㉕
2007年勧告において，等価線量と実効線量の語句は引き続き用いられているが，放射線加重係数と組織加重係数については数値が変更されていることに注意（第9章参照）．

解説㉖
放射線加重係数は防護目的であるから，いろいろなRBEのデータから，委員会として適当と考える値に設定してある．

58

たかという問題である．

この問題を解決するために，**組織加重係数**が導入された（表9・2参照）．いま，全身に1Svの等価線量をうけた場合と肺にだけ1Sv被ばくした場合を考えてみよう．前者では身体のどこからでも放射線による確率的影響は発生する可能性があるが，後者では肺以外からは発生しないであろう．この問題は，吸収線量や等価線量が単位質量あたりにきめられているため，全身の場合でも，ある器官だけの場合でも，線量としては同じになってしまうということに起因する．

組織加重係数とは，ある線量を与えられたある器官から確率的影響が発生する確率が，同じ線量が全身に与えられたとき，全身のどこからか確率的影響がでる確率に対して，どの程度なのかをあらわす数値である．等価線量にこの組織加重係数をかけた線量を**実効線量**とよぶ．組織加重係数は次元をもたないので，実効線量の単位は等価線量と同じ〔J/kg〕である．特別な名称も等価線量と同じ〔**Sv**〕を用いる．組織加重係数を全部加えると，それは当然，1となる．個々の組織の同一線量の被ばくを全部加えれば全身にその線量を被ばくしたことと同じになるはずだからである．表9・2に従えば，全身に1Svの等価線量をうけたときの実効線量は1Svであり，肺に1Svの等価線量をうければ，その実効線量は0.12Svとなる．

3・4・3 放射能

放射能とは，その**放射性核種**が1秒間にいくつ壊れるかで表現する．したがって，単位は〔/s〕であり，特別な名称は**Bq**[27]（ベクレル）を用いる．ある核種が崩壊するとき，たとえばα線とγ線をひとつずつ放出するならば，そこには1秒間に崩壊数と同じ数のα線とγ線が生じることになる．

放射性核種の崩壊のようすをみてみよう．**図3・9**の曲線Aのように，放射性核種Aの数は，崩壊によって，時間とともに指数関数的に減っていく．ここで，N_0は現在の数をあらわし，N_0個が$1/2 N_0$，つまり半分になる時間は**半減期**とよばれ，図ではT_Aで示されている．半減期の2倍の時間（$2T_A$）のあとには1/2の1/2であるから，$1/4 N_0$個の核種Aが残る．

解説㉗
実際に放射能を測定するときは，しばしば1分間の崩壊数（dpm：disintegration per minute）を用いる．また，測定ではすべての崩壊をとらえることができない．観察できるのは計測数（cpm：count per minute）で，その計測数と効率からdpmを計算する．200 dpmを効率30%で計測すると60 cpmとなる．また，当然1 Bq＝60 dpmであり，1 Bq＝1 dps（dps；disintegration per second）である．

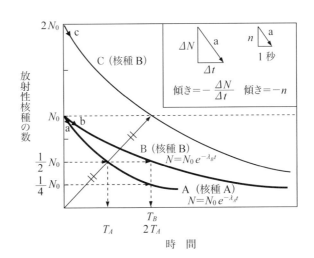

図3・9 放射性核種の崩壊

第 3 章　放射線生物学で用いる単位と用語

解説㉘

図3·9のように放射能は$-\Delta N/\Delta t$であるが、Δtを限りなく0に近づけると任意の時間での放射能は$-dN/dt$になる。いっぽう任意の時間の放射能はλNであるので、$-dN/dt = \lambda N$となり、これを解くと$N = N_0 e^{-\lambda t}$の式がえられる（$t = 0$のとき、$N = N_0$とする）。

解説㉙

解説㉘の式に$t = T$、$N = 1/2 N_0$を代入すると、$1/2 = e^{-\lambda T}$となる。両辺の自然対数をとると、$\ln(1/2)$ $(= -0.693) = -\lambda T$になる。$\lambda T = 0.693$から本文の式が導きだされる。

解説㉚

放射能 $= \lambda \times N$、$\lambda = 3.9 \times 10^{-12}$、$N = 10^{12}$であるから、$3.9 \times 10^{-12} \times 10^{12}$で、3.9 Bq.

解説㉛

$N = 1\,\text{mmol} = 6 \times 10^{20}$、$\lambda = 3.9 \times 10^{-12}$から、放射能 $= 6 \times 10^{20} \times 3.9 \times 10^{-12} = 23.4 \times 10^8 \fallingdotseq 2.3 \times 10^9$.

解説㉜

^{3}H（トリチウム）と^{32}Pの半減期をそれぞれ、12.5年、14.3日（0.039年）とすると、^{14}Cの約458分

図3·9の矢印aは、現時点で（$t = 0$）、放射性核種がどれだけ減っているかを示している。図の右上に示した詳細図のように、Δt時間にΔN個が壊れたとするとaの傾きは$-\Delta N/\Delta t$とあらわされる。Δtが1秒で、ΔNがnであれば、aの傾きは$-n$である。このとき、nは1秒あたりに壊れた数であるから、現在の核種Aの放射能はn〔Bq〕ということになる。ここで、$\lambda_A = n/N_0$とおいてみよう。核種Aは現在N_0個あり、1秒間にそのうちn個が壊れるわけであるから、λ_Aは核種Aが1秒間に壊れる割合あるいは確率であるといえる。

一般に、λは**崩壊定数**とよばれ、それぞれの核種に固有のものであり、通常の条件下では不変の値である。また、$n = \lambda N_0$であるから、λN_0は放射能をあらわしている㉘。核種Aの放射能はT_A時間後にはどのように変化しているだろうか。T_A時間後には核種Aは$1/2 N_0$個になっているので、そのときの放射能は$\lambda_A \times 1/2 N_0 = 1/2 \lambda_A N_0$で、現在の半分になっているはずである。つまり、放射性核種の数も放射能も半減期後にはともに半分になる。

それでは、半減期が核種Aの2倍のT_Bである核種BがN_0個あったとすると、その放射能はどうなるか。図3·9の曲線Bは核種Bの崩壊のようすを示している。矢印bの傾きがわかれば、先ほどと同様、放射能を知ることができる。いま、曲線Bを縦軸に対し2倍に引き伸ばすと曲線Cができる。この曲線Cは曲線Aを、原点を中心にどの方向にも2倍に伸ばしたかたちであるから、曲線Aに相似である。そのため矢印cの傾きは矢印aの傾きに等しく、したがって、矢印bの傾きは矢印aの傾きの1/2になると結論できる。このように、核種Bの現在の放射能は核種Aの1/2であることが判明した。これを式にすると$\lambda_A N_0 = 2\lambda_B N_0$であるから、$\lambda_A = 2\lambda_B$となり、核種Bの崩壊定数（壊れる確率）は核種Aの半分となる。つまり、崩壊定数と半減期とは反比例の関係にあり（$\lambda = 0.693/T$）㉙、半減期が長ければ壊れる確率は小さく、半減期が短かければ壊れる確率は大きいという、当然の結論となるのである。

^{14}Cはβ崩壊する（β線をだす）核種で、その半減期は5730年（1.78×10^{11}秒）である。$\lambda = 0.693/T$であるから、^{14}Cのλは3.9×10^{-12}/sと計算される。いま、炭酸ガスを構成する炭素原子のすべてが^{14}Cである$^{14}\text{CO}_2$分子が10^{12}個存在するとしよう。その放射能は3.9 Bqになるはずである㉚。逆に、3.9 Bqあれば、そこには10^{12}個の$^{14}\text{CO}_2$分子が存在することになる。いっぽう、一般に^{14}Cは安定同位体である^{12}Cや^{13}Cと共存し、これらは^{14}Cと化学的に挙動をともにするので、この放射能から、そこに存在する炭素原子全体の数を割り出すことはできない。炭酸ガス分子全体の中で$^{14}\text{CO}_2$がどれくらいあるかを示す指標が必要である。これを**比放射能**とよび、**Bq/mmol**などであらわす。ちなみに、純粋な$^{14}\text{CO}_2$の比放射能は、1 mol を6×10^{23}個とすれば、約2.3 GBq/mmolである㉛（G：ギガは10^9）。$^{14}\text{CO}_2$の中に9倍の$^{12}\text{CO}_2$（通常の炭酸ガス）がまざっていれば、その比放射能は230 MBq/mmolになる。また、ある化合物がふたつ以上の^{14}Cをもっていれば、その比放射能が2.3 GBq/mmolをこえることさえ可能である。もちろん、^{3}Hや^{32}Pの化合物であれば、半減期が短い（λが大きい）ので、比放射能を^{14}Cのものよりずっと大きくすることができる㉜。

の1,147000分の1であるから，純粋な1mmolの³H，³²Pの放射能はそれぞれ，2.3 GBq×458，2.3 GBq×147,000となる．これを計算すると，それぞれ，約1.1 TBq/mmol，340 TBq/mmolとなる（テラは10^{12}）．

3・4・4 放射能計測の統計

3・4・3項でのべたように，各**放射性核種**には固有の**崩壊定数**がある．そこで，放射能がわかれば，そこに存在する放射性核種の数がわかる．また，**比放射能**が既知であれば，安定同位元素の数も計算できるのである．それでは，実地に試料を放射能測定器で調べれば，すぐにそこに存在する放射能が正確にわかるのかというと，そんな単純な話ではない．ここには大きく2つの問題が存在する．そのひとつは**計数効率**の問題である．いま，**1分間の崩壊数**をdpm（**disintegration per minute**：1分間の崩壊数）であらわすと，当然1 Bq＝60 dpmである．一方，測定器で測るのは計測数なので**cpm**（**counts per minute**：1分間の計測数）がえられることになる．実際の放射能の何パーセントが計測されているかは，計測器によってまちまちである．資料の置かれている状況や計測器そのものの固有の問題として効率は変化するが，まとめて計数効率がわかったとすると，cpm＝dpm×計数効率となる．計数効率の計算には通常いろいろな仮定がはいるので，かならずしも完全ではないことに注意しなければならない．もうひとつの問題は計測した値が真である保証がない．なぜなら，計測数はポアソン分布をするからである（4・1・4項参照）．いま，計測器の測定時の分解能が1,000万分の1分だとする．計数値が1万であれば，1,000万分の1が1,000万個ある1分間のうちの1万か所で計測がおこり，残りの999万か所で計測がないことになる．つまり，おこるかおこらないか（all or none）の2択でしかも「まれ」であるので，ポアソン分布するのである．平均が20をこえるとポアソン分布は正規分布に近似できる．計測数は結局m（平均）±$\sqrt{m}$（標準偏差）の分布となる．たとえば1分間計測して100 cpmとでた場合，実は100±10 cpmであると考えられるのである．今度は計測を100分に延ばしてみよう．10,000±100 cpmとなるはずである．これを1分あたりに計算すると100±1 cpmになる．このように計測時間を延ばすことで，相対的な誤差が10分の1になる．cpmが小さいときは長く測ることにしたほうが正確さが増すということだ．cpmが1万をこえていれば，計測は1分間で十分である．

3・5 線エネルギー付与（LET）と酸素増感比（OER）

同じ吸収線量であっても，LETがかわると，その生物学的効果がかわることを学んだ（3・2・2項参照）．ここでは，LETがかわることで，以下にのべる酸素増感比（OER）が変化することを学ぶ．このほかにも，いくつかの生物影響において，LETに依存した変化が観察されるが，それらは4・4節にまとめられている．

3・5・1 生体における酸素濃度

いうまでもなく，われわれのからだは酸素なしでは機能しない．大気中には21%の酸素が存在し，大気圧1気圧（760 mmHg）のもとで，酸素分圧は159 mmHgである（第2章解説㊱参照）．血管と外気のあいだで気体を交換する肺胞内では，通常，酸素分圧は約100 mmHgといわれている．これが，動脈血になると約95 mmHgとなり，肺循環系の静脈血では40 mmHg程度に減少している．

第 3 章　放射線生物学で用いる単位と用語

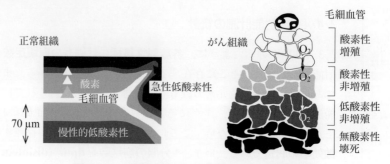

図 3・10　正常組織とがん組織における酸素供給

　動脈血中の酸素は毛細血管を介して各組織に運ばれて使われる．したがって，毛細血管から離れている部位や毛細血管が閉じている部位では，酸素分圧がかなり低くなっている（図 3・10）．
　がん組織では，とくにそれが大きい場合に，酸素の供給が極端に悪い部位が生じ，壊死する．その少し毛細血管側に，細胞は死んではいないが，酸素分圧のたいへん低い部位ができる．この部位に存在する細胞を**低酸素性細胞**とよぶ．これらの細胞は酸素効果（2・5・3 項参照）が小さく，**放射線耐性**を示すので，X 線や γ 線などの低 LET 放射線を用いた放射線治療時に大きな問題となるのである．

3・5・2　酸素増感比

　X 線や γ 線の生物学的効果は，酸素が存在することで大きくなることを，2・5・3 項で学んだ．この酸素効果は水のラジカルや高分子ラジカルが酸素と結合することで，長寿命の過酸化ラジカルができるために生じる．つまり，かならずしも，DNA 上に生じる傷などの量的変化ではなく，修復などがされにくい傷への質的変化が酸素の存在によってもたらされるらしいのである．また，2・5・4 項では，酸素効果のためには生体内の SH 基（主としてグルタチオンによる）の存在が重要であることものべた．
　このような酸素の放射線増感効果を定量的にあらわしたのが，**酸素増感比**または**酸素増感率**である．英語では oxygen enhancement ratio であるので，略して **OER** とよぶ．ある生物学的効果のために必要な酸素非存在下での線量を酸素存在下での線量で割ることで求められる数値である．以下に具体例をあげよう．
　図 3・11 において，生存率が 0.1 になるために必要な線量は，酸素がないと 14 Gy であり，酸素があると 5 Gy である．そこで，OER は 14/5 = 2.8 と計算できる．つまり，酸素があることによって，放射線感受性が 2.8 倍になったという表現なのである．
　OER は RBE と同様，なにを生物学的影響にするかによって変化する．しかしながら，

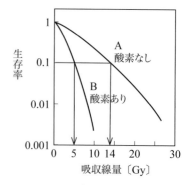

図 3・11　酸素による放射線効果の増強

OERは，たいていの場合，1～3のあいだに収まってしまう．図3・12に，酸素がどこまで減ると酸素効果がなくなるのかを，細胞の放射線感受性（生存率）について示す．酸素が空気中の1/8程度までは，効果は下がらないが，それ以下になると漸次，効果が減少する．約3mmHg程度で効果は半減し，酸素が完全になくなると当然，OERは1となる．3・5・1項で述べたように，がん組織には，酸素分圧が3mmHg以下になる低酸素性部位が生じ，それが放射線耐性の原因となり，治療の妨げになる．しかし，分割照射法により，この問題の解決は可能である（4・5・6項参照）．

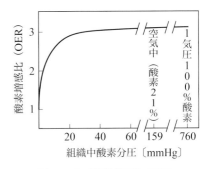

図3・12　酸素分圧とOER

3・5・3　LETとOER

いままでは，X線やγ線などの低LET放射線を用いたときの話である．それでは，LETを順次高くしていくとOERはどう変化するのだろうか．

図3・13に示すように，LETが上がるにつれてOERは1に近づく．ここで注意しなければならないことは，OERが1に近づくことの内容である．低LET放射線でみてみよう（図3・11）．曲線BがAに近づくと仮定した場合と，曲線AがBに近づくと仮定した場合の両者において，OERは1に近づいていく．高LET放射線の場合，後者のタイプの変化によりOERが1に近づく．つまり，LETを高くしていくと，酸素がなくても，酸素があるのと同様の効果がおこるのである．高LET放射線では，局所的な高濃度の水ラジカル産生により，活性酸素が生じ，それが酸素のかわりをする．また，活性酸素とDNAラジカルが直接反応しDNAの過酸化ラジカルが形成されることも一因であると考えられている．

いっぽうでは，直接作用によるDNA上の傷害が，低LET放射線によるものよりも複雑で修復できないかたちになっている可能性も指摘されている．

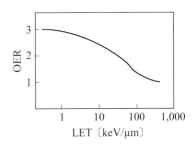

図3・13　LETとOERの関係

◎ウェブサイト紹介

日本アイソトープ協会ホームページ
  http://www.jrias.or.jp/
    アイソトープデータ集などの出版物，法令関連の講習会，管理の紹介や原子力安全委員会の情報など

Weblio辞書
  http://www.weblio.jp/

第 3 章　放射線生物学で用いる単位と用語

キーワードを検索することで，いろいろな言葉を簡潔に説明してくれる．放射線関連語も収録されている．

◎ 参考図書

辻本　忠，草間朋子：放射線防護の基礎，日刊工業新聞社（1990）

日本アイソトープ協会編：ICRP publication 60 国際放射線防護委員会の 1990 年勧告，丸善（1991）

日本アイソトープ協会編：ICRP publication 42 ICRP が使用しているおもな概念と量の用語解説，丸善（1986）

日本アイソトープ協会：ICRP publication 26 国際放射線防護委員会 1977 年勧告，仁科記念財団（1977）

山本敏行，鈴木泰三，田崎京二：新しい解剖生理学（第 7 版），南江堂（1986）

菅原　努，青山　喬：放射線基礎医学（第 9 版），金芳堂（2000）

◎ 演習問題

問題 1　フルエンス，エネルギーフルエンス，照射線量，空気カーマ，吸収線量，等価線量，実効線量について，それぞれの単位と単位の名称を記せ．

問題 2　照射線量は，どんな放射線に，またどんな物質に定義されているかについて記せ．また，X 線，2 次電子，2 次電離の語を用いて電離箱で測定する過程についてのべよ．

問題 3　空気カーマと吸収線量の違いについてのべよ．

問題 4　RBE とはなにか．また，放射線加重係数との関係を説明せよ．

問題 5　確率的影響と確定的影響について説明せよ．

問題 6　防護目的の線量，等価線量と実効線量についてのべよ．

問題 7　LET と酸素増感比（OER）との関係についてのべよ．

問題 8　つぎの中で説明が正しいものを選べ（複数選択可）．

　1.　エネルギーフルエンス－ある球を通過する放射線の全エネルギーを球内にある物質の kg あたりに換算する．

　2.　照射線量－β 線や γ 線などの低 LET 放射線との相互作用で生じた 2 次電子による電離の全電荷をその場の空気の質量で割り，kg あたりに換算する．

　3.　吸収線量－体内に取り込んだ RI からの α 線放出によって，ある組織に吸収された全エネルギーを，その組織の kg あたりに換算し，20 倍する．

　4.　等価線量－組織が加速電子線にさらされた．与えられた全エネルギーを，その組織の質量で割り，kg あたりに換算する．

　5.　実効線量－肺だけが X 線にさらされた．X 線により肺組織に与えられた全エネルギーを肺組織の質量で割り，kg あたりに換算する．

問題 9　つぎの文のうち正しいものはどれか（複数選択可）．

　1.　半減期と崩壊定数は反比例の関係にある．

　2.　^{14}C に ^{12}C が混じっている．その比放射能を調べると純粋な ^{14}C の比放射能の 1/20 であった．^{12}C は ^{14}C の 20 倍存在している．

　3.　半減期が T である放射性核種がある．$2T$ 後には核種の数 N は 1/4 に減る．いっぽう，崩壊定数 λ は半減期に反比例するので，$2T$ 後には $\frac{1}{2}\lambda$ となる．そこで，$2T$ 後の放射能を計算すると $\frac{1}{2}\lambda \times \frac{1}{4}N = \frac{1}{8}\lambda N$ となり，放射能は 8 分の 1 となる．

演 習 問 題

4. いま，ここに放射能が100 Bqである核種がある．この核種の放射能を100秒間計測したところ，1,800 cpmであった．計数効率は30％パーセントである．

5. 放射平衡はλの大きな親核種からλの小さい娘核種ができる場合に成立する．

問題10　つぎの酸素増感比（OER）について誤っているものを選べ（複数選択可）．

1. 空気中の酸素濃度は21％であるので，酸素分圧は159 mmHg程度になる．

2. 生存率0.1を与えるα線の吸収線量を酸素存在下と非存在下で比較したところ，約2.8倍の差があった（OER＝2.8）．

3. がん組織には無酸素状態が存在し，その状況下で細胞は放射線耐性となる．

4. X線による細胞死でみた場合，酸素による放射線増感には細胞内のグルタチオンのようなSH基やOH基などの存在が必要であると考えられている．

5. OERはoxygen enhancement ratioの略である．

第3章◇放射線生物学で用いる単位と用語

第4章

Chapter 放射線による細胞死とがん治療

4・1 コロニー形成系の確立と細胞死

4・2 ヒット理論による線量−生存率曲線の解釈

4・3 臨床サイトで利用される線量−生存率曲線

4・4 がんの放射線治療

4・5 細胞の放射線感受性を左右する要因

4・6 放射線治療と血管新生阻害治療，温熱治療の併用効果

第 4 章
放射線による細胞死とがん治療

本章で何を学ぶか

　　生物はなぜ放射線に弱いのだろうか．1・1・4項や3・1・4項でのべられているように，熱いコーヒーを3mL飲むだけのエネルギー付与や全身に被爆した場合，わずか1,000分の1度上昇するだけのエネルギーで半分の人が60日以内に死ぬほどの影響をうける．この問いに答えるために「細胞には標的と言われる放射線に大変弱い箇所があり，その標的にヒットとよばれる事象がおきると細胞は死に，その結果生物が死ぬ」という仮説のもとに理論がつくられた．本章では，細胞レベルで考えた場合，標的とはどんなもので，ヒットは何なのかを学び，細胞死の動態をみていく．人体および組織・器官に対する放射線影響は基本的に細胞死と細胞の突然変異でおおよそ説明が可能であるが，突然変異については次章で学ぶ．また，本章の後半では放射線治療における生物学について学ぶ．

解説 ①

間期は現在ではG₁，S，G₂期からなり，それぞれDNA合成のための準備期，合成期，分裂のための準備期として重要なはたらきをしていることがわかっている（1・2・4項参照）．

解説 ②

非常に大きな線量（例えば数千グレイ）を与えると膨大な量の電離がおこり，細胞内分子が無差別に傷害をうけ，そのままの状態で分解してしまう．

解説 ③

増殖死は通常細胞生理学的な影響のない程度の線量でおこることに注意する（そのため細胞は放射線に弱い）．

解説 ④

大線量，中線量，小線量の明

4・1　コロニー形成系の確立と細胞死

　　増殖していない細胞が増殖を開始するにはG₁，S，G₂，M期の過程を通らなければならない（1・2・4項参照）．昔は顕微鏡観察が主であったので，染色体の観察される時期を**分裂期**（mitotic phase），その他の時期を「**間期**」[①]（interphase）とよんだ．放射線によって引き起こされる細胞死には2種類あって，分裂像を示さないまま死ぬ**間期死**[②]（interphase death）と1～数回の分裂のあと死ぬ**増殖死**[③]（reproductive death）とである．増殖死の定量的解析の目的で単一培養細胞由来のコロニーの形成という系が用いられている．

4・1・1　細胞死を引き起こす放射線線量

　　数十Gy（グレイ）の大線量[④]をあびると細胞はどうなるであろうか．荷電粒子やX線，γ線によって最終的に飛跡に沿ったとんでもない量の電離，ラジカルが発生する（2・3・1項参照）．その結果，まわりの分子は壊れ，あるいは反応の結果異常なものに変化する．すると，酵素反応は正常におこなわれず，膜透過性などにも異常をきたせば，細胞はそのままの状態で死を迎えることになる．これは，分裂を経ずに死ぬので間期死とよぶ．

　　では，1～数Gyの中程度の線量の場合ではどうであろうか．分裂をすでに終えている筋肉や神経では何の変化もみられない．酵素反応などもこのレベルの線量ではほとんど影響がないことが知られている．つまり，通常の生理機能に変化はおこらず細胞は生存する．しかし，この程度の線量で例外的に間期死をおこす細胞がある．**リンパ球**[⑤]である．この細胞は**アポトーシス**をおこす（1・2・5項参照）．一方，分裂する細胞も同様に，この線量域で放射線に大変感受性である．増殖している細胞は何回かの分裂後にそれ以上分裂をしなくなるのである．これが増殖死の正体である．培養がん細胞ではほとんどがネクローシスをおこすがアポトーシスもみられる．

68

4・1 コロニー形成系の確立と細胞死

【左欄・続き】
確な区別があるわけではないが，ここでは増殖死のおこる程度を中，それより一桁大きい線量を大，増殖死はおこりにくいが染色体などに異常をおこす線量を小線量と便宜的に使用した．

■解説⑤
Bリンパ球は抗原刺激がくると分裂を開始し数を増やして，分化し形質細胞となる．抗原を産生する．それ以前の状態のリンパ球が間期死をおこす（図6・7参照；Tリンパ球，Bリンパ球）．

■解説⑥
正常組織・器官では，一般に組織の構造を保つための間質組織と組織・器官を特徴づけるはたらきをする実質細胞に別れる．これらの細胞は通常一定の寿命があり死んでいくので，死んで抜けた部分を幹細胞が常に分裂分化して補わなくてはならない．

■解説⑦
がん組織がたとえば放射線により，再発しなくなったり，肉眼的に消失した状態を局所制御（local control）という．

■解説⑧
平板効率の平板はplateの直訳

【本文】

ここで，注意すべきことは，「死」といっても，その細胞の生理機能は大きな障害を受けているわけでなく，分裂を終えたあとに分化した細胞が一定期間生きているのと同様，**増殖死**をおこした細胞は，一定期間は生きている．しかし，この状況を放射線生物学的にあるいは放射線医学的に死と定義しても構わないととらえられている．つまり，正常組織に分化した細胞を供給すべき幹細胞が分裂できなくなれば正常組織は機能しなくなり[6]，正常とは言えなくなる．増殖しなくなったがん組織はもはや脅威ではない[7]．

次に1Gy以下の小線量では何がおこるのであろうか．細胞種によっては，実際の生存率がヒット理論モデルより下がる放射線超感受性になる．このとき照射されていないが照射された細胞のそばにある細胞にも影響が及ぶ（バイスタンダー効果，5・5・4項参照）．一方で，昔から低レベル放射線が細胞増殖や修復に有益だとするホルミシス効果（適応応答，5・5・3項参照）も報告されている．1Gy以下の線量域の研究はこれからであり，ヒット理論の対象からははずしておいたほうがよい．

このように，数Gyの線量による生体への影響は主に**増殖死**によるものであるといえる．1950年代にはいると培養細胞を用いたコロニー形成系が開発され，放射線による**増殖死の定量的解析**が可能となった．次項以下間期死（5・5・2項参照）にはふれず増殖死の定量解析についてくわしくみていく．

4・1・2 培養細胞のコロニー形成能と平板効率

図4・1のように，細胞を1mLあたり100個含む懸濁液から1mLをとり，シャーレにいれる．これを1週間ほど培養器で培養するとコロニーができる．図では，出来たコロニーは12個であるから，コロニーのできる割合は$\frac{12}{100} = 0.12$となる．このとき，この割合を**平板効率**[8]（plating efficiency：PE）とよぶ．図の例では，平板効率は0.12あるいは12%であるという．

平板効率は系によってずいぶんと異なる．がん組織から細胞をとってきて，培養系で何代か継続されたものでは，効率が100%に近いものもある．また，初代培養[9]などでは分化しきったものも含まれることもあり，効率が10%をきることも希ではない．さて，このままでは問題があることに気づくだろうか．確かにコロニーの数は目で数えているので問題ない[10]．一方，シャーレにいれた細胞の数は1mLとった時点では数えたわけではないので不確かなのである．1mLあたり100個の細胞の懸濁液から1mLとると，さて実際何個の細胞がはいっているのであろうか．この疑問に答えるには**ポアソン分布**の知識が必要である．ポアソン分布は本書では以下のような項目で三回でてくる．①ヒット理論，②放射能の計測（3・4・4項参照），③細胞の播種の三か所である．すでに，習得している場合は次項の**二項分布**とその次にあげるポアソン分布の項は読まないでとばして構わない．

4・1・3 二項分布

いま，n回の試行によって平均m回おこる事象があったとする．このとき，n回の中でその事象が実際r回おこる確率はどれほどかを知るのが二項分布である．この説明ではわかりにくいので，一例をあげよう．どの目も同じように出るサイコロ

第4章 放射線による細胞死とがん治療

と思われる．細菌の培養はシャーレ上に寒天培地をつくりその上でおこなわれる．細胞培養も特殊な処理を施されたシャーレ上でおこなう．このシャーレに細菌や細胞を播くことを plating というので，平板効率と訳されたようだ．実際は，コロニー形成効率とでもよんだほうが理解しやすいのであろう．

解説⑨
生体の組織から細胞を極力バラバラにしてシャーレ内で培養すること．培養した細胞をとってきてもう一度シャーレに播くことを継代というが，数世代の継代までは初代培養といえる．継代を繰り返し，特徴ある性質を示すものを細胞株とよぶ．

解説⑩
数千をこえる細胞集団をアルコール固定したあとに，染料でそめると肉眼で十分に見える．個々の数回以下の分裂をした細胞もそまりはするが，小さくて肉眼では見えないので，コロニーとして数えられることはない．

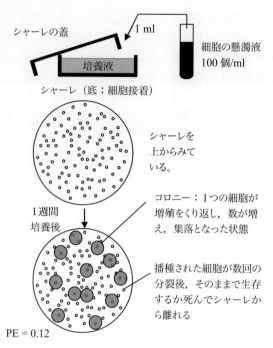

図4・1 培養細胞のコロニー形成能

を使用して，サイコロを6回振ったとする．●の目がでるのは平均1回（どの目も同様に確からしくでるから）であると考えられる．では，実際6回振った時に●が1回でるのはどれほどであろうか．1回目に●がでる確率は $\left(\frac{1}{6}\right)$，あとの5回は他の目であるから各回 $\left(\frac{5}{6}\right)$ の確率で，結局，1回目にだけ●がでる確率は $\left(\frac{1}{6}\right) \times \left(\frac{5}{6}\right)^5 \simeq 0.067$ となる．●が1回だけでるのは他に2回目，3回目，4回目，5回目，6回目にでればよいから，全部で6通りである．そこで，6をかければよい．結局，6回の試行で平均1回おこる事象が実際に1回おこる確率は約40%ということになる（$0.067 \times 6 = 0.402$）．

同様にサイコロを6回振ったとき●が2回でる確率はどうであろうか．6回のうち2回が●で4回が他の目がでる確率は $\left(\frac{1}{6}\right)^2 \times \left(\frac{5}{6}\right)^4 \simeq 0.0134$．6回のうちどこで2回●がでるかを示したのが表4・1である．${}_6C_2 = 15$ 通りであるから，結局，実際に2回おこる確率は $0.0134 \times 15 = 0.201$ となる．一般に n 回の試技で平均 m 回その事象がおこるとき，その事象が実際に r 回おこる確率は以下の式であらわされる．

$$P(r) = {}_nC_r \times \left(\frac{m}{n}\right)^r \times \left(1 - \frac{m}{n}\right)^{n-r} \tag{4・1}$$

サイコロを6回振った時に実際に●の目が0〜6回おこる確率をこの式から計算すると，0回（0.335），1回（0.402），2回（0.201），3回（0.0536），4回（0.0080），5回（0.000643），6回（0.000021）となる．

4·1 コロニー形成系の確立と細胞死

解説⑪

二項分布する条件は、①事象は同様に確からしくおこる（確率論が成立する大前提）、②事象は独立におこる（前におこったことに影響されず、後におこることに影響を与えない）、③事象はおこるか起こらないかの二通りしかない（all or none という）、である。特に③が重要である。

解説⑫

e（ネイピア数）の定義は
$$\lim_{n \to \pm\infty}\left(1 - \frac{1}{n}\right)^n$$
で示され、値は e（2.71828…；e は無限小数）である。e を底にもった対数は自然対数（$\log_e x$）とよばれ、導関数（微分）は $\frac{1}{x}$ である。（高校の数学）。次に、$\left(1 - \frac{m}{n}\right)^{n-r}$ を考えよう。$-\frac{n}{m} = n'$ とおくと、$n = -n'm$ であるから、これを与式に代入すると、
$$\left(1 - \frac{m}{n}\right)^{n-r} =$$
$$\left(1 + \frac{1}{n'}\right)^{-n'm-r} =$$
$$\left(1 + \frac{1}{n'}\right)^{-m\left(n' + \frac{r}{m}\right)} =$$
$$\left\{\left(1 + \frac{1}{n'}\right)^{n' + \frac{r}{m}}\right\}^{-m}$$
となる。ポアソン分布は $n \to \infty$ の条件であるから、$n' \to -\infty$ を調べればよい。
$$\lim_{n' \to -\infty}\left\{\left(1 + \frac{1}{n'}\right)^{n' + \frac{r}{m}}\right\}$$

表4·1　6回のうちどこで●が2回でるか

| | 1回目 | 2回目 | 3回目 | 4回目 | 5回目 | 6回目 |

● 1の目がでる　　　○ 1以外の目がでる

二項分布で重要なことはその事象がおこるか，おこらないか（all or none）のどちらか⑪しかない場合の分布であるということを確認しておきたい。

4·1·4　ポアソン分布

二項分布の中でその事象がおこることが非常に「まれ」な場合に**ポアソン分布**をする。これは、式（4·1）において n が m にくらべて十分大きくなることに相当する。

$$nCr = \frac{n!}{r!(n-r)!}, \quad \left(\frac{m}{n}\right)^r = \frac{m^r}{n^r}, \quad \frac{n!}{(n-r)!} = n(n-1)(n-2)\cdots$$

$(n-r+2)(n-r+1)$ であるから

$$p(r) = \frac{n!}{r!(n-r)!} \times \left(\frac{m}{n}\right)^r\left(1 - \frac{m}{n}\right)^{n-r}$$

$$= \underbrace{\frac{\overbrace{n(n-1)\cdots(n-r+1)}^{\frac{n!}{(n-r)!}}}{\underbrace{n \cdot n \cdot n \cdots n \cdot n}_{n^r}}} \frac{m^r}{r!}\left(1 - \frac{m}{n}\right)^{n-r}$$

$$p(r) = \underbrace{1\left(1 - \frac{1}{n}\right)\left(1 - \frac{2}{n}\right)\cdots\left(1 - \frac{r+2}{n}\right)\left(1 - \frac{r+1}{n}\right)}_{r個}\frac{m^r}{r!}\left(1 - \frac{m}{n}\right)^{n-r}$$

$n \to \infty$ とすると $1 \cdot \left(1 - \frac{1}{n}\right)\left(1 - \frac{2}{n}\right)\cdots\left(1 - \frac{r+2}{n}\right)\left(1 - \frac{r+1}{n}\right)$ は1に近づく。また、$\left(1 - \frac{m}{n}\right)^{n-r}$ は e^{-m} に近づく⑫。

結局、n が非常に大きくなり事象のおこることが「まれ」になるとき、平均 m 回起こる事象が r 回おこる確率は、

$$P(r) = \frac{m^r}{r!}e^{-m} \tag{4·2}$$

となる。これをポアソン分布という。式（4·2）には n がない。つまり、n は m にくらべて十分大きければよいのであって、確定した数値でなければならないということはない。

つぎに 1 mL あたり 100 個の細胞のある懸濁液を考える。いま仮に細胞が1辺 10 μm の立方体であるとする。1 mL は 1 cm³ で、1 cm = 1,000 ×（10 μm）であるか

第4章 放射線による細胞死とがん治療

で，{ } 内は e になるので，結局，与式は e^{-m} に近づく．

ら，$1\,\text{cm}^3$ の立方体を縦横高さとも1,000等分すれば，$(10\,\mu\text{m})^3$ の立方体が $1{,}000^3 = 10^9$ 個できる．この10億区画のうち100区画（どこになるかはわからないが）は細胞が存在する（事象がおこる；all）が，他の999,999,900区画は細胞が存在しない（事象がおこらない；none）．このように懸濁液から1mLを取ってくるときの100個の細胞の存在は大変「まれ」な事象なのでポアソン分布することになる．ポアソン分布では m は小さな数である必要はない．m にくらべて n が非常に大きければよいことに注意しよう．

ポアソン分布では，m がおおよそ20をこえると平均 m，標準偏差 $\sqrt{m}$ の正規分布に近似できることが知られている．**図4・2**には偏差値と1mLあたり平均100個の細胞のはいった懸濁液を1mL取ってきたときの分布を示している．100個取ったつもりでも，約7回に1回は110～120個の可能性があるし，同様に約7回に1回は80～90個の場合があるということになる．こうしてみると，100個の細胞を取ったと思っても真の値はずいぶんと振れてしまうことがわかる．コロニー形成の実験ではシャーレあたり400個程度を播種し，シャーレも同じものを3枚程度用意し，えた結果を平均する．最初の播いた値がなるべく振れないようにする工夫が必要なのである[13]．

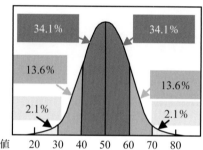

図4・2 偏差値と細胞懸濁液の正規分布
偏差値は平均50で標準偏差が10，懸濁液は平均100，標準偏差は $\sqrt{100} = 10$

解説⑬
シャーレの大きさにもよるが，通常の6cmΦのシャーレでは播種細胞数が多すぎるとできるコロニーが重なり数えるのが困難になる（コロニーをどこまで大きくするかにもよる）．

4・1・5 生存率の計算と線量－生存率曲線

コロニー形成法を用いて放射線による増殖死を調べるために，生存率を計算する必要がある．その方法を**図4・3**に示した．図Aでは，細胞に放射線を照射していないので，平板効率を求めている（図ではPE＝30％）．図Bでは，細胞をシャーレに播種する前か後に照射してコロニー数を調べる．12個のコロニーがみられる．図BではAで用いた細胞と同じものを用いているので，平板効率は同じ

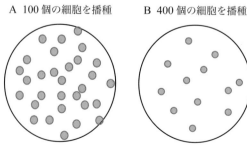

A 100個の細胞を播種　　B 400個の細胞を播種

コロニー数 30　PE＝30％　　コロニー数 12　生存率 10％

図4・3 生存率の計算

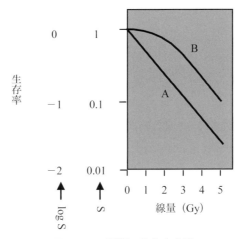

図4・4　2種類の生存率曲線

表4・2　いろいろな状況下での線量−生存率曲線の型の違い

生存率型	LET	細胞の種類	細胞周期の時期
A	低	造血系幹細胞	
A	低	がん細胞，培養細胞	M期
A	高	ほとんどの増殖細胞	すべて
B	低	がん細胞，培養細胞	M期以外
B	低	多くの正常組織の幹細胞	不明

と考え，また400個の細胞を播いているので，放射線がなければ120個のコロニーができているはずである．それが，12個に減っていたので，生存率は $\frac{12}{120}=0.1$ あるいは10%であると計算する．このようにして，細胞にいろいろな線量を与え生存率を求めて，**図4・4**のように片対数グラフ（縦軸に対数をとる）にプロットすると2種類の線量−生存率曲線がえられることがわかってきた．**表4・2**には細胞の状態と放射線のLETによってどちらの種類の生存率曲線になるのかを示してある．

4・2　ヒット理論による線量−生存率曲線の解釈

1950年代のコロニー形成系の確立により，1940年代に始まったLeaらによるヒット理論を用いて，培養細胞の細胞死の動態を扱うことが可能になった．図4・4の線量−生存率曲線がヒット理論で説明できるのである．このように，長い歴史をもつヒット理論ではあるが，今日にいたるまでなお実用的である．

4・2・1　標的論とヒット論

本章の冒頭で解説したように，生物体が放射線に弱いことの説明に「細胞には放

第4章　放射線による細胞死とがん治療

射線に弱い標的がありそこに放射線エネルギーがヒットすると細胞は死ぬ」という仮説が用いられていることを述べた．しかし，これらは結局，数学的なアプローチである以上，標的やヒットの定量的な扱いはできても標的が何であって，ヒットの実態はなにかの疑問に対する答は与えない（標的論，酵素やウイルスでは，質量やサイズを推測している）．そこで，標的論では標的の質量・体積を問題にした．標的質量・体積論とでもいうべきものを取り扱う．いま，標的の質量をMとし，単位質量あたりの電離数を i とする．質量Mには Mi の電離ができる．1 Gy の線量を与えると，1 J/kg のエネルギー吸収がある．1 J を eV に換算しよう．第2章解説⑥にあるように，$1\,eV = 1.6 \times 10^{-19}\,J$ から両辺を 1.6×10^{-19} で割ると，$6.25 \times 10^{18}\,eV = 1\,J$ となる．通常，1個の電離に $\simeq 30\,eV$ 必要であるから，1 Gy の照射で 1 kg あたり 2.1×10^{17} 個の電離がおこる．一方，D Gy の照射で平均 $\dfrac{D}{D_0}$ 個のヒットがMに生じるので（D_0；次頁参照），1 Gy で $\dfrac{1}{D_0}$ 個が生じる．もし電離がヒットであれば，$M \times 2.1 \times 10^{17} = \dfrac{1}{D_0}$（$D = 1$）の関係がえられる．また密度もわかれば体積も計算できる．実際，D_0 を調べて計算すると酵素やウイルスでは，この関係は成立するが，細胞レベルでは図4·5に示したように電離が即致死損傷とはならないので，あてはまらない．結局，現在では標的論はヒット論ほど実用的ではない．その後のいくつかの実験によって，細胞では標的は核らしいことが判明した．たとえば，照射野をマイクロビームでしぼる工夫をし，細胞質だけに放射線を与える場合と核を含んだかたちで与えた場合，後者でのみ細胞死がおこる．また，飛程の短い β 線のでる ^3H（トリチウム）で標識したいろいろな前駆体を細胞に与え，核（DNA）や細胞質に特異的に取り込ませる．このとき，^3H を核に取り込んだときに細胞が死ぬ⑭．

では，ヒットの実体はなんであろうか．多くの生化学的研究により，細菌や細胞に対する紫外線の致死作用はピリミジン二量体や 6-4 光産物で説明が可能である（5·1·3項参照）．また，それらの損傷の修復系についても多くの知見が蓄積されてきている（5·2節参照）．一方，電離放射線の場合はどうであろうか．生成された電離やラジカルを介して DNA に限っても 100 種類を超える損傷がおこる．しかし，電離放射線の生体影響が細胞の増殖（4·1·1項参照）の抑制で説明できる以上，分裂を阻害する原因，例えば不安定型染色体異常（5·4·3項参照）の形成や異常を誘発するような DNA 合成系の乱れなど（修復できない DNA2 本鎖切断など）がヒットの実体なのであろう．

4·2·2　1標的1ヒットモデル

いま，図4·5のように細胞が 20 個あったとする．それぞれに標的が 1 つずつあって，放射線照射の結果，各標的に平均 1 つのヒットが生じたとしよう．標的は 4·2·1項で述べたように核であり，ヒットが修復されない DNA 切断だとする．核が一辺 5 μm の立方体で，DNA 切断はせいぜい 10 nm（ナノメーター；10^{-9} m）の立方体の中での出来事だと考える．5 μm を 500 等分すると 10 nm になるから，核の立方体を縦横高さについてそれぞれ 500 等分すれば，10 nm の立方体が $500 \times 500 \times 500 = 125,000,000$ 個できる．10 nm の立方体それぞれについて，

解説⑭

このほかの研究でもたとえば，細胞膜に特異的に γ 線をだす核種を取り込ませ，また核に ^3H などの弱い β 線をだす核種でラベルし，細胞死の動態を調べる．同時に，核，細胞質，膜での線量を算出すると，細胞死と最も相関するのは核であるという結論がえられている．

4・2 ヒット理論による線量-生存率曲線の解釈

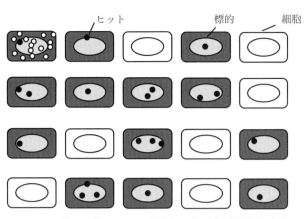

図4・5 標的に平均1ヒットが生じる場合に実際に生じる
ヒット数の分布（例）

> **解説⑮**
> ヒットは1つでも2つ、3つでも分裂は阻害され、増殖死をおこす。

> **解説⑯**
> 放射線は飛程のまわりに多くの電離・ラジカルを生成する。それらによって、生体を構成する分子が壊れ、また異常な分子がうまれる。たとえば、エネルギー源として重要なグルコースが変化する。しかし、細胞は圧倒的に多量に存在する正常なグルコースを使えばよい。また、酵素が失活しても他に存在する正常な酵素によって、細胞の生理機能が失われることはない。こういった増殖死とは関係ない放射線による損傷を白丸で例示した。なお、煩わしいので白丸は最初の細胞にだけ示し、他の細胞では省いてある。

ヒットが生じる（事象がおこる）か、生じない（事象がおこらない）か、を調べる。生じる箇所はせいぜい数個で残りの 124,999,990 個ほどは生じないことになる。つまり、事象はおこるかおこらないかの 2 通りだけであり、しかもおこることは極めて「**まれ**」であるといえる。そこで、このヒットはポアソン分布をすることになる。ここでは具体例で示したが、結局標的が何であれ小さい必要はなく、ヒットが標的に比べて十分小さければポアソン分布のかたちをとるのである。

図 4・5 では、標的は 20 あるから、各標的に平均 1 つのヒットが生じているとすると、全部で 20 のヒットが生まれるはずである。この条件下で各標的に実際何個のヒットが生じるかを調べてみる。まず、ヒットが 1 つもおこらない確率は式 (4・2) を用いて $p(0) = \frac{m^0}{0!}e^{-m}$ で、$m^0 = 1$, $0! = 1$, $m = 1$ であるから $p(0) = \frac{1}{e} \simeq 0.3679$、次に $p(1) = \frac{m^1}{1!}e^{-m}$ で、$m^1 = m$, $1! = 1$, $m = 1$ なので、$p(1) = \frac{1}{e} \simeq 0.3679$、同様に $p(2) = \frac{m^2}{2!}e^{-m} = \frac{1}{2e} \simeq 0.1839$, $p(3) = \frac{m^3}{3!}e^{-m} = \frac{1}{6e} \simeq 0.0613$, $p(4) = \frac{m^4}{4!}e^{-m} = \frac{1}{24e} \simeq 0.0153\cdots$ となる。つまり、おおよそ図 4・5 のような分布になる。ここで、生存する細胞は白で、増殖死する細胞は灰色で示した⑮。白丸は無害な電離・ラジカル形成を示している（左上の細胞のみ記載）⑯。

次に、ポアソン分布の数式を使って**生存率**をもう少し詳しくみてみよう。生存率（生存率；survival というので頭文字 S で示す）は **1 標的 1 ヒット理論**では、ヒットの起こらない細胞の割合で示されるから $S = p(0) = \frac{m^0}{0!}e^{-m}$ であらわせる。$m^0 = 1$, $0! = 1$ であるから、$p(0) = e^{-m}$ となる。m は平均のヒット数なので、各標的に平均 1 ヒットの生じる場合は $S = p(0) = e^{-1} = \frac{1}{e} \simeq 0.3679$ である。これを横軸に平均ヒット数 (m)、縦軸に生存率（対数）をとって**図 4・6** にプロットした。続いて線量を倍にすると、当然各標的に平均 2 ヒットが生じるはずであるので、$S = (0) = e^{-2} = \frac{1}{e^2} \simeq 0.1353$, 3 倍にすると $S = p(0) = e^{-3} = \frac{1}{e^3} \simeq 0.0498$ となる。それぞれを図にプロットするとこれらの点は直線上に乗る（非照射細胞の生存

第4章 放射線による細胞死とがん治療

率は当然1).このように,「細胞に標的が1つあって,その標的が1ヒットで不活化すると細胞死に至る」と仮定した場合に,片対数グラフ上で直線になることが示された.逆に言うと,図4·4で示されるAタイプの線量−生存率曲線は1標的1ヒット理論で説明できるのである.

このとき,各標的に平均1ヒットを生じさせる線量,つまり生存率を0.37（37％）に下げるのに必要な線量を**平均致死線量**（mean lethal dose）とよび⑰,D_0で表す.この生存率曲線は原点（生存率1は対数をとると0になる.D＝0でy軸は0；図4·6常用対数（log S）,自然対数（ln S）を参照）を通る直線であるから直線の傾きにより特定される.図からわかるように,D_0が大きくなると傾きが小さくなり放射線感受性は下がる.反対にD_0が小さくなれば傾きは大きくなり（急になり）感受性は上がる.このように,D_0の大きさをあらわすことで放射線感受性を示すことができるのである.他にD_0を求める記述に,直線の傾きの逆数にマイナスをつけたものであるというのがある.この場合の傾きとは常用対数グラフを用いたものではなく,自然対数グラフでの傾きであることに注意する（図4·6）.$S = e^{-m}$であるから,両辺の自然対数をとると,$\ln S = -m$となる.平均ヒット数は線量Dに比例するから,$m = \alpha D$とおける.結局,自然対数グラフ上で$y = \ln S = -\alpha D$（独立変数である横軸は通常使われるxでなくDであることに注意）となり,傾きは$-\alpha$である.一方で,mは平均ヒット数であるから,$\dfrac{D}{D_0}$となる.そこで,$-\alpha = -\dfrac{1}{D_0}$となり,傾きに負号をつけその逆数をとれば,$D_0$がえられるのである.今度は念のため常用対数をみてみよう.生存率の常用対数は$\log_{10} S$である.底の変換公式は$\log_a b = \dfrac{\log_c b}{\log_c a}$であるから,底を$e$に変換すると $\log_{10} S =$

解説 ⑰
もし,1ヒットが平均的に各標的におこると全部の細胞が死ぬ.平均的に1つのヒットが生じる（ポアソン分布的にはそうはならない）線量というほどの意味であると考えられる.

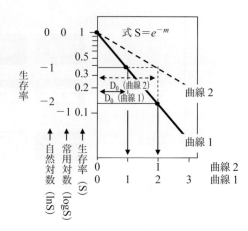

図4·6 1標的1ヒットで説明できる線量−生存率曲線

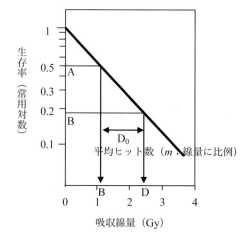

図4·7 D_0を求める手順

まず,ある生存率（ここでは0.5）を与える線量Bを求める.次に,0.5の37％にあたる0.185を与える線量Dを求め,D−Bを計算すればD_0になる.
1標的1ヒットモデルであれば,生存率1（線量0）を基準に37％を与える線量をD_0として構わない.
ただし,多重標的1ヒットモデルでは直線部分を用いる必要がある.

$\dfrac{\log_e S(=\ln S)}{\log_e 10}$ となるので，常用対数の値を $\log_e 10 \simeq 2.3$ 倍すれば $\ln S$ の値が求まる．さて，実体の不明なヒットを使って，平均的に1標的に1ヒットを引き起こす線量と言われてもピンとこないかもしれない．しかしここでは，反対に考えたほうがよいだろう．つまり，細胞にいろいろな線量（Gy）を与えてコロニー形成法で生存率を調べる（図4·7）．それを片対数グラフにプロットし，生存率を37％に下げる線量を算出し，その線量を細胞に照射すると1標的に平均的に1ヒットが生じるのだと考えるのである．D_0 は細胞によって異なるが，1～3 Gy の場合がほとんどである．

4·2·3　多重標的1ヒットモデル

図4·4のBの形の生存率曲線を説明するためには，他に1標的多重ヒット論や多重標的多重ヒット論があるが，実験値との整合性をみると三者の間に大きな差はなく，数学的に取り扱いやすい点で**多重標的1ヒット理論**がよく利用されまた紹介されている．このモデルでは細胞には放射線に弱い標的が n 個あって，それぞれはヒット1つで不活化し標的全部が不活化されると，はじめて細胞は増殖死をおこすというものである．ここでは，標的が4つある場合を説明する．まず，図4·5で考えたように標的に平均的に1ヒットが生じる線量を与えた場合を考える．**図4·8**にそのとき各標的にヒットの生じる状況を示してある．標的は1つでもヒットをうけると不活化し，すべての標的にヒットが生じると細胞は死ぬ（灰色の細胞）．一方，1つでもヒットをうけない標的があるとその細胞は死なない（白色の細胞）．標的に平均1ヒットが生じる場合，図4·8では20個の細胞のうち3個が増殖死をおこしている（85％が生存）．一方，図4·5では35％が生存しているのみである．このことは，標的が n 個あるときには比較的低い線量域で，細胞は死ににくいことを示している．次に標的が n 個あるときの生存率がどのような式であらわされるかを調べてみよう．標的に平均1個のヒットが生じるとき実際に各標的にいくつのヒットが生じるかはポアソン分布する．その中でヒットが1つも生じない標的の確

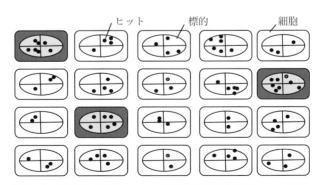

図4·8　細胞に4標的あり，各標的に平均1個のヒットが生じる線量を与えたときのヒットと細胞死の状況（例）
20の細胞に標的は80個ある．標的に平均1個のヒットが生じるからヒットは全部で80個．増殖死をおこした細胞は灰色にしてある．

第4章 放射線による細胞死とがん治療

解説⑱
$(1 \pm x)^n$ で $x \ll 1$ のとき $1 \pm nx$ で近似される．x^2 以降の項は非常に小さくなるので無視できる．

解説⑲
$S_2 = n \times S_1$ であるから両辺の対数（自然でも常用でも）をとると，$\log S_2 = \log nS_1 = \log n + \log S_1$．

解説⑳
生物ではたとえばある一定の強さの刺激が与えられるまでは反応しないが，その強さをこえると反応があらわれる．このぎりぎりの強さを「しきい値」とよんでいる．図4·9のDqでは生存率は少しではあるが下がっている．Dqまで全然反応しないのであれば，「しきい値」でよいが，徐々に少しずつ反応しているので「類しきい値」とよぶのである．また，多重標的1ヒットモデルではパラメータは D_0, Dq, n の3つでてくるが，これらは互いに独立ではなく，2つがきまると残りの1つはきまってしまうことに注意する必要がある．図4·9曲線②の線量大での直線の式は $\ln S = \ln(n \times e^{-\frac{D}{D_0}}) = \ln n - \frac{D}{D_0}$, $D = Dq$ で $\ln S = 0$

率は $p(0) = e^{-1}$ である．そこで，$1 - e^{-1}$ をとれば，各標的に最低1つのヒットが生じている確率になる．1つの細胞中の n 個の標的全部が不活化する確率は，細胞が死ぬ確率であり，$(1-e^{-1})^n$ で表せる．結局，生存率は全体から死ぬ確率を差し引いた $S = 1-(1-e^{-1})^n$ となるのである．平均 m 個のヒットが生じている場合は $S = 1-(1-e^{-m})^n$ で示される．ここで，線量を大きくしてヒット数を増やしてみよう．m が大きくなると $e^{-m} \ll 1$ であるので $(1-e^{-m})^n$ は $1-ne^{-m}$ で近似される⑱．そこで，S_2 (S_2; **図4·9**の曲線②の線量大での直線部分) $= 1-(1-e^{-m})^n = 1-(1-ne^{-m}) = ne^{-m} = n \times S_1$ (S_1; 図4·9の曲線①) になる．このことは，大きな線量域では同じ線量を与えたときに同じ平均ヒット数を生む標的が n 個ある場合には1個しかない場合の n 倍の生存率をえるということを示している（もちろん，片対数グラフ上では足し算⑲）．図4·9の曲線②の線量大での直線部分を曲線①に平行に縦軸方向に延ばしていくと（外挿するという），縦軸の n で交差する．これを**外挿値**（extrapolation number）という．この外挿値は曲線②の生存率をもつ細胞の標的数をあらわすことになる．標的数であるから整数になりそうであるが，実際にはそうはいかない．曲線②の線量大の曲線①と平行な直線部分と生存率1（片対数上では0；点線）の直線の交点の線量は Dq であらわし，**類しきい値（準しきい値）**（quasi-threshold）という⑳．以上結論として，**多重標的1ヒットモデル**であらわされる生存率曲線は，低線量域で放射線耐性であり（耐性は Dq で示され，標的が n 個あることが原因である），大線量域では生存率は n 倍になるが感受性（直線の傾き）は標的が1つの場合とかわらないということがいえる．これで，図4·4のB型の生存率曲線が説明できたと言いたいところであるが，問題が2つ存在する．1つは低線量率（究極の多分割照射）照射における問題点で，これは次の4·2·5項で扱う．もう1つは低線量域において実験値が多重標的1ヒットモデルより常に低いことである（**図4·10**）．これについては，4·3·1項で説明する予定である．

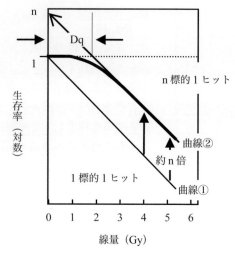

図4·9 多重標的1ヒットモデルの生存率曲線

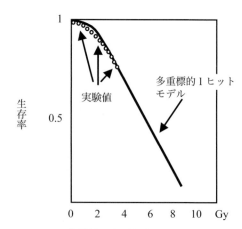

図4·10 実験値の多重標的1ヒットモデルからのずれ

を代入し $\ln n = \frac{D_q}{D_0}$ の関係がえられる.

解説㉑
第2章の解説㉑に示したように，X線のエネルギーが小さいと皮膚表面での吸収が多すぎて深部がんの治療には向かない.

4・2・4　放射線の分割照射と亜致死損傷（SLD）回復

X線の発見直後からがん治療へのX線の利用の可能性は探られていた. 1920年代にはいるとおもに正常組織障害の軽減の㉑ための分割照射が試されるようになった. この分割による放射線障害の実態をあきらかにしたのがElkindらである. それを, 生存率曲線を用いて説明しよう. 図4・11に多重標的1ヒットモデルの生存率曲線を点線と波線で示した（1〜10 Gyを1 Gyの間隔で照射しえられた生存率をプロットしてある）. いま, 細胞にまず5 GyのX線を与えたとしよう. そのまま培養すると生存率は0.5（50%）である. つぎの日に0〜5 Gyを1 Gy間隔で与え（前日の5 Gyと合わせると, 5 Gy, 6 Gy, 7 Gy, 8 Gy, 9 Gy, 10 Gyとなる）, 培養すると生存率はどう変化するだろうか. もし, 照射を分割する間に回復がおこってないとすると, 状況は変わらないので, 生存率は1回照射の波線部分に重なるはずである. では, 実際はどうなるかというと, 太い線（図4・11曲線A）で示されているように, 1回照射の点線部を生存率0.5の点からくりかえすのである. このことを標的とヒットの中でどう説明したらよいのだろうか. それを, 図4・12に示した. まず5 Gyを照射すると50%（ここでは上の4つの細胞）の細胞で4標的全部にヒットが生じ, その後細胞は増殖死をおこす. 一方, 下の4つの細胞では4つの標的の中で最低1つの標的はヒットが生じていないので増殖死はおこらない. Elkindは標的にいくつヒットが生じていても, 時間を置くとこのようなヒットはすべて修復されてしまうと考えた. そうであれば, 致死損傷をうけなかった細胞は傷害のいっさい

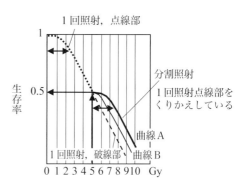

図4・11　分割照射によるSLD回復

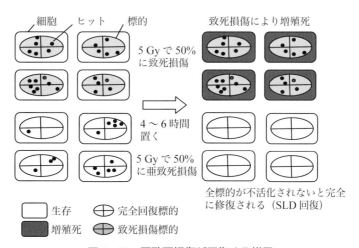

図4・12　亜致死損傷が回復する様子

第4章 放射線による細胞死とがん治療

解説 ㉒
すべてがヒットをうけない場合の各標的内のヒットをうけた損傷をsublethal damage (SLD) とよぶ．その損傷からの回復はsublethal damage repair (or recovery) という．この実態は生化学的に判明しているわけではないので，損傷が生化学的に修復することを念頭においた場合はrepairを使い，細胞が増殖死から逃れることはrecoveryを使う傾向がある．subはsubmarine（潜水艦）やsubway（地下鉄）あるいはsub-leader（副リーダー）で使われるようにひとつ下の概念にあてられるので，sublethalは致死にいたらないという意味である．

ない非照射の細胞と全く同じ状態になる．そこで，2回目の照射をおこなえば，最初に非照射の細胞を照射した場合と同じ状況が生じる（同じ生存率曲線を描く．ただし1回目の照射でスタートは生存率1から始まるが，ここでは0.5から始まる）ことになるはずである．標的がすべて不活化しなかったこれらのヒットによる損傷は致死に至らなかったという意味で**亜致死損傷**（sublethal damage）とよぶ．その損傷からの回復なので**亜致死損傷回復**（SLDR：sublethal damage recovery）[㉒]と名づけた．照射の分割で生存率が上昇するのは亜致死損傷の回復によるものであるといえる．この回復に必要な時間はおおよそ2〜6時間ほどである．亜致死損傷回復は通常100％おこるが，そうでない場合は図4・10曲線Bのようになる．この回復に生存率の肩が関係するのであれば，図4・4のAの形の生存率曲線にはSLDRは存在しないはずである．しかし，分割によるSLDRは，場合によっては報告されている[㉓]．

4・2・5　がんの放射線治療における多分割照射

4・2・4項で示したように，がん治療においては分割照射をおこなう．たとえば，2Gyを毎日30回おこなうなどである．図4・13に10Gyを照射するのに，1回で照射を終える場合，2回にわけて5Gyずつ，3回にわけて3.3Gyずつ，5回にわけて2Gyずつ，10回にわけて1Gyずつと分割をおこなった場合の生存率の変化を示した．分割を増やすにしたがいA→Eへと生存率は上昇する．これは，SLDRの結果である．分割を増やしていき線量を小さくしていくと低線量率で連続的に照射した状態になる．これを低線量率照射という[㉔]．多分割を究極にすると，細胞はどう増殖死をおこすのであろうか．図から想像するとSLDRにより細胞は死ななくなりそうである．ところが，実際には細胞は増殖死をおこすのである．そこで，図4・4のBの形の生存率曲線を多重標的1ヒットモデルで説明するには無理があることがわかってきた[㉕]．この問題を解決するために次項に示すモデルの登場となるのである．

解説 ㉓
D_0の変化としてあらわれるようであるが，PLDRの項（4・3・4項）で説明するようにD_0の変化はPLDRとしてとらえられる．しかし，分割照射でみられるので，SLDRということになる．

解説 ㉔
非常に低い線量を連続的に照射することになる．その間，連続して細胞増殖がおこり（無傷

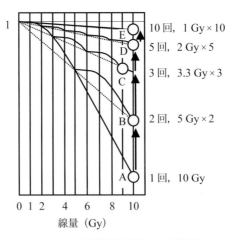

図4・13　低線量率照射による増殖死

細胞の増加）また細胞周期中の時期への偏りもあるかもしれない．低線量率照射は臨床での2 Gyを30回程度の多分割とは単純には比較できない．

解説㉕
4·2·3項の最後に説明しておいた．

4・3　臨床サイトで利用される線量−生存率曲線

4·2·5項で示したように，多重標的1ヒットモデルで図4·4のB型の生存率曲線を説明するには少し無理のあることがわかってきた．それを解決するのに，2通りのアプローチでモデルが考えられている．

4・3・1　2要素モデル

2要素モデルは細胞内に1標的1ヒットモデルに対応する標的と多重標的1ヒットモデルに対応するものとが共存するというモデルである．**図4·14**で，標的の上半分は4標的1ヒットモデルに下半分が1標的1ヒットモデルにあたるものである．図に示されているように，細胞内のどちらか一方が不活化すれば細胞は増殖死をおこす．これを式で示してみよう．4·2·2項にあるように図4·15のAの生存率は $S_A = e^{-m}$，4·2·3項にあるように図4·15のBの生存率は $S_B = 1 - (1 - e^{-m})^n$ であり，Cの生存率は $S = S_A \times S_B$ となる．片対数グラフ上では，$\log S =$

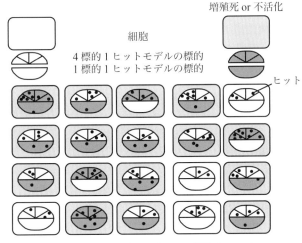

図4·14　2要素モデルでの標的とヒット

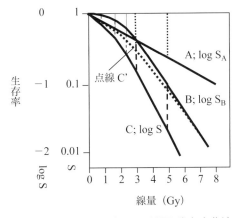

図4·15　2要素モデルでの線量–生存率曲線

第4章 放射線による細胞死とがん治療

解説㉖

図4・15で曲線Cの生存率曲線をもつ細胞に究極の多分割（4・2・5項参照）を施すと生存率曲線は曲線Aに近づいていく（図4・13参照）.

解説㉗

図4・15曲線Cと，曲線Cの線量大の部分をもった多重標的的1ヒット理論でえられる曲線と比較すべきであるが，ここでは，便宜的に曲線Cを曲線Bに近づけることでおおよその比較をしてみた.

解説㉘

かならずしもDNA2本鎖切断だけを考える必要があるわけではない. たとえば，DNAの1本鎖切断とそれにつづくまわりのタンパク質との共有結合がおこれば簡単には修復されないかもしれない. こういったものが2つの過程として存在するなら，飛跡内，飛跡間事象としてとらえられてもおかしくはない. なお，1本鎖，2本鎖DNA切断の多くは修復されてしまう（表5・1参照）.

解説㉙

3塩基以内というのはDNAのまわりの塩濃度が生理的な条件下にある場合の話である. 他の

$\log S_A \cdot S_B = \log S_A + \log S_B$ であり，$\log S_A$，$\log S_B$ ともに負であるから，図4・15では，$\log S$ は生存率が1（$\log S$では値は0）の横軸からAまでの距離（点線）をBから下し（波線），各点を結べばえられる. こう考えることで，究極の多分割照射でも細胞は増殖死（生存率曲線Aにしたがって増殖死をおこす）をおこすことを説明できるし（生存率A；急照射の初期勾配の漸近線）[㉖]，また比較のため，生存率曲線Cの線量大（> 5 Gy以上）の部分を生存率曲線Bに近づけたとき（点線C'），低線量域（0〜4 Gy）での「常に実際の生存率値が曲線Bより小さくなる」ことが解決される[㉗]（0〜4 Gyで，曲線Bと点線で示してある曲線C'とを比較せよ）. しかし，この2要素モデルの2種類の標的が存在するということはイメージしにくく，また計算も煩雑になるのでつぎに取り上げる直線−2次曲線モデルが臨床では多用されている.

4・3・2 直線−2次曲線モデル

つぎに，もう少し実際の細胞の変化を基に考えたモデルについてみてみよう. 標的は核，あるいは細胞核全体に分散しているDNAとする. ヒットについては，不安定型染色体異常などを誘発する修復されないDNA2本鎖切断と考える[㉘]. 低LET放射線であるX線では，X線の消滅や散乱により産生した2次電子はまわりに密な電離をおこさないので，2次電子のまわりにDNAが存在してもそのうち1本が切断（DNA1本鎖切断）される可能性が高い（X線1本による2次電子の飛跡による）. この1本鎖切断が3塩基以内にもうひとつ，他のX線による2次電子により生じると2本鎖切断ができる（飛跡が2本関与するので飛跡間事象という. 5・1・2項参照）[㉙]. 一方，X線による2次電子が1本通っただけで，DNA2本鎖切断がおこる場合もある（1本の飛跡が関与するので飛跡内事象という）. 後者のおこる確率は当然線量に比例するので比例定数をαとすれば，αDで，生存率S_αは負号をつけて$e^{-\alpha D}$であらわされる. 前者では2本の放射線が通ることを考えているので，線量の二乗に比例する. そこで，比例定数をβとするとおこる確率はβD^2で，生存率S_βは$e^{-\beta D^2}$となる. 結局，生存率$S = S_\alpha \times S_\beta = e^{-\alpha D} \times e^{-\beta D^2} = e^{-\alpha D - \beta D^2}$となる. これを片対数グラフ上に記入すると**図4・16**のようになる. ここでは，急照射による生存率曲線が区画Bの太線であらわされている. 両辺の対数をとると$\ln S = \ln e^{-\alpha D - \beta D^2} = -\alpha D - \beta D^2$となる. つまり，生存率曲線は2次曲線の一部であるといえるのである[㉚]. この2次曲線は$D = -\dfrac{\alpha}{\beta}$と0で$y$軸（$y = \ln S = 0$）と交差し，$D = \dfrac{\alpha}{\beta}$で|a|（図4・16点線）= |b|（図4・16波線）となる[㉛]. 4・3・1項と同様にこの曲線の$D = 0$での接線の傾きは$-\alpha$で，$\ln S = -\alpha D$は分割を究極に増やした場合の増殖死をあらわし，また生存率曲線が低線量域で，図4・10で示されているような実験値と少し差が出るということは生じない（1 Gy以下では4・1・1項のようにある細胞腫では超感受性となる場合があるが，ここでは考慮しない）. 2要素モデルと異なるのは線量が非常に大きいところで，2要素モデルでは直線に近づき，直線−2次曲線モデルでは上に凸に曲がりつづけることである（ただし，曲がりは減少していく）. しかし，臨床で問題になるのはずっと低い線量域（1〜5 Gy）であり，高線量域での差は実用上問題にならない. また，この高線量

82

4·3 臨床サイトで利用される線量－生存率曲線

条件下ではどれだけ離れた場合に2本鎖切断になるのかは変化する.

解説 ㉚
記述によっては，あたかも曲線に直線部分と曲線部分が混在するように書かれている場合があるが，これは誤りである．2次曲線にD項が加わることで，頂点がD軸方向に移動し，定数項がないことで曲線は原点（0, 0）を通る2次曲線を示す.

解説 ㉛
図4·16において，$|a| = |\ln S_\alpha| = \alpha D$, $|b| = |\ln S - \ln S_\alpha| = |-\alpha D - \beta D^2 - (-\alpha D)| = \beta D^2$, $|a| = |b|$となる線量 D では，$\alpha D = \beta D^2$ であるから，$\alpha = \beta D$ である．よって，$D = \dfrac{\alpha}{\beta}$ のとき，$|a| = |b|$ となる．がんや正常組織急性反応のような早期反応型を代表させる場合，$\dfrac{\alpha}{\beta}$ は 10 Gy，正常組織後期反応のような後期反応型では 3 Gy とすることが多い.

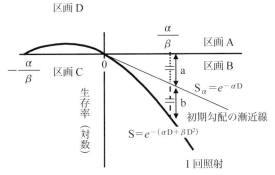

図4·16　直線2次曲線モデルとα, $\dfrac{\alpha}{\beta}$の意味

域でどちらが正しいかの検証をすることは大量の細胞を播種し労力，金銭，時間をかける必要があるので，その意味での追求の価値はほとんどないだろう．

4·3·3　直線－2次曲線とα, $\dfrac{\alpha}{\beta}$の意味

図4·16に示したように，αの意味は1回急照射の初期勾配の漸近線の傾きであるから，$\ln S = -\alpha D$ は究極の多分割または低線量率照射における線量－生存率曲線を近似的にあらわす．次に$\dfrac{\alpha}{\beta}$は両者の比であるので，$\dfrac{\alpha}{\beta}$が小さいときは，αに対してβの割合が大きくなり，**図4·17**に示すように低線量域での生存率が大きくなる（曲線の肩が大きくなる）．一方，$\dfrac{\alpha}{\beta}$が大きくなると生存率曲線は肩が減り，より直線に近くなる．$\dfrac{\alpha}{\beta}$が大きいということは，βの占める割合が減り，βD^2（2本の放射線でヒットがおこる確率；飛跡間事象）の項の寄与が減るということになる．そこで，生存率曲線は直線に近くなるのである．**図4·18**に示すように，$\dfrac{\alpha}{\beta}$が大き

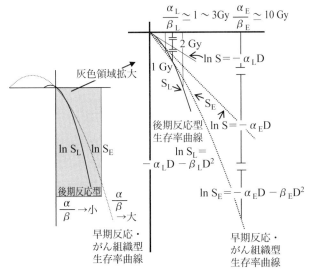

図4·17　分割を増やすことによる回復の度合い

第4章 放射線による細胞死とがん治療

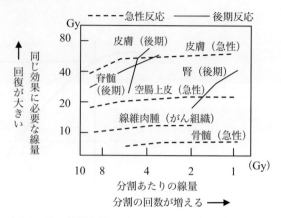

図4・18 分割を増やすことによる回復の度合い
縦軸の上にいくほど，回復が大きいので，後期反応では，分割を増やすほど回復が急激に増大することを示している

い（代表値 ≃ 10）生存率曲線は急性反応（波線；early effect）やがん組織に多く見られ，$\frac{\alpha}{\beta}$ が小さい（代表値 ≃ 3）のは後期反応（実線；late effect）によくみられる（等効果曲線，4·5·3項参照）．がん治療では従来 2 Gy を 30 回程度おこなってきているが，図4·17に示すように後期反応をがん組織に対する効果より減らす目的には 1 Gy を 60 回おこなったほうがよい（2 Gy では $S_E > S_L$ であるが，1 Gy では $S_L > S_E$）．これが，超分割照射法；hyperfractionation（通常は 2 Gy を 30 回程度分割するところをその倍も分割するので超分割照射法という）が後期反応軽減に有効である根拠となっている．

以上，SLD回復は多重標的1ヒットモデルでの肩の大きさや直線－2次曲線モデルでの低線量域での大きな曲がりとしてみてきた．回復にはもうひとつの様態があることをつぎに学ぶ．

4·3·4 潜在性致死損傷回復（PLDR）

いままでの，記述では細胞は自由に分裂をくりかえせる条件下での結果である．ここでは，細胞がコンフルエント（confluent）[32]の場合の話である．コンフルエントの状態で細胞を1回照射して，直後にコロニー形成用に細胞を播種し，1週間ほどでコロニーを調べ，生存率曲線をグラフに描いた場合と，照射後，6〜8時間そのまま培養し，その後コロニー形成のための播種をおこなった場合とでは生存率に明確な差がでる．図4·19にその結果を示す．生存率曲線をみてみればわかるように，この場合，明らかに D_0 の変化（標的の感受性の変化）をともなう．これを1標的1ヒットモデルの中でみてみよう．図4·20で示したように，20個の細胞に各細胞1つずつ標的がある．この標的に1つでもヒットが生じると細胞は増殖死をおこし，したがってこのヒットは致死損傷であるとした（4·2·2項と4·2·3項）．しかし，実際はこれを致死損傷とするには時期尚早である．つまり，ある条件下では損傷が修復され，致死でなくなるのである．そのため，照射直後の損傷は致死損傷と

解説㉜
4·5·4項に説明した．がんが大きい状態では多くの細胞は G_1 期あるいは G_0 期にあると考えられる．

4・3 臨床サイトで利用される線量－生存率曲線

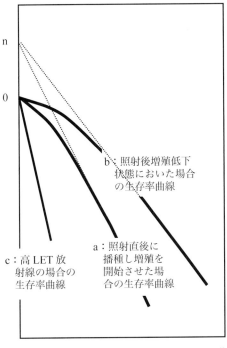

図4・19 増殖低下による潜在性致死損傷回復

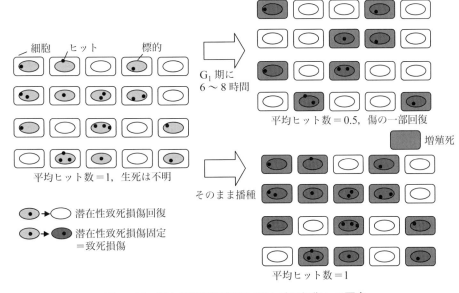

図4・20 潜在性致死損傷の回復と致死損傷への固定

よばずに潜在的に致死であると考え，潜在性致死損傷（potentially lethal damage：PLD）とよぶことにする．つまり，照射後，なにもおこらなければ致死損傷となる潜在性致死損傷が修復される細胞は生存し，潜在性致死損傷が修復されずに致死損傷となる場合に増殖死をおこすと考えるのである．この回復を潜在性致死損傷回

第4章　放射線による細胞死とがん治療

復（potentially lethal damage repair or recovery：PLDR）といい，通常D_0の変化をともなう．平均ヒット数が変化すると考えてもよい．

　以上は，傷をもったまま DNA 合成期にはいると傷が大きくなるところを，細胞が細胞周期の中のG_1（またはG_0，1・2・4項参照）期に止まることによって傷を治しやすくなるというふうに考えると納得がいく．PLD 回復を引き起こす処理は，低栄養，低 pH，生理的食塩溶液など増殖を抑えるような条件下でおこる．一方，照射後の条件によっては，生存率曲線のD_0が小さくなる（感受性になる）ことがある．例えば，カフェインを照射後に処理すると図4・19の場合と逆に感受性が上がってしまう．カフェイン処理によりG_2期でおこる分裂遅延がおこらないので毛細血管拡張性失調症（5・5・1項参照）と同様，分裂期にはいる前に修復すべき傷が治されないまま分裂期で固定されてしまうことが原因であると考えられる．このような状況下でおこる感受性の増大を潜在性致死損傷の固定（fixation）とよぶ．照射後の状態による潜在性致死損傷の固定の例としてクロマチン凝縮，RNA 合成阻害，DNA 合成阻害など修復を抑えるような条件下でおこる．

4・4　がんの放射線治療

　まず，「がん」という言葉について整理をしておきたい．がん（悪性腫瘍）と良性腫瘍の違いについて考えてみよう．良性腫瘍[33]は身体のコントロールからはずれて増殖するが，その増殖速度は一般にゆっくりとしている．一方，悪性腫瘍では自律増殖以外にも浸潤性と転移性をもち，また正常組織に悪影響を及ぼす．悪性腫瘍は①狭義の癌（上皮性細胞由来）[34]，②非上皮性細胞由来の腫瘍（肉腫）[35]，③造血系のがん[36]にわけられる．放射線治療は一般に良性腫瘍にはおこなわれないが，頭頸部の腫瘍にはおこなわれる場合がある[37]．ここで，放射線治療と言った場合には，がんに対する治療を指すことに注意してほしい．肉腫が含まれる場合や造血系のがんが含まれることもあるということである．

　前節までは，LET（表4・2参照）や分割照射（4・2・4項参照），照射後の状況（4・3・4項参照）が生存率曲線に影響を与えることをみてきた．ここでは，これらを含めてがん治療の改善におおいに関わる要因について3つにまとめてみた．①がんの増殖・転移にかかわるメカニズムの解明による改善．②放射線や放射性同位元素の物理的性質をうまく利用することによる改善やコンピュータの著しい発達によるがん組織の三次元画像を利用した改善．③がん組織や正常組織の放射線に対する反応を利用した改善，の3つである．①は，最近話題のオプジーボのように免疫チェックポイントの機構が解明されたことでがんに効く薬ができたというような場合である[38]．放射線に対するがん組織の反応のメカニズムがわかれば，それを利用した改善が可能になるかもしれない．しかし，それは将来的な問題でありここではこのことにはふれない．②については，ここ数十年で放射線治療が著しく発展したもとになっている．ただし，さらなる詳細については，放射線技術学シリーズの他の本に委ねたい．③については，貢献度は②と比較して多少見劣りはするが，今後の展開に期待したい．③については別の節をもうけている（4・5節参照）．

解説㉝
例えば，子宮筋腫，卵巣のう腫，脳腫瘍などがある．

解説㉞
肺がん，胃がん，大腸がん，子宮がん，乳がん，卵巣がん，舌がん，頭頸部のがんなど，上皮由来がんを示すのに，ひらがなでなく，漢字で癌と書く場合がある．

解説㉟
非上皮性の悪性腫瘍を指す場合は，肉腫という．骨肉腫，軟骨肉腫，筋肉腫，脂肪肉腫，血管肉腫などがある．

解説㊱
造血系由来のがんには白血病，悪性リンパ腫，骨髄腫などがある．

解説㊲
一般に良性腫瘍では手術がおこなわれるが，脳腫瘍などでは，正常な脳部位や眼，神経などを傷つける可能性が高いときに，定位放射線治療やIMRTを用いる場合がある（4・4・3項参照）．

解説㊳
2018年ノーベル医学生理学賞受賞者，本庶佑博士が免疫制御のメカニズムから開発．

4·4·1 線源としての放射性同位元素の利用

密封小線源が腔内（子宮頸がんなど），組織内（舌癌など）照射に用いられている（Brachy Therapy）．^{226}Ra や ^{60}Co などに代わり ^{137}Cs，^{192}Ir，^{198}Au など人工放射性同位体[39]が最近では用いられるようになってきている．子宮頸がんや舌癌で遠隔操作密封小線源治療（チューブアプリケータを留置し線源を遠隔操作で出し入れする RALS：remote after-loading system）をおこなうことで術者の被ばくをおさえるようになり，また前立腺がんで ^{125}I を使った永久挿入小線源療法がおこなわれている．小線源治療においても画像との連携で治療がおこなわれるようになってきた（画像誘導小線源放射線治療／IGBT：Image Guided Brachy Therapy）．

4·4·2 外部照射用放射線発生装置

放射線治療は主に体外から放射線発生装置によってつくられた放射線をあてることによりおこなわれる．放射線治療はレントゲンの発見後，ただちにその可能性が模索されていたが，第2章解説㉑にもふれたように，低エネルギーX線では，がん組織への線量より皮膚への影響が大きく治療は困難であった．その後，深部治療用X線発生装置による高エネルギーのX線がえられるようになり，また ^{60}Co の γ線を利用して治療がおこなわれてきた．最近のリニアックの導入により，はるかに高いエネルギーのX線発生が可能になり，図2·9に示すように深部線量の劇的な改善がなされ，治療の成績向上に寄与している．このように，工学的な進歩が治療におおいに役立ってきているのである．

一方，陽子線や加速重粒子線のエネルギー付与は図3·5に示した α線のものと同様にブラッグピークをもつ．粒子線のエネルギーを調節して，ブラッグピークをがん組織に合わせれば，リニアックと比較しても正常組織への影響をより軽減できることは容易に想像される．理想的な線量分布をもっているのである．そこで，以前から千葉市にある放射線医学総合研究所では，大型の粒子加速器による重粒子線治療が試されてきた．現在では，検討の結果，主に炭素イオン線による治療がおこなわれている．重粒子線治療では大型の加速器が必要なため，莫大な費用が必要でメンテナンスも容易ではないが，最近では国内数か所でこの治療が可能になってきた．また，比較的小型の加速器で可能な陽子線による治療は国内十数か所でおこなわれつつある．陽子線はブラッグピークをもち，重粒子線と同様の深部線量分布がえられる．ただし，LET はX線より少し大きい程度[40]でRBEはX線のものとあまり変わらない（RBE ≃ 1.1～1.2）．そこで，次節でのべる放射線に対する各種生物反応での高RBEである重粒子線のもつ利点はあらわれない．また，速中性子線は世界で最初におこなわれた粒子線治療[41]であるが，陽子線と対照的に深部線量分布はX線とかわらず，そのため，皮膚や正常組織への影響が大きいことが問題であるが，効果は主として反跳陽子（図2·13）によるものなので，がん組織には高LET放射線としてRBEが高い効果があるという特徴がある．また，ホウ素中性子捕獲療法[42]（BNCT：Boron Neutron Capture Therapy）では，中性子線とよく反応するホウ素の化合物をがん組織に取り込ませたのち熱中性子を用いることで治療をおこなう．脳腫瘍，皮膚がんなどで試されている．以上，加速粒子線を用いるこ

解説㊳
原子核に中性子をあて，吸収させて放射性核種をえる場合に人工放射性同位体という．

解説㊵
図3·7にみられるように，LETが中程度ではRBEはX線のものとあまりかわらない．

解説㊶
中性子は電荷をもたないが，核磁気モーメントをもつので，加速には磁場が用いられる．

解説㊷
中性子がどの程度原子核と反応するかの指標に，核反応断面積がある．ホウ素は中性子の核反応断面積が大きな原子核として知られている．

とで従来のリニアックなどでの治療が困難ながんにも成績の向上が可能となったが，どのようながんにどの放射線が適しているのかは少しずつ煮詰まってきており，それぞれの場合に，最適な線源を選択しなければならない．

4·4·3 がん組織に特異的に線量を集中させる方法

大線量の放射線はそのまま細胞死を誘導する（4·1·1項参照）．このことは，がん組織のみに線量を集中できれば，がん治療に大きな問題は存在しないことを意味するはずである．逆にいうと，がん治療をおこなう上でのネックは正常組織の障害，つまり副作用であるといえる．最近のコンピュータの急速な発展により，X線CTや

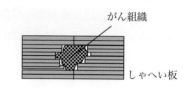

図4·21 マルチリーフコリメータ

MRIにより迅速ながん組織の三次元画像がえられるようになった．この三次元の画像を利用して，できる限り線量をがん組織に集中する方法が開発されてきている．その中心的な役割を果たすのが，マルチリーフコリメータ（MLC：Multi Leaf Collimater）である[43]（図4·21）．

三次元原体照射（3D-CRT：Three Dimentional Conformal Radiation Therapy）では，がん組織の三次元画像をもとにマルチリーフコリメータを使い，がんの形状に合わせて正確に一方向あるいは多方向から放射線を照射する．強度変調放射線治療（IMRT：Intensity Modulated Radiation Therapy）では，三次元画像をもとにMLCで照射範囲をがん組織の形状に合わせ，線量率を変化させることにより，がん組織には高い放射線量を，また重要な正常組織には極力低い線量に抑えるよう計算した治療方法である．このIMRTを，照射方向を回転させながら行う，強度変調回転放射線治療（VMAT：Volumetric Modulated Arc Therapy）により，さらに正常組織への線量低減とがん組織への線量集中を実現した．また，トモテラピー（Tomo Therapy）では，ドーナツ型の輪の中にCT，画像取得装置，リニアックを組み込むことで，IMRTをおこなう治療である．これにより広範囲のIMRTが実現し，全身転移の広範囲の照射や骨髄移植前の全身照射などが可能になった．

定位放射線治療（SRT：Stereotactic Radiation Therapy）は，放射線を多方向からピンポイントでがん組織に集中し，正常組織の線量を軽減させる方法である．ガンマナイフでは，半球状のヘルメットを頭部にしっかり固定するために頭部の局所麻酔が必要である．半球状の照射装置を用いてピンポイントでがんに照射する[44]（図4·22）．ガンマナイフは，脳内の転移性腫瘍に限らず，脳動静脈奇形などの良性病変にも有効であり，脳外科医からも注目されてい

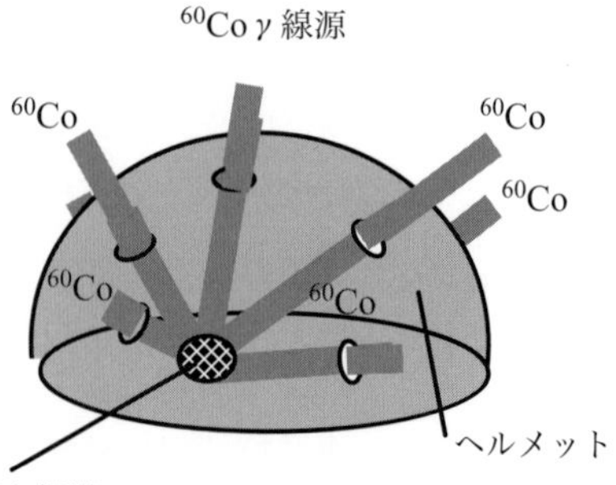

図4·22 ヘルメット（ガンマナイフ）

解説 ㊸
しゃへい板の一枚一枚の板の幅がせまいほどがん組織の形状に合わせた照射がおこなえる．通常，5〜10mm幅のMLCが用いられるが，最近では2.5mm幅のものもでてきている．

解説 ㊹
4·3·3項の超分割照射法に対して，ガンマナイフでは照射を1回で終わらすか，分割を数回かに減らす．この少ない回の分割はhyperfractionationに対してhypofractionationとよぶ．

4・5　細胞の放射線感受性を左右する要因

る．ヘルメットの固定のかわりに，着脱可能な専用マスクシステムを用いた方法も考えられている．また，小型のリニアックをベッドの回転と組み合わせ多方面から照射するサイバーナイフも開発されている．

　以上，コンピュータの発達と工学的工夫によっていかに放射線治療が進歩してきたかを概説した．次節では，細胞の放射線に対する反応を利用することで，どのようにがん治療が改善されてきたかをみてゆく．

4・5　細胞の放射線感受性を左右する要因

　前節でのべたように，ここ数十年，工学的な観点からの放射線治療の劇的な進歩がなされてきた．しかしながら，いかに微細なMLCを用いて正確にがん組織にそった照射をおこなったとしても，ある方向からリニアックによる照射をおこなえば，がん組織の手前にある正常組織への照射はさけられない．これを多方向から照射することで，正常組織の線量はがん組織に与える線量の数分の一以下に抑えられるはずである．ここで，がん組織のごく近傍の正常組織を考えてみることにする．この部分は，多方向からの照射にもかかわらず，がん組織から離れた場所にある正常組織と比べてはるかに大きい線量を吸収することになる（がん組織を球と考えて，円形の照射野で体のまわりを360°照射した場合を考えてみよう）．また，加速重粒子線を用いた場合でも，がん組織の手前にある正常組織の線量を0にできるわけではない．

　そこで，がん組織や正常組織の放射線に対する反応の差を利用して放射線治療の改善をはかる，放射線生物学的な観点からの模索が必要となるのである．以下，それらについて紹介してゆく．なお，以下の項目での話は基本的にX線などの低LET放射線を用いて分割照射をおこなった場合に対するものであることに留意したい．つまり，重粒子線などのRBEの大きい放射線では4・5・3〜4・5・6項に示した4つのRはあらわれない（たとえば，再酸素化　Reoxygenationで問題になる低酸素性細胞は低LET放射線には抵抗性であるが高LET放射線には抵抗性を示さない）ので，考慮する必要がないのである．

4・5・1　がんの放射線感受性

　各種のがんの放射線感受性を調べると，基本的に6・1・1項にのべられているように，分化程度の低い，分裂速度の速いがんほど放射線感受性が高いことがいえる（**表4・3**）．ただし，表4・3で示されるがんの間の感受性の順番はまとめた研究者によって多少異なることがあることに注意しなければならない．おおよその傾向として把握する必要がある．

表4・3　腫瘍の放射線感受性

回復小 ↑	低分化 ↑	高感受性	高	リンパ性白血病 悪性リンパ腫 リンパ上皮腫 ウィルム腫瘍 骨髄性白血病 ホジキン病
			中	基底細胞がん 扁平上皮がん 子宮体がん 乳がん 肺がん 甲状腺がん 悪性黒色腫 前立腺がん
↓ 回復大	↓ 高分化	低感受性	低	直腸がん 胃がん 骨肉腫，繊維肉腫

第4章◇放射線によるとがん治療細胞死

4・5・2 治療比（治療可能比）

治療比（TR; Therapeutic Ratio）は以下の式で定義される

$$\text{治療比（TR: Therapeutic Ratio）} = \frac{\text{正常組織耐容線量（TTD: Tissue Tolerance Dose）}}{\text{がん治癒線量（TLD: Tumor Lethal Dose）}}$$

一般に，線量を横軸に，がん致死率，正常組織障害発生率を縦軸にとると**図4・23**のように両者ともS字状の曲線を描く．正常組織耐容線量は正常組織の5％が障害を発生する線量であり，がん治癒線量はがん組織の80～90％に障害が生じる，つまり治癒する線量（解説㊼参照）である．結局，TRが1以上のがんは放射線治療が可能であるが，1未満であれば治療が大変難しくなることを示している[45]．

> **解説 ㊺**
> がん組織障害のS字曲線が右に動くほど，正常組織の障害とがん組織障害の差がなくなり，治療は困難になる．逆に左に動くほど差が大きくなるので正常組織の障害がほとんどない状態で，がん組織の障害が大きくなるようにできる．

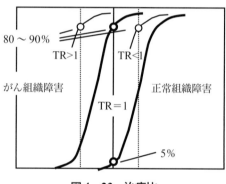

図4・23　治療比

4・5・3 生物学的等価線量

分割照射をおこなうことで，SLD回復の結果，ある一定の効果をえるのに必要な線量が増える．分割を何回したかを横軸にとり，縦軸にその分割によりある効果をえるために必要な総線量をプロットすると右肩上がりの直線（曲線）となる．これを等効果曲線（isoeffect curve）という．図4・18は一例である．一方，分割照射において，ある一定の効果をえるのに必要な線量を生物学的等価線量（BED：Biologically Effective Dose）とよぶ．この線量は分割回数や照射間隔により変化する．生物学的等価線量のために歴史的に多くの主に経験値による計算式が考案され用いられてきた．日本では以前器官別に示されていて耐容量を示すTDF（Time Dose Fractionation Factor）が用いられていたが[46]，最近では直線－二次曲線モデルに立脚したBEDが主流となっている（**図4・24**）．これは治療時の正常組織の障害や治療効果の予測に用いるものであり，臨床的判断の材料となるものである．

次項以下は分割照射に深く関わる4つのRについてである（4R：①再増殖　Repopulation，②回復　RepairあるいはRecovery，③再酸素化　Reoxygenation，④再分布　Redistribution）．

> **解説 ㊻**
> 1988年にOrtonらは多くの正常組織障害のデータを用いて，$TDF = K_1 N d^{\delta}(T/N)^{-\tau} v^{\varPhi}$ の式を導いた．これら K_1, δ, τ, $\varPhi$ などの器官別のパラメーターの値に関しては，他の資料などを参照して欲しい．分割の仕方（1回線量，分割数，分割の間隔，分割の変更など）によりどの程度の正常組織の障害があるかの目安を知ることができる．

自然対数で生存率は $\ln S = -\alpha D - \beta D^2$
致死率 = 0 （= ln 1）− 生存率 = $\alpha D + \beta D^2$
致死率を F とし N 回分割，1 回線量 d とすると
$F = N(\alpha d + \beta d^2) = Nd(\alpha + \beta d)$
総線量 $D = Nd$ とし，両辺を α で割ると

$$F/\alpha = D\left(1 + \cfrac{d}{\cfrac{\alpha}{\beta}}\right) \quad \cdots\cdots\cdots ①$$

F/α は全体の致死率を単位線量あたりの致死率で割るので単位線量の何倍で全体の致死率になるかを示しており，生物学的等価線量とよばれる．
カッコ内の右側の項は d を α/β（曲がり具合）で割っている．曲がりが大きいと α/β は小となり，右側の項が大となる．等価線量は大きくなる．
つまり，同効果のためにより大きな線量が必要になり，分割の効果が大きいことを示している．
逆に，α/β の大きい，曲がりの小さい場合は，同効果のための線量は小さくなることを意味する．
式①のカッコ内を相対的効果率（relative effectiveness）という．
生物学的等価線量 = 分割総線量 × 相対的効果率

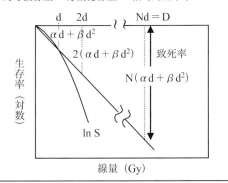

図 4・24　生物学的等価線量の導き方

4・5・4　がんの増殖と分割照射による再増殖（repopulation）の問題

　体内に生じたがん組織がどのように大きくなり，放射線治療によりどのように縮小するのかをみるのは大切なことである．がん組織の体積が時間とともにどのように増えるかを示したのが**図 4・25** である．縦軸には対数をとってある．この曲線は 19 世紀に，人口の経時的な減少をあらわすために考えられたゴンペルツ曲線によく一致する．腫瘍体積は最初指数関数的に増加する（片対数グラフ上で直線）が，順次速度が低下してゆく．この実態をみるには**腫瘍コード**（図 3・10 参照）を用いるとわかりやすい．少しくわしくしたのが**図 4・26** である．腫瘍が小さいときは毛細血管からの酸素供給，栄養供給が十分であり，細胞はフルに分裂をくりかえす．このとき，細胞数が 2 倍になる**倍加時間（Doubling Time）**は，ほぼ細胞周期にかかる**細胞周期時間の平均（Tc : Cell cycle Time** 1〜5 日）に等しくなる．そのまわりにある細胞は酸素，栄養環境が悪くなり，また細胞が混んでくるので分裂をしなくなる．さらにその外側にはいよいよ酸素不足となり分裂もおこなっていないが死

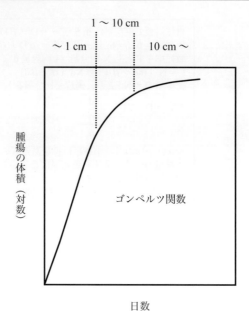

図4・25　ゴンペルツ関数

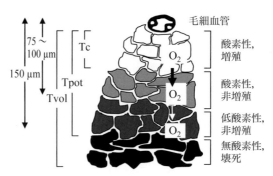

図4・26　腫瘍コード
ひとつの毛細血管に依存している単位

んではいない低酸素性細胞が取り囲む．この低酸素性細胞までの細胞群の数が2倍になる時間は，分裂をしない細胞を含むのでTcよりも長くなる（**潜在的倍加時間，Tp：Potential Doubling Time**，40〜100日）．低酸素性細胞の外側は酸素の供給が行きわたらず，無酸素状態になり細胞は壊死をおこしている．壊死した細胞は徐々に脱落していくが，中心部での増速がそれを上回れば，がん組織は全体としてゆっくりと増殖する（**体積倍加時間/Tvol：Volume Doubling Time**）ことになる．これらの指標以外にも増殖細胞の全細胞数に対する比率（**GF：Growth Fraction/増殖細胞比**組織をばらしてシャーレなどに播いて調べる．ヒトで30〜80％，リンパ腫，胚芽種で90％，腺がんで6％程度），や脱落した細胞の割合（**Φ：Cell Loss Factor/細胞喪失比**　ヒトでは50〜80％．GFが大きいがんほどΦは大きい．また癌腫のほうが肉腫より大きい）などの指標を用いてがん組織を特徴づけている．当然，Tcが短く，Tpが小さく，GFが大きいほど放射線感受性は高い．

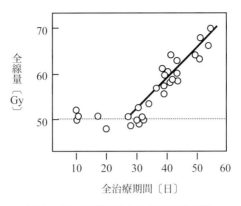

図4・27　再増殖による全線量の増加

　さて，ここでこのがん組織に分割で放射線治療を開始したとしよう．治療を開始するとがんは増殖を始め，数を増やす（**再増殖**）．特に分割の後半は増殖の速度を増す（**加速再増殖**）．このように，治療を開始すると再増殖がおこる結果，細胞数が増え，それだけ，**局所制御**のための治療線量が増えることになる[47]．図4・27に全治療期間が増えると必要な全線量が増えることを示した．最初の分割照射で酸素性増殖細胞に大きなダメージが生じ，それに応じた細胞死が起こる[48]．その結果，毛細血管の周囲の細胞が失われ，酸素性非増殖細胞と低酸素性非増殖細胞層に酸素と栄養が行きわたるようになり，それらの細胞が増殖を開始する環境が整うと考えると説明がつくような気がする．しかし，実際はそんな単純な話ではないらしい．最近，がん組織の中には**がん幹細胞**が存在し，それが分化してがん細胞となり，これらが全体として増殖していると考えられるようになった．がん幹細胞は造血系がんだけでなく固形癌でも証明されてきている．多くを占める非がん幹細胞は放射線感受性が高く，先に死滅する．一方，がん幹細胞は放射線や抗がん剤に抵抗性を示すので，生き残ったがん幹細胞が再び増殖をくりかえし，がん細胞を供給するのが再増殖や**加速再増殖**の実態らしいということになってきた．興味深いことに，がん幹細胞は低酸素性域に多く存在するということである．また，放射線によりほとんどすべてのがん幹細胞が取り除かれたあとでもがんが増殖することから，どうも非がん幹細胞が環境依存的にがん幹細胞へと変身するようなのである．いずれにしても，がん細胞数が殖えるということは，がん治療の観点からは望ましくない．

4・5・5　回復（recovery）

　4・1・5項，4・2・4項でもふれたように，低LET放射線の照射を分割することにより**SLD回復**がおこる．この回復を利用することで，正常組織への障害を減らすことができるので臨床的に重要である．多分割により，生存率曲線は直線に近づき生存率も上昇してくるので，SLD回復は臨床サイトでのがん治療のさいに最も注目すべきものであろう．多分割による傷の軽減は正常組織のみならずがん組織にも生ずるが，一般的には正常組織のほうががん組織よりよく回復するし，またその条件を探しだし，治療することは重要である．また，4・3・3項で示したように**hyperfractionation法**を用いれば，回復しにくく治療が困難な後期反応（4・3・3項，6・2

解説㊼
線量－生存率曲線からわかるように，理論的にはどんなに線量を上げても放射線により完全にすべての細胞を死にいたらしめることはできない．細胞数を何分の一にするかである．そこで，細胞数が増えれば，ある細胞数以下にするための必要線量は増えることになる．ある数以下になれば，その後は免疫系などによりがん組織が取り除かれることになる．

解説㊽
酸素性分裂細胞より酸素性非分割細胞のほうが，感受性が低い．低酸素性非分割細胞はさらに感受性が下がるが，それ相応にそれぞれ細胞死はおきている．

第4章　放射線による細胞死とがん治療

節参照）を軽減することができる．**直線–2次曲線モデル**で示されるように多分割あるいは低線量率でβD^2項がなくなっていくことを考えると傷の単純な比較的修復されやすい**飛跡間事象**（二つの放射線で起こる）の修復が関わっていると考えられる．

　一方，**PLD回復**や**PLD固定**ではおもに生存率曲線の直線部分の変化（4·3·4項参照）であり，照射後の有効な環境を作り出すことができれば，治療に応用は可能であるが，正常組織に回復を促し，反対にがん組織のみの回復を阻害し，がん組織にだけPLD固定をおこさせることなどは，人体での応用は困難な場合が多い．しかし，最近ではがん組織への薬剤の注入などおこない，組織への直接的な効果をねらう方法などが考えられていて興味深い．また，高LET放射線（速中性子線や炭素線）では，PLD回復は小さいことが知られていて[49]，SLD回復もPLD回復も主として低LET放射線での話であるとしてよい．

4·5·6　再酸素化（reoxygenation）と放射線増感剤および放射線防護剤

　2·5·3項，図3·10，図4·25にあるように，放射線感受性は酸素の有無で大きくかわり，その効果には**細胞内SH基**が関わっている．そして，がんの分割治療の際に重要なはたらきをする．3·5項でのべたように，正常組織にもがん組織にも低酸素性の箇所が存在する．しかし，放射線治療のさいに大きな意味をもつのはがん組織に存在する**低酸素性細胞**である（**図4·28**）．この細胞がもつ放射線耐性が治療時の厄介ものになっている．分割照射による低酸素性細胞の再酸素化の過程をみてみよう（**図4·29**）．まず，最初の照射をおこなう．毛細血管近傍の酸素性の細胞は増殖死をおこす．その結果，細胞が取り除かれ，酸素が供給されやすくなると，そのとなりにあった低酸素性細胞に酸素が行きわたるようになる．次の照射時にはそこは酸素性にかわり，放射線感受性となるのである．このくりかえしでがん組

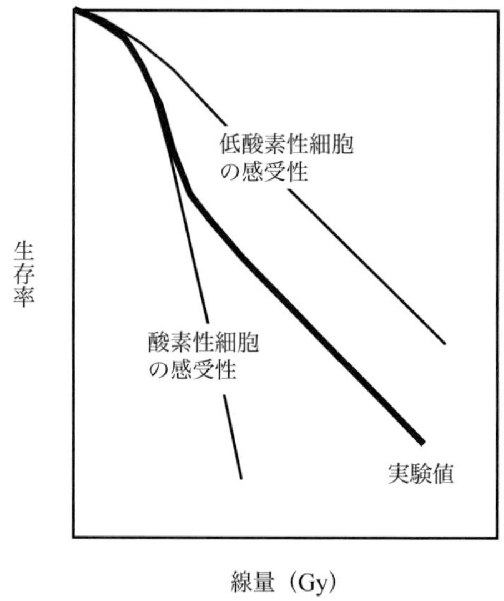

図4·28　**生体内での低酸素性細胞の存在の証拠**
生体内でがん組織に照射し，その後，細胞をばらし，シャーレ上でコロニー形成させる．低線量域では酸素性細胞のため生存率が急激に下がるがその後，生存率が下がらないのは低酸素性細胞が存在するからである．

解説 ⑭
炭素線のように加速重粒子線を取り扱えるのは現在国内では6か所に限られる．

織がすべて酸素性にかわるというわけである．低酸素性細胞を強制的に放射線感受性にするために**高圧酸素処置**や**親電子性薬剤**の開発（2·5·5項参照）がおこなわれてきたが，いずれもその毒性や取り扱いの困難さにより臨床応用にはいたっていない．唯一，デンマークで認可された**ニモラゾール**は効果が大きいとはいえず世界的な汎用にいたっていないのが現状である．一方，過酸化剤などをがん組織に直接注

4・5 細胞の放射線感受性を左右する要因

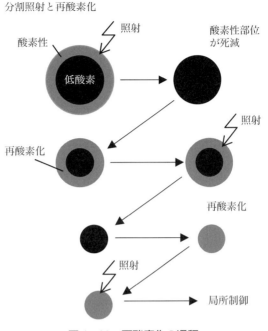

図4・29 再酸素化の過程

入などの臨床がおこなわれている．今後の進展に期待したい．**高 LET 放射線**により低酸素性細胞の放射線耐性が完全に解決されるのであれば，その方向性を考えるのが早道かもしれない．また，酸素効果は細胞内 SH 基との関係が深いことを2・5・3項で記述した．ラジカルと酸素との反応速度はSH基との速度にくらべ相当に早いので，防護目的で，これに見合うほどSH基と先に反応させるにはかなり高濃度の SH 剤が必要となる．たいていの SH 剤は細胞に与えると効果がみられるが，人体に与えた場合，その濃度では神経系などへの影響が無視できないくらい大きいので臨床応用にはいたっていない．今後，がん組織に特異的に運ばれる分子標的薬などに載せて，防護剤や増感剤を送るなどの方法も考えられるのではないだろうか[50]．

4・5・7 再分布（redistribution）

細胞をシャーレに播種すると**図4・30**にみられるように増殖する．対数増殖期には細胞は倍々に増えてゆくので，対数をとると直線になる．そこで，この時期を**対数増殖期**

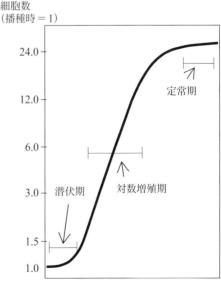

図4・30 シャーレ内での細胞の増殖
縦軸のスケールは対数

解説 ㊿

最近の注目すべき研究がある．近赤外線を用いているので，放射線治療の一種と言えなくもないが，そういう捉え方はされていない．がんに特異的な抗体に近赤外線のエネルギーを吸収する分子をくっつけて投与すると，抗体ががん組織に運ばれる．この後で近赤外線を照射すると，がん細胞の脂質二重膜が壊れて細胞が死ぬのである．近赤外線自体は人体に影響をもたないし，この分子が膜に結合しない限り細胞を壊すことがないので，正常組織への影響はほとんどないようである．近赤外線免疫療法とよばれている．すでに治験の段階にはいっており，がん治療に有望である．

第4章 放射線による細胞死とがん治療

解説㊶
接触阻害（contact inhibition）とは単層で増殖する細胞が単層の空間がなくなった時点で増殖を止める現象である．がん組織では接触阻害が失われていて細胞の上に細胞が乗っても増殖することが可能である．しかし，シャーレ上でもがん組織内でも，細胞が密になり，また毛細管から離れると，酸素や栄養の供給が減少し，分裂が止まる傾向にある．

解説㊷
このあと，いくつかの細胞周期の同調法が開発された．細胞をいったんS期に止めておいて，その抑制を解くことで培養すると細胞がすべてS期から他の時期に移る．そこで，再びS期に止める操作をすると，すべての細胞をS期の初期に集めることができる．S期はかなり長い時間にわたるので，最初のDNA合成阻害により，S期のいろいろな時期に細胞がとどまるので，2回のDNA合成阻害の操作が必要なのである．

解説㊸
培養細胞では，このように同調化しても，すぐにこの同調はくずれてしまう．

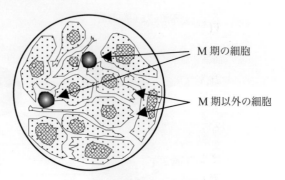

図4・31　対数増殖中の細胞の形

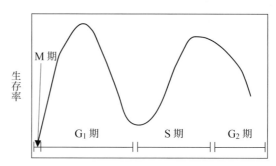

図4・32　細胞周期中の各時期の放射線感受性

（**logarithmic growth phase** 略して **log phase**）とよぶ．細胞がシャーレいっぱいになると**接触阻害**㊶や密度過剰で増殖が抑えられる．図4・30でこの時期は**定常期**（**stationary phase**）または増殖曲線が高原状を示すので**プラトー期**（**plateau phase**）とよぶ．4・3・4項で示したconfluentの状態である．

つぎに，対数増殖期にある細胞をシャーレ内でみてみよう．**図4・31**にみられるように，血球系などの細胞を除いては，通常細胞はシャーレ面に接着している．このとき，M期の細胞だけは丸くなって，接着の弱い状態にある．シャーレを揺らしたり，培養液をスポイトで吸ったり出したりすることで，丸い細胞を培養液内に浮かし，培養液を吸い取り他のシャーレに移せば，そのシャーレ内はすべてM期の細胞で構成される（**同期化 synchronization** という）．これを培養すれば，細胞はM期→G_1期→S期→G_2期と細胞周期の各時期を進行する㊷．それぞれの時期に放射線を照射すれば，各時期の放射線感受性を知ることができる（**図4・32**）㊸．この図から，放射線に特に感受性な時期として**M期**とG_1期とS期の間（**G_1/S境界：G_1/S boundary**）があげられる．DNA合成が始まる時期と分裂の始まる時期が感受性ということになる．つまり，放射線による傷害がDNA合成や分裂時に存在すると致死損傷として固定やされくく，DNA合成や分裂まである程度時間が稼げれば，その間に修復に費やすことができるので，生存率が上昇すると解釈される．興味深いことに，以前は**G_2期の遅延**は放射線照射による傷害の結果であると考えられていたが，現在ではG_2期の遅延は，細胞が積極的に傷の修復のために遅延させているのであることがわかってきている（5・5・1項参照）．

4・6 放射線治療と血管新生阻害治療，温熱治療の併用効果

分裂周期が1回すぎるころには，かなり同調性は消えてしまう．

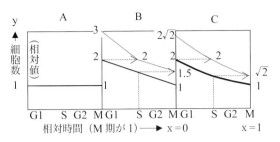

図4・33 細胞周期の各時期での細胞数（頻度）

Cの太い実線の式　$y = 2 \times \left(\dfrac{1}{2}\right)^x$

　さて，増殖がlog phaseにあるとき，細胞周期中の細胞の分布はどんな風なのだろうか．図4・33に3つの可能性を示した．Aは考えにくい．M期の細胞が分裂をすると2倍になるので，M期の細胞が1あるとするとG_1期になりたては2あるはずだからである．では，G_1期とM期の間はどんなだろうか．図4・32のBではその間を均等に減らしている．この場合，もし分裂にかかる時間の半分が過ぎたと仮定すると細胞集団は波線矢印で示したように移動する（図4・32B）．G_1期の細胞はM期の2倍であるから，3となる．しかし，これではG_1期とM期の間がすでに直線でなくなっている上に全体の細胞数が$\sqrt{2}$倍になっていない（log phaseだから$\sqrt{2}$倍に増えるはずである）．ではつぎに，Cの式で表せる曲線を描いてみよう．この場合，分裂時間の半分がすぎたときに，どの細胞周期の時期においても細胞数は$\sqrt{2}$倍になっていて，また当然全体数も$\sqrt{2}$倍になっているのである．もちろん，さらに半分の時間がすぎれば（つまり合計でちょうど分裂時間がすぎたとき），すべてで細胞数は2倍になる．以上，細胞周期中の細胞の分布はCの実線の曲線を考えるのが妥当である[54]．この細胞周期分布に1回目の放射線を与えると感受性な時期の細胞は数を減らし，耐性の時期の細胞は生き残る（図4・34，1回目照射）．ある時間すぎると，生存細胞が細胞周期中の感受性な時期に移動する（図4・34，2回目の照射）．そこで，2回目の照射をおこなえば，効率よくがん細胞に増殖死をおこさせることができるのである．これが分割照射における4つのRの中の**再分布**（**redistribution**）の利用である．ただし，培養系においても図4・34のような典型的な分布を示すのは7 Gy以上といわれていて，がん治療の分割照射における2 Gyでは明確な分布を示さない．また，固形がんのように増殖が比較的遅い場合は放射線耐性のG_1期が長く，再分布による増感はえられにくいものと考えられている．高LET放射線では，細胞周期中の各時期の感受性の差はあまりみられないので，この再分布も対象は低LET放射線である．

解説54
Cの曲線の式は
$y = a \times \left(\dfrac{1}{2}\right)^x$
$0 \leq x \leq 1$ で表せる．Cの太い実線は $a = 2$.

4・6　放射線治療と血管新生阻害治療，温熱治療の併用効果

　がんの三大療法といわれるのが，手術，放射線治療，抗がん剤治療である．手術ではがんそのものの摘出，放射線治療はがんに放射線のエネルギーを吸収させることで撲滅する．抗がん剤は放射線に似て，がん組織や正常組織の増殖能を抑えるの

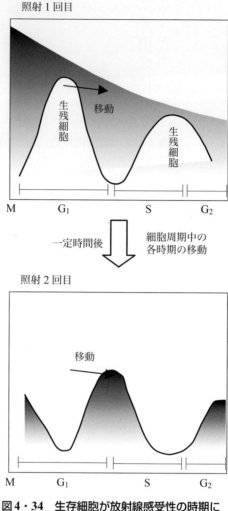

図4・34 生存細胞が放射線感受性の時期に移動

で,放射線と同様,正常組織にも障害をおこし,副作用という大きな問題をおこす.これらは,それぞれにメリット,デメリットが存在する.例えば,抗がん剤では目に見えないような小さな転移などのがんにも効く.一方,手術はがん全体を取り除くので,効果は大きいが,体にメスを入れる必要があり,また重要な正常組織の近傍にある場合など,手術にかなりの危険をともなう.

がん療法は他にも**温熱療法（ハイパーサーミア/hyperthermia**）や最近では毛細血管新生に攻撃を加える療法も考えられている.この節では,主に温熱療法と放射線治療との併用効果について概説する.

4・6・1 毛細血管新生と放射線治療

がん組織は自己の増殖のために豊富な栄養と酸素を必要としているため,自らが毛細血管を誘導し自分のまわりに血管網を張り巡らす.そのために,**血管内皮増殖**

因子（**VEGF**：vascular endothelial growth factor）を産生する．**アバスチン**（VEGFに対するヒト抗体）はVEGFがVEGF受容体に結合するのを妨げる．その結果，アバスチンががんに効くかの臨床治験がおこなわれ，アメリカで転移性非小細胞肺がんへの投与が認可されている．日本では現在，肺がん，大腸がんに対し認可されているが，副作用として出血，高血圧，消化管穿孔が知られている．血管新生阻害は単独より放射線療法や化学療法との併用で成果がでている．分割後の再増殖に毛細血管新生阻害剤が効くという報告がある．近年，低酸素性細胞が低酸素性依存的に遺伝子群を発現するが，その中にVEGFが含まれていることがわかってきた．一方，切除不能な肝がんに対しては栄養などを遮断する動脈塞栓術や熱凝固壊死させるためのラジオ波電極による方法などがすでにおこなわれている．

4・6・2 細胞の温熱感受性と温熱耐性の誘導

培養系で細胞は温度が42.5°をこえると細胞死をおこす．各温度に対する細胞の**温熱感受性**が**図4・35**に示されている．生存率曲線の特徴は42.5°までだと，ある一定処理時間以上の処理によって生存率がそれ以上落ちないことである（温熱耐性の誘導によるものか）．温熱処理された細胞を観察するとそのまま崩壊がおこっており，分裂を介さないで間期の死がおこっていることを示している．いろいろな細胞の温熱感受性を調べることで，いくつかの興味深いことが

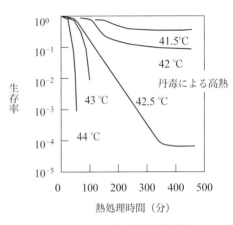

図4・35 細胞の温熱感受性

わかってきた．①放射線感受性と温熱感受性の間には相関がない．②温熱処理を分割すると最初の温熱処理後37°に戻し，2回目の温熱をおこなうと細胞はその温度に耐性になっている（温熱耐性）．③温熱効果の細胞周期依存性や低酸素性細胞への効果があらわれる．④培養正常細胞とがん細胞の間に温度感受性の差がみられない（両者の間に差がみられるという報告もある）．①から温熱の致死作用は放射線によるものとは異なることが結論付けられる．②の**温熱耐性**には**ヒートショックタンパク**（HSP：Heat Shock Protein）群が関わっている．たとえば，タンパク質は熱処理によって変性することがよく知られている．当然，この変性により細胞機能は失われ細胞死にいたるが，HSPの一種がこの変性をもとに戻すので，タンパク質の生理機能が回復することが知られている．膜に効くプロカインやDNAに作用するマイトマイシンC，ペプロマイシンは耐性を抑制し，エタノールや局所麻酔薬であるリドカインは耐性を誘導する．

4・6・3 温熱の細胞周期依存性と低酸素性細胞への効果

図4・36示すように，**温熱感受性**は放射線耐性であるS期に大きくなる．また，低酸素性細胞では酸素の不足により呼吸系が抑制され**解糖系**が亢進することによる

乳酸の蓄積で**細胞内pH**が低くなる（酸性側になる）．この低pH環境で細胞は温熱感受性となることが知られている．つまり，温熱処理は低酸素性細胞に効果的であるといえる．

4・6・4 放射線と温熱の併用効果

つぎに，放射線と温熱処理の併用効果を**図4・37**に示す．放射線照射後各温度処理を行い，生存率曲線を調べると，照射後の温度が高いほど放射線感受性が増大することがわかる．この間，SLDRが熱処理で抑制される（SLDRは37°では存在するのに，41°処理をおこなうとみられなくなる）．結局，低酸素性細胞に有効であり，細胞周期感受性はX線が耐性の時期が温熱に感受性であり，また，SLD回復もPLD回復も阻害されることから，温熱との併用で高LET放射線の照射と同様の効果がえられるようである．

4・6・5 腫瘍組織に対する温熱効果

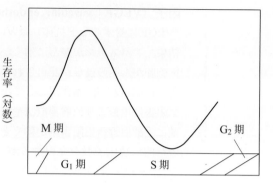

図4・36　S期で高い温熱感受性

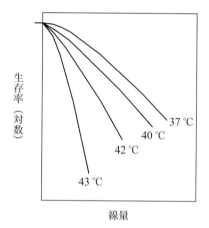

図4・37　放射線の温熱の併用効果

温熱ががんに効くらしいという観察は，顔の肉腫をもった患者が丹毒の熱で，肉腫が消失したことに始まる．しばらくの時を経てふたたび温熱が深部がんにどう効くかに焦点があてられた．ところが，培養細胞のレベルで実験をおこなうと，正常細胞とがん細胞の間に温熱に対する感受性に差があるという結果とともに差がないという結果が蓄積されてきた．では，なぜ腫瘍組織では差が生まれ，培養系ではあまり差が顕著ではないのか．その一つの答えが前述した解答系亢進による低酸素性細胞の細胞内pHの低下による感受性増大であり，またもうひとつががん組織に多く分布する新生血管が温熱に弱く，血流による熱の放散が阻害され，がん組織に熱が蓄積されるという可能性である．

41°C以上の温度が正常組織，特に脳に与える影響が非常に大であることは周知のことである．つまり，温熱療法の最大の課題は放射線治療と同様いかに腫瘍組織だけを加温し，正常組織の温度上昇を抑えるかにある．加温にはマイクロ波やラジオ波が用いられているが，いずれの場合も体内の温度分布が理想とは程遠いのが現状である．いずれにしても，温熱療法は放射線との併用や他の療法との併用に期待がかかる問題である．

◎ ウェブサイト紹介

被ばく線量に応じた細胞の反応にかかわる諸モデル　ATOMICA

https://atomica.jaea.go.jp/data/detail/dat_detail_09-02-02-09.html

標的論，ヒット論，生存率曲線のモデルなど．

放射線の細胞への影響　ATOMICA

https://atomica.jaea.go.jp/data/detail/dat_detail_09-02-02-07.html

ヒット理論，間期死，増殖死，突然変異，線量－生存率曲線のモデルなど．

放射線効果と修復作用　ATOMICA

https://atomica.jaea.go.jp/data/detail/dat_detail_09-02-02-12.html

放射線感受性，紫外線損傷の修復，相同組換えなど．

低線量放射線に対する生物応答；傷害とホルミシス

http://www.iips.co.jp/rah/spotlight/kassei/polly_1.html

生物適応応答，ホルミシスのメカニズムなど．

低線量放射線照射によるバイスタンダー効果誘導機構の解析－日本アイソトープ協会

https://www.jrias.or.jp/report/pdf/1.2.26.pdf

照射された細胞が膜を通して，あるいは液性因子を通して近傍の細胞のDNAなどに傷害を誘導するなど．

$(1 + x)^a$ のマクローリン展開－目で学ぶ！数学－数学の公式

https://medemanabu.net/math/maclaurin-expansion-of-1-x/

$x \ll 1$ のとき $(1 + x)^n$ は近似的に $1 + nx$ とあらわせることの説明．

コイン投げからわかる二項分布．正規分布やポアソン分布との関係性と近似について

https://atarimae.biz/archives/7922

二項分布，ポアソン分布の解説，正規分布との関係．

ネイピア数（ウィキペディア）

http://ja.m.wikipedia.org/wiki/ネイピア数

自然対数の低，ネイピア数の定義について解説．

国立がん研究センターがん情報サービス

一般の方向けサイト　HOME＞診断・治療＞がんの基礎知識

https://ganjoho.jp/public/dia_tre/index.html#01

がんの分類や基礎知識．

星ケ丘医療センター｜地域医療機能推進機構　がんとは

https://hoshigaoka.jcho.go.jp/

がんの基礎的知識．

東京女子医科大学放射線腫瘍学講座

http://twmu-rad.info/treatment.html?id＝6

放射線治療について．

国立がん研究センターがん情報サービス

一般の方向けサイト　HOME＞診断・治療＞がんの治療方法＞放射線治療＞放射線治療の種類と方法

https://ganjoho.jp/public/dia_tre/treatment/radiotherapy/rt_03.html

各種放射線治療法の紹介．

第4章　放射線による細胞死とがん治療

前立腺がんの小線源療法
　https://www.nmp.co.jp/seed/index.html
　　　　アイソトープを用いた小線源療法の解説.
日本の粒子線治療施設の紹介
　http://www.antm.or.jp/05_treatment/04.html
　　　　重粒子線，陽子線治療のおこなわれている施設の紹介.
がん治療に用いられる速中性子線
　http://www.rada.or.jp/database/home4/normal/ht-docs/member/synopsis/040030.html
　　　　速中性子線治療についての説明.
放射線治療　LQモデル　生物学的等価線量BED$\frac{\alpha}{\beta}$比のまとめ
　https://放射線技師.com/public_html/2016/07/03/
　　　　LQモデルに立脚した生物学的等価線量についての説明.
生物学効果を考慮した治療計画法
　https://www.jstage.jst.go.jp/article/jjmp1992/14/3/14_236/_article/-char/ja/
　　　　ゴンペルツ曲線の解説.
再発転移がん治療情報
　https://www.akiramenai-gan.com/
がん幹細胞（ウィキペディア）
　http://ja.m.wikipedia.org/wiki/がん幹細胞
　　　　がん幹細胞についての概説.
血管新生阻害薬〜血管新生の阻害とがんの増殖抑制
　https://www.akiramenai-gan.com/da_treatment/other/8110/
　　　　血管新生がどのようにがん形成にかかわるか，その阻害により，どのようにがん
　　　　増殖が抑えられるか.
切除不能肝がんに対する温熱療法
　https://www.jstage.jst.go.jp/article/neurooncology1991/2/2/2_43/_pdf
　　　　マイクロ波，ラジオ波による肝癌の治療について.
コトバンク　原体照射
　http://kotobank.jp/word/原体照射-1531771
　　　　三次元原体照射や強度変調放射線治療，トモテラピーなどの解説.

◎ 参考図書

Hall, E. J.（浦野宗保訳）：放射線科医のための放射線生物学（第4版），篠原出版（2002）
青山喬　編：放射線基礎医学　第12版，金芳堂（2013）

◎ 演習問題

問題1　数グレイの放射線被ばくによる組織障害，発がん，遺伝的影響の原因はなにか，
　　　　のべよ.
問題2　細胞死について以下の文言を使用してのべよ.
　　　　A．線量

演 習 問 題

  B. DNA 合成
  C. 分裂期
  D. 間期死

問題3 放射線治療における4つのRのうち，再増殖は治療にどのように不都合なのかをヒット理論の中で説明せよ．

問題4 つぎの中で二項分布，ポアソン分布に関係ないものを挙げよ．
  1. 事象のおこり方がまれである
  2. 事象の独立性
  3. 事象は同様に確からしい
  4. 事象のおこる回数
  5. 事象がおこるかおこらないかの2通り

問題5 X線のような低LET放射線を用いた場合に肩のある多重標的1ヒットモデルで示せる型の生存率曲線を示す細胞腫を3つ挙げよ．

問題6 多重標的1ヒットモデルでえられる線量−生存率曲線で，n, D_q, D_0 は片対数グラフ上でどのように求めるのか，それぞれについて説明せよ．また，これら3つのパラメータ間にはどんな関係があるのかをのべよ．

問題7 下のa, b, cについて関係の深いものを線で結べ．cについては線を何本使ってもよい．また，必ずしも結ばなくてもよい．

a	b	c
外挿値	低線量率照射時の生存率曲線	SLD回復
低線量域の放射線耐性	2次曲線の曲がりの程度	PLD回復
放射線感受性	準しきい値	
飛跡間事象	標的の数	
飛跡内事象	平均致死線量	

問題8 低LET放射線を用いた場合に細胞が感受性になる条件はつぎのうちどれか
  1. S期後半
  2. 大きな D_0
  3. 空気中の酸素分圧
  4. システインの存在
  5. 増殖

問題9 つぎの文章のうち間違いはどれか
  1. 2要素モデルの1標的1ヒットの標的は直線−2次曲線モデルの $-\alpha D$ に対応し，直線−2次曲線モデルの $-\beta$ 項はSLD回復に関係する．
  2. PLD回復は高線量域で生存率上昇の程度が大きい．
  3. 接触阻害をおこす細胞は対数増殖期にある．
  4. 高LET放射線治療では，SLD回復，PLD回復が小さい，酸素効果が少ない，分裂周期中の各時期での感受性の差が小さい，線量分布が深部がんに集中できる（皮膚線量などを小さくできる）などの特徴がある．
  5. SLD回復は生残細胞でおこり，PLD回復はどの細胞でもおこる．

問題10 つぎのうち正しいものはどれか
  1. アポトーシスはリンパ球が放射線によって間期死をおこすときにだけあらわれる．
  2. $\dfrac{\alpha}{\beta}$ は片対数グラフ上で $\alpha D = \beta D^2$ となる線量であり，おおよその代表値が必要な場合には早期反応型には10 Gyを後期反応型には3 Gyを用いる．

第4章　放射線による細胞死とがん治療

3. がん治療において細胞周期中での再分布を利用すると，放射線耐性の時期にあった細胞が放射線感受性の時期に移動したときにつぎの照射をおこなうことで効率よく増殖死をおこせるので，臨床での放射線治療にとって欠かせない概念である．

4. 1 Gy 以下の線量域では 1 Gy 以上の線量域ではみられないことがおこるのでこの領域の細胞死を含めた新たなヒット理論を構築する必要がある．

5. 多重標的1ヒット理論で説明される生存率曲線上でD_0を求めるには，まず，線量0での生存率1に対しその37%にあたる生存率が$1 \times 0.37 = 0.37$になる線量Aを求めA－0＝Aを計算し，$D_0 ＝ A$とすればよい．

問題11 放射線治療においては，正常組織障害の軽減が治療の進歩を支えてきた．どのように正常組織の障害を軽減させてきたのか．深部線量の観点と照射野の観点からのべよ．

問題12 分割照射による治療の利点のひとつに再酸素化（reoxygenation）がある．分割開始後，がん組織がどのような経過をたどるのかを腫瘍コード内の経過として説明せよ．

問題13 つぎの温熱療法に関する記述の中で正しいものを選べ．

1. 細胞周期依存性を調べたところ，G_1期での感受性が一番大きかった．
2. 温熱による細胞死は増殖死によるものである．
3. ヒートショックタンパク質群は細胞が温熱感受性になることに関与する．
4. 低酸素性細胞では酸素不足により呼吸系が抑えられ解糖系が亢進し，その結果，乳酸が蓄積し細胞内pHが低くなる．
5. 温熱に対する正常組織とがん組織の感受性の差は，ほぼそれぞれの細胞の感受性の差で完全に説明可能である．

問題14 治療比（治療可能比）の定義をのべ，がん治癒線量と正常組織耐容線量について解説せよ．

問題15 つぎの文章のうち正しいものを選べ．

1. 加速炭素線は高LETなので高RBE値をもつが，ブラッグピークはあらわれない．
2. 中性子線治療は，歴史的に粒子線として最も早く導入された治療であり，深部線量にすぐれていて，がん組織への線量集中度が高い．
3. 陽子線はLETがX線にくらべると高く高RBE値をもち，また深部線量にもすぐれている．
4. 深部治療用X線（250 kV）によりX線の高エネルギー化が実現し，がん組織への線量がはるかに皮膚線量をうわまわるので，治療に劇的な変化をもたらした．
5. リニアックにより皮膚線量の軽減が実現され放射線治療の改善はされたが，RBEはあくまでも低いので高LET放射線がもつような利点は持ち合わせていない．

問題16 つぎのがんを放射線感受性な順にならび替えよ．

a. 前立腺がん
b. 扁平上皮がん
c. 造血系がん（リンパ性白血病，悪性リンパ腫など）
d. 骨肉腫
e. 肺がん

問題17 直線–二次曲線モデルに立脚した照射の分割による正常組織障害と治療効果の予測に用いられる生物学的等価線量（BED）について，相対的効果率，生物学的効果線量，分割総線量の間の関係を式で示せ．また，相対的効果率をα, β, d（分割1回分の線量）を用いて示せ．

問題18 つぎの再分布（redistribution）についての文章のうち誤っているものを選べ．

1. 再分布を考慮した治療計画は実際の治療に非常に有効である.
2. 分割開始後の最初の照射で，感受性なG_1/S境界領域とM期にある細胞が除外され，それ以外の時期の生残した細胞が時間を置くことにより放射線感受性な時期にきたときに2回目の照射をおこなうと治療に有効であることを想定している.
3. 高LET放射線では細胞周期依存性はみられないので，再分布による有効処理は考慮する必要がない.
4. 温熱処理では感受性な時期がX線の場合とは鏡像関係にある（X線に耐性な時期に温熱効果が高い）ので，併用効果に大変期待がもてる.
5. 細胞がG_1/S境界とM期で感受性なのは傷をもったまま細胞がDNA合成や細胞分裂に突入するとその傷が固定されてしまい細胞が死ぬので，それをさけるため細胞はS期やM期にはいる前に修復の時間を稼ぐためその前の時期にとどまる機能をそなえている．たとえば，X線を照射された細胞がG_2期に長くとどまるのはそのためということがわかってきた.

問題19 放射線増感剤と放射線防護剤の開発の根拠になっている機構についてのべ，開発の現状について解説せよ.

問題20 温熱療法（ハイパーサーミア）を放射線療法との併用でおこなう場合，毛細血管新生の観点から解説せよ.

第5章
Chapter

突然変異と
染色体異常

5・1 DNA損傷
5・2 DNA修復
5・3 突然変異
5・4 染色体異常
5・5 放射線に対するさまざまな細胞の反応

第5章
突然変異と染色体異常

本章で何を学ぶか

　放射線が細胞核の DNA をヒットした場合に DNA におこる化学的な変化が DNA 損傷である．細胞は，このような DNA 損傷を修復する機構をもっていて，損傷の多くは効率良く修復される．

　本章では，放射線によってどのような DNA 損傷が形成され，細胞はどのようにしてこれらを修復するのかを学ぶ．正しく修復されずに残った DNA 上の変化を突然変異といい，そのうち光学顕微鏡①で観察できるような染色体の構造的な変化を染色体異常という．本章の後半では，突然変異と染色体異常にはどのような種類があり，どういう機構で形成されるのかを学ぶ．

解説 ①

通常使われているようなレンズを組み合わせた顕微鏡を光学顕微鏡という．これに対して光のかわりに電子線を用いた顕微鏡を電子顕微鏡という．

5・1　DNA 損傷

　DNA 損傷とは DNA にできる傷のことである．DNA は，糖とリン酸基の骨格部分と，遺伝情報を担う塩基からなる糸状の長い分子である．DNA 損傷は，DNAの構成要素のどれが傷害されるかによって**塩基損傷**と **DNA 鎖切断**とにわけられる．DNA 損傷は紫外線や化学物質など電離放射線以外のものでも形成される．また，細胞内では自然状態でも，ある頻度で DNA 損傷が生じている．

5・1・1　塩基損傷

　低 LET 放射線では，直接作用よりも間接作用の寄与が大きい．間接作用の主役は水分子由来のラジカルで，とくに・OH ラジカル（ヒドロキシラジカルまたは水

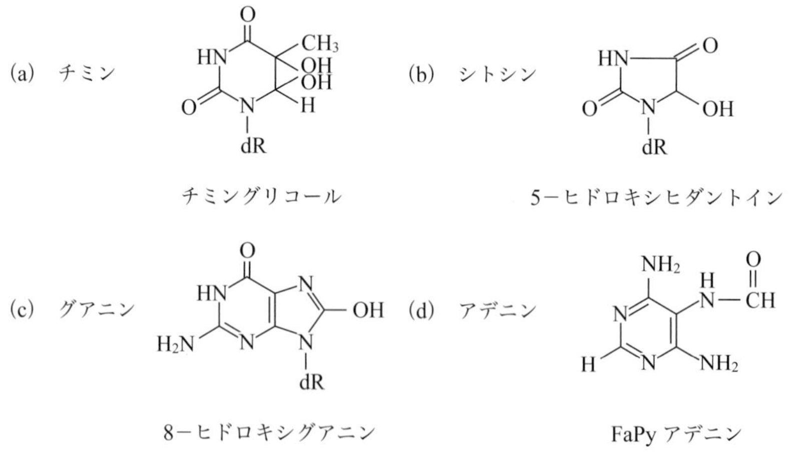

(a) チミン　　チミングリコール

(b) シトシン　　5−ヒドロキシヒダントイン

(c) グアニン　　8−ヒドロキシグアニン

(d) アデニン　　FaPy アデニン

図5・1　放射線による DNA 塩基損傷
T，C，G，A 塩基に由来する代表的な塩基損傷を示す．いずれにおいてもラジカルの作用による二重結合の消失や開裂がみられる．8−ヒドロキシグアニンは自然状態でも形成されることがある．

5・1 DNA損傷

酸化ラジカルともいう）が損傷をつくる作用が強い．DNAはきわめて巨大な分子なので，放射線をあびた細胞のDNA上にどのような損傷ができているのかを直接に調べるのは容易ではない．DNA損傷に関する知識の多くは，塩基，ヌクレオチド，オリゴヌクレオチド，あるいはDNA水溶液などに放射線を照射してそれを分析するという化学的な実験からえられている．こうした研究から放射線による塩基損傷には100種類以上もあることがわかっている．

ピリミジン（チミンとシトシン）あるいはプリン（アデニンとグアニン）のいずれの塩基も，ラジカルの作用をうけ，化学的に変化して塩基損傷となる．四つの塩基のうちでは，チミン由来の塩基損傷がもっともよく研究されている．たとえば，チミン塩基にラジカルが作用するとふたつの炭素原子の間の二重結合が失われて**チミングリコール**という損傷をつくる．おもな塩基損傷を**図5・1**に示す．塩基が糖−リン酸基の鎖からはずれてしまった場合には，AP部位（apyrimidinic/apurinicsite，ピリミジンまたはプリンがない部位という意味）ができる．これも一種の塩基損傷である．AP部位ができたDNAをアルカリ処理すると，そこでDNAが切断されやすくなるためにアルカリ脆弱部位とよばれることもある．

5・1・2 DNA鎖切断

DNA鎖の骨格である糖−リン酸基が傷害されるとDNA鎖切断がおこる．DNA鎖切断には，DNA二重らせんの片方だけが切れる**1本鎖切断**（一重鎖切断ともいう）と，両方が切れる**2本鎖切断**（二重鎖切断ともいう）がある．ふたつの1本鎖切断が3塩基以内の距離で近接しておこると2本鎖切断になるといわれているが，さらに大きなエネルギーが局所的に与えられると直接に2本鎖切断ができる場合もある．**表5・1**に示すように，1本鎖切断は2本鎖切断よりもずっと多く形成される．

5・1・3 紫外線損傷

紫外線はX線やγ線と同じ電磁波であるが，エネルギーが低いために電離作用がない．ここで紫外線損傷を扱う理由は，紫外線によるDNA損傷は電離放射線による損傷にくらべて障害の原因となる損傷の種類が少なく，その修復機構についても研究が進んでおり，電離放射線によるDNA損傷と修復のしくみを理解するうえで重要な手本になるからである．

もっとも代表的な紫外線損傷は，DNA上でとなりあうふたつのピリミジン塩基（チミンまたはシトシン）どうしのあいだで共有結合が形成されるもので，シクロ

表5・1 低LET放射線によって生成するDNA損傷

DNA損傷のタイプ	1Gyの照射による細胞あたりの生成数
1本鎖切断	1,000
塩基損傷注	500
2本鎖切断	40
DNA−タンパク質間架橋	150

〔注〕 チミングリコール
〔UNSCEAR, 2000〕

第5章 突然変異と染色体異常

解説②
紫外線の作用でできるピリミジン二量体では，四つの炭素原子が環状に配置したような化学構造をとる．これをシクロブタン型リングという．

ブタン型リング②という特有の構造をつくるためにシクロブタン型ピリミジン二量体（たんに**ピリミジン二量体**またはピリミジンダイマーともいう）とよばれる（図5・2）．チミンどうしの間で二量体ができればチミン二量体（チミンダイマー）という．シクロブタン型リングを形成しないピリミジン-ピリミドン（6-4）光産物（6-4光産物）も形成される．ピリミジン二量体と6-4光産物という2種類の損傷によって紫外線の傷害作用のほとんどが説明できる．100種類以上もある塩基損傷のそれぞれが，どの程度寄与しているのかがあまりわかっていない電離放射線の場合とは対照的である．

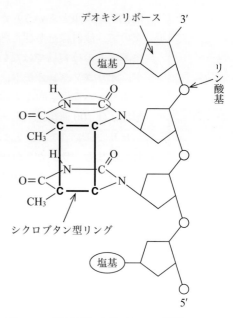

図5・2 紫外線によるチミン二量体
となりあったチミンどうしのあいだで共有結合が形成され，シクロブタン型リングができる．シトシンどうしあるいはチミンとシトシンとのあいだでもおこり，ピリミジン二量体と総称される．

5・1・4 化学物質による損傷

化学物質のうち発がん物質あるいは突然変異原（変異原またはミュータジェンともいう）とよばれるものは，放射線と同様にDNA損傷をつくるのでDNA傷害性化学物質とよばれる．その中には放射線と同様にDNA鎖切断をおこすものもある．代表的なDNA傷害性化学物質を表5・2に示す．

このような化学物質の中には，放射線と同様にがん治療に用いられる化学療法剤もある．

5・1・5 自然状態でおこる損傷

放射線や突然変異原を作用させなくても，細胞の中では自然状態でさまざまなDNA損傷が形成されている．脱塩基，脱アミノ化③，メチル化④，酸化の四つのタ

解説③
アミノ基（–NH₂）を除くような生化学的反応を脱アミノ化（deamination）という．たとえば，シトシンが脱アミノ化をおこすとウラシルに，5-メチルシトシンが脱アミノ化をおこすとチミンになる．

解説④
メチル基（–CH₃）を付加するような生化学的反応をメチル化（methylation）という．たとえば，グアニンがメチル化されるとメチルグアニンになる．逆にメチル基を除くような反応を脱メチル化（demethylation）という．

表5・2 化学物質で誘発されるDNA損傷

損傷の種類	損傷をおこす化学物質
アルキル化	メチルメタンスルフォネート（MMS），ジメチルスルフォネート（DMS），エチルメタンスルフォネート（EMS），N-メチル-N'-ニトロ-N-ニトロソグアニジン（MNNG）
分子付加体	4-ニトロキノリン 1-オキシド（4NQO），ベンゾピレン，N-2-アセチル-2-アミノフルオレン（AAF）
塩基誤対合	ブルモデオキシウリジン（BUdR），亜硝酸
DNA鎖切断	ブレオマイシン，ネオカルチノスタチン
DNA鎖間架橋（クロスリンク）	ナイトロジェンマスタード，ブスルファン，サイクロフォスファミド，メルファラン，マイトマイシンC（MMC）

110

イプがある。このうち，脱塩基がおこると AP 部位（5·1·1 項参照）ができる。酸化による損傷の中には，8-ヒドロキシグアニンなど放射線による塩基損傷と共通するものもある。

これらの損傷の大半は修復されてしまう。

5·2　DNA 修復

われわれは放射線，紫外線，有害な化学物質など DNA に損傷を与えるものに囲まれて生活している。細胞の中では自然状態でも多くの DNA 損傷が生じている。いっぽう，生物にはこれらの DNA 損傷を効率良く修復する機構がそなわっているために生存が可能となっている。放射線をうけて細胞が死んだり突然変異をおこしたりするのは，こうした修復系でなおしきれなかった，あるいは正しく修復されなかったわずかな量の損傷が残った結果だと考えられる。

修復系の存在によってどれほど多くの細胞が致死や突然変異をまぬがれているかは，紫外線損傷の修復機構を先天的に欠損した色素性乾皮症という遺伝病の患者が紫外線に高感受性で，太陽紫外線による皮ふがんになりやすいということからもうかがうことができる。

大腸菌を研究材料に使った紫外線損傷の修復の研究がもっとも早くからおこなわれており，研究の進んでいる分野である。最近は電離放射線による DNA 鎖切断の修復機構の研究も進歩している。

5·2·1　塩基損傷の修復

紫外線による塩基損傷，とくにピリミジン二量体の修復機構は，これまでにもっともよく解明されている。電離放射線による塩基損傷も基本的には紫外線損傷と同様の機構で修復されると考えられるので，ここでは紫外線損傷の修復を中心に説明する。

塩基損傷の修復には，DNA を切らずに損傷した塩基を直接に修復してしまう機構と，損傷部分を切り出し除くことによって修復する除去修復がある。除去修復の中では，損傷した塩基だけを切り出す塩基除去修復と，その塩基を含めたもっと大きい部分を切り出してから抜けた部分の DNA を合成しなおすヌクレオチド除去修復がある。

DNA を切らずにおこなう修復系でもっとも代表的なものは**光回復**である。ピリミジン二量体をみつけてこれに光回復酵素が結合し，そこに可視光線をあてると酵素の中の受光物質（クロモフォア）[5]が光のエネルギーを吸収して，そのエネルギーで二量体を開裂してもとに戻す（**図5·3**）。これは，光を利用したたいへん効率の良い修復系で，大腸菌から動物にいたる多くの生き物が，この機構をもっている。ほ乳類で，この機構をもっているのはカンガルーなどの有袋類だけで，ヒトやマウスはもっていない。

塩基除去修復は，損傷をもった塩基と糖の間の *N*-グリコシド結合[6]を DNA グリコシラーゼという酵素で切断することによってまず損傷した塩基を除き，つぎに塩基のなくなった AP 部位を除き，**DNA ポリメラーゼ**で空白のできた部分に正しい

解説 ⑤
酵素が光のエネルギーを使って生化学的な反応をおこなわせる場合には，酵素の中に光のエネルギーを受け取る物質があり，これを受光物質（chromophore）という。光回復酵素は，フラボノイドという受光物質をもっている。

解説 ⑥
DNA の各構成単位をつなぎあわせている結合のうち，糖と糖をリン酸でつなぎあわせている部分をホスホジエステル結合，塩基と糖をつなぎあわせている部分を *N*-グリコシド結合という。

第 5 章　突然変異と染色体異常

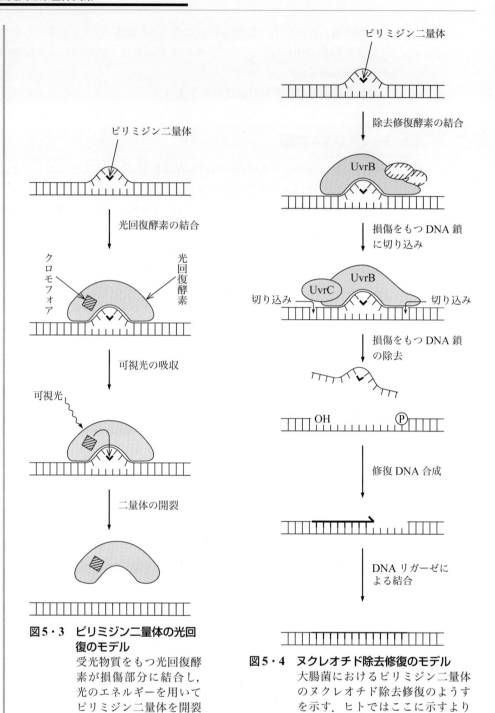

図 5・3　ピリミジン二量体の光回復のモデル
受光物質をもつ光回復酵素が損傷部分に結合し，光のエネルギーを用いてピリミジン二量体を開裂させる．

図 5・4　ヌクレオチド除去修復のモデル
大腸菌におけるピリミジン二量体のヌクレオチド除去修復のようすを示す．ヒトではここに示すよりもう少し複雑な機構がある．

ヌクレオチドをいれるというものである．損傷の種類に応じて，それぞれ別々のDNA グリコシラーゼが存在し，たとえばチミングリコール DNA グリコシラーゼ，ヒドロキシメチルウラシル DNA グリコシラーゼ，ピリミジン二量体 DNA グリコシラーゼなどがある．

5・2 DNA修復

ヌクレオチド除去修復は塩基除去修復と違って，損傷した塩基を含む広い領域を
まず大きく取り去り，取り除かれた部分をDNAポリメラーゼやDNAリガーゼな
どの酵素を使って合成しなおしてもとに戻すものである（図5・4）．塩基損傷の修
復系には，これ以外に組換え修復がある．塩基損傷のあるところではDNA複製が
止まるから，損傷の向かい側に大きなギャップができる．この部分を，損傷のない
相同[7]のDNA鎖の配列を借りて合成して，とりあえず埋める．そのあとでヌクレ
オチド除去修復で損傷された塩基を修復する．

5・2・2 DNA鎖切断の修復

放射線でできるDNA鎖切断の中でも細胞の障害にとくに関連の深いのはDNA
の2本鎖切断である．DNAが2本とも切断された場合には，除去修復の場合のよ
うに向かいの正常なDNAも存在しないので別の機構が必要になる．2本鎖切断の
修復には，相同組換え修復と非相同末端結合修復がある．

相同組換え修復では，2本鎖切断ができると，まずその切断端にヌクレアーゼと
いう酵素が作用して3′端だけが突出するように加工して修復しやすくする．つぎ
に，相同のDNAの配列を借りることにより，正しい配列のDNAを合成し，最後
にギャップを埋める．DNA複製を終えた細胞のように，片方のDNAが傷害され
てももう一方の無傷の相同なDNAが近傍にある場合には，このような修復が可能
である．相同部分のDNAを鋳型の一部として借りることなく，切断部分を直接つ
なぎあわせるのが非相同末端結合修復である．この場合には，切断端に結合する
Ku[8]とよばれるタンパク質などの作用で切断端を直接に再結合するものである．
この修復系は，相同なDNAなしでおこなえるかわりに，修復のさいの誤りも多い
とされている．図5・5に電離放射線による塩基損傷とDNA2本鎖切断の修復機構
を示す．

ヒット理論では，放射線によるヒットという抽象的な概念で放射線の作用を論じ
ているが，ここまでに学んだDNA損傷と修復の知識に照らして，ヒットの実体は
なんであるか考えてみよう．DNA損傷の中ではDNAの2本鎖切断が重要である．
ただし，表5・1に示したように，DNA2本鎖切断のほとんどは修復されて少数の切
断だけが残る．また，DNA鎖切断が見かけ上修復されても，修復のさいの誤りの
ため，もとどおりに戻っていない場合もある．

このように修復されずに残ったあるいは修復のエラーによって引き起こされた少
数の損傷がヒットに相当すると考えられる．低LET放射線にくらべて高LET放射
線の傷害作用が強いのは，高LET放射線が局所的にエネルギーを付与するので修復
不可能な，あるいは正確に修復できない2本鎖切断の生成量が多くなるからである．

5・2・3 ミスマッチ修復

DNA複製のあいだにも，ある頻度で誤りがおこる．これは，これまでにのべた
DNA損傷とは異なるが，もしこうした誤りが正されないと，DNA損傷をうけた
場合と同じように有害なものとなる．複製中におこる誤りを正す機構は，DNA損
傷を修復する機構以上に生命の存続に必須のものである．

DNA複製のエラーは二段構えの機構で巧妙におこなわれている．第一に，DNA

解説⑦
二倍体の細胞で
は，常染色体は
かならず2本存
在し，これらを
たがいに相同染
色体という．2
本の相同染色体
の対応する場所
をたがいに相同
である（homol-
ogous）という．

解説⑧
Ku（クーと読
む）は，DNA
依存性タンパク
リン酸化酵素
（DNA-PK$_{CS}$）
という酵素と複
合体をつくって
DNA2本鎖切
断の修復をおこ
なうタンパク質
である．分子量
の違う2種類
（Ku70とKu80）
がある．

第5章◇突然変異と染色体異常

113

第5章 突然変異と染色体異常

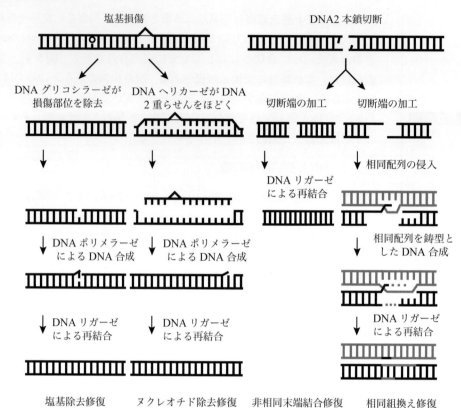

図5・5　電離放射線による塩基損傷とDNA2本鎖切断の修復機構
〔UNSCEAR, 2000〕
電離放射線による損傷のうち，塩基損傷は，塩基除去修復またはヌクレオチド除去修復によって修復される．DNAの2本鎖切断は非相同末端結合修復または相同組換え修復によって修復される．相同組換え修復では，切断端を修復しやすいように加工してから，相同配列の借りて失った部分のDNAを合成する．損傷をうけていない配列を鋳型にするので正確に修復できる．

複製酵素（DNAポリメラーゼ）自身が校正機能をもっており，誤った塩基を取り除いて，正しい塩基に入れかえながら複製をおこなっている．この機能のおかげでDNA複製のさいの誤りの99%が訂正されている．ポリメラーゼが見落とした誤りをさらにチェックしてみつけ，これを正しい塩基に入れかえる修復機能が**ミスマッチ修復**である．

　ミスマッチとは，AとT，GとCという正しい対合（マッチ）をしていない塩基対（たとえばTとG）のことである．ミスマッチ修復ではヌクレオチド除去修復と類似した機構で，誤った塩基を除去して正しい塩基に入れかえる．ミスマッチ修復のおかげで，DNAポリメラーゼで見落とした誤りのうちのさらに99%が訂正される．DNAポリメラーゼの校正機能やミスマッチ修復は，放射線には直接関係しないが，生命の維持という意味では放射線損傷の修復以上に重要なものである．
　遺伝情報はこうした数段構えのチェック機構で正確に維持されている．

5・2・4　遺伝疾患

健常人は，これまでのべたようなさまざまな修復機構をすべてそなえているために，DNAの複製の誤りから放射線によるDNA鎖切断にいたるまで，あらゆるDNA上の誤りや損傷をもとに戻すことができる．

ところが，ヒトには，修復機構のうちのどれかひとつが欠損しているような遺伝疾患がある．代表例は，ヌクレオチド除去修復機構に関係する酵素のうちのひとつが欠損したり正常に機能しないことによっておこる**色素性乾皮症**（xeroderma pigmentosum，**XP**とよぶ場合もある）という遺伝病である．この患者の場合には，紫外線損傷の修復能が大きく低下しているために，紫外線に高感受性となり，また日光に露光した部分で皮ふがんが多発する．除去修復の過程には，複数の酵素が関与しているので，そのどれに欠陥があるかによって，XPにも九つの異なった病型（相補性群[9]ともいう）がある．

表5・3に，**DNA修復欠損**をともなう，おもなヒト遺伝病を示す．

解説⑨
ひとつの劣性遺伝病に複数の原因遺伝子が関係している場合，同じ遺伝子に異常のある患者どうしは同じ相補性群に属するという．たとえば，色素性乾皮症にはA群〜G群およびバリアントという8個の相補性群がある．

表5・3　DNA修復欠損をともなうヒト遺伝病

遺　伝　病	修復欠損の特徴	おもな病状
色素性乾皮症	紫外線に高感受性，ヌクレオチド除去修復能に欠損，原因遺伝子として*XPA*，*XPB*，*XPC*などが知られる	紫外線高感受性，皮ふがん多発，神経症状
コケイン症候群	紫外線に高感受性，ヌクレオチド除去修復能に欠損，原因遺伝子として*CSA*，*CSB*などが知られる	紫外線高感受性身体発育不全
ファンコーニ貧血症	DNAクロスリンク修復能に欠損，原因遺伝子として*FAA*，*FAC*などが知られる	再生不良性貧血，奇形
毛細血管拡張性失調症	電離放射線に高感受性，細胞周期チェックポイント・DNA鎖切断修復に欠損，原因遺伝子は*ATM*	小脳性失調，免疫不全リンパ系腫瘍多発

5・3　突然変異

突然変異とは，DNAの遺伝情報におこる不可逆的な変化のことである．放射線によって死なずに生き残った細胞の中で突然変異をもった細胞を突然変異体（ミュータント）という．DNA上におこる変化の種類はさまざまであり，また突然変異が体細胞でおこる場合と生殖細胞でおこる場合とでは，その意味あいは異なってくる．がんや遺伝的影響の原因も突然変異である．

5・3・1　突然変異の種類

突然変異には多くの種類があり，またいくつかの異なった分類のしかたがある．**表5・4**に突然変異の種類をあげる．

染色体突然変異は染色体異常ともよぶ（次節で扱う）．染色体突然変異と点突然変異との境界は，かならずしもはっきりせず，その中間に位置するものもある．た

第5章　突然変異と染色体異常

表5・4　突然変異の種類

種　類	特徴と詳細な分類
ゲノム突然変異	染色体の数の異常 染色体数が2倍になるものを四倍体（テトラプロイド），それ以上のものを多倍体（ポリプロイド），1本あるいは数本の染色体数の変化のあるものを異数体（アニュープロイド）という． 異数体のうち，染色体数が1本だけ増えた場合をトリソミー，1本だけ減った場合をモノソミーという．
染色体突然変異	染色体異常とほぼ同義，染色体の構造変化のうち光学顕微鏡のレベルで検出可能なものを指す場合もある．
点突然変異	DNA（ヌクレオチド）配列の変化 1. ヌクレオチド数の変化に基づく分類 ・欠失：ヌクレオチド数が減少するもの ・挿入：ヌクレオチド数が増加するもの ・塩基置換：ヌクレオチド数は変化せず種類だけが変化するもの 2. 塩基置換のさらに詳細な分類（ヌクレオチドの種類に基づく） ・トランジション：プリンどうしあるいはピリミジンどうしの置換 　　　　G→A，A→G，C→T，T→C ・トランスバージョン：プリンとピリミジン間の置換 　　　　G→T，G→C，A→T，A→C，T→A，T→G，C→A，C→G 3. 塩基置換のさらに詳細な分類（変化の種類に基づく） ・ミスセンス突然変異：コードするアミノ酸がかわるもの ・ノンセンス突然変異：停止コドンにかわるもの ・サイレント突然変異：コードするアミノ酸に変化がないもの 4. 欠失・挿入の分類 ・インフレーム突然変異：3の整数倍だけ欠失や挿入がおこりアミノ酸の数が増えたり減ったりするもの ・フレームシフト突然変異：欠失や挿入が3の整数倍でないため読み枠が変化して，途中からアミノ酸配列がかわったり停止コドンが出現するもの

とえば，光学顕微鏡では検出できないが，DNAレベルではかなり広範囲にわたる大きな欠失などがこれにあたる．

5・3・2　生成機構

DNA損傷がおこった場合には，それが原因でDNAの配列に変化が生じる．もとのDNA鎖に突然変異がおこると，その誤りが転写の過程でRNAにコピーされる．コドンがかわると誤ったアミノ酸が選択されるので最終的には不完全なタンパク質がつくられることになる．

図5・6に，ひとつの塩基だけが変化したり欠失したような突然変異が，タンパク質のレベルでどのような異常につながるのかの例を示す．

5・3・3　体細胞と生殖細胞での突然変異

人体の体細胞に突然変異がおこり，その細胞が分裂すると，突然変異はふたつの娘細胞に伝えられるが，その人の子供にまでは伝わらない．これに対して，生殖細胞に突然変異がおこると，その人自身に直接の影響はなくても子供に影響がでてくる．体細胞突然変異の結果おこる障害の代表例ががんであり，身体的影響である．生殖細胞突然変異の結果おこる影響の代表例が遺伝的影響である．放射線による体細胞の突然変異は，人体で直接的に調べることは容易ではなく，培養細胞を用いて

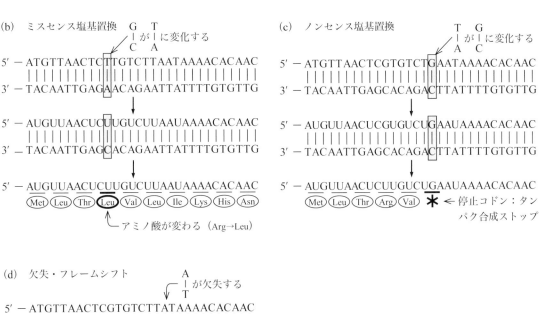

図5・6 DNAの突然変異から異常なタンパク質ができるしくみ
(a) 正常の場合：メチオニンからアスパラギンまでの10個のアミノ酸からなるペプチドができる．
(b) ミスセンス塩基置換：DNA上11番目のG–C対がT–A対にかわると，4番目のアミノ酸だけがアルギニンからロイシンにかわる．(c) ノンセンス塩基置換：DNA上17番目のT–A対がG–C対にかわると，UGAという停止コドンができてタンパク合成はここでストップする．(d) 欠失・フレームシフト：DNA上19番目のA–T対が欠失すると，UAAという停止コドンができてタンパク合成はここでストップする．

第 5 章　突然変異と染色体異常

研究する場合が多い．放射線による生殖細胞の突然変異も，実験動物に放射線を照射し，その子孫にでてくる影響を解析するという方法で研究がなされる．これについては第 8 章でくわしくのべる．

　培養細胞を用いると，マウスなどの動物だけではなく，ヒトの細胞を使った研究も可能である．培養細胞を使った突然変異の実験は，大腸菌の突然変異で使われている方法にならっておこなわれる．よく用いられているのは，特定の薬剤に対して抵抗性になるという性質の変化を突然変異の指標にするものである．たとえば，*HPRT*[⑩]（ヒポキサンチングアニンホスホリボシルトランスフェラーゼ）という X 染色体上にある遺伝子は，ヒトではレッシュ・ナイハン症候群という X 連鎖劣性遺伝病の原因遺伝子である（表 1·7 参照）．細胞の *HPRT* 遺伝子に突然変異がおこると，**6-チオグアニン**（**6-TG**）という薬剤に対して抵抗性になり，この薬剤を含んだ培養液の中で増殖することができるようになる．したがって，細胞に放射線を照射し，これを 6-TG を含む培養液中で培養して，でてくるコロニー数を調べれば，この遺伝子座における突然変異率を推定することができる（**図 5·7**）．ただし，このような方法で突然変異を調べることのできる遺伝子はきわめて限られており，任意の遺伝子で突然変異を調べるわけにはいかない．

5·4　染色体異常

　細胞が細胞周期の M 期にはいると，クロマチンは凝縮して中期染色体という形になり，光学顕微鏡のもとで観察できるようになる．中期染色体のうえで識別できるような染色体の構造の異常を染色体異常とよぶ．染色体は，細胞周期の M 期にはどのような種類の細胞においても，かならずあらわれるが，実験に使うことのできる細胞の種類は限られている．ヒトの末梢血液中のリンパ球をフィトヘマグルチニン（PHA）[⑪]という薬剤で処理すると，細胞分裂を人為的に誘発させることができる．ヒトの体細胞の中では，このような方法で比較的たやすく染色体をみることができるのはリンパ球だけである．放射線による染色体異常という場合には，**末梢血リンパ球**の染色体異常を指すことが多い．

　リンパ球の染色体異常はふたつの点で便利である．第一に，放射線被ばくした人から採取した血液のリンパ球の染色体異常の頻度から，被ばく線量を推定することができる．第二に，被ばくしていない健常人の血液を採取し，これに放射線を照射して，その染色体異常を計数することによって線量と染色体異常の誘発率との関係を知ることができる．前者のように，リンパ球の染色体異常が生物学的な線量計となりうるひとつの大きな理由は，後者のようにリンパ球という同じ種類の細胞での線量と異常頻度の関係がわかっているからである．

5·4·1　染色体異常の種類

　細胞周期のどの時期に照射をうけたかによって染色体異常のタイプは異なってくる．DNA が複製する S 期を境にして，これより前すなわち G_1 期あるいは G_0 期に照射をうけると**染色体型異常**が，これよりあとの G_2 期に照射をうけると**染色分体型異常**ができる．DNA 2 本鎖切断をおこすような一群の化学物質（表 5·2 参照）を

解説 ⑩
核酸の代謝に関係する酵素のひとつで，ヒポキサンチン–グアニンホスホリボシルトランスフェラーゼ（hypoxanthine-guaninephosphoribosyltransferase）の略．この酵素の遺伝子は X 染色体にあり，これが異常になった遺伝病をレッシュ・ナイハン症候群という．

解説 ⑪
植物の組織に含まれる植物レクチンの総称で，植物凝集素ともいう．動物細胞の表面に結合して細胞どうしを凝集させる作用があり，またリンパ球を刺激して細胞分裂を引き起こす作用もある．

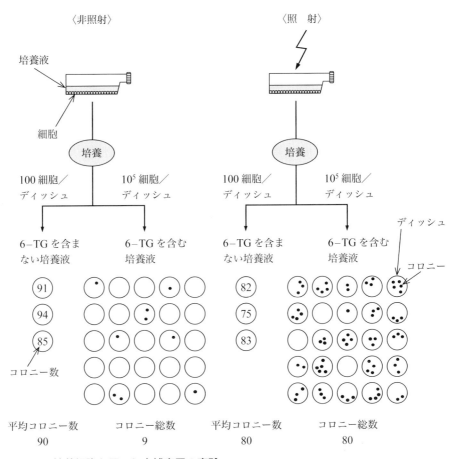

図5・7 培養細胞を用いた突然変異の実験
　照射後の細胞は6-チオグアニン（6-TG）を含む選択培地に移す前にしばらく培養する．この期間を発現時間（expression time）という．突然変異率を調べるさいには，一部の細胞を6-TGを含まないディッシュ（プラスチックの培養用シャーレ）にまいてプレーティング効率（plating efficiency：PE）を調べる．非照射群では，PEは90％で突然変異体の出現率は $3.6 \times 10^{-6}(= 9 \div (10^5 \times 25))$ であるから，PEで補正すると突然変異率は $4 \times 10^{-6}(= (3.6 \times 10^{-6}) \div 0.9)$ となる．照射群では，PEは80％で突然変異体の出現率は $3.2 \times 10^{-5}(= 80 \div (10^5 \times 25))$ であるから，PEで補正すると突然変異率は $4 \times 10^{-5}(= (3.2 \times 10^{-5}) \div 0.8)$ となる．

除けば，紫外線やそのほかのDNA傷害性化学物質の場合は，たとえ G_0 期や G_1 期に傷害をうけても染色体型の異常はあらわれない．放射線によるリンパ球の染色体異常について考えてみると，照射をうける時点でリンパ球は複製前の G_0 期にあるから，あらわれる染色体異常は原則として染色体型異常である．

　このほかに**姉妹染色分体交換**（sister chromatid exchange, **SCE**）という異常がある．これは染色分体異常とは異なり，S期で複製されたふたつの染色分体の間で交換がおこるものである．通常の染色法ではみることができず，BUdR（ブロモデオキシウリジン）を取り込ませて，2本の染色分体をそめわけ（分染し）てはじめて観察できる．SCEは放射線ではほとんど誘発されないが，化学物質などで高率

第 5 章　突然変異と染色体異常

に誘発されるので，化学物質ばく露の指標に使われている．

5・4・2　染色体異常の生成機構

図 5・8 に染色体型異常の形成機構を示す．染色体型異常の特徴は，複製前にお
こった染色体切断や再結合が S 期のあいだに複製されるため，2 本の姉妹染色分体
の対応する同じ位置で，切断や再結合がおこっていることである．

放射線被ばく線量を推定する場合には**二動原体染色体**や**環状染色体**を計数する場
合が多い．非常に特徴的な形態をしており，照射をうけないリンパ球では，これら
の異常がほとんどみられないため，放射線被ばくのすぐれた指標になっている．

5・4・3　安定型異常と不安定型異常

染色体型異常を別の観点から分類する方法がある．安定型と不安定型という分類
である．同じ染色体型の異常のうち，二動原体染色体と**相互転座**とは，別々の染色
体上の切断端どうしが誤って再結合した結果であるという点では同じである．とこ
ろが，再結合の方向性が違っているために，前者ではふたつの動原体をもつ染色体
と動原体をもたない断片とが生じるのに対して，後者では見かけ上は正常に近いが
長さだけが変化した染色体が 2 本できる．どちらの異常をもつかは細胞の生死に大
きく影響する．

二動原体染色体をもつと，細胞分裂そのものが阻害され，染色体断片の部分の遺
伝情報を失うため，細胞は死ぬ．それに対して転座をもつ細胞では，細胞分裂は支
障なくおこり，したがって生存率にも影響がない．同様の関係が，環状染色体と逆
位とのあいだにも成り立つ．二動原体染色体や環状染色体のように，細胞分裂をお
こすと細胞が死んでしまうような異常を**不安定型異常**，転座や逆位のように細胞の
生存への影響の少ない異常を**安定型異常**という（**表 5・5**）．不安定型異常が被ばく
からの年月に応じて減少するのに対して，安定型異常は失われずに残る．このた
め，被ばくしてから長期間を経た人から採血して染色体を調べ，当時の被ばく線量
を推定する場合には，安定型異常のほうが適している．

ただし，二動原体染色体のように特徴的な形態をしていないので正常染色体との
判別がむずかしく，解析には手間がかかる．

最近では染色体を蛍光色素でそめわける FISH[12] という方法を使って安定型染色
体異常をより正確に判別できるようになった．

5・4・4　染色体異常の線量効果関係

採血でえたリンパ球を照射した場合でも，体内で被ばくした場合と同程度の頻度
を示す．このため，採血でえたリンパ球を，線質や線量の異なる放射線で照射して，
染色体異常の出現頻度を計数することによって，線量と染色体異常とのあいだの，
いわば標準曲線を線質の違ういくつかの放射線について，つくっておくことができ
る．事故などで被ばくした人の染色体異常の頻度を，この標準曲線にマッチさせる
ことによって，その人の被ばく線量や放射線の線質などを推定することができる．

図 5・9 は，採血したリンパ球に線質の異なるいくつかの放射線を照射し，染色体
異常の頻度を縦軸にとった線量効果曲線である．染色体異常の頻度は，直線 2 次モ

解説 ⑫

蛍光 *in situ* ハイ
ブリダイゼー
ション（fluores-
cent *in situ* hy-
bridization）の
略称．蛍光物質
で標識した
DNA を用い
て，ある遺伝
子が染色体のど
こにあるかを蛍
光顕微鏡を用い
て調べる技術の
こと．

5・4 染色体異常

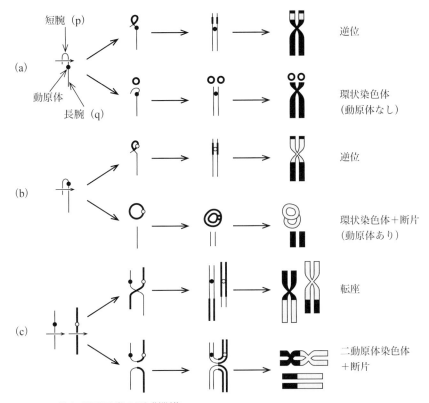

図5・8 染色体型異常の形成機構
染色体の短腕か長腕のいずれかでふたつの切断がおこり，これが再結合すると逆位または動原体をもたない環状染色体ができる．切断端の再結合の方向性によって逆位か環状染色体かのどちらになるかがきまる (a)．これに対して動原体をはさんだ2か所で切断がおこると逆位あるいは動原体をもつ環状染色体ができる (b)．また2本の染色体のあいだで再結合がおこると相互転座または二動原体染色体ができる (c)．

表5・5 安定型染色体異常と不安定型染色体異常の特徴

	安定型染色体異常	不安定型染色体異常
異常の種類	逆位，相互転座	二動原体染色体，環状染色体
細胞死との関連	小	大
被ばく後の時間にともなう生体内での変化	減少しない	減少する
被ばく指標として用いる場合の利点	被ばくから時間が経過しても排除されずに残るため，年数がたったあとでも被ばく量が推定できる．	特徴的な形態をしているため正常染色体と判別しやすく，安定型異常にくらべると解析が容易．
被ばく指標として用いる場合の欠点	正常染色体と判別しにくく解析がむずかしい．	被ばくからの時間経過にともなって減少するため，過去の被ばく量を直接推定できない．

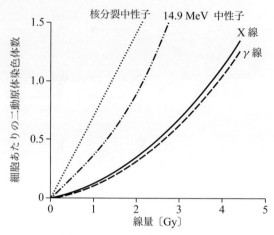

図5・9 線質の異なる放射線によるヒトリンパ球の染色体異常
〔UNSCEAR, 2000〕
LETが高くなると染色体異常の誘発率は増加する.

デルつまりLQモデルであらわす場合が多い. 染色体異常の頻度をY, 線量をDすると, $Y = \alpha D + \beta D^2$ であらわされる. αD は1個の飛跡で形成されるような異常の形成率を, βD^2 は2個の飛跡で形成される異常の形成率をあらわし, 全体の頻度はその和としてあらわされる. α と β のふたつのパラメーターは線量効果曲線の形を示す指標で, 高LET放射線の場合には線量効果曲線は直線に近くなるため, α は大きく β は小さくなる.

5・4・5 体細胞と生殖細胞での染色体異常

リンパ球は体細胞であるから, リンパ球の染色体異常がつぎの世代に伝わることはない. これに対して生殖細胞に染色体異常がおこり, これが子の世代に伝わると, 染色体異常をもつ個体がうまれる. ヒトの先天異常では, このような染色体異常が原因になっている場合が比較的多い.

先天異常にみられる染色体異常の多くは, 数的な異常か安定型染色体異常であるが, まれに環状染色体がみられることもある. 先天性染色体異常の多くは, 親の生殖細胞で形成された異常が原因になっているから, 親の体細胞の染色体は正常である場合が多い.

表5・6に染色体異常の命名法を, 表5・7に代表的な先天性染色体異常を示す.

5・5 放射線に対するさまざまな細胞の反応

放射線に対する細胞の反応の中にはヒット理論やDNA損傷だけでは説明できないものがある. ここでは, そのような例として, 分裂遅延, アポトーシス, 適応応答, ゲノム不安定性, バイスタンダー効果について紹介する.

5・5 放射線に対するさまざまな細胞の反応

表5・6 染色体異常の命名法

	命名法
染色体	短腕p, 長腕q, 染色体上の位置をあらわすにはpあるいはqのあとに染色体バンド名をつける 例：1 p 22（1番染色体短腕のバンド22）
核型	染色体数, 性染色体構成の順に記載 例：46, XX（正常女性） 46, XY（正常男性）
染色体数の異常	染色体数, 性染色体構成, ＋/－, 増減のある染色体名 例：47, XY, ＋21（男性, 21番染色体が1本多いトリソミー21） 　　47, XXX（女性, X染色体が1本多いトリソミーX）
欠失	染色体数, 性染色体構成, del, 欠失のある染色体名と部位 例：46, XY, del（13）（q 12 q 22）（男性, 13番染色体のq 12〜q 22領域が欠失）
逆位	染色体数, 性染色体構成, inv, 逆位のある染色体名と部位 例：46, XX, inv（2）（p 21 q 31）（女性, 2番染色体のp 21〜q 31領域が逆位）
相互転座	染色体数, 性染色体構成, t, 転座した染色体名と部位 例：46, XY, t（2；5）（q 21；q 31）（男性, 2番染色体q 21と5番染色体q 31とのあいだで転座）
環状染色体	染色体数, 性染色体構成, r, 環状化した染色体名と部位 例：46, XY, r（2）（p 21 q 31）（男性, 2番染色体のp 21・q 31間で環状化
二動原体染色体	染色体数, 性染色体構成, dic, 二動原体染色体に関与した染色体名と部位 例：47, XX, ＋psu dic（15）t（15；13）（q 12；q 12）（女性, 15番染色体q 12と13番染色体q 12とのあいだで二動原体染色体を形成） 〔注釈〕 この場合は13番染色体の動原体が機能的に不活性化されておりpsu（擬似二動原体染色体）として記載されている. 放射線で誘発されるような, 断片をともなう二動原体染色体をもつ細胞は安定な細胞として存在することがないので通常は核型として記載しない.

表5・7 先天性染色体異常による疾患

疾 患 名	染色体異常	おもな症状
ダウン症候群	21トリソミー 　例：47, XY, ＋21	精神遅滞, 低身長, つり上がった眼, 心奇形
エドワーズ症候群	18トリソミー 　例：47, XX, ＋18	低出生体重, 短命, 小さな口と顎, 心奇形, 精神遅滞
パトー症候群	13トリソミー 　例：47, XY, ＋13	精神遅滞, てんかん, 無呼吸, 脳奇形, 短命
ターナー症候群	Xモノソミー 　例：45, X	低身長, 外反肘, 二次性徴欠如, 無月経, リンパ浮腫
クラインフェルター症候群	過剰X染色体 　例：47, XXY	高身長, 女性化乳房, 精神遅滞, 不妊
XYY男性	過剰Y染色体 　例：47, XYY	高身長, 軽度の精神遅滞
猫なき症候群	5番染色体短腕欠失 　例：46, XX, del（5）(p13)	精神遅滞, 離れた眼, 小さい顎, 猫のようなかん高い声

第5章◇突然変異と染色体異常

123

5・5・1 分裂遅延と細胞周期チェックポイント

増殖中の細胞が放射線をあびた場合に，細胞死や突然変異よりももっと早い時間にみられる影響が細胞の**分裂遅延**，すなわち細胞周期の進行が阻害されて増殖が一時的に遅れる現象である．**図5・10**は，ほ乳類の培養細胞に放射線を照射したあとの細胞増殖のようすを示す．

増殖は一時的に抑えられるが，やがて回復しているのがわかる．この現象は，培養細胞だけでなく，ウニの受精卵など分裂中の細胞であれば広くみられる現象である．分裂が遅延するのは，おもに細胞周期の G_2 期でとどまるからで，G_2 期遅延ともよばれる．この現象は，放射線損傷で細胞分裂が阻害をうけることが原因ではないかと考えられたこともあったが，いまでは細胞自身がもつ一種の防御機構であることがわかっている．

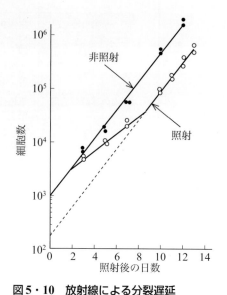

図5・10　放射線による分裂遅延
〔Nias，1968〕
培養細胞に放射線を照射したあとの細胞数の増加をみると，照射群（白丸）では一時的に増加のスピードが落ちるが，やがて回復して非照射群（黒丸）と同様になる．

放射線でおこる分裂遅延は単なる受動的な反応ではなく，細胞が放射線損傷を修復する時間をかせぐために積極的に細胞周期の進行をストップする機構に基づいている．最初，この現象は酵母を用いた実験からあきらかになった．出芽酵母の *rad 9* という変異体では，X線を照射したあとも G_2 期で停止せずに細胞周期が進行するが，細胞はやがて死んでしまう．阻害剤を処理して細胞分裂を人為的に止めると *rad 9* 変異体の死を防ぐことができる．すなわち，分裂を遅延するというのは，細胞死を回避するひとつの手段であり，これは細胞周期チェックポイントとよばれている．酵母の *rad 9* 変異体は，この機構を欠損した変異体であるといえる．細胞周期チェックポイントは酵母だけでなく，生物界全体にみられる現象で，ヒトの細胞ももちろん，この機構をもっている．

ヒトには**毛細血管拡張性失調症（AT）**[13]という放射線に高感受性の遺伝病（表5・3参照）があるが，この遺伝病の細胞では細胞周期チェックポイントの機構が欠損している．健常人の細胞では，放射線をあびると細胞周期の進行が一時的に遅れるのに，AT患者の細胞では遅れずに進行し，やがて死んでしまう（**図5・11**）．AT患者では *ATM* という遺伝子に異常がある．健常人の *ATM* は細胞周期チェックポイントを調節する役割をしている．

5・5・2 アポトーシス

培養細胞に放射線を照射したあと，細胞のようすを継時的に観察すると，多くの

解説⑬
ATはataxia telangiectasia の略で，ヒトの劣性遺伝病のひとつ．免疫不全，神経症状，白血病の多発などの症状を示す．患者の細胞が放射線に対して高感受性であるという特徴がある．

5・5 放射線に対するさまざまな細胞の反応

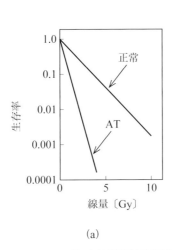
(a)

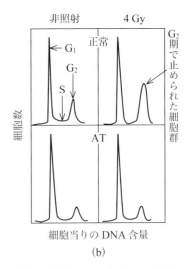
(b)

図5・11 毛細血管拡張性失調症（AT）と細胞周期チェックポイントの欠損
AT患者の細胞は放射線に高感受性である（a）．照射後の細胞の増殖のようすをフローサイトメーターで調べると，健常人ではG_2期で止まる細胞集団がでてくるのに，AT患者ではそれがみられない（b）．

細胞は分裂遅延はしながらも照射後1回から数回は細胞分裂をし，そのあと，もはや分裂を止めてしまう．コロニー形成法では，このようなものを死細胞と計数する．このように，何回か細胞分裂をしたあとで死にいたる細胞の死に方を**増殖死**あるいは**分裂死**という．これに対して，照射後，一度も細胞分裂をせずに死ぬことを，分裂間期のあいだに死ぬという意味で**間期死**という．間期死にも二通りのタイプがある．神経細胞のように分化を完了して，もはや分裂能を失った細胞が放射線で死ぬ場合も間期死であるが，この場合には大線量の放射線が必要になる．

リンパ球も間期死をおこすが，この場合の線量は低い．リンパ球のように低い線量で間期死をおこす場合にはアポトーシス機構（1・2・5項参照）がはたらいている．アポトーシスは，細胞周期チェックポイントと同じように細胞がもっている一種の防御機構である．被ばくして傷害をうけた細胞を，もはや救えない場合には，積極的に生体から排除するほうがむしろ周囲への悪影響を防ぐことができるからである．

5・5・3 適応応答

放射線もごく微量であれば，人体にむしろ有益な効果があるかもしれないということは従来から考えられていて，その効果は**放射線ホルミシス**とよばれる．1日あたり数 µGy から数 mGy 程度の放射線をあびた細胞では増殖が促進されることもわかっている．微量の放射線がほんとうに人体に有益かどうかについての定説はないが，線量が非常に低い場合には，高線量の場合とは違った特有の反応を放射線が細胞に引き起こすことは事実である．

適応応答（adaptive response）は，そのような現象のひとつで，細胞にあらかじめ微量の放射線をあてておくと，なにもしない場合にくらべて，放射線に抵抗性に

なる現象である．ヒトのリンパ球に放射線をあてて染色体異常の形成率をみるさいに，照射前のリンパ球をごく低濃度のトリチウムチミジン（β線を放出する核種）で処理しておくと，異常頻度がかえって減少するという現象がオリビエリら（1984年）によって発見され「放射線適応応答」と名づけられた．のちに，いろいろな細胞や生き物を使って確かめられ，普遍的な現象であることがわかった．

図5・12に，ヒト皮ふの繊維芽細胞でみられた適応応答の例を示す．適応応答がどのような機構でおこっているのかはまだ十分に解明されていないが，低線量での放射線リスクにも関係する重要な事柄である．

5・5・4 ゲノム不安定性とバイスタンダー効果

細胞が放射線をあびると，重い障害をうけた細胞は細胞死によって早い段階で除外されるので，ある程度以上の時間がたてば，突然変異をもつごく少数の細胞を除けば，大半の細胞には被ばくの影響が残っていないはずである．ところが，被ばくから長い期間を経過した細胞を調べてみると，染色体異常や突然変異が，依然として高い頻度で生じているという不思議な現象がある．これを**ゲノム不安定性**という．放射線被ばくが，細胞にある種の不安定性を生じさせ，これが何十回という細胞分裂をしたあとでも子孫の細胞に受け継がれていることになる．メカニズムはまだ解明されていないが，さまざまな生物や細胞でみられる普遍的な現象である．図5・13にゲノム不安定性の模式図を示す．

バイスタンダー効果（bystander effect）は，細胞が放射線をあびた場合に，その細胞の近くにいて，直接に放射線をあびていない細胞に，あたかも放射線をあび

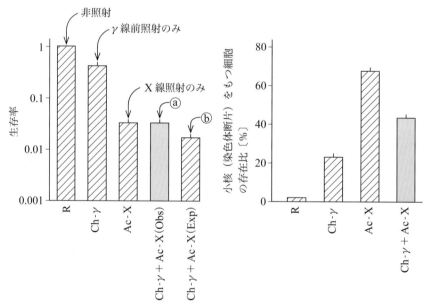

図5・12　ヒトの培養細胞でみられる放射線適応応答〔Azzam, et al., 1992〕
細胞にあらかじめ微量のγ線をあてておいた細胞は生存率でみても，小核頻度でみても，放射線にわずかに抵抗性になる．ⓐ：γ線前照射＋X線照射（観察値），ⓑ：γ線前照射＋X線照射（予測値）

たかのような障害があらわれるという現象である．ゲノム不安定性と同様，不思議な現象である．せまいスポットだけを照射できるマイクロビームを用いて，特定の細胞の限られた範囲内だけを照射する実験をしても，あきらかに照射野の外にある，となりの細胞に影響がでる．被ばくした細胞がギャップジャンクション（細胞の接着面で，となりあう細胞どうしがつながった部分）を介して，あるいはなんらかの因子を分泌することによって，となりの細胞に作用を及ぼしているのではないかと考えられている．**図5・14**にバイスタンダー効果の模式図を示す．

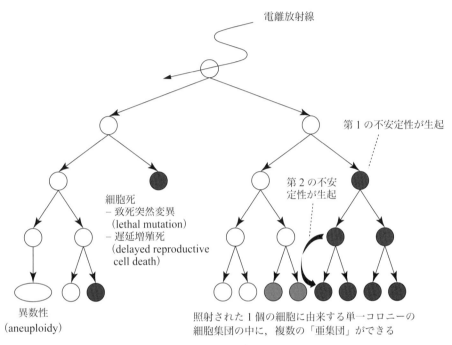

図5・13　電離放射線によるゲノム不安定性の模式図〔UNSCEAR, 2000〕
　照射後に生き残った1個の細胞が増殖する間に，その子孫細胞の中でさまざまな変化がおこる．変化には，細胞死，染色体異常，異数性細胞（異常な染色体数をもつ細胞，細胞分裂における染色体の分離がうまくいかずに生じる）の出現，突然変異，などがある．

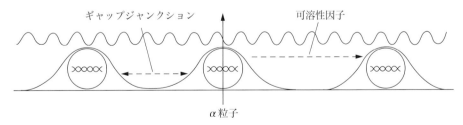

図5・14　電離放射線によるバイスタンダー効果の模式図〔UNSCEAR, 2000〕
　細胞の核がα粒子で照射されると，この細胞は細胞間のギャップジャンクション，あるいは可溶性因子の放出を介してとなりの細胞になんらかのシグナルをおくる．となりの細胞は，照射されていないにもかかわらず，細胞に変化（細胞死，染色体異常など）を生じる．

第5章　突然変異と染色体異常

◎ ウェブサイト紹介

放射線医学総合研究所

https://www.nirs.qst.go.jp

放射線被ばくの基礎知識に関する情報や，放射線Ｑ＆Ａなどがある．

放射線影響研究所

https://www.rerf.jp

研究所のおこなってきた放射線疫学調査の情報のほかに，放射線Ｑ＆Ａ，放射線用語集などがある．

米国の国立バイオテクノロジー情報センター（NCBI）

https://www.ncbi.nlm.nih.gov

英語であるが，ゲノム，遺伝子などバイオテクノロジーに関する多くの情報に触れることができる．文献検索もできる．

OMIM（On Line Mendelian Inheritance In Man）

https://www.ncbi.nlm.nih.gov/omim

上記NCBIにリンクしたヒトのメンデル遺伝オンラインのサイトで，ヒトの遺伝疾患に関する情報が検索できる．

◎ 参考図書

菅原　努，青山　喬，丹羽太貫：放射線基礎医学（第12版），金芳堂（2013）
山本　修編：放射線障害の機構，学会出版センター（1983）
近藤宗平：分子放射線生物学，学会出版センター（1974）
江島洋介：これだけは知っておきたい図解細胞周期，オーム社（2007）
江島洋介：これだけは知っておきたい図解ジェネティクス，オーム社（2009）
古庄敏行編：臨床染色体診断法，金原出版（1996）
古庄敏行，他編：臨床遺伝医学，診断と治療社（1993）

◎ 演習問題

問題1　A〜Eの事項ともっとも関連の深い語句を，イ〜ホの中からひとつずつ選べ．

1) A．ピリミジン二量体 　　　イ．6-チオグアニン
　 B．チミングリコール 　　　ロ．DNA修復欠損
　 C．DNA2本鎖切断 　　　　ハ．ヒドロキシラジカル
　 D．色素性乾皮症 　　　　　ニ．光回復
　 E．*HPRT*突然変異 　　　　ホ．高LET放射線

2) A．姉妹染色分体交換 　　　イ．アポトーシス
　 B．相互転座 　　　　　　　ロ．放射線ホルミシス
　 C．適応応答 　　　　　　　ハ．不安定型染色体異常
　 D．間期死 　　　　　　　　ニ．安定型染色体異常
　 E．二動原体染色体 　　　　ホ．ブロモデオキシウリジン

問題2　つぎの文のうち正しいものには○，誤っているものには×をつけよ．

A．X線をあびた細胞でもっとも多くできるDNA損傷はDNA2本鎖切断である．

B．ヌクレオチド除去修復の過程にはDNAポリメラーゼも関与している．

C．十数年前の被ばく線量を染色体異常を調べることによって推定することができる．

D. レッシュ・ナイハン症候群の患者の細胞は健常人の細胞よりも6-チオグアニンに抵抗性である.

E. DNA上におこった突然変異は，すべてタンパク質の異常として検出できる.

F. 放射線で分裂遅延のおこりやすい細胞は，放射線に高感受性である.

G. 高LET放射線は低LET放射線にくらべて染色体異常の誘発率が高い.

H. 培養細胞の突然変異を調べる場合は，細胞の色や形の変化を指標にする.

問題3 DNA2本鎖切断で誤っているのはどれか.

1. DNA1本鎖切断よりも形成されにくい.

2. DNA1本鎖切断よりも修復されにくい.

3. 非相同末端結合による修復は細胞周期のどの時期でもおこなわれる.

4. 相同組換えによる修復はおもに細胞周期のM期でおこなわれる.

5. 放射線以外の化学物質で形成されることがある.

問題4 放射線による染色体異常で誤っているのはどれか.

1. 細胞死の原因となることがある.

2. がんの原因となることがある.

3. 分裂期に照射された細胞にだけ生じる.

4. 末梢リンパ球の染色体異常の出現頻度から被ばく線量の推定が可能である.

5. 低LET放射線の場合，同じ吸収線量であれば染色体異常の頻度は線量率が小さいほど低い.

問題5 安定型染色体異常の組合せはどれか.

A　二動原体染色体

B　相互転座

C　逆位

D　環状染色体

1　AとB　　2　AとC　　3　BとC　　4　BとD　　5　CとD

問題6 放射線を照射しない細胞と，6GyのX線を照射した細胞を使って突然変異の実験をおこなった．プレーティング効率（plating efficiency：PE）を調べるために，1枚のディッシュ当り100個の細胞を6-チオグアニン（6-TG）を含まない培養液に3枚ずつまいた．いっぽう，突然変異を調べるために，1枚のディッシュ当り10万個の細胞を6-TGを含む培養液に25枚ずつまいた．得られた結果は以下のとおりである．この結果から，自然突然変異率を4倍に上げる線量を推定せよ．ただし，突然変異の誘発率は線量に比例すると仮定し，実験誤差は考慮しないものとする.

	非照射群	照射群
6-TGを含まない3枚の培養ディッシュにできたコロニーの総数	285	225
6-TGを含む25枚の培養ディッシュにできたコロニーの総数	12	180

問題7 DNAの塩基損傷を修復するしくみについて説明せよ.

問題8 DNA2本鎖切断を修復するしくみについて説明せよ.

問題9 体細胞におこった突然変異と生殖細胞におこった突然変異との違いを説明せよ.

問題10 安定型染色体異常と不安定型染色体異常の違いを説明せよ.

Chapter 6

第6章

放射線の組織影響

6・1　細胞増殖と放射線感受性

6・2　組織の放射線感受性に影響を与える要因

6・3　主要な組織の放射線障害

6・4　組織障害のしきい値

第6章
放射線の組織影響

本章で何を学ぶか

　　放射線の細胞に対する影響は基本的に，発がんや遺伝的影響にかかわる突然変異誘導と組織の障害にかかわる細胞死誘導にわけられる．ここでは，放射線の組織に対する影響をそれぞれの細胞の放射線感受性としてとらえていくことにする．ただし，個々の組織のこまかい変化については記憶する必要はなく，全体的な把握が重要である．

6・1　細胞増殖と放射線感受性

　細胞に数 Gy の放射線が与えられると細胞分裂に異常をきたす．つまり，細胞機能の中で組織障害にもっとも重要な役割をはたしているのが分裂なのである．放射線により細胞は 1 ～ 数回の分裂後に分裂しなくなるが，その直後に文字どおり '死'んでしまうわけではない．分裂以外の機能は残しているにもかかわらず，これを死（**増殖死**）と定義してもかまわないことについては，増殖を停止したがん組織や各組織の幹細胞がどのような役割をはたすことができるのかを考えれば，おのずと答えがえられよう．もちろん，増殖死をおこした細胞は，いずれは死ぬわけであるが，このとき，**壊死**①をおこせば組織の炎症の原因となる．日々，体内で分化した細胞が死んで若い分化細胞と入れかわる（ターンオーバー）生理的な場合とは当然，意味あいは違っている．

6・1・1　ベルゴニー・トリボンドーの法則と精巣の放射線感受性

　レントゲンによる X 線の発見（1895 年）直後からいろいろな放射線影響が知られるようになった．その中にあって 20 世紀初頭（1906 年），**ベルゴニー**と**トリボンドー**（Bergonie and Tribondeau）は，ラットの精巣を用いて細胞の放射線感受性についての法則をみいだした．その法則とは，

①　分裂頻度の高い（したがって細胞周期の短い）細胞ほど
②　将来，長期にわたって分裂をつづける細胞ほど
③　形態的，機能的に未分化な細胞ほど

放射線感受性が高いというものであった．この法則は，組織内の細胞の放射線感受性についてこまかい比較にまであてはまるものではないが，基本的に '未分化で増殖さかんな細胞の放射線感受性が高い' ことを示している．

　図6・1にヒト精巣内部にある精細管の微細構造を示す．生殖細胞は基底膜側から順次中心に向かって増殖分化していき，最終的には成熟精子となってでていく．この精子形成過程は 70 ～ 80 日程度で終わり，精子の平均寿命は 40 日ほどである．基本的には，これらの生殖細胞は管の中心に向かうほど放射線感受性が下がっていく．精巣への 1 回被ばくが 0.15 Gy 以上で一時的不妊が生じ（**精原細胞**の分裂停止で分化細胞の供給が止まるが，一定期間のあと，分裂が回復する），2 Gy 程度で数年にわたる無精子症，3.5 ～ 6 Gy 以上で永久不妊（精原細胞の再生がおこらない）となる．精子の分化過程と平均寿命が長いので不妊の影響がでるのは数か月たって

解説 ①

細胞や組織が傷害をうけ壊死んでしまうこと．炎症をおこす．たとえば，心筋梗塞や脳梗塞時に血流がとどこおり，周囲の組織が壊死をおこす．発生途中での手の水かきに相当する部分の吸収や傷害をうけた細胞が炎症をおこさずに吸収される '生理学的' な死であるアポトーシス（5・5・2 項参照）と区別される．アポトーシスは，オタマジャクシがカエルに変態するときの尾の吸収でもみられる．

132

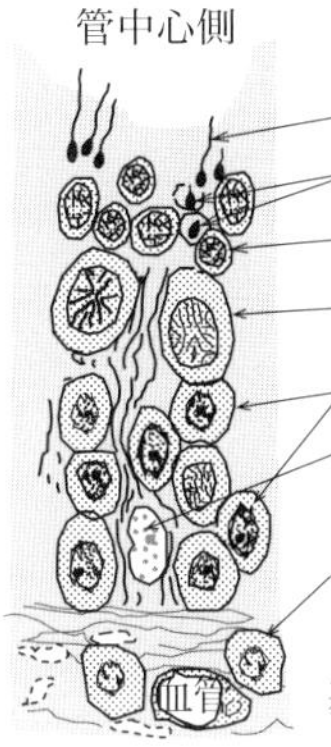

6・1 細胞増殖と放射線感受性

図6・1 精細管の組織

からである．なお，精子への分化・維持にかかわる**セルトリ細胞**や男性ホルモン（アンドロゲン）を産生する**ライディッヒ間質細胞**の放射線感受性は低い．したがって，性欲減退[②]にはいたらない．しかし，治療線量（例；2Gy×30回分割）ではこれらの細胞も障害をうけ，生殖細胞の感受性等にも影響を与えていると考えられる．

6・1・2 放射線感受性による実質細胞の分類と結合組織の放射線感受性

1950～1960年代になると，各器官や組織への放射線影響をがん治療患者や実験動物の組織切片レベルで調べた結果を分類し，まとめたものが世にでてくる．まず，以下のように細胞集団動態（主にLeBlondらによる）から組織の放射線感受性を分類したものがある．

① 細胞静止系組織（static cell population）；神経や筋肉のように組織の完成後分裂しない組織で，放射線耐性である．

② 細胞増加系組織（expanding cell population）[③]；肝臓や腎臓のように非常にゆっくりと分裂している組織で比較的放射線耐性である．

③ 細胞再生系組織（renewing cell population）；幹細胞がさかんに分裂をして分化した細胞を供給し，いっぽうで分化した細胞が寿命で系から脱落しているが，全体として細胞数が平衡をたもっている組織．造血系組織，胃腸系組織，皮ふ組織など．放射線感受性が高い．

④ 細胞新生系組織（neoplastic cell population）；死ぬ細胞をうわまわるだけの増殖のおこっている腫瘍組織（胎児）．腫瘍組織では自己制御が効かない．放射線感受性は高い．

いっぽう，**キャサレット**（Casarett）はそれぞれの組織の機能を担っている実質細胞について放射線感受性を分類した．**表6・1**に実質細胞の例を示した[④]．この表の特徴は，各器官において実質細胞をささえている結合組織（特に血管系や繊維芽細胞）の感受性をも含むことである．つまり，神経や筋肉といった放射線耐性の組織においても比較的放射線感受性である血管系などを通して二次的に時間経過の中で障害（後期障害）がおこることを暗に示している．

解説②
性欲は男性ホルモンとの関係が深い．

解説③
低い頻度で実質細胞の供給がおこり，ゆっくりと脱落していく細胞数をおぎなっている．分類①～④の日本語訳は本によって違いがみられるので，かっこ内の英語の語感で内容をとらえる必要がある．

解説④
本により実質細胞の例のとりあげられかたに多少の違いがみられる．このことは，組織の感受性の順番を一義的にとらえることが困難であることを示している．

第 6 章　放射線の組織影響

表 6・1　実質細胞の放射線感受性（感受性は Ⅰ～Ⅳ へと低くなる）

感受性	グループ	増殖，分化	実質細胞の例
Ⅰ	増殖幹細胞	分裂，未分化	造血幹細胞，小腸クリプト（幹細胞），精原細胞，表皮幹細胞，リンパ球[5]
Ⅱ	分化している幹細胞	分裂，分化	血液系の分化した幹細胞，精母細胞，食道上皮細胞，膀胱上皮細胞
	（血管系，繊維芽細胞などの結合組織系）		
Ⅲ	再生可能な分裂頻度の低い細胞	通常はほとんど分裂しない分化	肝臓，腎臓，膵臓，副腎，甲状腺，脳下垂体，成人の骨，成人の軟骨
Ⅳ	分裂終了細胞	分裂終了，分化	神経細胞，筋線維，顆粒球，腸上皮細胞

解説⑤
分裂を終えているのにもかかわらず，例外的に放射線感受性が非常に高い．間期死を起こしアポトーシスで死ぬ（5・5・2 項参照）．

6・1・3　実質細胞幹細胞の生体内でのコロニー形成系と皮ふ，腸管，骨髄の放射線感受性

　培養細胞コロニー形成系の開発によってはじめて放射線による増殖死の詳細な動態があきらかになった（4・2・2 項参照）．このコロニー形成系を生体内で観察できれば，それぞれの幹細胞のもともと存在する場所においての放射線感受性を知ることができる．以下，Withers らによる生体内の表皮幹細胞，消化器系幹細胞，造血系幹細胞の感受性研究とそれらの組織全体の放射線感受性について解説する．

ⅰ）皮　ふ

解説⑥
生存率（4・2・2 項参照）は，ある線量を与えられたときのコロニー数を非照射時のコロニー数で割った値として求められる．

　表皮の幹細胞が表皮内を移動することを防ぐための工夫がなされた（**図6・2**）．この系では，2 回目の実験線量で，ある程度の線量を与える必要がある．つまり，ほとんどの幹細胞が増殖死をおこしてはじめて，生き残ってさかんに増殖する幹細胞がコロニーを形成できる系だからである．したがって，非照射時の幹細胞数が不明なので，生存率としては計算できない[6]．そのため，D_q（4・2・3 項参照）を求めることができない．そこで，照射を 2 回に分割し，分割の間に 100% 亜致死損傷回復（4・2・4 項参照）がおこると仮定（通常は 100% おこる）することで，D_q を求めた．表皮の幹細胞は D_0 が 1.35 Gy で，放射線感受性が高い．また，D_q が 3.5 Gy と比較的大きく，表皮の幹細胞は低線量域で放射線耐性であることがわかった[7]．D_0 の値は培養系での値に近い．

解説⑦
D_0 が小さいと放射線感受性は高く，D_0 が大きいと放射線感受性は低い．また，D_q が大きいと細胞は低線量域で放射線耐性であり，D_q が小さいと低線量域での耐性が小さい（4・2・2，4・2・3 項参照）．

解説⑧
^{60}Coγ 線とリニアックによる 20 MeV X 線の体内線量分布図をみれば，同じがん組織線量をえるために必要な照射による皮ふ線量の違いがあきらかである（図2・9 参照）．

　放射線治療時に皮ふへの障害はさけて通れない．リニアック以前の深部治療用放射線や ^{60}Coγ 線治療の時代には皮ふに対する障害が治療線量を決定していたといってよい[8]．その後，リニアックによる MeV 以上のエネルギーの X 線による治療が実現し，急性の激しい放射線皮ふ炎や皮ふ壊死のかわりに慢性の皮ふ障害が主流になってきた．現在では治療の後半に照射野に限定された乾性の皮ふ炎がおこり，治療後 2 週間程度で炎症も消えるという程度のものとなっている．このとき，色素沈着がおこり，過敏やかゆみがでたりする．

　図6・3に皮ふ組織を模式的に示す．皮ふへの放射線影響はふたつに大別できる．

6・1 細胞増殖と放射線感受性

表皮幹細胞分裂停止による急性障害としての表皮はく離と結合組織性真皮の血管内皮や繊維芽細胞の障害による後期障害としての浮腫（小さい血管の透過性亢進による皮下組織への水分の貯留）や血清滲出（しみでる）などである．また，皮脂腺，汗腺，毛嚢への影響もみられる．治療開始後，最初の2週間で軽い発赤（毛細血管拡張）や乾燥（皮脂腺，汗腺への影響）がおこる．3週目に脱毛（毛嚢への影響），典型的紅斑（血管拡張）[9]，浮腫がおこり，4〜5週目に**乾性皮ふ炎**（表皮はく離）や**湿性皮ふ炎**（表皮はく離にともなう血清成分の滲出や表皮再生の遅れによる

解説⑨
現在では考えられないことであるが，X線発見の直後は皮ふの紅斑を'線量計'として用いていた．

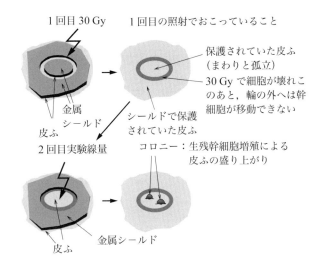

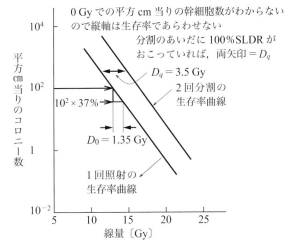

図6・2　表皮幹細胞のコロニー形成系と放射線感受性

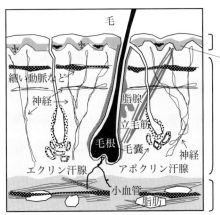

図6・3　ヒト皮ふ組織

表皮に限定された傷害であるびらん）へと経過する．通常これらは治療終了後1週程度で回復しはじめ，3週程度で回復が完了する（ヒト表皮は細胞が25〜30日で入れかわる）．皮脂腺に関してはなかなか回復しない場合があり，また毛髪などは2か月程度で回復してくる．

これらの線量をこえて照射をうけると皮ふは難治性潰瘍（小血管の閉塞等）へと移行し，機械的刺激，紫外線などにより壊死が生じる．また，放射線発がんの可能性もでてくる．これらの難治性の障害がおこるのは1回線量であれば20 Gyをこえた場合である（治療の場合は2〜3 Gyを20〜30回の分割照射に相当）．また，1回線量が10 Gy以下であれば乾性皮ふ炎までの影響である．治療時には難治性皮ふ炎をおこさないようこころがける必要がある．

ii）小腸（十二指腸，空腸，回腸）・大腸（盲腸，結腸，直腸）

空腸や結腸粘膜の**腸上皮幹細胞**の放射線感受性についての実験がおこなわれている（図6・4）．腸上皮幹細胞は絨毛の**クリプト**にあり，分裂するたびに絨毛の先端に向かって細胞が分化しつつ移動する（図6・5）．一方，先端では分化した上皮が腸管へとぬけおち一生を終える．分裂と脱落が同じ速度でおこれば平衡になり定常状態となる（脱落までの時間；ラット，マウスで3日ほど，ヒトで3〜7日）．しかし，照射により幹細胞の分裂が止まると絨毛の高さが順次低くなる．幹細胞の増殖が完全に止まれば，絨毛はやがては扁平

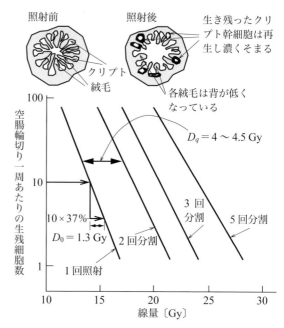

図6・4 小腸上皮幹細胞のコロニー形成系と放射線感受性

になり多くの異常の原因になる．粘膜形成不全，粘膜表面積の縮小，局所的な粘液の欠落などが継続的に進行する結果，栄養素の吸収不全，脱水，感染，出血がおこる．これらは，ある範囲の線量（〜10 Gy以上）を全身にうけた個体が一定期間内に死亡する原因となる（7・1・2項参照；胃腸系障害症候群）．増殖が再生するとクリプトでの分裂がさかんになり，細胞核の割合が相対的に増え，染色で濃くそまるようになる（図6・4）．そこで，輪切り一周あたりの濃くそまるクリプト数を生存クリプト数とするのである．無傷で濃くそまらない場合と幹細胞の増殖が完全に止まって濃くそまらない場合とが区別できないので，この場合もある程度以上の線量をかける必要がある[⑩]．D_0 は1.3 Gy，D_q は4〜4.5 Gyである．

> 解説⑩
> 線量が大きいと無傷のクリプト幹細胞がほぼなくなるので，濃くそまらないクリプトでは幹細胞が分裂をやめたと考えることができる．

6・1 細胞増殖と放射線感受性

腹部がん（子宮，卵巣，腎臓，前立腺，膀胱，大動脈傍リンパ節）治療のさいに放射線の副作用として腸部の障害が生じる．腸への副作用は，どの部位が照射されるかで臨床症状はずいぶんと異なる．急性の変化としては下痢が典型的なものであるが，これは腸粘膜の影響というよりは，照射部位によって，絨毛の収縮，粘膜表面積の縮小，十二指

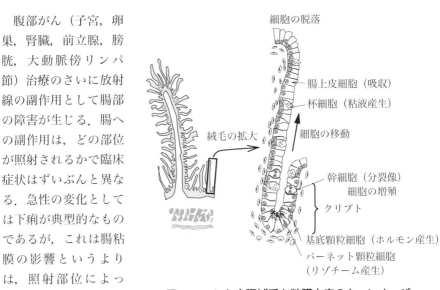

図6・5 ヒト小腸絨毛と粘膜上皮のターンオーバー

腸乳頭部の括約筋の機能喪失による膵液の常時流入，小腸内細菌相の変化，胆汁酸の再吸収の低下などが関係している．

放射線による後期障害については鼓腸，便秘などがみとめられるが，重要なものとして，2年程度を目処に狭窄（管がせまくなる），閉塞や穿通（穴が開くこと）による腹膜炎など死と直結した障害をあげることができる．後期障害の原因は基本的に血管系への障害を介している．粘膜や粘膜下の血流異常による浮腫や粘膜萎縮，血管周囲の繊維化[11]，組織の硬化，腸間での癒着などがおこる．実験動物による後期障害研究では，実験ごとにばらつきがあるものの1回線量10～20Gyでがん治療時（分割）と同程度の結果がえられている．

iii) 骨　髄

骨髄系幹細胞の放射線感受性を調べる系を図6・6に示した．図の例では，他の個体から骨髄細胞を移植する（外因性）ので，ほんとうの意味での'本来ある場所での'放射線感受性にならないことに注意する必要がある．またこのとき，骨髄でもコロニーができているが，調べるのが大変なので通常**脾コロニー**を使う．骨髄系の多能性の造血幹細胞や少し分化した幹細胞（図6・7参照）がコロニーをつくる．内因性の場合の実験も可能であるが，線量をある範囲内にする必要があり[12]，一般にデータもきれいにならない．**白血病治療**のときの骨髄移植と同様[13]，外因性の実験ではあらかじめ移植をうける側の幹細胞をなくすために相応の線量（図6・6では9Gy）を全身にかけておく必要がある．D_0 は 0.95 Gy と非常に感受性が高く，D_q がほとんどみられない（図6・6の場合，約0.4 Gy）．生体の中でもっとも放射線感受性な細胞のひとつである．

6・1・4 例外的に放射線感受性な非分裂細胞，リンパ球とアポトーシス

リンパ系器官には，骨髄，胸腺やリンパ節，脾臓，扁桃，腸の粘膜固有層，肺の

第6章 放射線の組織影響

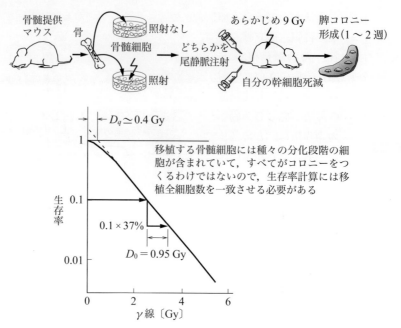

図6・6　外因性脾コロニー形成系と幹細胞（CFU-S）の放射線感受性

気管支などがある．これらの器官は，リンパ球（**Tリンパ球**と**Bリンパ球**），単球（大食細胞，組織球，肝臓クッパー細胞などの前駆細胞），アクセサリー細胞（大食細胞や網状構造をつくって組織を維持する繊維芽細胞性細網細胞）などからなる．Tリンパ球の前駆体は胸腺皮質にやってきてさかんに分裂増殖し，**自己と非自己**を区別できるよう教育され，各種Tリンパ球となって血中，リンパ管へとでていく．区別できないものはここで生理学的な細胞死といわれているアポトーシス（5・5・2項参照）をおこし排除される．いっぽう，Bリンパ球は骨髄でつくられ体内を循環する．成熟T，Bリンパ球は各リンパ器官にすみわけてとどまり，抗原刺激で増殖し，体内へと出動する．

　これらの細胞の中でリンパ球，とくにBリンパ球は骨髄系幹細胞におとらず放射線感受性が高い．Bリンパ球は**抗原刺激**[⑭]をうけないかぎり分裂を開始しない．それにもかかわらず低線量で死んでしまうのである．増殖死ではなく非増殖死あるいは**間期死**（5・5・2項参照）をおこしてしまう．間期死をおこすとき，ほとんどのT，Bリンパ球（リンパ球）ではアポトーシスがおこっている．アポトーシスは発生過程（解説①参照）や胸腺での自己非自己を区別できないものの排除などにみられる．また，培養細胞などでも増殖死の結果アポトーシスをおこす細胞がみられるが，リンパ球のようにほとんど100％がアポトーシスをおこすということはない．

6・2　組織の放射線感受性に影響を与える要因

　いままではおもに個々の細胞の放射線感受性について学んだ．しかし，いうまでもなく組織は異なる放射線感受性をもった細胞の集合である．そこで，それぞれの細胞の放射線感受性に加えて，細胞の寿命，組織の構造，照射部位，結合組織系と

解説 ⑭
Bリンパ球が抗原刺激により分裂を開始し形質細胞へとかわる．このときの形質細胞は分裂細胞としての放射線感受性をもち増殖死をおこす．そのあと，分裂が止まれば放射線感受性ではなくなる．

6・2 組織の放射線感受性に影響を与える要因

の相互作用などいくつかの感受性に影響を与える因子について考えなくてはならない．ここでは，それを学ぶ．もちろん，これらの要因を考慮したからといって，完全に理解できるほど組織の放射線感受性は単純ではない．

6・2・1 分化細胞の寿命と潜伏期（末梢血の血球変化）

骨髄では多分化能をもった**造血幹細胞**やある程度分化した幹細胞，あるいは前駆細胞などがさかんに分裂しそれぞれの血球を末梢血に供給している（図6・7）．これらの幹細胞は大変に放射線感受性であるため，全身に数Gy被ばくすると末梢血に変化があらわれる（図6・7）．＞5 Gy以上の被ばくではリンパ球，**好中球，血小板数**が減ったまま回復せず，感染や出血で死亡への危険が高まる（7・1・5項参照）．

2〜5 Gyを被ばくした場合の末梢血にあらわれる各血球数の変化をくらべてみ

> **解説 ⑮**
> 骨髄内では造血幹細胞の多分化能や自己複製に，環境として骨内膜のニッチが必要である．このニッチの維持に骨芽細胞や間葉系幹細胞がかかわっている．

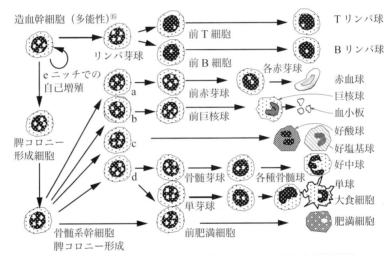

a：赤芽球系前駆細胞　b：骨髄巨核系前駆細胞　c：好酸球系前駆細胞
d：顆粒球系前駆細胞　e：ニッチ（niche）幹細胞の生態学的適所

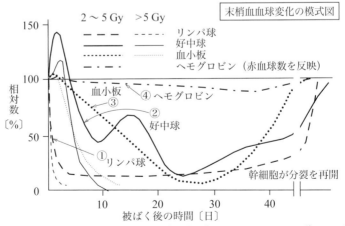

寿命：赤血球 120 日，好中球 1 日以内，血小板 3〜4 日，Bリンパ球 2〜3 日，
　　　Tリンパ球　数か月

図 6・7　造血幹細胞の分化と放射線照射後の末梢血の変化

よう（図6・7）．好中球において被ばく後，数の増加がみられる．これは骨髄，血管壁，組織，脾臓・肝臓などにプールされた好中球が末梢血へと移動した結果である．いっぽう，被ばく直後から，どの血球も直後の増加を除けば数を減らしているが，その減る速度はずいぶんと異なる（図6・7①〜④）．どの血球の前駆細胞もさかんに増殖しているから放射線感受性が高く，被ばく後その分裂は停止していてそれぞれの血球の供給はとだえていると考えられる．いっぽう，各血球はリンパ球を除けば放射線耐性である．そこで，この数の減少の速度の違いは分化した血球の寿命の長短によるものと考えられる．それぞれの血球のヒトでの寿命は，Bリンパ球，約2〜3日，好中球，1日以内，血小板，約3〜4日，**赤血球**，約120日である．分化細胞の寿命が長いほど，その数がなかなか減らないのである．もちろんリンパ球の場合は，リンパ球自体が放射線感受性なため好中球よりさらに急速に数を減らしている．このように，末梢血変化でみた放射線感受性は好中球，リンパ球で高く，次に血小板がつづき，赤血球ではむしろ放射線'耐性'になっている．'**末梢血**での感受性'には細胞の寿命が深くかかわっているのである．

分化した細胞の寿命以外にも，組織の感受性に影響を与える因子がある．たとえば白内障の場合（6・3・1項参照），障害をうけた上皮がその後長時間かかって水晶体内にはいり混濁となるので，発症に時間がかかる（潜伏期が長い）．また，幹細胞が増殖して分化した細胞にかわるまでに必要な時間なども，組織の放射線感受性を複雑にする要因のひとつになっている．

6・2・2　各組織の機能的小単位

ある組織が形態的に多くの小さな単位の集まりからなり，その単位はとなりとは独立に機能し，単位内の細胞はすべて，いくつか（数千におよぶこともある）の幹細胞が増殖，分化したものである場合，それを**機能的小単位**（FSU；functional subunit，あるいは**機能的サブユニット**）とよぶ（**図6・8**）．腎臓のネフロン，肝臓や肺のロビュル，外分泌腺のアシナスなどに明瞭な機能的小単位がある．機能的小単位が明瞭な場合，ある単位の幹細胞が全部不活化されれば，その単位は再生しないので，組織全体としては比較的放射線感受性となる．ただし，肝臓は一部が残っていると再生肝⑯として増殖するので，部分的な照射には比較的耐性である．

いっぽう，皮ふ，粘膜などについては，境界が明確でなく機能的小単位が不明瞭である．たとえば皮ふなどでは，ある範囲の中の幹細胞がすべて不活化されても，

解説⑯
肝臓は半分以上切除しても，もとの大きさに戻るまで増殖をくりかえすことができる．これを再生肝とよぶ．

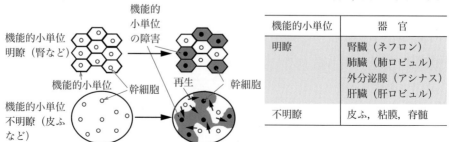

図6・8　機能的小単位

となりの生残幹細胞が移動してきて増殖できる．こういった形態的特徴で，皮ふでは幹細胞が放射線感受性（$D_0 = 1.35\,\text{Gy}$，$D_q = 3.5\,\text{Gy}$）であるにもかかわらず，組織としては比較的放射線耐性となる．実質細胞ではないが，**内皮**なども生残細胞の移動が可能であり，血管の比較的耐性な性質に寄与していると考えられる．空腸のクリプトでは形態的には機能的小単位は明確であるが，となりから幹細胞が移動できるという点で両者のあいだに位置している．

6・2・3 放射線感受性と組織の構造・体積効果と脊髄障害

脊髄は首から太い一本の束となって脊柱の中を仙骨部（骨盤の中央）へとつづいている．各椎間孔からは前根と後根があわさって一本になった脊髄神経が両側から脊椎の外へとのびている（**図6・9**）．ラットの脊髄では，照射部位が頚部や胸部であれば，白質の壊死が主となる

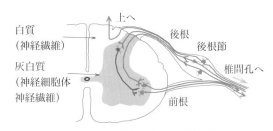

図6・9　脊髄の断面図（片側）

が，腰部より下の脊髄では後根[17]や前根の壊死が主となる．**グリア細胞**や**シュワン細胞**[18]への障害がミエリンの退化，軸索の膨張，ミエリン鞘の崩壊をおこし（壊死），また血管系の障害（浮腫など）はこれを加速したり直接壊死にかかわったりしていると考えられる．いっぽう，神経細胞そのものはきわめて放射線耐性で，これを24時間以内に不活化するには$4{,}000\,\text{Gy}$もの線量が必要である．以上，脊髄には，ある一部でも障害をうける（**ミエロパチー**）と，それより下部にある脊髄神経での情報のやりとりができなくなり，麻痺などの重大な結果をうむ（1回線量で$15 \sim 20\,\text{Gy}$程度，20回分割でトータル$60 \sim 70\,\text{Gy}$）という構造的な特徴がある．

このように，脊髄では小さな領域が直線的にならんでいると考えることができる．ある線量をラットの脊髄に与えたとしよう．ひとつの小領域に傷害が及ぶ確率をたとえば1/10とすると，その小領域（たとえば脊髄長さとして0.1 cmなど）に照射野をしぼれば，ミエロパチーのおこる確率は1/10である．いま，照射野を10倍にして，10個の小領域が含まれるようにすると，同じ線量を与えても，ミエロパチーのおこる確率は急速に1に近づいていく（10個の小領域のどのひとつでも傷害をうければミエロパチーとなるから）．これが脊髄における**体積効果**である．つまり，線量は同じにしても，照射する体積（脊髄では＝長さ）を大きくすることで脊髄は放射線'感受性'になる．いっぽう，血管を介した2次的脊髄障害には体積効果はみられない．

肺や腎臓では全器官の30%が機能すれば器官として十分な機能維持ができる．そこで，治療などのさいに，たとえば70%に障害が与えられても，影響はめだたない．つまり，照射体積としてのしきい値が存在するのである．残りの30%にX線があたれば，もちろん体積依存的に機能が落ちていく．また，皮ふ粘膜のように機能的小単位が明確でない組織の場合に，生残幹細胞が動きまわされるので，ある数以上が残っていれば，理論的には体積効果は存在しないはずである．しかし，広範囲

解説 ⑰
後根には末梢からくる（知覚神経路）感覚情報の中継点としての神経細胞体の集合である後根節がある．ここで，中枢から伸びる神経軸索に情報をうけわたしている．脊髄からでる運動神経路（前根）にはこれがない．

解説 ⑱
グリア細胞は神経軸索をとりかこんでいる脂質でできたミエリン鞘を形づくっている．神経伝達のためのイオン電流の漏えいを防ぐ絶縁体としての役割がある．中枢神経系ではオリゴデンドロサイト，末梢神経ではシュワン細胞とよばれる．

の潰瘍などがおこれば，再生までの時間がかかり，また感染の危険も増すので，治療の際に皮ふや粘膜においても広範囲の場合に体積効果はあるとすべきである．

6・2・4　血管障害と組織の二次的障害

組織の後期反応はその組織の実質細胞への影響の結果なのか血管系への影響を介したものなのかの議論はかんたんには決着がつかない．組織によって

① 実質細胞への影響が主となる場合
② 血管系への影響が主となる場合
③ 両方が組み合わさっている場合

があると考えるべきであろう．たとえば，水晶体には血管は分布しないので，後期反応である白内障は当然上皮への影響が主となる（6・3・1項参照）．**腎臓**の尿細管（6・3・4項参照）の再生を組織学的手法でコロニー形成系としてとらえたマウスでの報告では，管の D_0 は 1.53 Gy と大変感受性であった．この値は腸の粘膜上皮や皮ふの幹細胞のそれと比較しほとんど同じであるといえる（6・1・3項参照）．ちがいは，実質細胞の枯渇に必要な時間（つまり細胞寿命）が，腸粘膜では3日，皮ふでは 12〜24日であるのに対し，尿細管では 300日ほどに及ぶことである．このことから腎では後期障害となる理由は細胞寿命であって，その主因は，**血管系障害**を介しての**二次的障害**を考えなくても，実質細胞（尿細管）の枯渇による機能的小単位の消失として十分に説明がつくといえる．いっぽう，前述のように，皮ふや脊髄の後期障害では血管系の関与は大きい．

血管を裏打ちしている内皮（図6・10）は造血系幹細胞と起源を同じくし（血液血管前駆細胞＝ヘマンジオブラストから分化），内皮の前駆体も知られるようになってきた．双方はお互いの増殖・分化に深くかかわっているが，その寿命は著しく異なる．内皮の生存率曲線は培養系や生体への移植系で調べられており，D_0 は 1.5 Gy 程度，D_q は 2.5 Gy 程度とその放射線感受性は高い．しかし，皮ふと同様，内皮は移動でき，また寿命が長いので，組織としては比較的感受性が低い．ただし，内皮が障害をうけるとその再生には長い時間を要する．新生血管や毛細管はおもに内皮からできており，血管系の中では放射線感受性が一番大きいといえる（分割治療線量で 40 Gy 程度）．大きな血管（図6・10右）では内皮の外側に結合組織や筋組織があり，内皮の裏打ちがなくなった箇所での血栓症の原因にはなるが，血管全体としては形を保つことができている．全治療線量 50〜70 Gy で障害が生じるとされる．

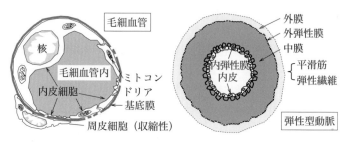

図6・10　毛細血管と大きな血管

6・3 主要な組織の放射線障害

以上，個々の細胞の放射線感受性および組織としての放射線感受性に影響を与える要因について調べてきた．この項では，いままでとりあげてこなかった主要な組織について，どのような放射線障害が生じるのかをみていく．ただし，臨床でのがん治療時の障害を除けば，眼の水晶体と卵の障害が重要である．

6・3・1 眼

解説⑲
ぶどう膜は脈絡膜，毛様体，虹彩をまとめた呼称．

解説⑳
針状の密封小線源（放射性核種）を患部に埋め込むことで，がん治療をおこなう．透過性の小さい低エネルギー放射線を用いて，半減期も短いので正常組織への線量は抑えることができる．

ぶどう膜[19]悪性黒色腫，網膜芽細胞腫，眼窩横紋筋肉腫，基底細胞がんなどの外部X線治療や小型密封放射線源を体内の疾患部位に埋め込む**近接照射療法**（brachytherapy[20]）などによる眼組織（図6・11）への影響が調べられている．瞼への影響は皮ふのそれに準

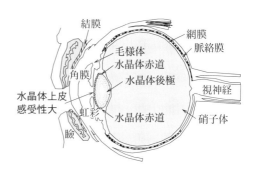

図6・11 眼組織と水晶体

表6・2 ICRP勧告等に記述されている組織障害のしきい値

組織（障害）	1回被ばく[注1]/2007年勧告[注2]〔Gy〕	多数回または連続[注1]〔Gy〕	多数回または連続[注1]年平均〔Gy/年〕
精巣			
一時的不妊	0.15/0.1	—	0.4
永久不妊	3.5〜6.0/6.0	—	2.0
卵巣			
不妊	2.5〜6.0/3.0	6.0	>0.2
水晶体[注3]			
白濁	0.5〜2.0	5.0	>0.1
白内障	5.0/1.5	>8.0	>0.15
骨髄[注4]			
造血機能低下	0.5/0.5	—	>0.4
皮ふ			
紅斑・乾性落屑/紅斑	3〜5/3〜6		
湿性落屑/火傷	20/5〜10		
壊死/一時脱毛	50/4		
胃腸			
死亡/死亡（治療−｜＋）	5〜15/6｜>6		
肺			
急性肺炎/間質性肺炎	5〜15/6		
胚・胎児			
致死・奇形・成長阻害	0.1/0.1		
重度の精神遅滞	0.12〜0.2/0.3		

基本的に組織障害は100 mGy（0.1 Gy）以下ではでないとしている．
注1 精巣，卵巣，水晶体，骨髄のしきい値は，1990年勧告の表B-1に，全身被ばく時，胃腸，肺障害による急性死が表B-2に載っている．
注2 2007年勧告では1％が発症するしきい値として線量を与えている．
注3 2007年勧告では，中性子や高LET放射線による白内障では，しきい線量は1/2〜1/3．
注4 2007年勧告では，1％骨髄障害死亡のしきい値1 Gy（治療なし），2〜3 Gy（治療あり），また，$LD_{50/60}$は3〜5 Gy（＝90年勧告），治療ありで，6 Gy程度．

第6章 放射線の組織影響

ずる．また，30〜50 Gy（分割）で涙液の減少によるドライアイやそれ以上の線量による涙腺萎縮症，結膜炎などが生じる．このとき，角膜では4〜5週で上皮細胞の欠損による点状の角膜炎が生じ，線量が上がると角化や潰瘍が生じ，数年後の失明へとつながる（後期障害）．虹彩では血管新生が誘発され緑内障への危険が増す．

しかしなんといっても**水晶体**（レンズ）がもっとも放射線に感受性である．通常，ゆっくりと分裂する水晶体前面の上皮細胞は核を失いつつしだいに水晶体の中へと移動する．繊維状になった組織は**クリスタリン**[21]のおかげで透明性をたもっている．白内障は生理的（老人性，体質）に，あるいは病理的（放射線治療，糖尿病，紫外線）に，この過程が正常に進行しなくなり混濁を生じることでおこる．初期段階での混濁は，老人性のものは赤道上で始まり，放射線によるものは後極でおこるので区別が可能とされるが，進行後は区別が困難になってしまう．**白内障**への潜伏期は線量が大きいほど短くなるというものであるが，基本的に発症まで最低6か月程度（通常は2〜3年）を要するので後期障害に分類される．ICRP 1990年勧告では水晶体白濁のおこる最小線量を0.5〜2 Gyとしている（**表6・2**参照）．また，白内障については5 Gyである．リニアックを用いた治療では最小線量が8 Gy（15分割）で，進行性のものは25 Gyでおこるとする報告がある．

網膜への影響は毛細血管瘤の形成で始まる．瘤からの出血や硬い滲出物もれにはじまり，2次的に虚血や浮腫が生じる．その結果，網膜はく離や神経萎縮によって失明にいたる．網膜障害は通常治療後6か月から3年後程度に発症する後期障害である．分割の場合，15〜35 Gy程度がしきい値として報告されている．

6・3・2 卵巣

卵巣（図6・12）の生殖細胞の分化過程は精巣のそれとはずいぶんと異なる．胎児期をすぎると卵原細胞は分裂をやめ，生後は原始卵胞（**一次卵母細胞**）の形でとどまる．性的成熟の後，定期的にいくつかの原始卵胞が成熟する過程で一次卵母細胞は減数分裂を経て**二次卵母細胞**になり排卵にいたる．受精が成立すると第2分裂が完了する．原始卵胞は年とともに，その数を減らしていき，やがては

> **解説 ㉑**
> クリスタリン（タンパク質）は水晶体の1/3〜1/2存在し，水晶体の透明性の維持や，光の屈折率を高める機能をもつ．3種のクリスタリンが知られるが，αクリスタリンは，変性したタンパク質（ここでは，β，γクリスタリンなどの変性）を正常に機能するタンパク質へと再生させるシャペロン機能をもつ．

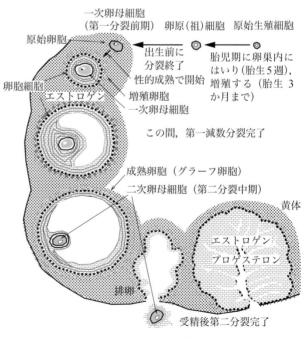

図6・12　卵巣の組織

144

閉経にいたる．

　原始卵胞の状態では卵母細胞の放射線感受性は低いが，卵胞成熟にしたがい高感受性となる．このとき，卵母細胞はリンパ球と同程度に放射線高感受性であるが，一時不妊をおこす線量はヒトで 2〜6 Gy，永久不妊は 3〜10 Gy といわれる．種によってどの卵胞の時期の卵母細胞が放射線感受性なのかが異なるので，ヒトではがん治療時のデータが重要である．また，**卵胞細胞**も放射線感受性が高く，ホルモン分泌が影響をうけ，卵母細胞の感受性にも影響する．がん治療時のデータから年齢が若いほど放射線耐性である．大きな線量をあびたにもかかわらず，数年後に妊娠した例は多い．原始卵胞の放射線耐性によるものと考えられる．

6・3・3　肺

　肺（図 6・13）は胸部がん治療や骨髄移植のための全身照射時の重要な器官である．肺は 40 種以上の細胞からなり，それぞれは比較的放射線耐性であるが，回復力に乏しく放射線感受性の器官と考えることができるので，治療時に注意を要する器官である．

　実験的に 1 回で 20 Gy を与えたときの動物における変化はおおよそ三つの過程にわけられる．最初の 1 か月で，**肺胞の I 型細胞や II 型**

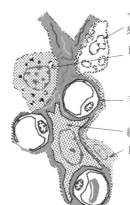

図 6・13　肺胞壁

細胞の顕微鏡的変化がみられる．毛細血管では内皮の障害や血管透過性増大による浮腫がおこり，フィブリン堆積，組織球の浸潤などがみられる．照射後 2〜6 か月で**急性の肺炎**がおこる．このとき，肺胞壁の肥厚，浮腫，肺胞内への組織液のしみだし，炎症細胞の浸潤，繊維芽細胞の活性化がみられる．比較的分裂の活発な II 型細胞と肺胞の感染を抑えているマクロファージが減る．毛細血管壁の障害により，血小板，コラーゲン，フィブリンなどにより血管がつまる．マウスでは，8〜15 週になると**肺線維症**[11]がみられる．肺胞壁が硬化しヒアリンが蓄積し，肺胞内にはフィブリンが析出し，血管内にコラーゲン繊維，細胞の残渣がみられるようになる．肺線維症では，肺胞でのガス交換に異常が生じ，最悪の場合は死にいたることがある．

　ヒトの場合には，胸部の放射線治療時に肺が線量限度を決定する器官となる．肺全体を照射するのか，部分的なのかにより線量限度が異なる．分割照射の 20 Gy では顕著ではないが，分割照射の 30 Gy で**間質性肺炎**[22]の危険性が高まる．骨髄移植時の照射では 1 回線量が 9 Gy で 50％ に間質性肺炎が生じるというデータがある．

6・3・4　腎　臓

　腎臓（図 6・14）は感受性による分類（6・1・2 項参照）では，比較的放射線耐性の器官だと考えられている．しかし，臨床的には放射線感受性なものとしてとらえら

解説 ㉒
肺の間質組織（肺胞壁や支持組織の部分の総称）での炎症で，進行すると肺線維症となる（解説⑪参照）．

れている．組織学的な小さな変化や急性の腎炎は数週間であらわれるが，慢性腎炎，高血圧症，タンパク尿症，尿毒症などの腎障害はゆっくりと進行する．そして，これらの障害は上皮の増殖や尿細管の再生にもかかわらず機能的に回復することはない．

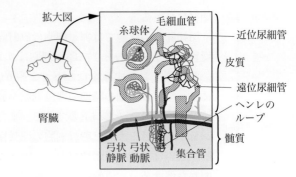

図 6・14　腎臓の尿細管

> 解説 ㉓
> 精上皮はさまざまな成熟段階の精細胞とその支持細胞であるセルトリ細胞からなる（図 6・1）．セミノーマは精上皮種のことで，放射線治療がよく効くがんである．

リンパ腫，セミノーマ㉓，卵巣がん，ペプシン性胃潰瘍などの治療時に腎臓が放射線に暴露される．両方の腎臓が照射された場合，30回の分割で全線量 23 Gy をあびるとあきらかに腎障害が生じる．いっぽう，片方の腎臓だけが暴露された場合は，ほとんど影響がでない．腎障害の原因としてはふたつの相反するデータがある．尿細管が最初に障害をうけ，血管系は実質細胞の障害の結果生じるとするものと糸球体の血管系が最初に障害をうけるというものである．現在では，前者の可能性が強調されている．

6・3・5　胃

胃がんは放射線治療の対象ではないので，胃（図 6・15）への照射は大動脈傍リンパ節への 50 Gy の治療時などにおこる．急性の放射線影響は 20 Gy の分割でおこるが，胃炎と同じ症状，胃痛，吐き気，食欲不振などである．胃酸の分泌を抑えるためにおこなう 20 Gy 以下の消化性潰瘍治療では，急性変化（8日後）として，主細胞（ペプシノゲン産生）や壁細胞（胃酸産生）の核濃縮，頚部粘液細胞の増殖など，実質細胞の変化と炎症や浮腫がみ

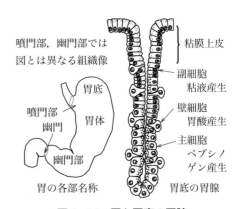

図 6・15　胃と胃底の胃腺

られるが，数週間で粘膜はもとに戻り，めだった後期障害はみられない．放射線潰瘍（後期障害）の場合，20分割の 40 Gy 程度がしきい値で，おこると治療が困難で大半の摘出が必要となる．このとき，浮腫や血液循環の減少がみられ，この障害は血管への影響を反映していると考えられる．上腹部の照射では後期障害として幽門洞での萎縮性の胃炎が観察される．胃に対する動物実験はほとんどおこなわれていない．

6・3・6　口腔部と唾液腺

頭頚部がん治療や骨髄移植時の全身照射で**口腔粘膜**の炎症，潰瘍（マウスモデル

で1回照射 15〜25 Gy）や**唾液腺**（**図6・16**）への影響で口内乾燥や炎症（臨床的に1回照射〜20 Gy）がおこる．唾液腺の中の粘液をつくる細胞は障害をうけにくいが漿液をつくる細胞が障害をうける結果，粘性の高いツバがでるようになる．漿液腺胞細胞が非常に放射線に感受性であり，ラットでは30 Gyの照射後に再生はほとんどみられない．

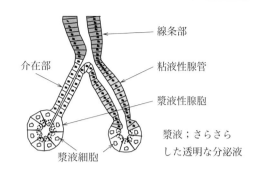

図6・16　唾液腺

6・3・7 心　臓

ホジキン病（悪性リンパ腫），乳がん，肺がんの治療で心臓（**図6・17**）への被ばくがみられ，後期障害の**心膜炎**や心膜腔内への液の流出による心臓圧迫（タンポナーデ）がおこる．これらの影響は分割照射で35 Gy程度から始まり，50〜60 Gyで50%以上にみられるようになるが，現在の照射技術の進歩でこれほどの線量が心臓に与えられることはなくなっ

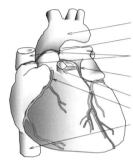

図6・17　心膜と冠状動脈

てきた．ウサギの実験では，15 Gyの1回照射で6か月以内に心膜炎がおこるとされている．また，臨床的に心室機能への影響，冠状動脈への影響（狭心症，心筋梗塞）も報告されているが，これらは通常おこる疾患なので心膜炎と異なり放射線誘導のものといいきれず，統計学処理をした場合，有意差はあらわれないことが多い．心筋への影響はラットで調べられている．20 Gy程度の1回照射で心筋に対する放射線影響があらわれる．

6・4　組織障害のしきい値

組織影響は確率的影響と確定的影響にわかれる（3・3・4項参照）．確率的影響については第8章でくわしく学ぶ．いっぽう，**確定的影響**の特徴はしきい値をもつことである．ここでは，いままで詳細に解説してきた正常組織障害について，そのしきい値がどれほどなのかをみていく．最初に放射線被ばくによる障害について，つぎに臨床におけるがん治療の副作用としての正常組織障害について解説する．

6・4・1 放射線被ばくと組織障害

ここでいう障害の場合，事故によるものなどが念頭におかれているので，通常1回での被ばくを問題にしている．しかし，業務上の放射線被ばくや2011年福島原発事故での作業にあたっている人々や環境汚染による一般人の被ばくは1回とは限

第6章 放射線の組織影響

らない．そこで，線量率効果（8・3・1項参照）がどの程度なのかを評価する必要がある．ICRP 2007勧告では，発がんで**線量・線量率効果係数**（DDREF）は2が採用され，遺伝的影響では約3（8・4・3項参照）と考えている．つまり，**低線量率**で被ばくした場合，1回での被ばくと比較して，発がんでは影響が約1/2，遺伝的影響では1/3程度に下がると考えるのである．

一方，組織影響については，次項の臨床でのがん治療の場合（2 Gy/回の通常分割治療時で限られた照射野），治療全線量が1回線量の3〜4倍（非常におおざっぱな数字なので，個々の場合を参照してほしい）のときに同等の効果をもつと考えられる．しかし，1年間にわたるような低線量率での被ばくによる組織障害をヒトについて集めたデータはほとんど存在しない．いずれにしても，**組織障害のしきい値**の場合は，それが1回線量のものなのか低線量率でのものなのかを明確にしておく必要がある．表6・2にICRP 1990年勧告，2007年勧告をもとにした**確定的影響についてのしきい線量**〔Gy〕を示した．10 mGy程度以上で報告されている染色体異常やある種の生化学的変化を別にすると，基本的に100 mGy以下では組織の形態的・機能的変化はみられない．しかし，1 Gy程度の被ばくがあると，とくに感受性の高い組織での障害が確実にあらわれる．それらをおおよその値として表6・2に示したのである．

6・4・2　放射線治療と組織障害

表6・3に，主な正常組織の治療時の障害（副作用）を耐容線量（TD）であらわした．Rubin & Casarett と Emami らのデータを参考にした．耐容線量とは通常の分割治療（2〜3 Gy × n回）において障害がおきる線量で，$TD_{5/5}$（TD；tolerance

表6・3　通常分割治療における正常組織の障害としきい値

組織	障害	$TD_{5/5}$ 5年間に5％に副作用がでる線量 ≃ しきい値〔Gy〕			$TD_{50/5}$ 5年間に50％に副作用がでる線量〔Gy〕		
		照射された体積（体積効果）[注1]			照射された体積（体積効果）		
		1/3	2/3	3/3	1/3	2/3	3/3
大腿骨頭	壊死			52			65
皮ふ	潰瘍壊死	70	60	55			70
	毛細血管拡張	照射野面積100 cm² のとき 50			照射野面積100 cm² のとき 65		
脳	梗塞壊死	60	50	45	75	65	60
視神経	失明	体積効果[注2]なし 50					65
脊髄	炎症壊死	5 cm 50	10 cm 50	20 cm 47	5 cm 70	10 cm 70	
水晶体	白内障	体積効果[注2]なし 10					18
網膜	失明	体積効果[注2]なし 45					65
咽頭	咽頭浮腫		45	45			80
肺	肺炎	45	30	17.5	65	40	24.5
心臓	心外膜炎	60	45	40	70	55	50
食道	狭窄穿孔	60	58	55	72	70	68
胃	潰瘍穿孔	60	55	50	70	67	65

表6・3　通常分割治療における正常組織の障害としきい値（つづき）

組織	障害	TD$_{5/5}$ 5年間に5%に副作用が出る線量 ≃ しきい値〔Gy〕			TD$_{50/5}$ 5年間に50%に副作用が出る線量〔Gy〕		
		照射された体積（体積効果）[注1]			照射された体積（体積効果）		
		1/3	2/3	3/3	1/3	2/3	3/3
小腸	閉塞穿孔	50		40	60		55
大腸	閉塞穿孔潰瘍	55		45	65		55
直腸	炎症など			60			80
肝臓	肝不全	50	35	30	55	45	40
腎臓	腎炎	50	30	23		40	28
膀胱	膀胱萎縮		80	65		85	80

〔注1〕皮ふでは照射面積，脊髄では照射長によってしきい値が異なる．
〔注2〕体積効果なしとは，照射される体積にかかわりなく同等の障害が生じる．

dose）は5年後に5%の人に影響のでる線量であり，TD$_{50/5}$は5年後に半数が発症する線量である．TD$_{5/5}$はおおよそのしきい値をあらわしているといえる．また，放射線治療はがん組織とそのまわりの正常組織に限定し，かつ線量を分割（≒低線量率）しておこなうので，しきい値は高くなる．当然，これらの線量を1回に全身にあびせると死にいたってしまう．

6・4・3　放射線感受性による組織の分類

表6・4に組織の感受性の一例を示した．それぞれの組織の感受性は，記述によって順番等が多少異なっている．だれがどのデータを使うかによって違ってくる．そのため，全体としてどんな傾向なのかをおおざっぱに把握することが重要である．この章でみてきたように，組織の放射線感受性の順番づけは，こまかい点にまでいきとどかないということなのである．

表6・4　組織の感受性の例

1	リンパ組織，骨髄組織
2	生殖腺
3	腸粘膜上皮，水晶体上皮，幼児骨端
4	唾液腺，消化管上皮（咽頭口腔から胃まで），表皮，皮脂腺・毛のう上皮，膀胱・尿管上皮，毛細血管
5	肺・腎臓上皮，汗腺上皮
6	肝・膵上皮，甲状腺・下垂体・副腎上皮
7	骨，軟骨，筋肉
8	神経

◎ ウェブサイト紹介

原子力百科事典（ATOMICA）
https://atomica.jaea.go.jp/
　　　文部科学省の事業により作成され，原子力に関連する幅広い情報を提供している．とくに「放射線影響と放射線防護」に関連項目が多い．

放射線被爆者医療国際協力推進協議会

http://www.hicare.jp/

放射線影響について基礎的な知識を獲得するのに便利である．

公益財団法人 放射線影響研究所 RERF

https://www.rerf.or.jp/

一般人向けの基礎知識と，国内外における放射線研究機関のリンク先がある．

国立研究開発法人 量子科学技術研究開発機構

https://www.nirs.qst.go.jp/index.shtml

放射線の物理的基礎知識，重粒子線治療，核医学検査，緊急被ばく医療などについての記載がある．

◎ 参考図書

1) Hall, E. J. and Giaccia, A. J. : Radiobiology for the Radiologist 6th edition, Lippincott Williams & Wilkins (2005)
2) 坂本澄彦，佐久間貞行編：医学のための放射線生物学，秀潤社（1985）
3) 越智淳三（訳）：解剖学アトラス，第3版，文光堂（1990）
4) 山本敏行，鈴木泰三，田崎京二：新しい解剖生理学，第7版，南江堂（1986）
5) Scherer, E., Streffer, C. and Trott, K-R. (eds) : Radiopathology of Organs and Tissues, Springer-Verlag (1991)
6) ICRP, 1991, The 1990 Recommendations of the International Commission on Radiological Protection, ICRP Publication 60, Pergamon Press (1990)
7) The 2007 Recommendations of the International Commission on Radiological Protection, ICRP Publication, 103, Elsevier (2007)
8) ICRP Publication, 103，国際放射線防護委員会の2007年勧告，（社）日本アイソトープ協会（2009）
9) ICRP Publication, 41，電離放射線の非確率的影響，（社）日本アイソトープ協会（1987）
10) ドーランド医学大辞典編集委員会（編）：ドーランド図説医学大辞典，28版，廣川書店（1997）
11) Emami B, Lyman J, Brown A, et al. : Tolerance of normal tissue to therapeutic irradiation, Int J Radiat Oncol Biol Phys., 21, 109-122 (1991)
12) Rubin P, Casarett GW : A direction for clinical radiation pathology, The tolerance dose, In Frontiers of Radiation Therapy and Oncology, 1-16 (Vaeth JM ed), Karger, Basel and University Park Press (1972)

◎ 演習問題

問題1 ベルゴニーとトリボンドーは，細胞の放射線感受性についてある結論をだした．どんな組織を用いて，どんな結論に達したかについてのべよ．

問題2 放射線感受性から組織を四つに分類し，それぞれのカテゴリーにはいる組織の特徴を細胞集団動態の観点からのべよ．また，それぞれ代表的な組織をひとつずつ記せ．

問題3 照射後に末梢血の血球変化をみると，数の減少の速い順番はおおよそ，リンパ球≧か粒球≧血小板＞赤血球である．なぜそうなるのかについて説明せよ．

問題4 組織は異なる細胞の集団であるため，それぞれの組織の実質細胞の感受性がその

ままその組織の放射線感受性を反映しているわけではない．各組織の感受性に影響を与える要因について，血管系を介した2次的影響を除いてあげ，それぞれの要因について具体例をあげながら説明せよ．

問題5　血管障害を介した2次的組織障害について説明し，その例をひとつあげよ．

問題6　女性の生殖細胞の放射線感受性は男性のものとは異なる．どのように異なるのか説明せよ．

問題7　後期障害として重要なものに白内障がある．老人性の白内障と比較しながら放射線白内障について説明せよ．

問題8　つぎのしきい値に関する組合せのうち，ICRPの勧告などの数値からかけ離れているのはどれか．ただし，数値は1回被ばくの場合のしきい値を示す．

1．精巣永久不妊－6 Gy
2．卵巣永久不妊－3 Gy
3．水晶体白内障－2 Gy
4．造血機能低下－0.5 Gy
5．胚・胎児
　　致死・奇形－2 Gy

問題9　通常がん治療の分割照射（例；2 Gy×複数回）により，各臓器に副作用としての障害がともなう．その障害のしきい値の中で，体積効果がほとんどみられない臓器はどれか．

1．皮ふ　　2．水晶体　　3．肝臓　　4．腎臓　　5．肺

問題10　つぎの組織を放射線感受性の高い順に組みかえよ．

1．水晶体　　2．筋肉　　3．肝臓
4．毛細血管　　5．骨髄（造血幹細胞）

Chapter 7

第7章

個体レベルでの
放射線の影響

7・1　放射線による個体の死

7・2　急性放射線症

7・3　胚と胎児への放射線の影響

7・4　内部被ばくの影響

第7章
個体レベルでの放射線の影響

本章で何を学ぶか

　本章では，放射線を全身にあびた場合に，個体にどのような影響があらわれるのかを学ぶ．個体は，さまざまな組織・器官から構成されているので，全身被ばくの影響は，個々の組織や器官における障害の総和と考えることができる．第6章で学んだように，放射線被ばくの影響は，いずれかひとつの組織に着目するだけでも，線量域によって，また被ばく後の時間によってさまざまな様相をみせる．個体レベルでの影響は，こうした組織障害の総和であるから，きわめて複雑なものになる．本章では，とくに「個体の死」をとりあげて，組織・器官レベルの障害が個体レベルの障害とどのようにかかわるのかをみていく．被ばくの直後からあらわれる「前駆症状」，胚と胎児への影響，内部被ばくの影響についても解説する．

7・1　放射線による個体の死

　個体レベルでの放射線影響のうち，もっとも重大なのは「個体の死」である．放射線は，おもに二通りの経路で個体に死をもたらす．ひとつは，大線量をあびた場合におこる急性の死である．もうひとつは，線量は少なくても，ある確率で生じる致死性の疾患（がん）による死である．後者については，第8章でとりあげるので，ここでは前者（急性の死）に焦点をしぼる．放射線事故のように稀有なケースを除けば，死にいたるほどの大線量を被ばくすることはめったにない．それでも，ここで放射線による個体の死を最初にとりあげる理由は，全身被ばくによって体のさまざまな場所で生じる組織障害のうち，個体の生存にかかわってくるのはそのうちのごく一部であり，またそれぞれの組織障害の寄与の度合いが放射線の線量によって異なるという放射線影響の特徴を理解するのに役立つからである．

7・1・1　半致死線量

　どれくらいの放射線をあびたら死にいたるのだろうか．放射線による個体の死は，確定的影響のひとつであるから，線量と死亡率の関係はシグモイド型[①]の曲線になる．低い線量（たとえば1Gy）ではほとんど死なないが，一定の線量に達すると死亡率が急に上昇しはじめ，ある線量（たとえば8Gy）に達すると100％になる．死亡率が上昇しはじめてから100％になるまでのちょうど中間にあたる「50％の個体が死亡する線量」すなわち**半致死線量**（LD_{50}）が，個体レベルでの放射線の致死効果の指標に使われる（**図7・1**）．LD_{50}は，中間致死線量あるいは半数致死線量ともいう．細胞の致死率の指標に使われる平均致死線量（D_0，第4章）とは異なる概念なので注意しよう．「LD_{50}」は，薬理学[②]でよく使われる指標で，半数の個体を死亡させる薬物の投与量のことである．

　LD_{50}の値は，照射後のどの時点での死亡率をみるかによってかわってくる．動物では，照射後1か月の時点での死亡率をみるのが通常である．この時点までに死亡するものは死亡し，それ以上観察期間をのばしても死亡率に大きな変化がないか

解説①

ギリシャ語のシグマ（Σ, σ）の語末系（ς）と似た形のこと．S字型ともいう．個体群の増加や一定のしきい値以上でおきる反応を示す曲線がこのかたちになる．シグモイド関数をあらわすグラフはシグモイド型になる．

解説②

英語ではpharmacology．薬物の生体に対する作用，薬物の吸収と生体内でのうごき，薬物の治療的応用などを研究する学問．

154

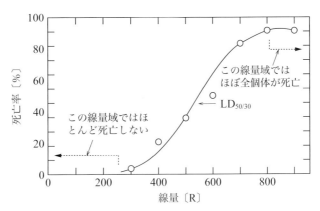

図 7・1 X線全身照射30日後の死亡率（アカゲザル）
〔Henschke & Morton, 1957〕

らである．30日という観察期間も含めた「**LD$_{50/30}$**（付記された数値のうち「50」は50％死亡率，「30」は30日後をあらわす）」という指標が使われる．ただし，ヒトの場合には，死亡までの期間がもう少し長びくので，観察期間を60日とし，「**LD$_{50/60}$**（付記された数値のうち「50」は50％死亡率，「60」は60日後をあらわす）」という指標が使われる．ヒトのLD$_{50/60}$は約4Gyである．つまり，ヒトが4Gyの放射線（低LET放射線，急照射）を全身にあびた場合，60日後の時点での死亡率は50％ということになる．

LD$_{50/30}$（LD$_{50/60}$）に相当する線量をあびた場合のおもな死因は，造血器系の障害である．これだけの線量をあびると，血球（赤血球，白血球，リンパ球，血小板）のもとになる造血幹細胞が死んで数が大幅に減少し，生存に必要なだけの血球を供給することができなくなるからである．それでも，一定の期間（30日あるいは60日）生存できるのは，この期間内には，すでに血液中を循環している血球（造血幹細胞よりも放射線に抵抗性だから生き残る）が機能するからである．

LD$_{50/30}$（LD$_{50/60}$）は生物の種類によって異なる．同じほ乳類の動物でも，マウスやラットのLD$_{50/30}$はヒトより大きく（約8Gy），イヌやヒツジのLD$_{50/30}$はヒトより小さい（約2〜3Gy）．**図 7・2**に示すように，ほ乳類の動物をくらべると，体重が軽くなるほどLD$_{50/30}$が大きくなる（放射線抵

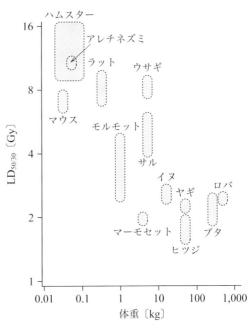

図 7・2　いくつかのほ乳類におけるLD$_{50/30}$と体重の関係〔UNSCEAR 1988〕

第7章 個体レベルでの放射線の影響

抗性になる）傾向がある．からだの小さな生物では，生命をささえるのに必要な造血幹細胞が少なくてすむため，放射線によってある程度まで細胞数が減少しても耐えられるからではないかと考えられる．

7・1・2 線量と生存期間の関係

$LD_{50/30}$（$LD_{50/60}$）に相当する線量を全身にあびると，おもに造血器系の障害で，30日（ヒトでは60日）以内に死亡することがわかった．では，放射線の線量がさらに増えるとどうなるのだろうか．線量が増えると，組織の障害もそれだけ重くなるから，短い期間しか生存できないだろうと予想される．両対数グラフ[③]の横軸を放射線の線量〔Gy〕，縦軸を生存できる期間（時間）とし，いくつかの動物における線量と生存期間の関係をあらわしたのが図7・3である．

図7・3をみると，どの曲線もだいたい「右下がり」のパターンを示し，たしかに線量が増えると生存期間が短くなる傾向があるのがわかる．しかし，よくみると，単純な右下がり曲線ではなく，三つの部分にわかれているのがわかる．10 Gyあたりまでは線量とともに低下するが，10～100 Gyの範囲では線量が増えても大きな低下がなく，100 Gyをこえるとふたたび線量とともに低下するようになる．どうしてこのような形になるのだろうか．

この曲線に含まれる三つの相においては，それぞれ異なる組織の障害が死亡の主因になっている．低い線量域にあたる第1相（10 Gyまで）では，造血器系の障害がおもな死因になる．$LD_{50/30}$（$LD_{50/60}$）に相当する線量もこの範囲内にある．

線量が増えても生存期間があまり変化しない第2相（10～100 Gy）では，消化器系の障害がおもな死因になる．グラフ中のマウス（●印）の直線部分を左にの

> **解説 ③**
> グラフの両方の軸が対数目盛になっているグラフ．極端に範囲の広いデータを扱う場合に用いる．

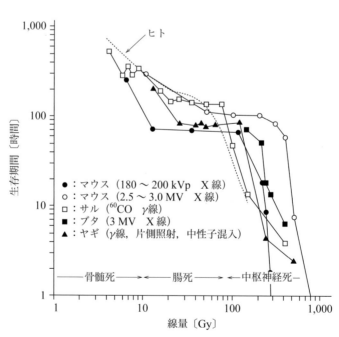

図7・3 いくつかのほ乳類における被ばく線量と生存期間の関係
〔UNSCEAR 1988〕

ばしてY軸と交わる点の値をみると70〜80時間（3〜4日に相当）になる．これは，小腸の絨毛において，腸上皮の幹細胞の分裂によってできた細胞が，絨毛の先端にむかって移動し，そこから脱落するまでの時間と合致している（6·1·3項参照）．腸上皮の幹細胞が死んで数が大幅に減り，生存に必要とされる細胞を供給することができなくなるのが，この線量域での死亡の主因である．照射後，一定の期間（マウスの場合には3〜4日）生存できるのは，すでに絨毛におくりだされた細胞（腸上皮幹細胞よりも放射線に抵抗性だから生き残る）が機能するからである．

さらに線量の高い第3相（100 Gy〜）では，中枢神経系の障害がおもな死因になる．これだけの線量をあびると，造血器系・消化器系の両方が致命的なダメージをうけているが，その影響があらわれる（マウスでは少なくとも3〜4日かかる）よりも前に，死亡してしまうのである．

以上のことから，放射線による個体の死は，特定の組織（造血器系，消化器系，中枢神経系）の障害がおもな原因になっていて，それぞれの組織の放射線感受性と細胞動態④が，三つの異なる線量域における生存期間を規定しているのがわかる．全身が被ばくをすると，これ以外の組織も障害をうけるが，それが死亡の主因になることはない．たとえば，精巣や水晶体は放射線に高感受性の組織であるが，その障害が致死的になることはない．また，心臓の障害は致死的であるが，心臓障害をおこすほどの線量をあびれば（6·3·7項参照），その障害があらわれるまでに，造血器系や消化器系の障害で死亡する．

ここまでは，「10 Gy」と「100 Gy」というふたつの線量に境界を設定して考えてきたが，この境界は，かならずしもはっきりしているわけではない．図7·3内に点線で示しているように，ヒトの場合には境界（骨髄死→消化管死あるいは消化管死→中枢神経死の移行点）が少し低線量の側にずれる傾向がある．

7·1·3　中枢神経系の障害による死

50 Gyあるいはそれ以上の線量をあびると，2日以内に死亡する．死亡の原因は中枢神経系の障害であり，この死亡様式を**中枢神経死**あるいは**脳死**という．この線量域に特有の症状をあらわす**神経系症候群**（neurological syndrome）という用語もある．もっと大きな線量，たとえば1,000 Gyあるいはそれ以上の線量を被ばくすると，数時間以内に死亡する．組織や細胞のレベルをこえて，生体分子が直接的に障害をうけるので分子死とよばれることがある．

嘔吐や頭痛などの前駆症状が照射の直後からあらわれ，これらの症状が回復することがないまま死にいたる．中枢神経死のメカニズムについては不明な点もあるが，中枢神経系における血管障害とそれに起因する浮腫（oedema）⑤がおもな死因ではないかと推測されている．からだのほかの部分ではなく，中枢神経系の障害がおもにかかわっていることは，たとえばサルの頭部だけを100 Gyで照射しても，中枢神経死に特有の症状があらわれることからわかる．

ヒトにおける中枢神経死の事例が少数ある．1958年（米国，ロスアラモス）と1964年（米国，ウッドリバー）の核施設における事故では，100 Gy以上をあびた作業者がそれぞれ36時間後，49間後に死亡している（表7·3参照）．

解説④
英語では cell kinetics．「動態」は，うごく（変動している）状態を指すことば．細胞動態とは，増殖・分化・移動のように生体や組織の中で細胞がおこなうさまざまなうごきのこと．

解説⑤
水腫ともいう．組織のあいだや体腔内に液状成分が過剰にたまった状態のこと．

第7章　個体レベルでの放射線の影響

7·1·4　消化器系の障害による死

　10 ～ 50 Gy の線量をあびると，3 日～ 10 日後に死亡する．死亡の原因は消化器系の障害であり，この死亡様式を**消化管死**あるいは**腸死**という．この線量域に特有の症状をあらわす**胃腸管症候群**（gastrointestinal syndrome）という用語もある．

　吐き気や嘔吐の前駆症状があり，下痢が長びくのが特徴である．体重の減少，体液・電解質[6]の喪失による脱水症，感染などが進行して死にいたる．被ばくから死亡までの期間はほぼ一定しているが，生物によって多少の違いがある．マウスやラットなどの小動物では3 ～ 4 日，ヒトやサルなどの大型の動物ではもう少し長い（5 ～ 10 日）．この線量では，造血器系も致命的な障害をうけており，それに起因する症状もでる．

　消化管の上皮を構成する細胞数が減り，消化管の構造と機能を維持できなくなることが死亡の主因である．腸上皮幹細胞が新しい細胞を供給できないので，腸の絨毛が次第に短縮して，最後には扁平になる．機能できる細胞がほとんど残存していないので，栄養素の吸収などのはたらきが停止し，腸壁が破れ，内容物が体腔内に漏れ出して感染がおこる（6·1·3 項参照）．体液・電解質の喪失と感染が直接の死因なので，これを防ぐ処置（輸液，抗生物質の投与）をすれば，ある程度は延命できるが，これだけの線量をあびたあとで，消化器系や造血器系の機能を再構築することはむずかしく，生き残る可能性はきわめて低い．

　ヒトにおける消化管死の事例としては，チェルノブイリ核施設事故（旧ソ連，1986 年）で10 Gy 以上の線量をあびた約10 人の作業者が，胃腸管症候群に特有の症状を示し，10 日～ 20 日後に全員が死亡している．1946 年（米国，ロスアラモス）の核施設における事故では，21 Gy をあびた作業者が9 日後に死亡している（表7·3 参照）．原爆被ばく者のうち，被ばく後 10 日前後に死亡した群は，消化管死によるとおもわれる．

7·1·5　造血器系の障害による死

　2 ～ 10 Gy の線量をあびると，30 日（ヒトでは 60 日）以内に死亡する．ただし，$LD_{50/30}$（$LD_{50/60}$）を含む線量域なので，線量が小さければ死亡率は低くなる．死亡の原因は造血器系の障害であり，この死亡様式を**骨髄死**という．この線量域に特有の症状をあらわす**骨髄症候群**（bone marrow syndrome）という用語もある．

　吐き気や嘔吐などの前駆症状のあと，しばらくはめだった症状のない潜伏期がある．被ばくの数週間後には，血液中を循環する血球の数が最小になり，これに起因するさまざまな症状がでてくる．顆粒球（主成分は好中球）の減少による感染・発熱・免疫機能の障害，血小板の減少による出血とそれに起因する貧血などである．リンパ球の減少はウイルス感染に対する免疫機能の低下をもたらす．赤血球が減少するタイミングは他の血球より遅いので赤血球欠乏による貧血はそれほど顕著ではない（6·2·1 項参照）．数週間の潜伏期があるのは，この期間内は血液中を循環している血球（造血幹細胞や前駆細胞より放射線抵抗性だから生き残る，リンパ球は例外）が機能するからである．

　血球数が激減するもっとも危険な時期をのりこえれば，骨髄で新しい細胞の供給

解説⑥

英語では electrolyte．水にとける物質の中で，電荷をもつイオンに解離するもの．たとえば塩化ナトリウム（解離して陽イオンと陰イオンに解離する：$NaCl \rightarrow Na^+ + Cl^-$），グルコースなどは，水にとけてもイオンにならないので，非電解質である．

7・1 放射線による個体の死

が始まって回復にむかう可能性がある．造血器障害のおもな死因は感染であるから，これを防ぐことができれば，生き残る可能性がある．つまり，抗生物質や抗真菌剤の投与，補液[7]，隔離看護などの医療ケアをほどこし，顆粒球-マクロファージ・コロニー刺激因子[8]などで造血機能をサポートすることによって，生存率は大幅に改善できる．適切な治療をすれば，$LD_{50/60}$ は 6 Gy まで高めることができる．

放射線事故の事例の中では，骨髄症候群を引き起こす線量を被ばくしたあとの死亡例や治癒例が少なくない．たとえば，チェルノブイリ事故の場合には，0.8 ～ 4.1 Gy を被ばくした作業者 91 人については，1 人を除く全員が生存している．さらに大きい線量（4.2 ～ 6.4 Gy）を被ばくした作業者 22 人については，7 人が死亡している（表7・3 参照）．

ヒトが全身被ばくした場合に，それぞれの線量域でどのような障害があらわれるのかを**表7・1**に示す．

表7・1　ヒトが全身被ばくした場合の致死的障害

被ばく線量	致死の主因となる器官	死亡までの期間（死亡率）	おもな死因(おもな症状)	前駆症状の出現時期，出現率
50 Gy 以上	中枢神経系	48 時間以内（100%）	脳浮腫（けいれん，ふるえ，運動失調[9]，嗜眠（しみん）[10]，視覚障害，昏睡[11]）	数分以内，100%
10 ～ 15 Gy	消化器系	2 週間以内（90 ～ 100%）	腸炎ショック（下痢，発熱，電解質バランスの異常）	30 分以内，100%
2 ～ 10 Gy	造血器系	数週間以内（0 ～ 90%）	感染・出血（血小板減少，白血球減少，出血，感染，脱毛）	30 分～1 時間，100%（2 ～ 5 Gy の場合は，1 ～ 2 時間，50 ～ 90%）
1 ～ 2 Gy	造血器系	数か月以内（0 ～ 10%）	感染・出血（軽度の白血球減少・血小板減少）	3 時間後以降，0 ～ 50%

〔UNSCEAR, 1988 より抜粋〕

7・1・6　個体の放射線感受性を左右する要因

10 Gy 以上の線量を全身に被ばくすると生き残る可能性はきわめて低いが，

表7・2　半致死線量（$LD_{50/60}$）の値に影響する要因

項　目	要　因
$LD_{50/60}$ を下げる要因	重度の火傷がある 病気に罹患している 慢性の栄養失調がある 感染がある 高 LET 放射線が含まれている
$LD_{50/60}$ を上げる要因	若い（年齢） 女性である（性別） 被ばくが片側性である 骨髄の一部がしゃへいされている 医療的なサポートが良い 緩（低線量率）照射である

〔UNSCEAR, 1988 より抜粋〕

解説⑦
輸液（infusion, transfusion）とほぼ同じ意．水や電解質を静脈に点滴・注入すること．

解説⑧
顆粒球とマクロファージに分化するように決定づけられた前駆細胞を刺激して，半固形の培地でコロニーを形成させる能力のある因子．18 ～ 32 kDa の糖タンパク質．化学療法や骨髄移植のあとで好中球数を増やすのに使うことがある．

解説⑨
英語では ataxia．複数の筋が協調しておこなう複雑な運動がうまくおこなわれない状態．障害のもとになる中枢神経系の部位によって，脊髄性，小脳性，前庭性などがある．

解説⑩
英語では lethargy．何もせず無関心で，ほうっておけば眠ってしまう状態のこと．

解説⑪
英語では coma．強い刺激を与えても覚醒させることができない状態．

第 7 章　個体レベルでの放射線の影響

表 7・3　放射線事故の例

事故の発生年，場所，事故の種別	放射線障害の概要
1945, 1946, 1958 ロスアラモス，米国 核施設における事故	・ロスアラモスの核施設では重大な放射線事故が 3 件（1945, 1946, 1958）発生 ・1945：被ばくした 2 人のうち，5.1 Gy を全身被ばくした作業者が 28 日後に死亡，ほかの 1 人は 0.5 Gy を被ばく ・1946：被ばくした 8 人のうち，21 Gy を全身被ばくした作業者が 9 日後に死亡，ほかの 7 人は 0.37 〜 3.6 Gy を被ばく ・1958：被ばくした 3 人のうち，最大 120 Gy の局所被ばく（全身線量は 40 〜 50 Gy）をした作業者が 36 時間後に死亡，ほかの 2 人は 0.53 Gy，1.34 Gy を被ばく
1964 ウッドリバー，米国 核施設における事故	・ウラン回収工場における事故 ・被ばくした 3 人のうち，100 Gy を全身被ばくした作業者が 49 時間後に死亡，ほかの 2 人は 1 Gy，0.6 Gy を被ばく
1984 モロッコ 身元不明線源[12]による事故	・工業用の ^{192}Ir（イリジウム 192，603 GBq）線源を自宅に持ち帰ってベッドの近くに放置 ・本人は 44 日後に死亡，その後，数週間以内に妻や子どもなど 7 人が死亡，ほかの 3 人にも放射線障害
1986 チェルノブイリ，旧ソ連 核施設における事故	・被ばくした 237 人の作業者に急性放射線症の前駆症状あり，数日後も症状が残った 134 人の予後はつぎのとおり ・急性放射線症の症状が軽度（被ばく線量 0.8 〜 2.1 Gy）の 41 人：死亡者なし ・症状が中程度（被ばく線量 2.2 〜 4.1 Gy）の 50 人：1 人が 96 日後に死亡，感染，腎臓・肝臓・皮ふの障害による ・症状が重度（被ばく線量 4.2 〜 6.4 Gy）の 22 人：7 人が 16 日〜 48 日後に死亡，うち 3 人は骨髄移植をうける，おもな死因は感染（2 人），火傷と皮ふ障害（3 人），出血（1 人），呼吸器障害と脳浮腫（1 人）；骨髄移植に起因する症状もあり ・症状が非常に重度（被ばく線量 6.5 〜 16 Gy）の 21 人：20 人が 10 日〜 91 日後に死亡，うち 8 人は骨髄移植，6 人は肝細胞移植をうける，おもな死因は皮ふと消化管の障害（10 人），皮ふと肺の障害（2 人），呼吸器の障害（3 人，ほかの併発症状もあり），肺の障害（2 人），感染と移植にともなう障害（2 人），皮ふの障害（1 人）
1987 ゴイアニア，ブラジル 身元不明線源による事故	・放射線治療用の ^{137}Cs（セシウム 137，50.9 TBq）が盗難，分解されて ^{137}Cs の粉末が周囲に散乱 ・21 人が 1.0 〜 7.0 Gy を被ばく，うち 4 人が死亡，129 人に放射線障害
1990 ザラゴザ，スペイン 放射線治療にともなう事故	・リニアックによる放射線治療にともなう事故 ・機器の不具合により，27 人の患者が 3 〜 7 倍の線量を被ばく，肺，咽頭，脊椎，血管，皮ふなどに障害が発生，15 人が死亡，12 人に放射線障害
1996 サンホセ，コスタリカ 放射線治療にともなう事故	・^{60}Co（コバルト 60）線源による放射線治療にともなう事故 ・操作のミスにより，115 人の患者が 50 〜 60% 過剰の線量を被ばく，うち 17 人が死亡，46 人に放射線障害
1999 東海村，日本 核施設における事故	・核燃料加工工場における臨界事故，3 人の作業者が被ばく ・10 〜 20 Gy Eq（Eq：γ 線に換算した線量）を被ばくした作業者は造血幹細胞の移植をうけたが 83 日後に死亡，6 〜 10 Gy Eq を被ばくした作業者は臍帯血移植をうけたが，211 日後に死亡，1.2 〜 5.5 Gy を被ばくした作業者は治療後に回復

〔UNSCEAR, 1988, UNSCEAR 2008 より抜粋〕

解説 ⑫

英語では orphan source（orphan は孤児，保護をうばわれた人の意）．管理されていない状態にある線源．規制による管理をうけたことのない線源，あるいは，管理をうけていたが，遺棄・紛失・誤配置・盗難などで管理されない状態になった線源のこと．

LD$_{50/60}$ 付近の線量であれば，危険な時期（血液中の血球数が最小になる時期）をのりこえればたすかる可能性がある．逆に，死亡の危険性を高める要因もある．死亡リスクを左右する要因（個体の放射線感受性，すなわちLD$_{50/60}$ を変更する要因）にはどのようなものがあるのだろうか．

　青年〜中年層は，老年層や小児にくらべて，また女性は男性にくらべて，やや放射線抵抗性である（LD$_{50/60}$ が高い）．つまり，年齢や性別は死亡リスクに影響する．医療的な処置をほどこせば死亡リスクは低くなる．逆に，放射線障害以外の外傷（たとえば火傷）がある，なんらかの疾患や感染症にかかっている，栄養状態が悪い，などの状況があると，同じ線量の放射線を被ばくしても，死亡リスクは高くなる．個体の放射線感受性を左右する要因を**表7・2**に示す．

7・1・7　放射線によるヒトの死亡例

　ヒトが大量の放射線を全身にあびて死亡するケースはきわめて少ないが，原爆の被ばく，核施設における事故，放射線治療における事故などによる不幸な死亡例がある．

　原爆の被ばくによる約750の死亡記録によると，被ばく後ふたつの時期（6〜9日と20〜30日）に死亡が集中している．前者は消化器系の障害，後者は造血器系の障害によるものとおもわれる．UNSCEAR 2008（AnnexC：Radiation exposures in accidents）では，1945年以降におきた205の放射線事故事例，147の死亡例（急性放射線症は1,246例）が記載されている．多数の死亡や重大な放射線障害をもたらしたものとしては，チェルノブイリ事故（旧ソ連，1986年，死亡28，障害106），^{192}Ir線源による事故（モロッコ，1984年，死亡8，障害3），^{137}Cs線源による事故（ブラジル，1987年，死亡4，障害129）がある．放射線治療における事故（スペイン，1990年，死亡15，障害12；コスタリカ，1996年，死亡17，障害46）もある．おもな事例を**表7・3**に示す．

7・2　急性放射線症

　被ばく後数週間以内にあらわれる放射線障害を**急性放射線症**（acute radiation sickness, acute radiation syndrome）という．7・1節でのべた放射線による死亡と，それにともなうさまざまな症状も急性放射線症に含まれる．ここでは，死亡以外の障害についてのべる．

7・2・1　急性放射線症の特徴

　急性放射線症は，その時間経過によって前駆期（prodromal phase），潜伏期（latent phase），発症期（manifest illness phase），回復期（recovery phase）という四つの時期にわけられる．

　前駆期には，食欲不振，吐き気，嘔吐，下痢，倦怠感など，さまざまな症状があらわれる．二日酔いに似ているので**放射線宿酔**（radiation sickness）ともよばれる．症状のあらわれる時期や程度は放射線の線量によって異なる．前駆期のあとにあらわれる一時的に症状のない時期が**潜伏期**である．潜伏期の期間や程度も線量に依存

第7章 個体レベルでの放射線の影響

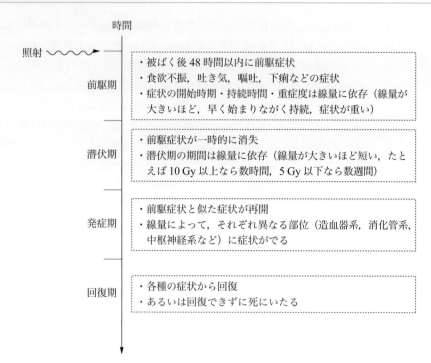

図7・4 急性放射線症の時間経過

する．高い線量（8〜10 Gy以上）では，潜伏期がほとんどなく**発症期**にいたる．発症期では，線量に応じて，さまざまな症状があらわれる．致死的な線量をあびた場合の症状については，7・1節でのべた．致死的でない場合には，被ばくした組織のそれぞれにおいて特異的な早期障害（第6章参照）があらわれる．致死的な障害をうければ，回復期に達することなく死にいたる．致死的な線量を被ばくしても，治療によって**回復期**に移行することもある．**図7・4**に急性放射線症の概念図を示す．

7・2・2 急性放射線症の前駆症状

被ばく後まもなくあらわれる一群の症状が**前駆症状**（prodromal symptom）である．前駆症状はさまざまなかたちであらわれるが，大別して胃腸系の症状と神経系の症状がある．前者には，**食欲不振**（anorexia），**吐き気**（nausea）[13]，**嘔吐**（vomiting），**下痢**（diarrhea），腸のけいれん（intestinal cramp），唾液の過分泌（salivation），脱水（dehydration）などがある．後者には，疲労（fatigue）無感情（apathy），気抜け（listlessness），発汗（sweating），発熱（fever），頭痛（headache），低血圧（hypotension）などがある．

前駆症状がみられる時期や症状の程度は線量によって異なる．低い線量であらわれるのは食欲不振と吐き気であるが，症状があらわれるまでの時間が長く，症状も軽い．逆に，数十Gy以上の線量をあびると，すべての症状が照射後30分以内にあらわれる．全身被ばくをしない場合でも前駆症状はあらわれる．たとえば，頭部，胸部または腹部のいずれかが部分被ばくをすれば，腹部（とくに上腹部）が被ばくした場合に，症状がもっとも顕著にあらわれる．

表7・4に，いくつかの前駆症状のED$_{50}$（被ばくした個体の50％に症状があらわ

解説 ⑬
悪心，むかつきともいう．嘔吐がおこりそうな不快な感覚のこと．

表7・4　全身被ばくをうけたがん患者における前駆症状のED₅₀

症　状	ED₅₀(50%の患者に症状がでる線量，単位Gy)	
	急照射	緩照射（7日間）
食欲不振（anorexia）	0.97	2.0
吐き気（nausea）	1.4	2.6
嘔吐（vomiting）	1.8	4.9
疲労（fatigue）	1.5	2.6
下痢（diarrhea）	2.3	5.3

〔UNSCEAR, 1988〕

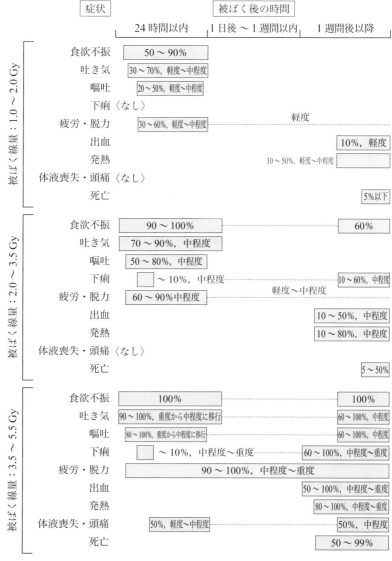

図7・5　全身被ばく後の時間経過にともなう急性放射線症の発症様式
〔UNSCEAR 1988より抜粋〕
各症状の発生率〔%〕と症状の重症度を記載

れる線量）を示す．線量が増えるにしたがって，食欲不振，吐き気，疲労の順に症状があらわれ，さらに線量が増えると嘔吐や下痢があらわれる．**図7・5**は，線量と前駆症状の出現率の関係を示す．あらわれる前駆症状の種類や程度，持続する期間などから，被ばく線量をある程度まで予測することができる．たとえば，前駆症状がほとんどあらわれない場合は被ばく線量が0.5～1Gyをこえていないことを示す．食欲不振・吐き気・嘔吐などの症状があっても，24時間以内におさまるようであれば，被ばく線量は2Gyより少ないと考えられる．

7・2・3　早期障害

前駆期・潜伏期のあとの発症期には，被ばくした部位と線量に応じて，早期障害があらわれる．各組織で生じる障害については，第6章を参照していただきたい．ここでは，前駆症状があらわれない程度の低い線量では，何が被ばくの指標になるのかについてのべる．

血液中の血球の変化は，低い線量の放射線にも敏感に反応する（6・2・1項参照）．たとえば，1Gy程度の線量でも，顆粒球（おもに好中球）や血小板はゆっくりと減少する．もっとも敏感なのがリンパ球で，1～2Gyの線量なら48時間以内に50％まで減少する．前駆症状があらわれない0.5Gy程度の被ばくでも，リンパ球は有意に減少する．

リンパ球の減少がみとめられないほどの低い線量の被ばくを検出する方法がいくつかある．代表的なのは，染色体異常をみる方法である（第5章参照）．血液を採取し，その中に含まれるTリンパ球の染色体異常を調べるのが一般的である．0.05～0.1Gyの被ばくを検出することができる．この方法は，高線量域での被ばく量を正確に推定するのにも使われる．

男性の場合には，精子数の変化も鋭敏な指標である．精子数は約40日たってから減少しはじめるので，40日以前とそれ以降（たとえば2か月後）に試料を採取して減少率をみる．0.15Gy程度の線量でも，有意な減少がみられる．**表7・5**に，感度の高い生物学的指標の例を示す．

7・2・4　後期障害

被ばく後，数か月以上たってからあらわれるのが後期障害である．各組織で生じる後期障害（確定的影響）については第6章，確率的影響に分類される「がん」については第8章を参照されたい．確定的影響に分類される後期障害の多くは，かなりの大線量を被ばくしたあとで生じる．これだけの線量を全身にあびれば，早期に死亡してしまうであろう．したがって，後期障害が問題となるのは，おもに局所被ばく（全身ではなく，からだの一部が被ばく）の場合である．とくに，放射線治療においては，局所的にかなりの線量が付与されるので，後期障害の出現に気をつけなければならない．組織ごとに推定されている耐容線量（$TD_{5/5}$ と $TD_{50/5}$，付記された数字の右側は「5年」をあらわす．6・4・2項参照）が，5年間という観察期間を設定しているのはこのためである．

生存できる程度の全身被ばくをした場合に，とくに気をつけなければならない後期障害は，水晶体の障害である．水晶体の白濁がおこる最小線量は0.5～2Gy程

7・3　胚と胎児への放射線の影響

表7・5　低線量域でも検出される変化（個体レベルまたは細胞レベル）

生物学的指標	検出される線量域〔Gy〕	解　説
血球細胞	0.5 〜 1	リンパ球数の減少．放射線被ばく後のもっとも早い個体レベルの反応．
毛髪	0.05 〜 2	部分被ばく（からだの一部が被ばく）の場合の指標になりうる．どんな指標を使うかによって感度が異なる．指標には，染色体異常，アポトーシス，毛髪の異型（dysplastic hair），毛髪のサイズなど．
二動原体染色体	0.05 〜 0.1	染色体異常の一種（5.4.3項参照）．化学物質にも二動原体染色体を誘発するものがある
相互転座	0.3 〜 0.5	染色体異常の一種（5.4.3項参照）．被ばくから時間が経過した場合に有用．
微小核	0.1 〜 0.3	動原体のない染色体断片は，細胞分裂に関与できずに核の外に取り残され，サイズの小さい核が形成される．細胞周期のM期以外でもみえるので，短期間に多数の細胞が計測できる．
PCC	0.1 〜 0.5	PCC（premature chromosome condensation）とは，細胞周期のM期の細胞と融合して，人為的に染色体を凝縮させる技術．この方法を使えば，照射後どのタイミングでも，また大量に被ばくして細胞分裂できない細胞でも染色体切断の数が推定できる．
コメットアッセイ		単細胞ゲル電気泳動を使ってDNA切断やアポトーシスをおこした細胞をみると，尾をひいた彗星（コメット）のようにみえる．2Gyほど照射しないと検出できないので，感度は高くないが，DNA修復のすすみ具合をみるには有用である．
γ-H2AX フォーカス	0.003	H2AXはヒストンH2Aの一種で，H2Aの10〜15％を占める．H2AXがリン酸化されたのがγ-H2AXで，これがDNA2本鎖切断の部位にあつまってフォーカス（focus）を形成する．これを蛍光染色で可視化する方法は，現在もっとも感度の高い検出法である．

〔UNSCEAR, 2012〕

度とされている（6·3·1項参照）.

7・3　胚と胎児への放射線の影響

　妊娠中の女性が腹部に被ばくした場合には，胎内で発生しつつある胚や胎児が被ばくする．胚と胎児の被ばくは，特殊な状況下での全身被ばくと考えることができる．完成した構造をもつ個体が全身被ばくする場合には，からだの中の特定の組織（造血器系，消化器系，中枢神経系など）における障害が個体の生存を左右するが（7·1節参照），胚と胎児においては，からだのあらゆる部位で増殖や組織の構築が進行中であるため，きわめて低い線量で障害が生じる．また，発生の過程ではからだの構造が大きく変動するので，どの時点で被ばくするかによって，障害のタイプが大きく異なってくる．胚と胎児への影響に関する知見の多くは，マウスやラットなど実験動物のデータがもとになっている．

第 7 章　個体レベルでの放射線の影響

7·3·1　胚と胎児の発生段階

ほ乳類では，受精卵は一定の妊娠期間を経て出生にいたる．妊娠期間は生物によって異なり，マウスでは約20日，ヒトでは約270日である．受精卵という1個の細胞から複雑な構造をもつ個体が完成する発生のプロセスは複雑である．放射線の影響を考える場合には，発生の過程を三つの段階（着床前期，器官形成期，胎児期）にわける．着床前期（pre-implantation）は，受精卵が細胞分裂し，胚盤胞（blastocyst）⑭になり，子宮壁に着床⑮するまでの期間である．器官形成期（major organogenesis）には，からだを構成する主要な器官が形成される．胎児期（fetal period）は，器官の細部が完成し，個体が成長する時期である．マウスでは，着床前期が0〜5日，器官形成期が6〜12日，胎児期が13日〜出産である．ヒトでは，着床前期が0〜8日，器官形成期が9〜60日（8週まで），胎児期が60日〜出産（9週以降）である．いくつかのほ乳類の妊娠期間を**表7·6**に示す．

解説 ⑭
英語では blastocyst．ほ乳類の初期発生における段階のひとつ．胚の中に空間ができて内部細胞塊（将来からだを形成することになる細胞の集団）が胚のいっぽうの極にかたよった状態の胚．

解説 ⑮
受精卵から初期発生を経てできた胚が，子宮に達してから子宮内膜にふれ，そこに結合して定着するまでの過程のこと．

表7·6　ほ乳類の発生における各ステージ（着床前期，器官形成期，胎児期）の期間（単位：日）

生　物	着床前期	器官形成期	胎児期
ハムスター	0〜5	6〜12	13〜16.5
マウス	0〜5	6〜13	14〜19.5
ラット	0〜7	8〜15	16〜21.5
ウサギ	0〜5	6〜15	16〜31.5
モルモット	0〜8	9〜25	26〜63
イ　ヌ	0〜17	18〜30	31〜63
ヒ　ト	0〜8	9〜60	60〜270

〔UNSCEAR, 1986〕

7·3·2　胚と胎児への影響に関するデータ

胚と胎児への影響についての知見は，おもにマウスとラットを使った実験からえられている．それ以外の実験動物（ウサギ，ハムスター，モルモット，イヌ，サルなど）についての知見もある．なかでも，ラッセル夫妻（Russell, L. B., Russell, W. L.）の報告（発生段階のさまざまなステージに200RのX線を照射してその影響をみたもの）が代表的で，広く引用されている．それぞれの発生段階で被ばくした場合の影響について，実験動物でえられた知見をまず紹介し，そのあとでヒトについてのべる．

7·3·3　着床前期

着床前期に被ばくすると，たとえ低い線量でも胚が死亡し吸収される．マウスの場合には，腹子数（生まれる子の数）の減少としてあらわれる．ラッセル夫妻のデータでは200Rの照射で80%の胚が死亡する．この時期に被ばくして生き残った胚は，奇形などの異常を呈することなく，まったく正常に発生するので，「全か無か（all or none）の法則」にしたがうといわれる．着床前期の被ばく例は，ヒト

166

では確認されていないが，おそらく実験動物の場合と同様であろうと考えられる．

7·3·4　器官形成期

　器官形成期にみられるおもな影響は，**先天的奇形**である．また，重い奇形に起因する新生児期の死亡（neonatal death）もある．ラッセル夫妻の報告によると，受精後10日に200Rを被ばくすると，奇形発生率は100%，新生児期での死亡率は70%に達する．

　この時期には，さまざまな器官が形成されるので，放射線で細胞が死ぬと，器官の構造形成が著しく阻害される．ヒトでも，サリドマイドや風疹ウイルスで奇形が生じるリスクがあるのはこの時期である．被ばくする時期と奇形との間にも相関がある．たとえばマウスの場合，頭部と眼球の奇形は7.5〜10.5日，中枢神経系の奇形は8〜9日，小頭症は10〜11日，四肢の奇形は11〜12日など，特定の時期での照射によって誘発される．骨格の奇形が誘発される時期は，少し長い期間（6.5〜13.5日）にわたる．ある特定の奇形は，その部位がちょうど形成されつつある時期に被ばくすることによって生じるのだと考えられる．

7·3·5　胎児期

　胎児期は，それまでの時期にくらべると放射線に抵抗性である．この時期の被ばくで大きな奇形がおこることは少ないが，造血器系，肝，腎，生殖腺などの小さな奇形や機能的な異常が誘発されることがある．この時期の被ばくによるおもな影響は，**発育遅延**（growth retardation）である．体長や体重の減少としてあらわれる．器官形成期の被ばくによって発育遅延がおこることがあるが，出生後の成長とともに回復し，やがて正常群との差がなくなる．ところが，胎児期の被ばくによる発育遅延については，このような回復現象がみとめられない．

　実験動物における胚と胎児への影響を**表7·7**に示す．

表7·7　胚と胎児への放射線の影響（実験動物の場合）

被ばくする時期	おもな影響とその特徴
着床前期	・胚への致死作用が顕著 ・生存した胚は正常に発育する（「全か無か（all or none）」の法則） ・胚の致死はおもに染色体異常による ・特殊な系統（たとえばHLG（Heiligenberger Stamm）のマウスでは，この時期の被ばくが奇形を誘発することがある）
器官形成期	・先天的奇形が顕著，新生児期の死亡もおこる ・被ばくする時期と奇形のタイプに相関がある．マウスの場合にはつぎのような奇形について被ばく時期との関係が調べられている：頭部の奇形（頭の形，鼻，鼻腔，あごの奇形），眼球の奇形（無眼球症，コロボーマ），脳（外脳症，無脳症，脳瘤，水頭症），小頭症，骨格の奇形（多様なタイプ），四肢の奇形，心臓・血管系の奇形，肛門の奇形 ・発育遅延もおこる．この時期の被ばくによる発育遅延は，出生後の発育が進むにしたがって回復する
胎児期	・発育遅延が顕著．この時期の被ばくによる発育遅延は，出生後の発育が進んでも回復しない ・奇形は顕著ではないが，一部の器官（眼球，脳神経系，生殖器系など）で小さな奇形がおこる

〔UNSCEAR, 1977より抜粋〕

第7章 個体レベルでの放射線の影響

7・3・6 ヒトの胚と胎児への影響

　胚と胎児への影響についてのヒトのデータは少なく，原爆被ばく者（妊娠時に被ばくし，そのあとで出生した子供）と，妊娠時の医療被ばくのあとで出生した子供のデータに基づいている．後者は，デカバン（Dekaban, A. S.）が1921年〜1956年の症例を文献的に調査したもので，おもに参照されるのは前者（原爆被ばく者のデータ）である．

　ヒトで特記すべきことは，被ばくによるさまざま奇形の発生がほとんどみとめられないという点である．これは，器官形成期における被ばくが奇形を高率に誘発するという実験動物との大きな違いである．原爆被ばく者でみとめられる奇形は，**小頭症**（microcephaly）[16]のみである．受精後16週以前・以降のいずれで被ばくした場合でもみとめられる．小頭症には，精神遅滞をともなうものと，そうでないものの両方がある．デカバンの調査によると，それ以外の奇形（頭蓋骨・四肢・脊椎・眼球の奇形，水頭症など）の報告もあるが，もっとも高頻度なのは小頭症である．

　ヒトにおける代表的な障害は，**精神遅滞**（mental retardation）[17]である．これについては，被ばくした時期や線量との関連も明白である．受精後8週以前あるいは25週以降の被ばくでは，ほとんどみとめられない．受精後8〜15週に感受性がもっとも高く，15〜25週の被ばくでも誘発される．発生段階としては，胎児期の初期にあたる時期で，大脳が形成される時期とよく一致している．ニューロン数が大幅に増大し，それらが脳内の各所に移動するのが受精後8〜15週，ニューロンどうしが連結しながら脳の構造を完成させるのが15〜25週である．

　動物が胎児期に被ばくしたときにみられる発育遅延は，ヒトでもみとめられる．爆心地から1,500 m以内で胎内被ばくした子供は，身長，体重，頭の半径などが有意に小さい．

　マウスやラットが器官形成期に被ばくした場合にみられる多様な奇形がヒトではみられない理由が，いくつか考えられる．被ばく直後の混乱の中で，症例の記録が十分でなかった可能性がある．また，からだの基本構造が形成される期間がきわめて短い（受精後8〜32日）ので，この時期に被ばくする確率が低かったのかもしれない．小頭症や精神遅滞などがおもな障害であるのは，ほかの器官にくらべると，中枢神経系の発生と発育に要する期間が長いことと関係があるとおもわれる．しかし，リスク評価という観点からは，器官形成期の被ばくによる奇形誘発のリスクは無視できない．ICRPは，着床前期の胚死亡，器官形成期の奇形誘発，胎児期の精神遅滞誘発のいずれを考慮するにしても，100 mGyの被ばくであれば安全であるとしている．胚と胎児への影響についてのしきい線量を**表7・8**に示す．

7・4　内部被ばくの影響

　内部被ばく（internal exposure）とは，体内に取り込まれた放射性物質によってからだの内部が被ばくをうけることで，体外の放射線源から被ばくする外部被ばく（external exposure）に対する用語である．

解説 ⑯
頭蓋が先天的に小さい症状．頭蓋骨形成の異常によるものと，脳の発育の異常によるものがある．

解説 ⑰
精神の発達が遅れ，学習，知的作業，社会生活などが困難になるもの．IQによって軽度(70)，中度(50〜55)，重度(35〜40)，最重度（20〜25）にわけられる．

7・4 内部被ばくの影響

表7・8 ヒトの胚・胎児に影響をもたらす線量（マウス，ラットおよびヒトのデータに基づいて推定）

受精後の時間（単位：日）	胚・胎児を死亡させる最小の線量〔Gy〕	LD$_{50}$〔Gy〕	発育遅延をもたらす最小の線量〔Gy〕	奇形をもたらす最小の線量〔Gy〕
1	0.10	0.7〜1.0	影響なし	影響なし
14	0.25	1.4	0.25	—
18	0.50	1.5	0.25〜0.50	0.25
28	>0.50	2.2	0.50	0.25
50	>1.00	2.6	0.50	0.50
胎児期以降		3.0〜4.0	0.50	>0.50

〔UNSCEAR, 1986〕

7・4・1 内部被ばくの特徴

放射性物質は，おもに呼吸による**吸入**（inhalation）と水・食物などの**経口摂取**（ingestion）によって体内に取り込まれる．ほかに，皮ふや粘膜からの吸収で取り込まれる場合もあれば，医療上の目的で放射性物質を注入する場合もある．

一定の照射野が均一に照射される外部被ばくに対して，内部被ばくの照射様式は不均一で複雑である．取り込まれた放射性物質は，気道や消化管を通過し，やがて排出されるが，一部は吸収されて血流にはいる．物質によっては特定の器官（骨，肝臓，腎臓など）に集まる傾向を示すものもある．体内に保持され，あるいは特定の場所に沈着した放射性物質は，そこからまわりの組織に放射線を照射する．

放射性物質からの放射線は，時間とともに減少していく．放射能が半分に減るまでの時間を半減期（half life）という．半減期には，各物質に固有の物理的半減期と，からだからの排出に基づく生物学的半減期がある．その両方を考慮した**有効半減期**（実効半減期）が実質的な減少率である．これら三つの半減期のあいだには，つぎの関係がある．

$\quad$（1/有効半減期）＝（1/物理的半減期）＋（1/生物学的半減期）

7・4・2 放射性核種

放射性核種（radionuclide）とは，放射能をもつ核種（原子または原子核の種類）のことである．放射性同位体ともいう．元素記号の左上に質量数（陽子と中性子の数の和）をつけてあらわす．たとえば^{137}Csは，質量数137のセシウム（ちなみに，放射性ではないセシウムは原子番号55の^{133}Cs）をあらわす．

放射性核種には，自然界に存在する自然放射性核種と，加速器や原子炉で人工的につくられる人工放射性核種がある．身のまわりには，意外に多くの放射性核種がある．たとえば，^{40}K（カリウム40）の同位体存在量（元素全体に対する放射性同位体の割合）は0.0117%，人体の体重の0.2%がカリウムだとすれば，人体は約3,300ベクレル（体重60kgの場合）の^{40}Kからの内部被ばくをいつもうけていることになる．それ以外の自然放射性核種として，放射性崩壊系列をする^{238}U（ウラン238）と^{232}Th（トリウム232）がある．いずれの核種も，崩壊の途中に気体

169

第7章　個体レベルでの放射線の影響

表7・9　放射線核種の例

種　別	具体例，解説
自然放射性核種	・^{40}K（カリウム40），^{238}U（ウラン238）および^{232}Th（トリウム232）崩壊系列に属する核種 ・^{238}U崩壊系列は，^{238}Uから14段階の崩壊をして安定同位体[18]の^{206}Pb（鉛206）になる，途中で^{226}Ra（ラジウム226），^{222}Rn（ラドン222），^{210}Pb（鉛210），^{210}Po（ポロニウム210）などを生じる，このうち^{222}Rnは気体 ・^{232}Th崩壊系列は，^{232}Thから11段階の崩壊をして安定同位体の^{208}Pb（鉛208）になる，途中で^{228}Ra（ラジウム228），^{228}Th（トリウム228），^{220}Rn（ラドン220，別名トロン）などを生じる，このうち^{220}Rnは気体 ・吸入による内部被ばく（年間1.26 mSv）の大半が^{222}Rnによる ・水や食物からの摂取による内部被ばく（年間0.29 mSv）の約60%が^{40}K，残りが^{238}Uおよび^{232}Th系列の核種による
宇宙線生成核種	・^{3}H（水素3，トリチウム），^{14}C（炭素14），^{22}Na（ナトリウム22），^{7}Be（ベリリウム7）がおも ・宇宙線生成核種による被ばくの大半（年間12 μSv）が^{14}Cによるもの
大気圏内核実験による核種	・^{14}C（炭素14），^{137}Cs（セシウム137），^{90}Sr（ストロンチウム90），^{95}Zr（ジルコニウム95），^{144}Ce（セリウム144），^{131}I（ヨウ素131），^{3}H（水素3，トリチウム），^{239}Pu（プルトニウム239），^{241}Am（アメリシウム241），^{55}Fe（鉄55）など（実効線量預託（長期にわたる実効線量の総和のめやす）の大きい順に並べたもの） ・大気圏内核実験の大半は1962年にほぼ終結（その後1980年まで続行），現在でもヒトの被ばくに寄与しているのは半減期の長い^{14}C，^{90}Sr，^{137}Cs
原子力発電による核種	^{3}H（水素3，トリチウム），^{14}C（炭素14），^{131}I（ヨウ素131），希ガス（Arアルゴン，Krクリプトン，Xeキセノンなど，たとえば^{41}Ar，^{85}Kr，^{87}Kr，^{133}Xe，^{135}Xe）など，ヒトの被ばくへの寄与はきわめて小さい，施設から50 km以内で年間0.1 μSv程度
核医学で使用される核種	^{67}Ga（ガリウム67，軟組織腫瘍），^{99m}Tc（テクニチウム99m，幅広い用途），^{123}I（ヨウ素123，甲状腺），^{131}I（ヨウ素131，甲状腺），^{201}Tl（タリウム201，心臓）（かっこ内は診断等が適用される器官の例）

〔UNSCEAR, 2008 より抜粋〕

解説 ⑱
同位体（同じ元素に属する原子で質量数が異なる原子のこと）のうち，放射線を放出してほかの核種に変化することのない同位体のこと．

の状態をとる段階があり（^{238}U系列では^{222}Rn（ラドン222），^{232}Th系列では^{220}Rn（ラドン220，トロンともいう）），呼吸によって吸入されるので，自然放射性核種による内部被ばくの主因になっている．^{3}H（水素3，トリチウム）や^{14}C（炭素14）は，宇宙線の作用によって大量にできる．

　放射性核種は，大気圏内核実験，核施設，原子力発電などによって環境中にも放出される．大気圏内核実験は1980年以降おこなわれていないが，生じた放射性核種のうちでも半減期の長いもの（^{137}Cs（セシウム137），^{90}Sr（ストロンチウム90），^{14}C（炭素14））はいまでも残存し，線量は少ないが（年間実効線量1 μSv程度）内部被ばくの原因になっている．原子力発電により，^{3}H，^{14}Cなどが放出されるが，集団の被ばくに寄与するのは半減期の長い^{14}Cである．**表7・9**に，身のまわりに存在する放射性核種の例をあげる．

7・4・3　内部被ばくの影響をうけやすい器官

　内部被ばくの影響をうけやすい場所は，放射性核種が侵入する部位と，放射性核種が体内を移動するさいに通過する部位，すなわち，**肺**，**消化管**，**皮ふ**である．皮ふの場合には，表面に付着した放射性核種が外から照射する．チェルノブイリ事故

7・4 内部被ばくの影響

表7・10 おもな放射性核種の決定器官と半減期

放射性核種	おもに集積する部位	物理的半減期	有効半減期
^{3}H (水素3, トリチウム)	全身	12年	12日
^{14}C (炭素14)	全身	5,730年	12日
^{32}P (リン32)	骨	14日	14日
^{35}S (イオウ35)	精巣	88日	44日
^{45}Ca (カルシウム45)	骨	165日	162日
^{55}Fe (鉄55)	脾臓	2.6年	1.3年
^{60}Co (コバルト60)	全身	5.26年	10日
^{90}Sr (ストロンチウム90)	骨	28年	15年
^{95}Zr (ジルコニウム95)	全身	66日	56日
^{99m}Tc (テクネチウム99m)	全身	6.0時間	―
^{125}I (ヨウ素125)	甲状腺	60日	42日
^{131}I (ヨウ素131)	甲状腺	8.05日	8日
^{137}Cs (セシウム137)	全身	30年	70日
^{144}Ce (セリウム144)	骨	284日	280日
^{198}Au (金198)	全身	2.7日	2.6日
^{210}Po (ポロニウム210)	脾臓	138日	46日
^{226}Ra (ラジウム226)	骨	1,600年	44年
^{232}Th (トリウム232)	骨	1.4×10^{10}年	200年
^{238}U (ウラン238)	腎臓	4.51×10^9年	―
^{239}Pu (プルトニウム239)	骨	2.4×10^4年	197年
^{241}Am (アメリシウム241)	骨	458年	139年

〔注〕一部の放射性核種については，表の「おもに集積する部位」の欄に示す部位以外に別の部位にも障害をもたらす．^{55}Fe：骨髄，下部消化管；^{60}Co：肝臓，脾臓，下部消化管；^{137}Cs：筋肉，肝臓；^{232}Th：肝臓，肺；^{238}U：骨，肺；^{239}Pu：肝臓，肺
〔Mettler & Upton, 2008 より抜粋〕

で高線量の被ばくをした作業者の中には，造血器や消化管の障害だけでなく，皮ふの障害がおもな死因になったケースが少なくないが（表7・3参照），これは皮ふに大量に付着した放射性核種によるところが大きい．

　放射性核種が組織の内部に吸収されると，血流にのって全身をまわる．放射性核種の中には，特定の器官に集積してそこに沈着するものがある．放射性核種が集積しやすく，そこでの内部被ばくが障害のもとになる器官を決定器官（critical organ）という．とくに，骨は多くの放射性核種（**向骨性核種**，骨親和性核種ともいう）が集まりやすい部位である．^{45}Ca（カルシウム45），^{32}P（リン32），^{239}Pu（プルトニウム239），^{226}Ra（ラジウム226），^{90}Sr（ストロンチウム90），^{232}Th（トリウム232）などは向骨性核種である．**表7・10**に，おもな放射性核種と集積部位を示す．

7・4・4 内部被ばくの具体例

　環境中に存在する放射性核種による内部被ばくが，重大な放射線障害をおこすこ

第7章 個体レベルでの放射線の影響

とは少ないが，放射線障害の知識が十分でなかった時代の職業被ばくや医療被ばくの事例がある．ラドンとその娘核種を吸入したウラン鉱山の作業者では，肺の組織障害や肺がんが発生した．1900年代はじめ，ラジウム（^{226}Ra，^{228}Ra）を含む夜光塗料を時計の目盛りに塗るときに，塗料のついた筆を舌先でなめるのが通例であったため，作業者の多くに骨の障害やがん（骨肉腫）が発生した．トリウム（^{232}Th）を含む血管造影剤（トロトラスト）の処置をうけた患者では，のちに肝臓の障害や肝臓がんが発生した．放射性核種のうち，骨に集積する性質のある向骨性核種は，骨を照射して骨のがんをもたらすだけでなく，骨髄を照射することによって造血器系の障害や白血病をもたらすことがある．

医療のために放射性核種を投与された患者が，内部被ばくによる障害をうけることがある．たとえば，転移性がんの治療のために，誤って大量（7,400 MBq）の^{198}Au（金198）の投与をうけた患者が，造血器系障害によって約70日後に死亡したという事例が報告されている．

◎ ウェブサイト紹介

放射線医学総合研究所

　https://www.nirs.qst.go.jp

　　　　放射線被ばくの基礎知識に関する情報や，放射線Q&Aなどがある．

IAEA（International Atomic Energy Agency，国際原子力機関）

　https://www.iaea.org

　　　　原子力施設の安全性や放射線事故に関する情報がある．

放射線影響研究所

　https://www.rerf.jp

　　　　胎内被ばく者調査の情報がある．

◎ 参考図書

菅原　努，青山　喬，丹羽太貫：放射線基礎医学（第12版），金芳堂（2013）
山口彦之：放射線生物学，裳華房（1995）
Hall, E. J.（浦野宗保訳）：放射線科医のための放射線生物学（第4版），篠原出版（2002）
UNSCEAR (United Nations Scientific Committee on the Effects of Atomic Radiation) : Source and Effects of Ionizing Radiation, UNSCEAR 1988 Report to the General Assembly with Scientific Annexes, (Annex G : Early effects in man of high doses of radiation) (1988)

◎ 演習問題

問題1　A〜Eの事項ともっとも関連の深い語句を，イ〜ホの中からひとつずつ選べ．

　　　1) A. 脱毛　　　　　イ. 前駆症状
　　　　 B. 白内障　　　　ロ. 骨髄症候群
　　　　 C. 食欲不振　　　ハ. 胃腸管症候群
　　　　 D. 電解質喪失　　ニ. 早期障害
　　　　 E. 感染　　　　　ホ. 後期障害

演 習 問 題

2）A. ^{99m}Tc 　　　　イ．自然放射性核種
　　B. ^{40}K 　　　　　　ロ．宇宙線生成核種
　　C. ^{220}Rn 　　　　　ハ．大気圏内核実験で生じる核種
　　D. ^{137}Cs 　　　　　ニ．医療目的で用いられる核種
　　E. ^{14}C 　　　　　　ホ．気体で存在する核種

問題2　つぎの文のうち正しいものには〇，誤っているものには×をつけよ．
　　A．50％の個体が30日以内に死亡する線量を平均致死線量という．
　　B．ヒトのLD$_{50/60}$は，マウスのLD$_{50/30}$より小さい．
　　C．20Gyを全身被ばくしたマウスは約3〜4日後に死亡する．
　　D．4Gyの全身被ばくによっておこる感染は，血小板の減少がおもな原因である．
　　E．急性放射線症の潜伏期は，被ばく線量が大きいほど短くなる．
　　F．器官形成期の被ばくによる障害のしきい線量は約1Gyである．
　　G．ヒトの胎児期の被ばくによる障害でもっとも多いのは骨格の異常である．
　　H．放射性核種による被ばくはすべて内部被ばくである．

問題3　全身被ばくによる骨髄死で誤っているのはどれか．
　　1．前駆症状がある．
　　2．造血幹細胞の死が原因である．
　　3．2週間以内に死亡することが多い．
　　4．10Gy以下の線量でもおこる．
　　5．消化管死よりも低い線量でおこる．

問題4　肺がんの原因になる放射性核種はどれか．
　　1．^{14}C
　　2．^{32}P
　　3．^{99m}Tc
　　4．^{137}Cs
　　5．^{222}Rn

問題5　胎内被ばくに関するつぎの記述のうち，正しいものの組合せはどれか．
　　A　着床前期の被ばくで小頭症の発生率が上昇する．
　　B　受精後10週（ヒト）の被ばくで小頭症の発生率が上昇する．
　　C　被ばくによる精神遅滞の発生にはしきい線量が存在しない．
　　D　発がんのリスクは成人で被ばくした場合にくらべて高い．
　　1　AとB　　2　AとC　　3　BとC　　4　BとD　　5　CとD

問題6　全身被ばくした患者につぎの症状がみられた．被ばく線量は①1〜2Gy，②2〜3.5Gy，③3.5〜5Gyのどれか．
　　症状：24時間以内に吐き気をもよおし，嘔吐と下痢がおこった．1週間後には，吐き気と嘔吐はおさまったが，軽い下痢の症状が残っていた．1週間をすぎると軽い発熱の症状もあらわれた．

問題7　つぎの4種類の前駆症状を，その症状があらわれる線量が低い順に並べよ．
　　下痢，嘔吐，吐き気，食欲不振

問題8　全身被ばくによる骨髄死と消化管死について説明せよ．

問題9　胎児期の被ばくによる放射線障害の特徴をのべよ．

問題10　からだの中で放射性核種の影響をうけやすい部位について説明せよ．

第8章 放射線による発がんと遺伝的影響

- 8・1 放射線発がんのリスク
- 8・2 器官による発がんリスクの違い
- 8・3 発がんリスクに影響する因子
- 8・4 放射線による遺伝的影響
- 8・5 遺伝的影響のリスク

第8章
放射線による発がんと遺伝的影響

本章で何を学ぶか

　　放射線影響のうち，がんと遺伝的影響は放射線防護のうえからも「確率的影響」として，そのほかの影響と区別されている．放射線防護の主要な目的は確率的影響を最小限に防ぐことであるといってもよく，防護法令における線量限度の多くが確率的影響を念頭においてきめられている．いっぽう，放射線との因果関係に不明な点が多いのも確率的影響の特徴である．被ばくからかなりの年月がたったあとであらわれる後期障害であり，出現率が低いことがその理由である．したがって，がんや遺伝的影響については線量効果関係を一義的にきめることはむずかしい．

　　放射線発がんの知見の多くは，事故や医療被ばくなどでかなりの線量を被ばくした人の集団の疫学データに基づいており，データはいまなお蓄積されている．遺伝的影響の知見はマウスなどを用いた動物実験のデータに基づくところが大きい．

　　本章では，これらのデータをみながら放射線による発がんと遺伝的影響の特徴を学んでいく．

8・1　放射線発がんのリスク

　　放射線発がんのリスクはおもに疫学的なデータに基づいている．ここでは，疫学データからどのような過程で発がんのリスクを推定するのかをのべる．

8・1・1　発がん機構

　　ヒトの体細胞におこった突然変異が発がんのイニシエーターとしてはたらくこと，細胞ががん化するにはひとつだけではなく複数の突然変異の蓄積が必要であることはすでに第1章と第5章でのべた．

　　放射線で誘発されたがんを，それ以外の原因で誘発されたがんと病理学的に区別することは困難である．したがって，ひとつひとつの発がん事例について放射線との因果関係を知ることはむずかしく，集団レベルでの調査が必要になる．

8・1・2　放射線疫学

　　放射線発がんは放射線や放射能が発見されるはるか以前からおこっていた．16世紀ごろ，ドイツやチェコスロバキアの鉱山地域には「鉱山病」という奇病があったが，これは鉱石から発生するラドンなどの放射性物質を長期にわたって吸入しつづけたのが原因でおこった肺がんであった．X線の発見後まもない時期に，透視や治療でX線を被ばくした人のあいだでは，のちに皮ふがんが発生した．ほかにも，夜光塗料として用いられた放射性ラジウムをなめて塗布する作業に従事したダイアルペインターたちに骨がんが多発したり，造影剤として放射性トリウム（**トロトラスト**）①の投与をうけた患者たちに肝臓がんが多発するなどの事例が知られている．また，最近の事例としては，チェルノブイリ事故のあと，放射線ヨウ素で汚染された小児に甲状腺がんが多発している．しかし，このような特殊な場合を除

解説①

二酸化トリウムを主成分とする造影剤で1940年代に広く使用された．トリウムから放出される α 線によって，がんなどの放射線障害の原因となった．

8・1 放射線発がんのリスク

表8・1 放射線発がんの調査に用いられたおもなコホート

コホート	被ばく形態	追跡期間〔年〕	総人・年
原爆被ばく者（日本）	核爆発からのγ線と中性子	5〜45	2,812,863
子宮頸がん治療患者 （米国，カナダなど）	放射線治療 外部照射，腔内照射	1〜>30	1,278,950
小児がん治療患者 （米国，カナダ）	放射線治療	5〜48	50,609
強直性脊椎炎治療患者 （英国）	X線治療	1〜57	245,413
頭部白せん治療患者 （イスラエル）	X線治療	26〜38	686,210
分娩後急性乳腺炎治療患者 （米国）	X線治療	20〜35	38,784
結核透視患者（米国）	胸部透視	0〜>50	331,206
結核透視患者（カナダ）	胸部透視	0〜57	1,608,491
放射線作業従事者（英国）	原子力プラントと兵器生産 による被ばく	〜47	2,063,300
テチャ河住民（旧ソ連）	核兵器製造プラントの放射 性廃棄物による外部および 内部被ばく	〜50	865,812
[131]I治療患者（スウェーデン）	甲状腺機能亢進症治療	1〜26	139,018

〔UNSCEAR, 2006〕

けば，放射線をがんの原因として断定することはむずかしい．

　放射線発がんに関しては，被ばくした集団を長期間にわたって追跡し，その集団中での発がんを調べる**疫学**の手法が使われる．放射線発がんの線量効果関係に関する情報はほとんど疫学データに基づいていると考えてよい．疫学とは，ヒトの集団を対象として，ある要因と影響との因果関係を，統計学的な手法に基づいて推論する学問である．疫学の研究法には**コホート**研究と患者・対照研究（ケースコントロールスタディ）がある．コホート研究では，ある集団（これをコホート（固定集団，cohort）とよぶ）を設定し，コホートを追跡してデータを蓄積する．患者・対照研究では，現在がんにかかっている患者を任意抽出[②]し，同時にがんにかかっていない人も任意抽出して，過去の被ばく歴などによって因果関係を調べる．コホート研究は，患者・対照研究にくらべて手間がかかるが有用なデータがえられる．放射線発がんについても，コホート研究のデータに依存するところが大きい．

　表8・1に，放射線発がんの調査に用いられたおもなコホートをあげる．表からわかるとおり，わが国の原爆被ばく者の集団が，世界的にももっとも大きいコホートであり，**寿命調査（life span study，略してLSS）コホート**とよばれる．放射線発がんの情報の多くが，この集団での調査に基づいている．

8・1・3　リスク推定

　リスク（risk）とは危険度とも訳すべきもので，確率的・統計的な意味を含んでいる．発がんは確率的影響であるので，原則として，しきい線量がないから，どの線量をこえると発がんするという表現ではなく，ある一定の集団中に，一定の期間

解説②
疫学調査で解析する対象を選ぶさいに，選び方にかたよりがでないように，なるべく無作為に選ぶようにする．これを任意抽出という．

第8章◇放射線による発がんと遺伝的影響

内に一定線量あたりどれだけの発がんリスクがあるかという表現をする．放射線発がんのリスクには，絶対リスク，相対リスクという二通りのあらわし方がある．

絶対リスクは，被ばく群と対照群とのあいだの発がん件数の絶対数の差であらわされる．すなわち，単位集団（たとえば100万人）あたり，一定時間（たとえば1年）あたり，単位線量（たとえば1Sv）あたり，対照群にくらべて被ばく群では，がんの発生が何件増えるかという表現をする．

相対リスクとは，被ばく群と対照群のがん発生率の比をいう．この場合には，単位線量（たとえば1Sv）あたり，被ばく群での発生率が対照群の何倍になるかという表現をする．

8・1・4 放射線発がんの線量効果関係

白血病などを除けば，がんは通常，がん好発年齢になってからあらわれることが多い．放射線発がんの場合も同様である．したがって，その人の全生涯を観察してはじめてほんとうのことがわかり，これを**生涯リスク**の予測という．また，コホートを長期間追跡してえたデータはいわば生のデータである．この生データから放射線発がんのリスクを推定する場合には，なんらかのモデルにあてはめるというプロセスが必要である．ここでは，いくつかの代表的なモデルを紹介する．

i) 線量効果関係に基づくモデル：L（直線）モデルとLQ（直線–二次曲線）モデル

発がん率は放射線の線量にともなって増加するから，染色体異常形成率の線量効果関係（5・4・4項参照）と同様に考えればよい．Lモデルとは，発生率が線量に比例して直線となるもので，発生率を線量 D の関数として $f(D)$ とすると，$f(D) = \alpha D$ であらわされる．LQモデルとは，染色体異常で用いたと同じ $f(D) = \alpha D$

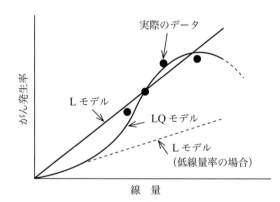

図 8・1　放射線発がんの線量効果関係
〔UNSCEAR, 1993〕
高線量域でえられている実際のデータポイントから，低い線量域での発がん率を推定する場合，LモデルとLQモデルのいずれを選ぶかによって推定値はかわってくる．Lモデルを仮定すると推定値は高くなり，安全側に評価することになる．

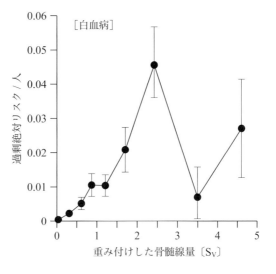

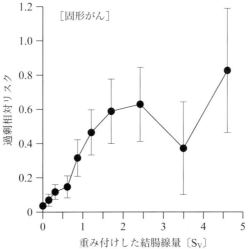

図 8・2 白血病と固形がんのリスクと線量の関係
〔UNSCEAR, 2000〕
がん死亡の過剰絶対リスク（白血病）または過剰相対リスク（固形がん）を線量に対してプロットしたもの．固形がんのリスクは男性（被ばく時年齢 30 歳）のデータに基づく．0〜3 Sv の線量範囲では，白血病リスクは LQ モデル，固形がんリスクは L モデルにフィットする．日本人集団のデータに基づく．

$+\beta D^2$ であらわされる（**図 8・1**）．白血病に関しては LQ モデルに，それ以外のがんに関しては L モデルによくフィットするといわれている（**図 8・2**）．

第8章 放射線による発がんと遺伝的影響

ii) 生涯リスクの予測を考慮したモデル：相加リスク予測モデルと相乗リスク予測モデル

相加リスク予測モデルは絶対リスク予測モデルともいう．単純にいうと，放射線でがんの発生件数が増えた場合，その増えた分，すなわち過剰の発生件数は，そのがんの自然発生率と関係なく一定であると仮定する．この場合「**過剰絶対リスク**」という用語を用いる．相乗リスク予測モデルは相対リスク予測モデルともいう．この場合には，過剰の発生件数はがんの自然発生率に依存しており，自然発生率が年齢とともに増加すると，その定数（この定数から1.0をさし引いたものを「**過剰相対リスク**」という）倍として時間とともに増加すると仮定する．実際には，生データを両方のモデルにあてはめてみて両者を並べて示す場合が多い．

8·2　器官による発がんリスクの違い

放射線被ばくで人体のすべての器官の発がん率が一様に上がるわけではなく，放射線で発がんしやすい器官とそうでないものとがある．器官による発がんリスクの違いに関する情報も疫学調査に基づいているが，調査中のコホートの中にはまだ発がん年齢に達していない人たちもおり，調査がさらに進めば将来書き換えられる可能性がある．

8·2·1　白血病

白血病[③]は放射線でおこりやすいがんであるが，ほかのがんにくらべてけた違いに高率でおこるものではない．白血病においては被ばくから発病するまでの潜伏期が短いため，放射線との関連がより顕著にみえる．

白血病には，骨髄性とリンパ性，急性と慢性など分類上いくつかの病型があるが，このうち慢性リンパ性白血病だけは放射線で誘発されにくい．白血病の潜伏期は短く，被ばく後2〜3年たってから増加し始め，6〜7年後にピークになり，その後，しだいに減少する．

8·2·2　白血病以外のがん

白血病以外の**固形がん**[④]のうち，放射線との因果関係がはっきりしているのは，乳がん，甲状腺がん，肺がん，胃がんなどである．

表8·2は，放射線によるがんの発生率とがんによる死亡率を器官別にまとめたものである．表の中に示されている過剰相対リスクと過剰絶対リスクのふたつの値は，前節で説明したふたつのモデルから，それぞれえられた推定値である．

この表をみるにあたってふたつの点に注意したい．第一に，過剰相対リスクと過剰絶対リスクの違いである．たとえば白血病と胃がんを比較すると，胃がんの過剰絶対リスクは3.61で白血病の3.08よりやや大きい．ところが，過剰相対リスクでみると白血病が4.84となって，胃がんの0.37を大きくうわまわっている．これは自然発生率の違いによるものである．つまり，一般日本人集団での胃がんの発生率はもともと高く，白血病の発生率は低い．過剰絶対リスクが高いということは，放射線によって増加した発生件数の絶対値は胃がんが白血病より高いことを意味す

解説③
血液の幹細胞が白血球に分化するまでのある段階で細胞ががん化して異常増殖をするものを白血病（leukemia）という．リンパ性と骨髄性，急性と慢性など，いくつかタイプがある．

解説④
白血病などの血球細胞のがんに対して，がん細胞がかたまり状で増殖するようながんを総称して固形がん（solid cancer）という．

8・2　器官による発がんリスクの違い

表8・2　放射線によるがんの罹患と死亡のリスク

がんの部位	がん罹患		がん死亡	
	過剰相対リスク〔Sv⁻¹〕$[\mathrm{Sv}^{-1}]$	過剰絶対リスク$[(10^4 人 \cdot 年 \cdot \mathrm{Sv})^{-1}]$	過剰相対リスク$[\mathrm{Sv}^{-1}]$	過剰絶対リスク$[(10^4 人 \cdot 年 \cdot \mathrm{Sv})^{-1}]$
全固形がん	0.62(0.55〜0.69)	24.54(21.53〜27.68)	0.48(0.40〜0.57)	5.16(3.80〜6.63)
唾液腺	2.55(0.87〜5.72)	<0(<0〜73.21)	—	—
食道	0.51(0.14〜0.99)	0.19(<0〜0.53)	0.69(0.24〜1.28)	<0(<0〜386.68)
胃	0.37(0.26〜0.49)	3.61(2.42〜4.96)	0.28(0.14〜0.42)	0.94(0.31〜1.71)
結腸	0.64(0.42〜0.90)	1.44(0.76〜2.27)	0.51(0.17〜0.94)	<0(<0〜656.32)
直腸	0.18(<0〜0.46)	0.19(<0〜0.64)	0.36(<0〜0.88)	<0(<0〜532.76)
肝臓	0.41(0.22〜0.63)	0.50(0.12〜1.06)	0.51(0.30〜0.75)	<0(<0〜0.41)
膵臓	0.29(<0〜0.72)	0.22(<0〜0.63)	<0(<0〜0.33)	0.14(0.02〜0.35)
肺	0.69(0.49〜0.92)	1.55(0.84〜2.37)	0.84(0.59〜1.11)	0.37(0.02〜0.87)
骨・結合組織	1.64(0.40〜4.31)	<0(<0〜14.36)	0.88(<0〜3.03)	<0(<0〜21.23)
皮ふ（悪性黒色腫）	<0(<0〜0.74)	<0(<0〜0.03)	0.30(<0〜2.10)	<0(<0〜6.25)
皮ふ（悪性黒色腫以外）	1.33(0.89〜1.88)	1.12(0.79〜1.52)	—	—
乳房	1.49(1.17〜1.85)	7.55(6.08〜9.14)	1.39(0.83〜2.10)	<0(<0〜513.45)
子宮	0.10(<0〜0.32)	0.09(<0〜1.48)	0.09(<0〜0.44)	<0(<0〜0.33)
卵巣	0.61(0.08〜1.35)	0.59(0.07〜1.34)	1.18(0.39〜2.31)	<0(<0〜348.40)
前立腺	0.12(<0〜0.51)	<0(<0〜0.38)	0.40(<0〜1.31)	<0(<0〜298.22)
膀胱	0.92(0.46〜1.50)	0.51(0.14〜1.02)	1.17(0.36〜2.30)	<0(<0〜226.53)
腎臓	0.16(<0〜0.78)	0.28(0.09〜0.58)	0.35(<0〜1.51)	<0(<0〜88.31)
脳・中枢神経系	0.55(0.16〜1.07)	0.57(0.23〜1.01)	2.86(0.83〜6.76)	<0(<0〜35.75)
甲状腺	1.59(1.10〜2.19)	2.30(1.67〜3.02)	<0(<0〜0.42)	<0(<0〜43.97)
リンパ腫（非ホジキン）	0.08(<0〜0.62)	0.12(<0〜0.40)	0.01(<0〜0.42)	0.01(<0〜0.23)
リンパ腫（ホジキン）	0.43(1.6〜3.5)	0.04(0.1〜0.3)	0.93	0.33
多発性骨髄腫	0.20(<0〜21.7)	0.05(<−0.05〜0.4)	1.15(0.12〜3.27)	0.17(0.02〜0.4)
白血病	4.84(3.59〜6.44)	3.08(2.47〜3.77)	4.02(3.02〜5.26)	2.31(1.85〜2.82)

〔注〕　日本人集団のデータに基づく，かっこ内の数字は90%信頼限界を示す.
〔UNSCEAR, 2006 より抜粋〕

る．いっぽう，白血病の自然発生率はもともと低いから，これを分母にとると，放射線によって増加した発生件数の絶対値が低くても過剰相対リスクは胃がんのものより高いことになる．第二に，発生率と死亡率の違いである．がんの中には，治療効果が少なくてほとんどが致死性のものと，逆になおりやすいものとがある．たとえば甲状腺がんでは，発生率でみた過剰リスクは高いが，死亡率でみた過剰リスクは，ほかのがんにくらべてあきらかに低いのがわかる．

8・2・3　発がんリスクの推定

　放射線防護では，原爆被ばく者やその他のコホートにおける発がんデータに基づいて，がんのリスクを器官ごとに数量化し，それらをまとめたものを放射線発がんのリスクと考える．ICRP の 2007 年勧告（Publication 103）で採用されている発

第8章 放射線による発がんと遺伝的影響

表8・3 人体を構成する各組織における確率的影響の名目リスク係数と損害

組織	名目リスク係数（1万人当り1Svあたりの症例数）	致死割合	致死率とQOLを調整した名目リスク	相対的無がん寿命の損失	損害	相対損害	相対損害（ICRP60における値）
食道	15	0.93	15.1	0.87	13.1	0.023	0.033
胃	79	0.83	77.0	0.88	67.7	0.118	0.139
結腸	65	0.48	49.4	0.97	47.9	0.083	0.142
肝臓	30	0.95	30.2	0.88	26.6	0.046	0.022
肺	114	0.89	112.9	0.80	90.3	0.157	0.111
骨	7	0.45	5.1	1.00	5.1	0.009	0.009
皮ふ	1,000	0.002	4.0	1.00	4.0	0.007	0.006
乳房	112	0.29	61.9	1.29	79.8	0.139	0.050
卵巣	11	0.57	8.8	1.12	9.9	0.017	0.020
膀胱	43	0.29	23.5	0.71	16.7	0.029	0.040
甲状腺	33	0.07	9.8	1.29	12.7	0.022	0.021
骨髄	42	0.67	37.7	1.63	61.5	0.107	0.143
その他の固形がん	144	0.49	110.2	1.03	113.5	0.198	0.081
生殖腺（遺伝性）	20	0.80	19.3	1.32	25.4	0.044	0.183
合計	1,715		565		574	1.000	1.000

〔注〕 名目リスク係数：性および被ばく時の年齢で平均化された生涯リスクの推定値；損害：放射線被ばく群とその子孫がうける健康上の害をあらわす指標；相対損害：器官ごとの損害の合計を1とした場合の各器官の損害の寄与率
〔ICRP Publication 103 より抜粋〕

がんリスクの値を**表8・3**に示す．発がんのリスクは，性別や被ばく時の年齢によって左右されるが，これらを平均化した値が「名目リスク係数」である．これに，それぞれのがんによる致死率やQOL（quality of life）への影響などを加味して算出した値が「損害」である．「相対損害」の欄には，確率的影響（すべてのがんと遺伝的影響を含む）全体に対して，それぞれの器官の寄与率が示されている．この値は，からだを構成する個々の器官が，放射線発がんに関してどの程度のリスクをもつのかを示す相対的な指標だといえる．

　表8・3には，前回の勧告（ICRP 1990年勧告）で推定された相対損害の値も付記しているが，器官によっては値が変化しているものがある．たとえば，骨髄（白血病）の値はやや減少（0.143→0.107）し，乳房（乳がん）の値はおおはばに増加（0.050→0.139）している．疫学調査が進んで新しいデータが追加されてきたことなどに関連があると思われる．

8・3　発がんリスクに影響する因子

　第4章でのべたように，放射線の生物効果にはさまざまな物理的・化学的あるいは生物学的因子が影響する．細胞の生存率や染色体異常の場合なら何度も実験をくりかえしてたしかめることができるが，発がんの場合には不可能である．また，発がんのように個体レベルの出来事では，細胞レベルではみられなかったような複雑

な生物学的因子がからんでくる．

8・3・1 物理的因子

物理的因子には，線量率と線質がある．実際に人が被ばくする可能性があるのは低い線量率での低線量被ばくであるのに対して，コホートに選ばれた集団は，高い線量率で被ばくした場合が多く，また発がんがみられるのは，その中でもとくに高い線量をあびた人たちである．放射線発がんのリスクを推定する場合，高線量・高線量率でのリスクから低線量・低線量率でのリスクを推定する必要がある．

i) 線量率効果

放射線発がんに関する線量率効果をヒトの疫学データだけから推定するのはむずかしい．培養細胞に放射線を作用させると細胞は悪性化した性質を獲得し，細胞が密集して盛り上がったフォーカス[5]を形成する．これを**悪性形質転換**[6]（**トランスフォーメーション**）という．さまざまな線量率の放射線による悪性形質転換率の違いから，放射線発がんの線量率効果を間接的に推定することができる（**図8・3**）．

線量率の効果をあらわすための指標として線量・線量率効果係数（dose and dose-rate effect factor : **DDREF**）がある．高い線量率での効果を基準にすると，低い線量率では効果が減少するのは細胞死の場合も発がんの場合も同じである．低い線量率での効果が減少する比率の逆数がDDREFである．したがってDDREFが2であるということは，低い線量率での効果が高い線量率の場合の2分の1になるということである．発がんに関しては，推定の方法によってDDREFの値が異なる（**表8・4**）．ICRPの2007年勧告ではDDREFに2という値を選んでいる．

> **解説⑤**
> 培養細胞が悪性化（がん化）すると，細胞がシャーレ中で盛り上がって色素で濃くそまる部分ができるようになる．この部分のことをフォーカス（focus）といい，その出現頻度をがん化の指標にする．

> **解説⑥**
> 培養細胞が悪性化（がん化）して，がん細胞特有の性質を呈するようになることを形質転換（transformation），悪性形質転換（malignant transformation）またはトランスフォーメーションという．

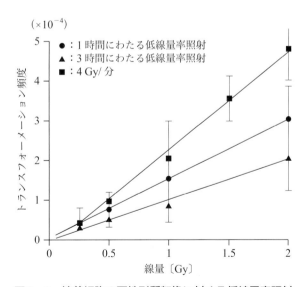

図8・3 培養細胞の悪性形質転換に対する低線量率照射の影響〔UNSCEAR, 2000〕
悪性形質転換は放射線発がんを培養細胞を用いて調べるための実験手段である．総線量を同じにすると，低い線量率で照射したほうが悪性形質転換の頻度が低く，線量率効果がみとめられる．

第8章　放射線による発がんと遺伝的影響

表8・4　放射線発がんのDDREF値

出　典	推定の基礎となるデータ	DDREF（かっこ内の数字は95%信頼限界）
ICRP	主にLSS，他の疫学データ	2
UNSCEAR, 1993	動物実験のデータ	<3
Pierce & Vaeth	LSS　白血病死亡データ LSS　固形がん死亡データ	1.8(1.0〜6.0) 1.2(<1〜3.4)
Little & Muirhead	LSS　白血病罹患データ　0〜4Gy LSS　白血病罹患データ　0〜2Gy LSS　固形がん罹患データ　0〜4Gy LSS　固形がん罹患データ　0〜2Gy	2.47(1.24〜>1,000) 1.73(<1〜147.67) 1.06(<1〜1.62) 1.21(<1〜2.45)
BEIR Ⅶ	動物実験・ヒトリンパ球における染色体異常・LSS固形がん罹患データ	1.5(1.1〜2.3)

〔注〕　LSS（life span study）：原爆被ばく者の寿命調査研究；Pierce & Vaeth：Radiat. Res., 126：36-42 (1991)；Little & Muirhead：Int. J. Radiat. Biol. 74：471-480 (1998)
〔UNSCEAR, 2006〕

ii)　線質効果

放射線の線質が発がん率にどのように影響するか，言い換えると，高LET放射線（中性子，α線）の発がんに関するRBEがどれくらいかという点については，培養細胞の悪性形質転換率を指標にした実験や，イヌやマウスを用いた動物実験から推定されている．たとえば，培養細胞の実験系によるRBE$_m$（低線量・低線量率の条件下でえられるもっとも最大のRBE値）の推定値は，中性子で3〜80，α線で10〜25である．特定のエネルギーの中性子を用いた場合には，逆線量率効果（線量率を下げると，むしろ効果が増大するという現象）がみられる．

8・3・2　生物学的因子

放射線発がんに影響する生物学的因子として，被ばく時の年齢，性差，遺伝的背景の三つをとりあげる．

i)　被ばく時の年齢

被ばくした時点での年齢は，がんの発生率に大きく影響する．白血病でもそれ以外のがんでも，10歳未満で被ばくした場合には，それ以上の年齢で被ばくした場合にくらべて発がん率はあきらかに高いことがわかっている．その傾向は白血病で顕著である．すべてのがんを含めて考えても，幼児・小児期に被ばくした場合の発がん率は，成人期に被ばくした場合にくらべて2〜3倍高いといえる．

図8・4は，被ばく時の年齢と乳がん発生のリスクとの関係を示す．

ii)　性

従来から放射線発がんのリスクは男性より女性が少し高いとされてきた．表8・5は，がんの自然発生率と放射線発がんのリスクを男女間で比較したものである．この表では過剰相対リスクと過剰絶対リスクの値を並べて表示しているが，それぞれの値には，がんの自然発生率の違いが反映されている．たとえば，白血病の自然発

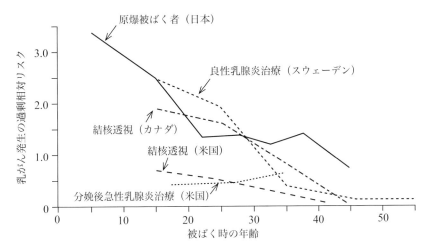

図8・4 被ばく時の年齢と放射線発がんとの関係
〔UNSCEAR, 1994〕
放射線被ばくしたいくつかのコホートについて，乳がんの発生リスクと被ばく時の年齢との関係を示す．若年時に被ばくすると発がん率が高いのがわかる．

表8・5 がんの自然発生率と放射線発がん率の性差

がんの部位	自然発生率 (男性：女性)	過剰相対リスク 〔Sv^{-1}〕 (女性：男性)	過剰絶対リスク 〔(10^4人・年・Sv)$^{-1}$〕 (女性：男性)
白血病	1.76	1.21	0.68
全固形がん	1.36	2.45	1.82
性特異性のない固形がん	1.85	2.59	1.39
食道	6.64	6.63	0.59
胃	1.94	4.33	2.25
結腸	1.35	0.55	0.38
肝臓	2.43	0.18	0.08
肺	2.85	5.78	2.18
皮ふ	0.86	0.96	0.81
膀胱	3.60	5.14	1.21
甲状腺	0.29	0.88	2.81
骨，結合組織	1.25	0.56	0.32

〔UNSCEAR, 1994〕

生はもともと男性のほうが高い（男性/女性比1.76）から，放射線で誘発された白血病の絶対件数は男性がうわまわっている（絶対過剰リスクの女性/男性比0.68）のに，過剰相対リスクでみると関係が逆転している（女性/男性比1.21）．

　すべてのがんを総計すると，放射線発がんの相対リスクは男性より女性がほぼ20％ほど高い．これは放射線感受性が男性と女性とで異なるのではなく，ホルモンなどの影響によると考えられる．

第8章　放射線による発がんと遺伝的影響

iii）　遺伝的背景

人はそれぞれにみな違った遺伝子構成をもっている．放射線感受性に関係する遺伝子に違いがあると，放射線発がんの発生率にも影響してくる可能性がある．毛細血管拡張性失調症（AT，5・5節参照）という遺伝病は数十万人に一人というまれな劣性遺伝病で，患者は放射線に高感受性になる（劣性遺伝病の患者であるからアレルの構成は *aa* である）．劣性の病因変異をヘテロにもつ人（*Aa*）はヘテロ保因者[⑦]とよばれ，見かけ上は健常人と区別はないが，病因変異をまったくもたない人にくらべて放射線感受性が少し高いという研究結果がある．

ATのヘテロ保因者の頻度はヒト集団の中で0.5～数％にのぼるといわれ，けっして無視できないものである．これが放射線発がんにも影響するとなると，保因者の発がんリスクは高くなる．遺伝的背景の研究は始まったばかりであり，将来さらにあきらかになるだろう．

8・3・3　そのほかの因子

発がんの過程にはイニシエーションとプロモーションとがある．放射線がイニシエーターとなった場合に，これにプロモーターを作用させると発がん率はさらに上昇する．体内のホルモンは一種のプロモーターとしてはたらくことがあるが，発が

解説 ⑦

劣性遺伝病ではヘテロ（*Aa*）の人は見かけ上，病気ではないが，異常なアレル *a* をもっており，*Aa* どうしのあいだには病気（*aa*）の子供ができる可能性がある．*Aa* の人のことをヘテロ保因者（heterozygous carrier）または保因者という．

表8・6　放射線発がんリスクを修飾する因子

臓器部位/がん	集　団	因　子	リスクへの主因子の影響	放射線被ばくとの相互作用
女性乳がん	LSS集団	若年時の第1子満期妊娠	減少	相乗的
	LSS集団	複数回出産	減少	相乗的
	LSS集団	長期授乳歴	減少	相乗的
	ニューヨーク乳腺炎シリーズ	第1子出産と関連	増加	—
	マサチューセッツ結核透視シリーズ	第1子出産時の被ばく年齢	増加(有意でない)	—
肺・気管支がん	LSS集団	喫煙歴	増加	相加的
	米国ウラン採鉱夫	喫煙歴	増加	相加的より相乗的に近い（有意でない）
皮ふ基底細胞がん	LSS集団	皮ふの日光に被ばくした部分と覆われた部分の比較		相加的
	ニューヨーク頭部白癬シリーズ	白人と黒人の比較	白人患者で高い	相乗的
肝臓がん	LSS集団	C型肝炎感染	増加	きわめて相乗的
女性乳がん	LSS集団と欧米人集団との比較	集団における発生率	米国人の発生率は日本人の発生率の4倍以上	相加的
胃がん	LSS集団と米国消化性潰瘍患者群の比較	集団における発生率	日本人の発生率は米国人の発生率の12倍以上	相加的よりは相乗的（有意でない）

〔注〕　LSS（life span study）：原爆被ばく者の寿命調査研究
〔ICRP Publication 99〕

8・4 放射線による遺伝的影響

ん率に性差がみられるのは男女の間でホルモンの状態が違うからかもしれない. 放射線による皮ふがんの発生に対して紫外線が, ラドン内部被ばくによる肺がんの発生に対して喫煙がプロモーターとしてはたらくといわれている. 国民集団やライフスタイルの違いも発がんに影響する因子である.

表8·6に放射線発がんリスクを修飾する因子の具体例を示す. 女性乳がんに対しては出産や授乳歴, 肺・気管支がんに対しては喫煙歴, 皮ふがんに対しては紫外線被ばくが発がんリスクを左右していることがわかる. また, 女性乳がんと胃がんでは, 集団間（米国人と日本人）の差が顕著である. 国民に特有のライフスタイルの中に, 発がんのプロモーターや, 逆にこれを抑制する因子が含まれているからであろう.

8・4 放射線による遺伝的影響

放射線発がんについては, おもに被ばく者集団の疫学調査に基づいて発がんリスクが推定されてきた. 遺伝的影響に関する疫学調査もおこなわれているが, えられる情報は少ない. 遺伝的影響[8]に関しては, マウスなどを用いた動物実験のデータが重要な情報源となっている. 放射線発がんの場合とは, この点が異なっている. 発がんと遺伝的影響はどちらも確率的影響であるが, 標的となる器官が異なる. 発がんの場合には人体を構成するさまざまな器官・組織が標的となり, また器官や組織によって発がんリスクが異なる. 遺伝的影響の場合には生殖組織が唯一の標的である.

8・4・1 遺伝的影響の種類

遺伝的影響とは, 生殖細胞に突然変異がおこり, それが子供に伝わってあらわれる影響のことである. 発がんの場合と同様に, 遺伝的影響にも自然発生があり, 放射線で誘発されたものと区別できない. ヒトの遺伝疾患については第1章（1・3節参照）で, 突然変異については第5章（5・3節参照）で説明した. ヒトの遺伝疾患のベースライン頻度を**表8·7**に示す.

解説 ⑧
「遺伝的影響」は "heritable effects" または "hereditary effects" の訳語である. 同じ「遺伝的」をあらわす "genetic" と区別するために, 「遺伝性影響（子孫の世代に伝わる影響）」という用語が使われることもある.

表8·7 ヒトの遺伝疾患のベースライン頻度

疾患のクラス	1万人あたりの頻度	
	UNSCEAR, 1993	UNSCEAR, 2001
メンデル性		
常染色体優性	95	150
常染色体劣性	25	75
X連鎖	5	15
染色体性	40	40
多因子性		
先天異常	600	600
慢性疾患	6,500	6,500

〔注〕 慢性疾患は集団における頻度, それ以外は出生生児における頻度
〔UNSCEAR, 2001〕

ヒトの遺伝的影響のリスクを推定する場合には, 動物実験のデータが参考にされることが多い. なかでも代表的なのは, マウスの**「特定座位検定法」**である. 特定座位検定法の原理を**図8·5**に示す. この方法では, 常染色体劣性の突然変異を検出することができる. まず, ある遺伝子についてホモの変異体（*aa*）の雌のマウスをあらかじめ準備する. このマウスは毛の色などが正常のマウスと違うので区別で

第8章　放射線による発がんと遺伝的影響

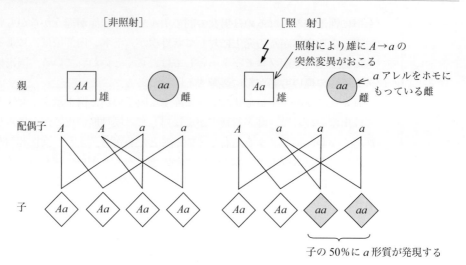

図8・5　マウスを用いた特定座位検定法の原理
Aとaは常染色体上のアレルでAが優性である．あらかじめ劣性ホモの雌（aa）をつくっておき，これに照射した正常の雄をかけあわせる．雄はもともとAAであり，照射によって$A→a$の突然変異がおこると，その子孫に突然変異体（aa）が出現する．その頻度から雄の生殖細胞での突然変異率を推定することができる．

きる．これに正常な雄マウス（AA）をかけあわせて子供をつくらせる．雄の生殖細胞に突然変異がおこらなければ，できる子供はすべてヘテロ（Aa）で子供は見かけ上すべて正常である．雄に放射線をあびせ，その生殖細胞に$A→a$の突然変異がおき，aアレルをもつ精子が受精してできた子供はホモの変異体（aa）となって母マウスと同じ形質があらわれる．子供にあらわれた変異体の数から雄の生殖細胞での突然変異率を推定することができる．

　この検定法で調べることのできる遺伝子は限定されており，たとえば7座位システムでは，a（non-agouti），b（brown），c（chinchila），d（dilute），p（pink-eyed dilution），s（piebald），se（short ear）などの遺伝子座位が解析の対象になる．

8・4・2　実験動物における遺伝的影響

　放射線がつぎの世代に遺伝的影響を及ぼすことは，ショウジョウバエ[9]を使った実験であきらかにされた．マラー（Muller）のこの発見は，突然変異を人為的につくることができることを証明した画期的なものである．

　放射線による遺伝的影響の研究は，ショウジョウバエやムラサキツユクサ[10]などでさかんにおこなわれた．ところが，ヒトが放射線を被ばくした場合の遺伝的影響を知るためには，植物や昆虫よりヒトに近いほ乳類を用いた実験がのぞましい．1950年代以降は，ほ乳類の中でも，とくにマウスを用いた遺伝的影響の研究がさかんになった．遺伝的影響を調べる実験は数多くの動物を使い，多くの労力と時間を要するものである．たとえばマウスの特定座位検定法では，自然突然変異率を推定するための対照群だけでも100万匹近いマウスが必要になる．遺伝的影響の指標としては，優性致死突然変異，劣性致死突然変異，優性可視突然変異，劣性可視

解説⑨
小型のハエの一種．ショウジョウバエというとキイロショウジョウバエ（*Drosophila melanogaster*）を指すことが多い．遺伝学や発生学で使われる代表的なモデル生物である．

解説⑩
ムラサキツユクサ（*Tradescantia*）はツユクサ科に属する単子葉類の植物で，雄しべの毛の色の変化などを指標にして放射線の遺伝的影響を調べるためのモデル生物として使われる．

8・4　放射線による遺伝的影響

表8・8　放射線誘発突然変異率の推定に用いられるマウスの実験系

実験系	座位の数	平均誘発突然変異率/座位・Gy $(\times 10^5)$	調べた座位の名称
7座位システム（劣性可視突然変異） （3 Gy，6 Gy，X線またはγ線急照射）	7	3.03	*a* : non-agouti ; *b* : brown ; *c* : chinchilla ; *d* : dilute ; *p* : pink-eyed dilution ; *s* : pie-bald ; *se* : short ear
6座位システム（劣性可視突然変異） （6 Gy，X線急照射）	6	0.78	*a* : non-agouti ; *bp* : brachypodism ; *fz* : fuzzy ; *ln* : leaden ; *pa* : pallid ; *pe* : pearl
生化学的座位（劣性，酵素活性喪失） （3＋3 Gy，照射間隔24時間；X線）	12	0.70	*Ldh1, Tpi, Gpi1, Pgk, G6pd1, G6pd2, Pk, Gr, Mod1, Pgam, Gapdh, Ldr*
生化学的座位（劣性，酵素活性喪失） （3 Gy，3＋3 Gy，照射間隔24時間，6 Gy；X線）	32 32 32	1.64 0.67 0.24	*Acy1, Car2, G6pd1, Ggc, Es1, Es3, Gpi1, Hba, Hbb, Idh1, Ldh1, Ldh2, Mod1, Mod2, Np1, Pep2, Pep3, Pep7, Pgm1, Pgm2, Pgm3, Pk3, Trf*（他の座位は未確認）
生化学的座位（劣性，酵素活性喪失） （3＋3 Gy，照射間隔24時間；X線）	4	1.24	*Hba. Hbb, Es3, Gpi1*
優性可視（*Sl, W, Sp, T*）（X線）	4	0.44	*Sl* : Steel ; *W* : Dominant spotting ; *Sp* : Splotch ; *T* : Brachyury
平均（重み付けなし）		$8.74/8 = 1.09 \times 10^{-5}$/座位・Gy	

〔UNSCEAR，2001〕

突然変異などがある．致死突然変異とは，胎児が死亡するような突然変異で，マウスの場合にはうまれる子供の数（腹子数）の減少としてみとめられる．

　可視突然変異とは，骨格異常，眼や体毛の色の異常などの目にみえる異常で，生死にはかかわらない．このような可視突然変異のうち劣性の突然変異を検出するためのひとつの方法が特定座位検定法である．動物実験ではこのような点突然変異だけではなく，異数性，相互転座などの染色体異常も調べられてきた．

　遺伝的リスクの推定に使われるのは，マウスの劣性可視突然変異を検出する実験系である．7個の座位を用いた特定座位検定法（前述）が代表的である．生化学的な方法で酵素活性を調べることによって劣性突然変異を検出する実験系もある．**表8・8**に，誘発突然変異率の推定に用いられるマウスの実験系を示す．

8・4・3　遺伝的影響の出現に影響する因子

　突然変異率に影響する物理的・生物学的因子はつぎのとおりである．

i) 物理的因子

　生殖細胞には，その成熟過程にいくつかの段階があり，雄と雌とでは成熟過程も異なる．物理的因子のひとつである線量率の影響も，生殖細胞の段階や雌雄で大きく異なる．一般的にはつぎのようなことがいえる．

　低線量率照射のほうが高線量率照射よりも効果が低いという線量率効果がみられるが，その効果は雄よりも雌ではっきりしている．遺伝的リスクの推定には，特定座位検定法でえられるDDREF値「3」が使われる．中性子などの高LET放射線の

第8章　放射線による発がんと遺伝的影響

RBE は細胞致死と同様に高い.

ii)　生物学的因子

生物学的因子のうち種差，生殖細胞のステージについて説明する.

マウスの実験結果を重要視する理由は，昆虫よりもマウスのほうが系統上，ヒトに近いからである. 放射線による突然変異率をマウスとショウジョウバエとでくらべると，マウスのほうが高い傾向にある. 突然変異率は生殖細胞のステージ（成熟段階）にも影響される. 生殖細胞のステージにともなう感受性の変動は，細胞死と突然変異とでは大きく異なる. 第7章でも学んだとおり，細胞死については，雄では精原細胞の時期に感受性が高い. これに対して，突然変異に関しては精子に分化する前段階の精細胞の時期がもっとも感受性が高い. ただし，遺伝的リスクの推定には，精原細胞のステージにおける突然変異率のデータが使われる.

8·4·4　ヒトにおける遺伝的影響

現在までに 6,000 種類以上のヒトの遺伝病が知られているが（1·3·6 項参照），放射線によって特定の遺伝病の発生率が増加したという，あきらかな事例はこれまでに知られていない. しかし，ヒトが放射線に被ばくしても遺伝的影響がおこらないということではなく，現在の検出法を用いるかぎりは，いまのところ検出できていないということである.

被ばくしたヒト集団を対象とした調査も進められている. たとえば，原爆被ばく者の子孫については，死産，出生児の体重，先天性異常，小児期の死亡率，白血病の発生，出生時の男女比，電気泳動法[11]を用いた赤血球や血清タンパク質の突然変異などを指標にして，突然変異率の推定が試みられている.

8・5　遺伝的影響のリスク

遺伝的影響のリスクは，マウスをはじめとする実験動物のデータに依存するところが大きい. リスクの推定法には直接法と間接法がある. 間接法によるリスク推定では「倍加線量」という概念が用いられる.

8·5·1　倍加線量

直接法では，放射線による誘発突然変異率を実験によって直接的に推定する. 照射実験のできる実験動物では直接法による推定ができるが，照射実験のできないヒトの場合には，倍加線量を使った間接法によってリスクを推定する.

倍加線量（doubling dose）とは，ある 1 世代に自然発生する突然変異と同数の突然変異を生じさせるに必要な線量のことである. 倍加線量は，遺伝的影響に関する放射線感受性を比較するときに使われる. 倍加線量が「大きい」とは，倍の数の突然変異を生じさせるためのより多くの線量を必要とするから，「感受性が低い」ということである. 逆に，倍加線量が「小さい」とは，「感受性が高い」ということである. ヒトの遺伝的リスクを考える場合には，倍加線量として「1 Gy」という値が使われている.

解説 ⑪
電荷をもつ物質が電場の中で移動することを利用した分離法のひとつ. タンパク質や核酸などをゲルの中で電気泳動すると，分子の大きさに応じて分離することができる.

8·5·2　倍加線量の推定

　従来はマウスの実験系（おもに7個の座位を用いた特定座位検定法，前述）から推定した倍加線量を用いてきた．新しいリスク推定（UNSCEAR 2001，ICRP 2007年勧告）では，自然突然変異率についてはヒト，誘発突然変異率についてはマウスのデータを用いて，倍加線量を推定している．

表8·9　ヒトの常染色体優性遺伝疾患にかかわる遺伝子座位における自然突然変異率

疾　患	推定値		
	座位の数	突然変異率 $(\times 10^{-6})$	選択係数
軟骨無形成症（achondroplasia）	1	11.0	0.8
遺伝性エナメル質形成不全症（amelogenesis imperfecta）	1	1.0	0
無虹彩（aniridia）	2	3.8	0.1
アペール症候群（Apert syndrome）	1	3.5	0
盲（blindness）	9	10.0	0.7
白内障，若年性（cataracts, early onset）	30	6.0	0.3
口蓋裂（cleft lip）	1	1.0	0.2
聾唖（deaf mutism）	15	24.0	0.7
象牙質形成不全症（dentinogenesis imperfecta）	2	1.0	0
ハンチントン病（Huntington disease）	1	5.0	0.2
高コレステロール血症（hypercholesterolaemia）	1	20.0	0
マルファン症候群（Marfan syndrome）	1	5.0	0.3
多発性外骨腫（multiple exotoses）	3	7.7	0.3
筋強直性ジストロフィー（myotonic dystrophy）	1	18.0	0.3
神経線維腫症（neurofibromatosis）	2	70.0	0.5
骨形成不全症（osteogenesis imperfecta）	2	10.0	0.4
大理石骨症（osteopetrosis）	1	1.0	0.2
耳硬化症（otosclerosis）	1	20.0	0
腸ポリポージス（polyposis of intestine）	1	10.0	0.2
嚢胞腎（polycystic kidney disease）	2	87.5	0.2
ポルフィリン症（porphyria）	2	1.0	0.05
一次性頭蓋底陥入症（primary basilar impression）	1	10.0	0.2
希少疾病，若年性（rare disease, early onset）	50	30.0	0.5
網膜芽細胞腫（retinoblastoma）	1	8.7	0.5
球状赤血球症（spherocytosis）	1	22.0	0.2
結節性硬化症（tuberous sclerosis）	2	8.0	0.8
総　計	135		
座位あたりの平均値		2.95 ± 0.64	0.294

〔UNSCEAR, 2001〕

第 8 章　放射線による発がんと遺伝的影響

表8・10　マウス遺伝子座位ごとの誘発突然変異率

座　位	誘発突然変異率 ($\times 10^{-5}/\text{Gy}$)	標準誤差 ($\times 10^{-5}$)
pa	0	0
pe	0	0
G6pd1	0	0
G6pd2	0	0
Ldh2	0	0
Ldr	0	0
Pgk1	0	0
Tpi	0	0
Hba2	0	0
Hbb1	0	0
Hbb2	0	0
Gapdh	0	0
Pk	0	0
Mod1	0	0
Sp	0.04	0.04
W	0.15	0.12
Gpi	0.33	0.33
a	0.45	0.24
T	0.45	0.18
ln	0.67	0.67
Ldh1	0.97	0.69
se	0.97	0.33
Sl	1.31	0.51
bp	1.34	0.95
Es3	1.67	1.67
Hba1	1.67	0.67
c	1.90	0.48
Gr	2.19	1.40
b	2.35	0.52
fz	2.68	1.34
p	2.93	0.56
d	3.14	0.62
Pgam	3.91	1.93
s	7.59	0.89
平均（X線急照射）	1.08	0.30
慢性照射	0.36	0.10

〔UNSCEAR, 2001〕

解説⑫
突然変異率の変化率（$\Delta m/m$）が有病率の変化率（$\Delta P/P$）としてあらわれる程度を示す指標．MCはつぎの式の比例定数である．
$(\Delta P/P) = $ MC$\times(\Delta m/m)$

解説⑬
生存力や生殖力の低下によって，次世代への遺伝が選択（淘汰）をうけて減る度合いを示す係数．正常個体のようには選択の影響をまったくうけない場合は，選択係数 s が 0，適応度（$w = 1 - s$）は 1 となる．逆に，強い選択をうけてまったく伝わらない場合，選択係数は 1，適応度は 0 となる．

解説⑭
マウスの実験系は，放射線で誘発される突然変異体を効率よく検出できるシステムになっているが，ヒトの場合には，たとえ突然変異がおこっても，これを具体的な遺伝疾患として検出（回収）できない可能性がある．マウスとヒトとのあいだのこのような差異を補正するために導入した指標が PRCF．自然突然変異や誘発突然変異の分子的性質などを考慮して推定される．

表8・9 は，自然突然変異率の推定に用いられたヒトのデータである．26 種類の常染色体優性疾患にかかわる 135 個の座位における突然変異率をもとに，$(2.95 \pm 0.64)\times 10^{-6}$/座位/世代という値がえられている．

表8・10 は，放射線による誘発突然変異率の推定に用いられたマウスのデータである．34 種類の遺伝子座位における突然変異率をもとに，$(0.36 \pm 0.10)\times 10^{-5}$/座位/Gy という値がえられている．

表8・9 と表8・10 の値を使って，平均値どうしの単純な割り算で倍加線量を計算してみると，$(2.95 \times 10^{-6}) \div (0.36 \times 10^{-5}) = 0.82$〔Gy〕となる．この値（$0.82 \pm 0.29$ Gy）が新たに算定された倍加線量である．算定の根拠が異なるとはいえ，これまで採用されてきた倍加線量（1 Gy）と近い値である．ICRP 2007 年勧告では，1 Gy という倍加線量が引き続き使われている．

8・5・3 遺伝的リスクの推定

ヒト集団における遺伝疾患のベースライン頻度（表8・7）と，1 Gy という倍加線量に基づいて，放射線による遺伝的影響のリスクを推定したものが**表8・11**である．第 1 世代（被ばくした個体の子供の世代）あるいは第 2 世代（さらにその子供の世代）に，1 Gy あたり 100 万人あたりどれくらいの疾患があらたに出現するかという推定値が示してある．

推定値（第 1 世代，第 2 世代のそれぞれの欄に記載されている値）はつぎの式で計算される．

リスク推定値 ＝ $P \times (1/DD) \times$ MC $\times$ PRCF

ここで，P は疾患のクラスごとのベースライン頻度で，表8・7で示した値と同じである．$1/DD$ は倍加線量（1 Gy）の逆数，つまり 1 である．MC（mutation component）は，突然変異成分⑫というパラメーターで，疾患のクラス・世代によって異なった値をとる．たとえば，「常染色体優性および X 連鎖，第 1 世代」の場合には「0.3」という値を使う．この数値（0.3）は，表8・9の最下段にある選択係数⑬の平均値（0.294）と対応している．「常染色体劣性」の MC は「0」である．これは，たとえ劣性突然変異が誘発されても，被ばく直後の世代で劣性形質がすぐにあらわれてこないことに対応している．PRCF（potential recoverability correction factor）は，潜在的回収能補正係数⑭といって，疾患のクラスによって異なる値である．

それぞれの値を計算で導いてみよう．

「常染色体優性および X 連鎖，第 1 世代」については，「$P = 16{,}500 \times 10^{-6}$，MC $= 0.3$，PRCF $= 0.15 \sim 0.30$」の値をあてはめて，

リスク値 $= 16{,}500 \times 10^{-6} \times 1 \times 0.3 \times (0.15 \sim 0.30)$
$= 750 \sim 1{,}500$/100 万人・Gy

となる．第 2 世代については，MC に別の値（MC $= [1 - (1 - 0.3)^2]$）をあてはめて，

リスク値 $= 16{,}500 \times 10^{-6} \times 1 \times [1 - (1 - 0.3)^2] \times (0.15 \sim 0.30)$
$= 1{,}300 \sim 2{,}500$/100 万人・Gy

となる．「常染色体劣性」については，MC $= 0$ なので，リスク値も 0 である．

第8章　放射線による発がんと遺伝的影響

表8・11　連続被ばくによる遺伝的リスクの推定値（低 LET，低線量または慢性照射，倍加線量を 1 Gy と仮定）

疾患のクラス	ベースライン頻度（出生生100万人あたり）	1 Gy あたり・子孫100万人あたりのリスク	
		第1世代	第2世代
今回 (UNSCEAR, 2001) の推定値			
メンデル性 　常染色体優性およびX連鎖 　常染色体劣性	16,500 7,500	〜750 から 1,500 0	〜1,300 から 2,500 0
染色体性	4,000	*	*
多因子性 　慢性疾患 　先天異常	650,000 60,000	〜250 から 1,200 〜2,000	〜250 から 1,200 2,400 から 3,000
合計	738,000	〜3,000 から 4,700	3,950 から 6,700
ベースラインに占めるパーセントであらわした1 Gy あたりのリスク		〜0.41 から 0.64	0.53 から 0.91
参考：(UNSCEAR, 1993) の推定値			
メンデル性 　常染色体優性およびX連鎖 　常染色体劣性	10,000 2,500	〜1,500 〜5	〜2,800 〜5
染色体性	4,000	240	100
多因子性 　慢性疾患 　先天異常	650,000 60,000	推定せず 推定せず	推定せず 推定せず
合計	726,500		

〔注〕 ＊：一部は常染色体優性およびX連鎖，一部は先天異常に含まれると仮定；「連続被ばく」ではなく「1世代被ばく」による遺伝的リスクの推定値はつぎのようになる．常染色体優性およびX連鎖の第2世代：〜500 から 1,000；先天異常の第2世代：400 から 1,000；合計：1,150 から 3,200；ベースラインに占めるパーセントであらわした1 Gy あたりのリスクの第2世代：0.16 から 0.43；それ以外の数値はすべて「連続被ばく」の場合と同じ．
〔UNSCEAR, 2001〕

　「多因子性　慢性疾患，第1世代」については，「$P = 650{,}000 \times 10^{-6}$，MC = 0.02，PRCF = 0.02 〜 0.09」の値をあてはめて，

$$リスク値 = 650{,}000 \times 10^{-6} \times 1 \times 0.02 \times (0.02 \sim 0.09)$$
$$= 250 \sim 1{,}200/100万人 \cdot Gy$$

となる．第2世代でも MC 値が同じなので，第1世代と同じ値になる．

　「先天異常」については，骨格異常・白内障・その他の先天異常の誘発率に関するマウスの実験データからえられた「20×10^{-4}/配偶子・Gy」という値をそのまま採用している．第1世代で影響のあるもののうち 20 〜 50% がこれを次世代に伝えると仮定するので，第2世代については，

$$リスク値 = [(0.2 \sim 0.5) \times 2{,}000] + 2{,}000 = 2{,}400 \sim 3{,}000/100万人 \cdot Gy$$

となる．

　さいごに，トータルの遺伝的リスクは，合計欄の 3,950 〜 6,700/100万人・Gy（$= 0.40 \sim 0.67 \times 10^{-2}$/Gy）の平均値をとって，$0.54 \times 10^{-2}$/Gy となる．ただし，これは「生殖年齢集団」を対象とした値なので，全集団に対する推定値は，これに 0.4 をかけて（生殖年齢である 30 歳までにうける線量は全線量の 40%；30/

$75 = 0.4$) $0.22 \times 10^{-2}/\mathrm{Gy}$ となる．これは，ICRP 2007年勧告で採用されている，遺伝的影響の名目リスク係数の値（$0.2 \times 10^{-2}/\mathrm{Sv}$）に対応している．

◎ ウェブサイト紹介

放射線影響研究所

https://www.rerf.jp

　　　研究所のおこなってきた放射線疫学調査の情報がある．

がん情報サービス

http://ganjoho.jp/public/cancer

　　　国立がん研究センターのがん情報サービス．各種がんの解説，がん用語集，統計データなどがある．

米国の国立バイオテクノロジー情報センター（NCBI）

https://www.ncbi.nlm.nih.gov

　　　英語であるが，ゲノム，遺伝子などバイオテクノロジーに関する多くの情報にふれることができる．文献検索もできる．

OMIM（On Line Mendelian Inheritance In Man）

https://www.ncbi.nlm.nih.gov/omim

　　　ヒトのメンデル遺伝オンラインのサイトで（NCBIにリンク），ヒトの遺伝疾患に関する情報が検索できる．

◎ 参考図書

草間朋子，甲斐倫明，伴　信彦：放射線健康科学，杏林書院（1995）

草間朋子：あなたと患者のための放射線防護Q&A（第2版），医療科学社（1997）

安田徳一：放射線の遺伝影響，裳華房（2009）

BEIR (Committee on the Biological Effects of Ionizing Radiation) : Health Risks form Exposure to Low Level of Ionizing Radiation (BEIR VII PHASE 2), National Academy Press (2006)

ICRP : The 2007 Recommendation of the International Commission on Radiological Protection, Publication 103, Annals of the ICRP, Vol. 37, Nos. 2-4 (2007)

訳書　日本アイソトープ協会：国際放射線防護委員会の2007年勧告，丸善（2009）

ICRP : Low-Dose Extrapolation of Radiation Related Cancer Risk, Publication 99, Annals of the ICRP, Vol.35, No.4 (2005)

訳書　日本アイソトープ協会：放射線関連がんリスクの低線量への外挿，丸善（2011）

UNSCEAR (United Nations Scientific Committee on the Effects of Atomic Radiation) : Source and Effects of Ionizing Radiation, UNSCEAR 2000 Report to the General Assembly with Scientific Annexes, (Annex G : Biological effects at low radiation doses ; Annex I : Epidemiological evaluation of radiation-induced cancer)(2000)

UNSCEAR (United Nations Scientific Committee on the Effects of Atomic Radiation) : Source and Effects of Ionizing Radiation, UNSCEAR 2001 Report to the General Assembly with Scientific Annexes, (Annex : Hereditary effects of radiation)(2001)

UNSCEAR (United Nations Scientific Committee on the Effects of Atomic Radiation) : Source and Effects of Ionizing Radiation, UNSCEAR 2006 Report to the General Assembly with Scientific Annexes, (Annex A : Epidemiological studies of radiation and

第8章 放射線による発がんと遺伝的影響

cancer)（2006）

◎ 演習問題

問題1 A〜Eの事項ともっとも関連の深い語句を，イ〜ホの中からひとつずつ選べ.

1) A. 放射性ヨー素　　　　　　　　　イ. 骨がん
   B. トロトラスト　　　　　　　　　ロ. 皮ふがん
   C. 紫外線　　　　　　　　　　　　ハ. 甲状腺がん
   D. 鉱山病　　　　　　　　　　　　ニ. 肺がん
   E. ラジウムダイアルペインター　　ホ. 肝臓がん

2) A. DDREF　　　　　　　　　　　　イ. 培養細胞
   B. LQモデル　　　　　　　　　　　ロ. 線量率効果
   C. 倍加線量　　　　　　　　　　　ハ. 特定座位検定法
   D. 常染色体劣性突然変異　　　　　ニ. 白血病
   E. トランスフォーメーション　　　ホ. 間接法

問題2 つぎの文のうち正しいものには○，誤っているものには×をつけよ.

A. 高線量率，1回照射の場合，放射線はおもに発がんイニシエーターとしてはたらく.

B. 新生児期で被ばくすると，成人期で被ばくするよりがんになりやすい.

C. 甲状腺は放射線でがんになりにくい器官である.

D. 放射線による固形がん誘発の線量効果関係はLモデルによくあてはまる.

E. 放射線発がんでもっとも潜伏期の短いのは白血病である.

F. 遺伝的影響に関するDDREFは1より小さい.

G. 遺伝的影響で放射線の標的となるのは生殖組織である.

H. ヒトでの遺伝的影響を調べるのに用いられるのが特定座位検定法である.

問題3 放射線発がんで潜伏期がもっとも短いのはどれか.

1. 乳がん
2. 肺がん
3. 甲状腺がん
4. 白血病
5. 結腸がん

問題4 放射線による遺伝的影響に関するつぎの記述のうち，誤っているのはどれか.

1. 遺伝的影響は確率的影響のひとつである.
2. 精子は精原細胞よりも突然変異が誘発されやすい.
3. 倍加線量法は遺伝的影響を単位線量あたりの誘発率で示す方法である.
4. 同一線量では，倍加線量の値が小さいほど突然変異頻度が高くなる.
5. 生殖細胞の突然変異は遺伝的影響の原因となる.

問題5 原爆被ばく者の調査で，統計的に有意な発がんリスクの上昇がみられる器官の組合せはどれか.

A　子宮
B　乳房
C　肺
D　前立腺

1　AとB　　2　AとC　　3　BとC　　4　BとD　　5　CとD

問題6 表8・2と表8・5を参考にしてつぎの問いに答えよ.

1) 放射線発がん率は高いが，死亡率の低いがんをひとつあげよ.

2) 女性における自然発生率が男性より高く，放射線でも誘発されやすいがんを

ふたつあげよ.

3) 自然発生率と放射線による誘発率がともに女性より男性で高いがんをふたつ
あげよ.

問題7 特定座位検定法を用い，X線の急照射をおこなって誘発突然変異率を調べた．自
然突然変異率は 8×10^{-6}/座位，誘発突然変異率は 2×10^{-7}/座位/0.01 Gy であっ
た．低線量率での倍加線量はいくらか．ただし，DDREF を 3 として計算せよ.

問題8 放射線発がんの相対リスクと絶対リスクの違いを説明せよ.

問題9 放射線発がんのリスクを修飾する物理的因子と生物学的因子について説明せよ.

問題10 マウスを使って放射線による突然変異を検出するための実験系について説明
せよ.

Chapter 9

第9章

放射線障害の防護

9・1 放射線防護の歴史

9・2 放射線防護で用いられる用語と単位

9・3 ICRP勧告

9・4 放射線障害防止法

9・5 放射線防護に関係するその他の法令

第9章
放射線障害の防護

本章で何を学ぶか

　　放射線防護とは，放射線が人体に与える有害な影響を防止する，あるいはなるだけ少なくするための手だてのことである．放射線の有害な影響から完全に無縁でありたいのは事実であるが，わたしたちの現代化された生活を可能にしている医療やさまざまな産業で放射線が不可欠なものである以上，どうしても対応策を考えなければならない．X線が発見されてから100年以上のあいだ，多くの人々が知恵をしぼって現実的な対応策を考えてきた．今日では，ICRPをはじめとするいくつかの国際的な組織が，放射線障害に関する彪大な資料をもとにして，放射線防護をおこなうための具体的な指針を提供している．わが国を含めて多くの国が，この指針を参考にして放射線防護のための法令をつくり，安全の確保をめざしている．X線が発見されてまもない20世紀の初頭にくらべると，われわれは放射線からの有害な影響をなんとか制御できる状況まできているといえる．

　　本章では，放射線防護の歴史的なあゆみ，基本的な考え方，わが国における放射線防護法令について学ぶ．

9・1　放射線防護の歴史

　　大昔から放射線はいつもわれわれの環境に存在してきた．たとえば宇宙から，大地から，あるいは体内からも放射線はでている（第10章参照）．ところが，われわれが放射線の存在を知ることになったのは，19世紀の終わりごろ，すなわちX線が発見されてからである．そのころから，人はこれをうまく利用することによって飛躍的に技術を進歩させてきた．ところが放射線には，きわめて有用ではありながら，人体には有害でもあるという二面性がある．放射線防護では，放射線の有用な側面を過度に制限しないように考慮しながらも，人体への有害な影響を防ぐという，ぎりぎりのレベルをめざさなければならない．

9・1・1　放射線防護とは

　　放射線の防護に特化した学問分野がある．「保健物理学（health physics）」は，もともと核兵器の製造にともなう放射線障害の防護を調べるために米国でうまれたものである．名称のとおり，物理学の視点から放射線防護を研究する分野であるが，いまでは，レーザーやマイクロ波などの非電離放射線も研究対象になっている．「放射線管理学」では，放射線源の管理や取り扱い，測定器による放射線量の測定やモニタリング，個人被ばくの管理など，放射線防護の実際的な側面を扱う．くわしくは，本シリーズ中の『放射線安全管理学』を参照していただきたい．

　　ICRPの1959年勧告をみると，放射線防護について「放射線の被ばくは，個人に身体的障害，その子孫に遺伝的障害をもたらす．身体的障害を防止または最小にとどめ，集団の遺伝的素質の劣化を最小にするのが放射線防護の目的である」と書かれている．この勧告は，ICRPの刊行物としては第1巻（ICRP Publication 1）

9・1 放射線防護の歴史

にあたる．ここには決定臓器，許容線量などいくつかの概念の定義，人体や各臓器の最大許容線量[①]の数値が示されている．「作業条件に関する一般原則」として，管理区域，放射線サーベイ・モニタリング，健康管理など具体的な手引きも示されている．

解説①
ICRP勧告で用いられていた用語で，ある期間内に蓄積されてもよい最大の線量である．1977年勧告からは線量限度という用語になり，単位はレムからシーベルトになった．

9・1・2　20世紀初期の放射線障害

数百年のむかしから，放射線障害は存在した．ドイツの鉱山地域の「鉱山病」は，鉱石に含まれるラドンによる肺がんである．ところが，その原因をみつけて予防策を講じることはなかった．放射線による障害は，X線の発見とその実用化にともなって認識されるようになったものである．

放射線の危険性は，最初からクローズアップされていたわけではなかった．実際，レントゲンは夫人の手を透視してX線の特性を調べているし，キュリー夫人と娘のイレーヌは，放射性物質からの過剰な被ばくのために白血病で亡くなったといわれる．

X線は，人体や物体を透過するという不思議な性質から，あらゆる用途に応用できる文明の利器だと考えられていた時代がある．美容のための脱毛，靴の寸法あわせ，自分の手を透視して客にみせる見世物もあった．医学においても，当初はあらゆる疾患の治療への利用が考えられた．たとえば，1920年代の日本語の医学書には，湿疹，水虫，神経痛，ぜんそく，結核なども治療対象とされていた．

防護措置がないために，医師の被ばくが多かった．X線による皮ふがんがはじめて報告されたのは，1902年（ドイツ）である．レントゲンがん，X線がんという言葉も使われた．

初期のX線は透過性が低く，皮ふの障害が中心であったが，1920年代から透過性の高いX線が使われはじめると，体内が被ばくすることになり，骨髄の障害すなわち白血球の減少や貧血，そして白血病の誘発が問題視されるようになった．ICRPの前身であるIXRPC（9・1・3項参照）が1928年に組織されて安全対策が講じられるようになると，1930年代をピークに医師の被ばくは減少した．ところが，1950年代にいたるまで，X線は胸腺の肥大，頭部の白癬，強直性脊椎炎[②]などの治療に使われつづけ，甲状腺がんや白血病の原因となった．

解説②
英語ではanky-losing spondyli-tis．脊椎と仙腸関節がおかされる病気．関節に骨炎ができ，炎症がおさまった部位が骨化して，骨強直をおこす．

9・1・3　放射線防護の歴史

X線が1895年に発見されると，医学利用をはじめとして，さまざまな用途に使われるようになった．X線の使用にともなう副作用は，最初は皮ふから，やがては骨髄障害や白血病としてあらわれることになった．X線発見の翌年には，米国の医師会がX線による障害を危惧する考えを示し，1898年には，英国のレントゲン協会がデータ収集を開始した．

X線の強さを計測するのに，皮ふ紅斑線量（単位はH，3Hで皮ふに軽い紅斑ができる）や，X線の写真作用を利用して，感光紙の黒化度を白から黒まで10等分して「X」という単位が使われたこともある．「レントゲン」という単位も存在していたが，いろいろな定義があって統一性がなかった．

大きな転機となったのは1928年である．**国際X線単位委員会**が，放射線の単位

第 9 章　放射線障害の防護

解説③
ICRP の姉妹団体で，放射線の単位と測定の基準を検討する委員会．放射線防護で用いられる諸量は ICRU で検討されたものである．

を「**レントゲン**」と定義し，小文字の「r（roentgen）」が単位となった．この委員会は，現在では **ICRU**③（**国際放射線単位測定委員会**，International Commission on Radiation Units and Measurement）とよばれる．ちなみに，「レントゲン」の単位「r」は，1960 年代に大文字の「R」にかわった．

同じ 1928 年に，放射線防護のための国際組織で ICRP の前身にあたる **IXRPC**（**国際 X 線・ラジウム防護委員会**，International X-ray and Radium Protection Commission）が発足した．IXRPC は，勧告（X 線・ラジウム防護の国際勧告）を 1928 年，1934 年，1937 年の 3 回にわたって刊行している．

IXRPC は 1950 年に改組されて，現在の **ICRP**（**国際放射線防護委員会**，International Commission on Radiological Protection）となった．ICRP は 1950 年から現在までに，いわゆる ICRP 勧告（Recommendation of ICRP）を 8 回刊行している．また「勧告」以外にも，放射線防護に関連する刊行物（Publication）を順次刊行しており，2018 年現在で Publication の数は 139 である．Publication の第 1 巻（Publication 1）は，ICRP としては 3 番目の勧告（ICRP1959 年勧告）にあたる．もっとも新しい勧告は ICRP2007 年勧告（Publication 103）である．**図 9・1** に，放射線防護の歴史を示す．

9・2　放射線防護で用いられる用語と単位

放射線防護では，人体への影響を考慮した特別な線量が使われる．よく知られているのは「**シーベルト（Sv）**」である．ICRP 勧告で使われてきた線量をふりかえると，ICRP1950 年勧告の時点ではレントゲン（r）とキュリー（c）単位（1960 年代に大文字の「Ci」となる）が使われていた．1955 年勧告以降は，吸収線量（ラド rad）に RBE をかけた「**レム（rem）**」が，1977 年勧告からはレムのかわりにシーベルト（Sv, sievert）が使われるようになって現在にいたる．1 シーベルトは 100 レムに相当する．

9・2・1　放射線障害の区分

放射線障害の区分については，第 3 章（3・3 節参照）と第 7 章（7・1・1 項参照）で解説したが，ここでは放射線防護の観点からもういちどとりあげる．放射線障害では，さまざまな名称（たとえば「障害」と「影響」，「晩発」と「後期」）が混在してまぎらわしいが，本書でどのように統一しているかについては，巻末の「放射線生物学基本用語集」をみていただきたい．

放射線の影響が，被ばくした本人にあらわれるのが「**身体的影響**」，本人ではなくてその子孫にあらわれるのが「**遺伝的影響**」である．ICRP 勧告では早くからこの区分が使われている．

放射線の影響が，被ばく後早い時期にあらわれるのが「**早期障害**」，被ばくから長期間のあとであらわれるのが「**後期障害**」である．ICRP1966 年勧告（Publication 9）によると，被ばく後 2 〜 3 週間以内にあらわれるのが早期障害，数十年の潜伏期をもつのが後期障害である．ICRP2007 年勧告（Publication 103）では，「確定的影響」の中での区分として，被ばく後数時間から数週間のうちにお

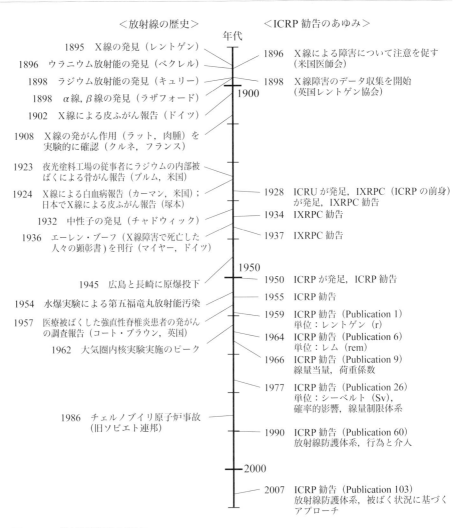

図9・1　放射線防護の歴史
　図の左には，20世紀初期の放射線障害，放射線上の発見とその年代を示す．図の右には，放射線防護の指針となるICRP勧告の刊行年代を示す．

こるのが早期障害，数か月から数年の潜伏期をもつのが後期障害としている．

　「確率的影響」という概念は，ICRP1977年勧告（Publication 26）から使われている．「その重篤度ではなくその影響のおこる確率がしきい値のない線量の関数とみなされる」影響である．これに対して，「非確率的影響」は，「その影響の重篤度が線量の大きさとともにかわるもので，そのためしきい値がありうる」影響である．非確率的影響は，ICRP1990年勧告（Publication 60）から「確定的影響」という名称になった．

　ICRP1990年勧告には，わかりやすい定義が書かれている．被ばくによって組織・臓器内のかなりの細胞が死んだり，機能が妨げられたりすると，臓器機能が喪失する．機能の喪失は，影響をうけた細胞の数が増加するほど重大なものになる．これが「**確定的影響**（deterministic effect）」である．「確定的」は「先立つ事象により，原因として確定されている」を意味する．

第9章 放射線障害の防護

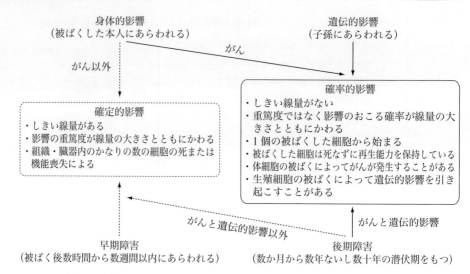

図9・2　放射線障害の区分
　　　　放射線障害は，三つの観点からそれぞれふたつの群に区分される．障害があらわれる個体による区分（身体的影響と遺伝的影響），潜伏期の長さによる区分（早期障害と後期障害），放射線防護の立場からの区分（確定的影響と確率的影響）である．図はこれら相互の関係をあらわしている．

　被ばくした体細胞が依然として再生能力を保持し，最終的にがんになるかもしれない細胞クローンを生ずることがある．遺伝情報を被ばくした者の子孫に伝える機能をもつ生殖細胞が，まちがった遺伝情報を伝えて子孫の一部に重大な障害を引き起こすことがある．1個の被ばくした細胞から始まることのあるこれらの身体的影響および遺伝的影響を，「**確率的影響**（stochastic effect）」とよぶ．**図9・2**に放射線障害の区分を示す．

9・2・2　等価線量と放射線加重係数

　低い線量域での放射線防護は，主として放射線発がんと遺伝的影響すなわち「確率的影響」に対する防護に関係している．このため，放射線防護のための線量を定義し計算するには，確率的影響が念頭におかれている．
　等価線量（equivalent dose）$H_{T,R}$ は，特定の臓器・組織（T）における，ある放射線（R）の吸収線量 $D_{T,R}$ に，この放射線のRBE（生物学的効果比）をあらわす係数（w_R）をかけたもの（$H_{T,R} = w_R \times D_{T,R}$）である．この係数を**放射線加重係数**（radiation weighting factor）という（**表9・1**）．放射線加重係数は，確率的影響に関係する，広範囲の実験でえられたRBEデータに基づいて選定されている．線質が異なる2種類以上の放射線を同時に被ばくした場合には，その臓器・組織のトータルの等価線量 H_T は，それぞれの放射線の等価線量の総和である．

$$H_T = \sum_R w_R \times D_{T,R}$$

　等価線量の単位は，吸収線量と同じ〔J/kg〕で，特別な名称（the special name）はシーベルト（Sv, sievert）である．等価線量は，確率的影響を念頭においているので，比較的高い線量でおこる確定的影響を評価するときには，むしろ吸収線量

9・2　放射線防護で用いられる用語と単位

表9・1　放射線加重係数（ICRP2007年勧告）

放射線のタイプ	放射線加重係数 w_R
光子	1
電子[注1]とミュー粒子	1
陽子と荷電パイ粒子	2
アルファ粒子，核分裂片，重イオン	20
中性子	中性子エネルギーの連続関数[注2]

〔注1〕　オージェ電子については特別の注意が必要.
〔注2〕　中性子エネルギー E_n（MeV）によって異なる連続関数を適用. $w_R = 2.5 + 18.2\exp[-\{\ln(E_n)^2/6\}]$（$E_n < 1\,\text{MeV}$ の場合）；$w_R = 5.0 + 17.0\exp[-\{\ln(2E_n)^2/6\}]$（$1\,\text{MeV} \leqq E_n \leqq 50\,\text{MeV}$の場合）；$w_R = 2.5 + 3.25\exp[-\{\ln(0.04E_n)^2/6\}]$（$E_n > 50\,\text{MeV}$の場合）
〔ICRP Publication 103〕

グレイ（Gy）（高LET放射線の場合には適切なRBEで加重して）を使用すべきだとされる．ところがICRP勧告では，目の水晶体と皮ふの確定的影響を想定した「組織に対する線量限度」に等価線量（Sv）が使われている．その理由は，確定的影響のRBE値は確率的影響の w_R よりも常に低いと考えられるため，影響を過小評価することはないと判断されるからである．

9・2・3　実効線量と組織加重係数

　人体すべての臓器・組織にわたって等価線量を合計したものが，**実効線量**（effective dose）である．ところが，確率的影響の確率と等価線量の関係は，照射された臓器・組織によって異なるので，これを考慮したうえで合計する必要がある．特定の臓器・組織の確率的影響に対する感受性をあらわす係数 w_T を**組織加重係数**（tissue weighting factor）という（**表9・2**）．実効線量は，特定の臓器・組織Tの等価線量 H_T に w_T をかけ，さらに全身の臓器・組織にわたって合計したものである．

$$E = \sum_T w_T \times H_T = \sum_T w_T \times \left(\sum_R w_R \times D_{T,R}\right)$$

等価線量がすでに放射線加重係数 w_R で加重された吸収線量であり，これをさらに組織加重係数 w_T で加重した総和が実効線量なので，実効線量は「二重に加重された」吸収線量であるといえる．実効線量の単位は，等価線量と同じ〔J/kg〕，特

表9・2　組織加重係数（ICRP2007年勧告）

組織	w_T	Σw_T
骨髄（赤色），結腸，肺，胃，乳房，残りの組織[注1]	0.12	0.72
生殖腺	0.08	0.08
膀胱，食道，肝臓，甲状腺	0.04	0.16
骨表面，脳，唾液腺，皮ふ	0.01	0.04
合計		1.00

〔注1〕　残りの組織：副腎，胸郭外（ET）領域，胆囊，心臓，腎臓，リンパ節，筋肉，口腔粘膜，膵臓，前立腺（♂），小腸，脾臓，胸腺，子宮/頸部（♀）
〔ICRP Publication 103〕

205

第 9 章　放射線障害の防護

別な名称はシーベルト（Sv）である．等価線量の場合と同様に，実効線量は防護の基準量なので，疫学的な評価や被ばくした個人の遡及的な調査などには，吸収線量を使用すべきだとされる．

9・2・4　内部被ばくに関係する線量

内部被ばくの線量を評価するには，体内に取り込まれた放射性核種の長期間にわたる線量の集積を考慮する必要がある．そのための，補助的な線量計測量が預託線量（committed dose）である．

預託等価線量（committed equivalent dose）$H_T(\tau)$ は，ある時間 t での等量線量率 $\dot{H}_T(t)$ を被ばく期間（τ）で積分したものである．集積する期間は，通常は 50 年，幼児と子供では 70 歳までとする．

$$H_T(\tau) = \int_t^{t+\tau} \dot{H}_T(t)dt$$

預託等価線量を組織加重係数で加重し，全身にわたって総和したのが，**預託実効線量**（committed effective dose）$E(\tau)$ である．

$$E(\tau) = \sum_T w_T \times H_T(\tau)$$

9・2・5　集団に関係する線量

等価線量や実効線量は，個人の被ばくに関するものである．ある線源に被ばくしたあるグループ（i）の平均線量（$\overline{H}_{T,i}$ または $\overline{E}_i$）にそのグループの人数（N_i）をかけることによって，その線源に被ばくした人数を考慮に入れるのが集団線量である．集団がふたつ以上の副集団からなる場合は，その合計をとる．**集団等価線量**（collective equivalent dose）S_T，**集団実効線量**（collective effective dose）S は，つぎの式であらわされる．単位は**人・シーベルト**〔man·Sv〕である．

$$S_T = \sum_i \overline{H}_{T,i} \times N_i$$

$$S = \sum_i \overline{E}_i \times N_i$$

放射線防護の分野では，集団実効線量は，おもに職業被ばくとの関連で用いられ，ある作業をある期間操業した作業者の個人実効線量の合計として計算される．集団実効線量は，たとえば大集団への微量の被ばくがもたらすがん死亡率の推定のような，疫学的研究やリスク推定の手段として用いるのは適切ではないとされている．

9・2・6　線量預託

放射性核種が環境に放出されると，放射性崩壊によって失われるまで環境中に存在し，将来にわたって被ばくを引き起こす．このような場合の被ばくを評価するための計算方法が**線量預託**（dose commitment）である．線量預託 E_C は，環境中への放射性核種の放出をともなうある特定の事象による，1 人あたりの線量率 $\dot{E}(t)$ を無限時間にわたって積分したものである．将来における 1 人あたりの年間最大線量率の推定値をあたえる．

206

9・3　ICRP勧告

$$E_C = \int_0^\infty \dot{E}(t)dt$$

9・2・7　実用量

　放射線の防護量である等価線量と実効線量は，実際には測定することができない．このため，線量の評価には**実用量**（operational quantities）が用いられる．ここでは，4種類の実用量を解説する．

　エリアモニタリング④について実効線量を評価する実用量は，**周辺線量当量**（ambient dose equivalent）$H^*(10)$ である．ここで，「10」は深さ10 mmをあらわす．透過性の低い放射線については，**方向性線量当量**（directional dose equivalent）$H'(d, \Omega)$ を用いる．通常は，d = 0.07 mmとして $H'(0.07, \Omega)$ が用いられる．

　個人モニタリング⑤については，**個人線量当量**（personal dose equivalent）$Hp(d)$ という実用量がある．実効線量の評価には深さ d = 10 mmでの $Hp(10)$，皮ふや手足の等価線量の評価には深さ d = 0.07 mmでの $Hp(0.07)$ が用いられる．線量が低く，被ばくが全身に均等である場合には，個人線量計をその個人の被ばくを代表する部位に装着すれば，$Hp(10)$ の値が実効線量の値を提供するとされている．**表9・3**に放射線防護に関係する諸量の一覧を示す．

9・3　ICRP勧告

　ICRPは，放射線防護の基本原則に関する指針や情報を提供する国際的な組織である．ICRPはある間隔をおいて「勧告」を刊行してきた．ICRPの勧告は，最新で信頼のおけるデータに基づいてその内容が更新される．ICRPの設立以来，トータル8回の勧告（前身にあたるIXRPCも含めると11回）が刊行されている．強制力はないが，わが国をはじめ多くの国が，この勧告を放射線防護のための法令の指針にしている．

9・3・1　ICRP勧告における放射線防護の原則

　もっとも新しい勧告でのべられている放射線防護の原則は「正当化」，「最適化」，「線量限度」の三つのキーワードで示される．

　「**正当化**」は，放射線は正当な理由がある場合にだけ用いられるべきである，という意味である．意味のある用途に使われる場合には，放射線を使うことを不当に制限しない，という意味も含まれる．放射線をまったく使わなければ，放射線障害の心配もなくなる．ところが，われわれが健康で現代的な生活をするには，どうしても放射線がいる．たとえば，医療で放射線が使われる場合には，被ばくのデメリットより，診断で疾病が発見され，あるいは治療で疾病が軽減されるメリットが大きければ正当ということになる．

　「**最適化**」は，同じメリットを達成するにしても，最適の手順をふむべきという意味である．たとえば，装置の使用方法，操作技術を改善するようにつとめれば，同じメリットをえるための被ばく線量は減少する．

解説④
管理区域などの作業環境における被ばく線量を管理するための線量測定．

解説⑤
放射線業務従事者などの被ばく線量を測定し，その結果を評価して必要な措置を講じること．

第9章◇放射線障害の防護

207

第9章　放射線障害の防護

表9・3　放射線防護に関係する諸量

項目	解説
吸収線量, D absorbed dose	電離放射線によって与えられる平均エネルギー（$\mathrm{d}\bar{\varepsilon}$）を物質の質量（$\mathrm{d}m$）で割った値．$D = \mathrm{d}\bar{\varepsilon}/\mathrm{d}m$．単位 J/kg．特別な名称はグレイ（Gy）．
線量当量, H dose equivalent	臓器・組織中のある点における吸収線量 D と線質係数 Q をかけたもの．単位 J/kg．特別な名称はシーベルト（Sv）．
線質係数, Q quality factor	放射線の線質による RBE の違いを特徴づける係数．吸収線量（D）にかけて線量等量（H）を求めるために用いられる．放射線加重係数（w_R）に相当する係数として用いられていた．いまでも実用線量当量の計算では引き続き用いられている．
等価線量, H_T equivalent dose	臓器・組織（T）が放射線（R）からうける平均吸収線量（$D_\mathrm{T,R}$）に放射線加重係数（w_R）をかけ，これをすべての放射線について総和したもの．$H_\mathrm{T} = \sum_\mathrm{R} w_\mathrm{R} \times D_\mathrm{T,R}$．単位 J/kg．特別な名称はシーベルト（Sv）．
放射線加重係数, w_R radiation weighting factor	放射線（R）の RBE を反映させるための係数．臓器・組織（T）の吸収線量にかけて，等価線量（H_T）を求めるために用いられる．確率的影響の RBE に基づく．
実効線量, E effective dose	臓器・組織（T）の等価線量（H_T）に組織加重係数（w_T）をかけ，これを人体のすべての臓器・組織について総和したもの．$E = \sum_\mathrm{T} w_\mathrm{T} \times H_\mathrm{T}$．単位 J/kg．特別な名称はシーベルト（Sv）．
組織加重係数, w_T tissue weighting factor	人体影響における臓器・組織（T）の相対的寄与を反映させるための係数．臓器・組織の等価線量（H_T）にかけて，実効線量（E）を求めるために用いられる．すべての臓器・組織の w_T を総和すると1になる．確率的影響における寄与度をあらわす．
預託等価線量, $H_\mathrm{T}(\tau)$ committed equivalent dose	放射性物質を摂取後，特定の臓器・組織における等価線量率の時間積分．τ は摂取後の年．
預託実効線量, $E(\tau)$ committed effective dose	預託等価線量と適切な組織加重係数をかけたものを人体のすべての臓器・組織について総和したもの．τ は摂取後の年．預託期間は成人50年，子供70歳まで．
集団実効線量, S collective effective dose	特定の期間に，特定の線源に被ばくした特定の集団の平均実効線量にその集団の人数をかけたもの．単位 J/kg．特別な名称は人・シーベルト（man·Sv）．
線量預託, Ec dose commitment	環境中への放射性核種の放出をともなう事象において，1人あたりの線量率 $E(t)$ を無限時間にわたって積分したもの．将来における1人あたりの年間最大線量率の推定値をあたえる．
周辺線量当量, $H^*(10)$ ambient dose equivalent	エリアモニタリングにおいて実効線量を評価するための実用量．ICRU によって定義されたもので，$H^*(10)$ は ICRU 球[⑥]の10 mm の深さでの線量当量．
方向性線量当量, $H'(\mathrm{d}, \Omega)$ directional dose equivalent	低透過放射線のエリアモニタリングにおいて用いられる実用量．$H'(\mathrm{d}, \Omega)$ は ICRU 球の方向 Ω，深さ d での線量当量．
個人線量当量, $H\mathrm{p}(\mathrm{d})$ personal dose equivalent	個人モニタリングにおいて用いられる実用量．人体上の指定された点の下の適切な深さ d における ICRU（軟）組織中の線量当量．
記録線量, $H\mathrm{p}(10)$ dose of record	個人線量当量の測定値と，作業者の個人モニタリングと計算によって決定された預託実効線量の合計によって評価される作業者の実効線量．記録，報告，線量限度遵守のために作業者にわりあてられる．

〔ICRP Publication 103 より抜粋〕

解説 ⑥

人体組織を模擬した，密度1 g/cm³，直径30 cm の人体軟組織等価球体モデル．

「**線量限度**」は，防護を最適化するにあたって，被ばく線量の上限を設定して，これにしたがうことである．

ICRP勧告では，被ばくのカテゴリーとして「職業被ばく」，「公衆被ばく」，「患者の医療被ばく」の三つを区分している．放射線防護の三つの原則のうち，「正当化」と「最適化」は，すべてのカテゴリーに適用される．「線量限度」は，「職業被ばく」と「公衆被ばく」のふたつに適用される．

ICRPの基本理念は当初からかわらないが，新しい勧告がでるたびに，内容が少しずつかわっている．そのあゆみをふりかえってみよう．ICRP1959年勧告（Publication 1）からICRP1966年勧告（Publication 9）までは，放射線影響のタイプとして「身体的影響」と「遺伝的影響」のふたつのカテゴリーをもうけていた．ICRP1977年勧告（Publication 26）からは「確率的影響」というカテゴリーが導入され，防護の目的が「非確率的影響を防止し，確率的影響の確率を容認できるレベルまで制限する」になった．どのような被ばくも「正当化」できなければならないこと，被ばくは「合理的」に達成できるかぎり低く（as low as reasonably achievable：ALALA）たもつこと，うける線量は特定の「限度」をこえないこと，などがのべられている．この勧告の考え方は「**線量制限体系**」とよばれる．また，線量単位としてシーベルト（Sv）が用いられるようになった．放射線作業者の線量限度は年間50 mSv（5 rem），公衆の線量限度はその10分の1で5 mSvとなった．公衆の線量限度は，いまの線量限度（1 mSv）の5倍にあたる．

9·3·2　ICRP1990年勧告

ICRP1990年勧告（Publication 60）は，現時点でわが国や多くの国が，放射線防護に関する法令の指針としている勧告である．これまでの勧告と異なるのは，いくつかの新しい用語と概念が導入されたこと．基本的な枠組みが1977年勧告の「線量制限体系」から「**放射線防護体系**」になったこと．線量限度がかわったこと，また内容が「主文」と複数の付属書にわかれたこと，などである．

人体影響は，「確率的影響」と「確定的影響」に区分された．被ばくのカテゴリーは「職業被ばく」，「医療被ばく」，「公衆被ばく」に区分され，それぞれカテゴリーで防護の基準が異なる．線量計測量は，9·2節でのべた「等価線量」と「放射線荷重係数」，「実効線量」と「組織荷重係数」が使われた．ちなみに，この勧告では，"weighting factor" の訳語として「加重」ではなく「荷重」が用いられている．

実効線量限度は以前より低く設定された．職業被ばくについては，いかなる1年間にも50 mSvはこえるべきではないという付加条件つきで，5年間の平均値が年あたり20 mSv（5年間で100 mSv），公衆被ばくについては，1年間に1 mSvが実効線量限度である．

線量限度が低くなったというだけでなく，算出の根拠も異なる．1977年勧告では，「放射線とは関連のない事故死の率との比較」で線量限度がきめられた．これに対して，1990年勧告では，全就労期間の総実効線量があるレベルをこえないことを基準に算出した．年実効線量の試行値として10 mSv，20 mSv，30 mSv，50 mSvの四つの試行値から算出される生涯線量は，それぞれ0.5 Sv，1.0 Sv，

第9章 放射線障害の防護

1.4 Sv, 2.4 Sv になる. これを確率的影響による死亡確率などのデータとつきあわせた結果, 生涯線量としては 1.0 Sv が妥当であると結論した.

1990 年勧告では, ほかに「線量拘束値」,「行為」と「介入」,「潜在被ばく」などの用語・概念が導入された. **表9・4** に ICRP1990 年勧告の概要を示す.

表9・4　ICRP1990年勧告の概要

タイトル（章）	概要
緒言（第1章）	・委員会の歴史, 委員会勧告の発展. ・勧告書の目的, 委員会勧告の適用範囲.
放射線防護に用いられる諸量（第2章）	・基本的な線量計測量：放射線荷重係数と等価線量, 組織荷重係数と実効線量. ・補助的な線量計測量：預託実効線量, 集団実効線量など.
放射線防護の生物学的側面（第3章）	・放射線の影響として「変化（有害または無害）」,「損傷（細胞などの有害な変化, 個人には有害とはかぎらない）」,「障害（個人か子孫にあらわれる有害な影響）」,「損害（障害の確率, 重篤度, 発現時期を組み合わせた複雑な概念）」を区分.「リスク」は特定の定義をもつ用語としては使用せず. ・確定的影響, 個人または子孫における確率的影響, 出生前被ばくの影響などについて記載.
放射線防護の概念的な枠組み（第4章）	・放射線防護体系の基本的な枠組みを,「行為」と「介入」というふたつの概念を軸にして展開.
提案された行為と継続している行為に対する防護体系（第5章）	・「行為」に対する防護体系について記載. ・3種類の被ばく形態（職業被ばく, 医療被ばく, 公衆被ばく）のそれぞれにおける, 防護体系（正当化, 最適化, 線量限度）の適用について記載.
介入における防護体系（第6章）	・「介入」における防護体系について記載. ・被ばく源と被ばく経路がすでに存在しており, 可能な措置が「介入」のみである状況について記載. 住居におけるラドン, 過去の採鉱による放射性残留物, 事故, 緊急時などが該当.
委員会勧告の履行（第7章）	・委員会の勧告を, それぞれの国や組織でどのように運用すべきかについて記載. ・作業の場所や条件, 線量算定, 記録の保存などの規制・管理についての具体的な指針について記載.
勧告の要約	・勧告の内容のコンパクト（日本語訳では12ページ）な要約.
付属書A　放射線防護に用いられる諸量	・基本的な線量計測量（放射線荷重係数と等価線量, 組織荷重係数と実効線量）と補助的な線量計測量（預託実効線量, 集団実効線量など）について解説. ・環境モニタリング, 個人モニタリングについて解説.
付属書B　電離放射線の生物影響	・分子・細胞レベルでの放射線作用のメカニズム, 確定的影響, 確率的影響（発がん, 遺伝的影響）についての学術的情報を解説.
付属書C　放射線の影響の重要性を判断するための基礎	・「リスク」という用語についての詳細な検討. ・放射線発がんにおける相加モデルと相乗モデルにおけるリスク係数,「リスク」をあらわすさまざまな量（寄与がん死亡確率, 寿命損失, 平均余命の損失など）について検討.
付属書D　委員会刊行物のリスト	・IXRPC による 1928 年の勧告から, ICRP Publication 61 (1991) まで, IXRPC と ICRP の刊行物のリスト.

〔ICRP Publication 60 より抜粋〕

9・3・3 ICRP2007年勧告

ICRP2007年勧告（Publication 103）は，もっとも新しいICRP勧告である．わが国の法令への導入については，原子力規制委員会内の放射線審議会で検討されている．基本的な考え方はICRP1990年勧告とかわっていない．

放射線防護の目的は「確定的影響を防止し，確率的影響のリスクを合理的に達成できる程度に減少させることである」と書かれている．放射線防護体系の三つの基本原則は「正当化」，「防護の最適化」，「線量限度の適用」である．

放射線加重係数（訳語は「荷重」から「加重」になった）については陽子と中性子の数値がかわり，荷電パイ中間子が追加された．陽子と荷電パイ中間子は，航空機の乗務員や宇宙飛行士が遭遇することを想定したものである．中性子の数値は，エネルギーに対する連続関数となった．

組織加重係数については，臓器・組織の種類と一部の臓器・組織の数値がかわった．理由のひとつは，1990年勧告では，放射線で誘発される「致死がん」と「すべての将来世代」における遺伝的影響を想定して評価していたが，2007年勧告では，放射線発がんの「罹患率」と「最初の2世代」にわたる遺伝的影響を想定したからである．**図9・3**と**図9・4**に1977年勧告と2007年勧告との加重係数の対照表を示す．

1977年勧告では，線量を加える「**行為**」と線量を減らす「**介入**」というふたつの概念をもうけて放射線防護体系を展開していたが，2007年勧告ではこれにかえて，「**放射線被ばく状況に基づくアプローチ**」を用いている．被ばく状況には「**計画被ばく状況**」，「**緊急時被ばく状況**」，「**現存被ばく状況**」の三つがある．被ばくのカテゴリーは，これまでと同様に「職業被ばく」，「公衆被ばく」，「患者の医療被ばく」の三つに区分している．**表9・5**に三つの被ばく状況を示す．**表9・6**に三つのタイプの線量制限（線量限度，線量拘束値，参考レベル）と被ばく状況のタイプおよび被ばくのカテゴリーとの関連を示す．**表9・7**にICRP2007年勧告の概要を示す．

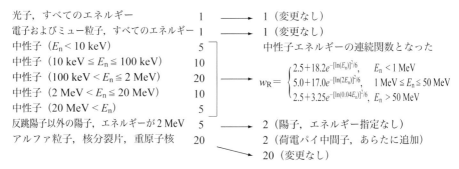

図9・3 放射線加重係数（ICRP1990年勧告と2007年勧告の比較）
中性子の放射線加重係数がステップ関数から連続関数になった．陽子の放射線加重係数がかわり，放射線のタイプとして荷電パイ中間子が追加された．

第 9 章　放射線障害の防護

組織加重係数　w_T

ICRP1990 年勧告		ICRP2007 年勧告
生殖腺	0.20 ⟶	0.08
骨髄（赤色）	0.12 ┄┄	0.12
結腸	0.12 ┄┄	0.12
肺	0.12 ┄┄	0.12
胃	0.12 ┄┄	0.12
膀胱	0.05 ⟶	0.04
乳房	0.05 ⟶	0.12
肝臓	0.05 ⟶	0.04
食道	0.05 ⟶	0.04
甲状腺	0.05 ⟶	0.04
皮ふ	0.01 ┄┄	0.01
骨表面	0.01 ┄┄	0.01
唾液腺	⟶	0.01（あらたに追加）
残りの臓器・組織	0.05 ⟶	0.12
（10 種類）		（14 種類）

```
変更のないものは
┄┄┄┄┄┄
変更のあるものは
⟶
で表示
```

副腎	┄┄┄┄┄┄	副腎
脳	⟶	0.01（残りの臓器・組織から除外）
大腸上部	⟶	除外（結腸と統合）
小腸	┄┄┄┄┄┄	小腸
腎臓	┄┄┄┄┄┄	腎臓
筋肉	┄┄┄┄┄┄	筋肉
膵臓	┄┄┄┄┄┄	膵臓
脾臓	┄┄┄┄┄┄	脾臓
胸腺	┄┄┄┄┄┄	胸腺
子宮	┄┄┄┄┄┄	子宮／子宮頸部（♀）

「残りの臓器・組織にあらたに追加されたもの」
胸郭外（ET）領域，胆嚢，心臓，リンパ節，
口腔粘膜，前立腺（♂）の 6 種類

図 9・4　組織加重係数（ICRP1990 年勧告と 2007 年勧告の比較）
リスクの再評価によって遺伝的影響の名目リスク係数が減少し，
生殖腺の組織加重係数が減少した．乳房の組織加重係数が上昇
し，「残りの臓器・組織」の内容がかわるとともに組織加重係数
が上昇した．

表 9・5　三つの被ばく状況（ICRP2007 年勧告）

被ばく状況	解説
計画被ばく状況 planned exposure situations	線源の計画的な導入と操業にともなう被ばく状況．廃止措置，放射性廃棄物の処分，以前の占有地の復旧を含む．発生が予想される被ばく（通常被ばく）と発生が予想されない被ばく（潜在被ばく[⑦]）の両方を生じさせることがある．
緊急時被ばく状況 emergency exposure situations	線源の計画的な操業を運用中に，または悪意ある行動や予想しない状況から発生する可能性のある，緊急の対策を必要とする被ばく状況．
現存被ばく状況 existing exposure situations	管理に関する決定をしなければならない時点ですでに存在する被ばく状況．自然バックグラウンド放射線やICRP勧告の範囲外で実施されていた過去の行為の残留物を含む．緊急事態のあとの長期被ばく状況を含む．

〔ICRP Publication 103 より抜粋〕

解説 ⑦
英語では potential exposure．確実に生じるとは予想できないが，線源の事故や機器の故障，操作上の過失などによって生じるおそれのある被ばく．

9・3　ICRP勧告

表9・6　三つのタイプの線量制限（線量限度，線量拘束値，参考レベル）と被ばく状況のタイプおよび被ばくのカテゴリーとの関連（ICRP2007年勧告）

被ばく状況のタイプ	被ばくのカテゴリー		
	職業被ばく	公衆被ばく	医療被ばく
計画被ばく状況	線量限度 線量拘束値[8]	線量限度 線量拘束値	診断参考レベル[10]注2 （線量拘束値）注2
緊急時被ばく状況	参考レベル[9]注1	参考レベル	該当なし
現存被ばく状況	該当なし注1	参考レベル	該当なし

〔注1〕　緊急時被ばく状況後の長期的な回復作業による被ばく，現存被ばく状況にかかわる長期的な改善作業や現存被ばく状況の影響をうけた場所での長期雇用による被ばくは「計画された職業被ばく」の一部として扱うべきである．
〔注2〕　医療被ばくのうち診断参考レベルは「患者」，線量拘束値は，「介助者，介護者および研究における志願者」に適用される．
〔ICRP Publication 103 より抜粋〕

解説⑧
英語では dose constraint．ある線源からの個人線量に対する線源関連の制限値．その線源に対する防護の最適化における線量の上限値としての役割をはたす．

解説⑨
英語では reference level．緊急時の被ばくや通常のレベルをうわまわる公衆被ばくなどが発生する場合に，線量限度とは別に設定される線量（それをうわまわってはいけない線量）のレベル．その数値は状況によって異なる．

解説⑩
英語では diagnostic reference level．放射線診断で通常用いられる標準的な線量で，放射線診断における防護の最適化の指標となるもの．

表9・7　ICRP2007年勧告の概要

タイトル（章）	概要
緒言（第1章）	・委員会の歴史，委員会勧告の発展． ・勧告の構成（勧告書全体のアウトライン）．
勧告の目的と適用範囲（第2章）	・「勧告の目的」と「勧告の適用範囲」は，ICRP1990では緒言（第1章）に含まれていたもの． ・除外（規制できない被ばく，規制になじまない被ばくを規制外とする）と免除（規制の必要がないものを規制外とする）について記載．
放射線防護の生物学的側面（第3章）	・ICRP1990の第3章と対応．確定的影響，個人または子孫における確率的影響，出生前被ばくの影響などについて記載． ・1回線量または年間線量で約100mSvまでの実効線量による影響に重点をおいて記載．
放射線防護に用いられる諸量（第4章）	・ICRP1990の第2章と対応． ・実効線量推定のための標準ファントム，性別値の平均化について記載．
人の放射線防護体系（第5章）	・ICRP1990の第4章，第5章，第6章と対応． ・「行為と介入」ではなく，三つのタイプの被ばく状況（計画，緊急時，現存）を軸として，三つの被ばくカテゴリー（職業，公衆，医療）における放射線防護体系（正当化，最適化，線量限度）について記載．
委員会勧告の履行（第6章）	・ICRP1990の第7章と対応． ・三つのタイプの被ばく状況（計画，緊急時，現存）のそれぞれについて指針を記載． ・ICRP1990の「介入レベル」，「対策レベル」，「一般参考レベル」は，いずれも「参考レベル」に移行．
患者，介助者と介護者，生物医学研究志願者の医療被ばく（第7章）	・ICRP1990にはなかった項目． ・医学的手法に対する正当化，医療被ばくにおける防護の正当最適化について記載． ・放射性核種による治療をうけた患者の介護者と介助者，志願被験者の放射線防護について記載．
環境の防護（第8章）	・ICRP1990にはなかった項目． ・放射線防護は「人の防護」が基本であるが，ヒト以外の生物種についての防護を考える必要性について言及． ・ヒト以外の生物の放射線防護を考えるさいの「標準動物」，「標準植物」について記載．

第9章◇放射線障害の防護

213

第9章 放射線障害の防護

表9・7 ICRP2007年勧告の概要 (つづき)

タイトル (章)	概要
付属書A 電離放射線の健康リスクに関する生物学的および疫学的情報	・ICRP1990の付属書Bと対応. ・1990年以降に公表された学術的な知見 (学術論文, UNSCEARレポート) をもとにしてICRP1990の付属書Bの内容を再検討. ・1回線量または年間線量で約100 mSvまでの実効線量による影響に着目して組織加重係数や線量・線量率効果係数 (DDREF) を検討.
付属書B 放射線防護に用いられる諸量	・ICRP1990の付属書Aと対応. ・「B.2. 健康影響」では組織加重係数について解説. ・「B.5. 放射線防護におけるさまざまな線量の実際的適用」では標準ファントム, 内部被ばくと外部被ばくにおける換算係数, 被ばくカテゴリー (職業, 公衆, 医療) ごとの推定の手順などについて解説.

〔ICRP Publication 103 より抜粋〕

9・4 放射線障害防止法

放射線同位元素等による放射線障害の防止に関する法律 (以下,「**放射線障害防止法**」と記載する) は, 放射線障害を防止し, 公共の安全を確保するための, わが国の法律である. ここでは, 放射線障害防止法について解説する.

9・4・1 放射線防護に関係する法令

わが国の法令は, 階層構造になっている.「法律」は, 法令の根本的, 原則的な部分をさだめるものであり, よりこまかいこと, 具体的なことは,「政令 (施行令)」,「規則 (施行規則, 総理府令, 省令)」,「告示」などでさだめられる.「法律」は国会で制定される.「政令」は内閣,「規則」と「告示」は各省の大臣が制定する.

放射線障害防止法は,「放射線障害の防止」を中心にすえた唯一の「法律」である. 放射線防護は, 別の「法律」の細則にあたる「規則」のレベルでさだめられていることもある. たとえば, 医療分野における放射線防護については, 医療法の施行規則で, 医療以外の場面ではたらく人たちの放射線防護は, 労働安全衛生法の電離放射線障害防止規則でさだめられている.

9・4・2 放射線障害防止法の歴史

戦後になって, 海外から放射性同位元素が輸入され, 放射線の利用が進展するにともなって放射線障害の防止が問題となり, 放射性物質などの取り扱いについて基準をさだめる必要が生じた. このような状況で, 昭和32年 (1957年) に制定され, 昭和33年 (1958年) から施行されたのが放射線障害防止法である.

その後, 多様化した放射線の利用形態に対応するため, あるいはICRPからそのときどきにだされる勧告の趣旨を取り入れるために, 法律の一部改正や施行令, 施行規則の改正がおこなわれた. 最近では, 平成12年 (2000年) に, ICRP1990年勧告を取り入れて, 施行規則と告示が大きく改定され, 平成13年 (2001年) から施行された. 平成25年 (2013年) には, 原子力規制委員会の設置 (2012年) にともなって, 関係する法令の中の「文部科学大臣」「文部科学省」とある箇所が

9・4 放射線障害防止法

「原子力規制委員会」に,「文部科学省令」とある箇所は「原子力規制委員会規則」にあらためられた.

9・4・3 放射線障害防止法の目的と放射線の定義

放射線障害防止法の目的は,**放射性同位元素**の使用やその他の取り扱い,**放射線発生装置**の使用,放射性汚染物の廃棄などの取り扱いを規制することにより,放射線障害を防止し,公共の安全を確保することである.

この法律が対象とする放射線と放射性同位元素は,その種類や数量がある程度限定されている.たとえば,放射線診断に用いられるエネルギーの低いX線などは対象外である.このような機器は,別の法令である医療法施行規則で規制される.**表9・8**に放射線障害防止法の対象となる放射線と放射性同位元素を示す.

9・4・4 放射線障害防止法に含まれる内容

放射線障害防止法は,60あまりの条文と附則からなり,原則的な点がのべられている.くわしくは施行令,施行規則,告示などを参照しなければならない.たとえば,被ばく線量の上限はどれくらいかなどは「告示」でさだめられている.法律

表9・8 放射線障害防止法の対象となる放射線,放射性同位元素,機器・装置

種別	内容
放射線	・アルファ線,重陽子線,陽子線,荷電粒子線,ベータ線. ・中性子線. ・ガンマ線,特性エックス線(軌道電子捕獲にともなって発生するもの). ・1メガ電子ボルト以上のエネルギーを有する電子線およびエックス線.
密封されていない放射性同位元素	・1種類の場合:1工場または1事業所が所持する数量が「下限数量⑪」および「濃度」(核種ごとに「告示」でさだめられている)をこえる場合に規制の対象. ・2種類以上の場合:核種ごとの数量と濃度の数値に対する割合の「和」が1をこえる場合に規制の対象.
密封された放射性同位元素	・線源1個(1式,1組)あたりの数量が「下限数量」および「濃度」をこえる場合に規制の対象. ・数量または濃度が規定値以下の場合は,数にかかわらず規制の対象外.
放射線障害防止法から除かれる放射性同位元素	・原子力基本法に規定する核燃料物質および核原料物質. ・薬機法に規定する医薬品およびその原料または材料. ・医療法に規定する病院または診療所でおこなわれる薬事法に規定する治験の対象とされる薬物. ・陽電子放射断層撮影に用いられる薬物で,原子力規制委員会が指定するもの. ・薬機法に規定する医療機器で,原子力規制委員会が指定するもの.
放射性同位元素装備機器	・硫黄計その他の放射性同位元素を装備した機器. ・設計認証,特定設計認証が必要.認証条件に合致すれば表示付認証機器,表示付特定認証機器となる. ・特定設計認証機器は,煙感知器,レーダー受信部切替放電管など,放射線障害のおそれのきわめて少ない装備機器.
放射線発生装置	・サイクロトロン,シンクロトロン,シンクロサイクロトロン,直線加速装置,ベータトロン,ファン・デ・グラーフ型加速装置,コッククロフト・ワルトン型加速装置の七つ ・その他荷電粒子を加速することによって放射線を発生させる装置で原子力規制委員会が指定するもの.

解説 ⑪
放射性同位元素で,法令の規制の対象となる最低の数量と濃度.放射線障害防止法,医療規則施行規則などで用いられる用語.

第 9 章　放射線障害の防護

から告示までのすべてをあわせた法令集は 500 ページをこえる厚い冊子である．

　放射線障害防止法の内容は，おおまかに「定義」，「手続き」，「施設の基準」，「取り扱いの基準」，「義務」にわけられる．

　「定義」には，上述の「放射線」の定義のほかに，「人」に関する定義がある．たとえば，許可使用者，届出使用者，許可廃棄業者などは，個人というより事業所の長にあたる．これに対して，放射線作業従事者，見学者，放射線取扱主任者などは個人である．場所の定義には，「管理区域」や「事業所の境界」などがある．

　「手続き」は，主に使用者のレベルの人がおこなうべき手続き（使用の許可，許可の申請，変更の届出など）である．放射線取扱主任者の資格や試験に関する手続きもある．

　「施設の基準」は，使用施設や廃棄施設の建築上の基準，施設にもうけるべき部屋や設備，排気・排水中の放射性物質の数量の制限などである．

　「取り扱いの基準」は，使用，保管，運搬，廃棄の 4 種類の取り扱いが区分され，それぞれに取り扱う場所，手順，放射線の漏えい線量などについてこまかく規制されている．

　「義務」には，施設検査，定期検査，測定，教育訓練，健康診断，危険時の措置などが含まれる．

　こうしてみていくと，一般の人々にはあまり関係がなく，放射線施設，事業所の長や放射線業務に従事する人のことばかりがさだめられているようにみえる．しかし，施設やその責任者あるいは作業従事者のレベルで法令をきちんと守ることが，一般の人々の安全確保につながるのである．**表 9・9** に放射線障害防止法の概要を示す．

表 9・9　放射線障害防止法の概要

項目	概要
定義，数値	・放射線，放射性同位元素，機器，装置の定義：表 9・8 参照． ・法的な手続きをする者：許可届出使用者（許可使用者と届出使用者の総称），特定許可使用者，届出販売業者，届出賃貸業者，許可廃棄業者など． ・放射性同位元素等の取り扱い業務を行う者：放射線業務従事者． ・場所：放射線施設（使用施設，廃棄施設など），管理区域（事業所内の特定の区域）． ・線量限度，濃度限度：表 9・11 参照．
使用開始前の手続	・許可の申請：放射性同位元素または放射線発生装置の使用，廃棄の業． ・届出：一定の数量以下の密封された放射性同位元素の使用，表示付認証機器の使用，販売および賃貸の業． ・放射線予防規程の作成と届出，放射線取扱主任者の選任と届出． ・申請先，届出先は原子力規制委員会．
施設基準	・使用施設：施設の位置，構造，設備について 10 項目． ・貯蔵施設：施設の位置，構造，設備について 7 項目． ・廃棄施設：施設の位置，構造，設備について 10 項目． ・廃棄物埋設地に係る廃棄施設：施設の位置，構造，設備について 5 項目．
取り扱いの基準	・使用の基準． ・保管の基準． ・運搬の基準（事業所内運搬，事業所外運搬）． ・廃棄の基準（事業所内廃棄，事業所外廃棄）．

9・5　放射線防護に関係するその他の法令

表9・9　放射線障害防止法の概要（つづき）

項目	概要
義務	・施設検査：一定規模をこえる施設の設置，変更のさいの検査. ・定期検査：一定規模をこえる施設が定期的（3年または5年）におこなう検査. ・定期確認：一定規模をこえる施設が定期的（3年または5年）におこなう確認 ・測定：場所の測定，被ばく線量の測定，表9・11参照. ・教育訓練：放射線業務従事者が従事前とその後定期的（1年をこえない期間）にうける教育と訓練. 放射線業務従事者ではなくても，管理区域に立ち入る者はうける必要あり. ・健康診断：放射線業務従事者が従事前とその後定期的（1年をこえない期間）におこなう，問診と所定の検査または検診. ・危険時の措置：地震，火災その他の災害時にとるべき措置. 施設内部にいる者の退避，放射線障害をうけた者の救出，汚染の除去，警察官への通報，原子力規制委員会への届出など. ・ほかにも，記帳義務，譲渡し，譲受け，事故届などがある.
その他	・変更：申請した許可や届出の内容を変更する場合の手続き. ・廃止：使用の廃止をおこなう場合の手続き. ・放射性同位元素装備機器：設計認証，認証機器の表示など. ・登録認証機関等：放射性同位元素装備機器の認証，施設検査，定期検査，廃棄物埋設確認，試験確認（放射線取扱主任者試験の実施）など10種類の機関.

9・4・5　放射線障害防止法における防護の基準

　個人の被ばくと関連の深い「線量」についてどうさだめられているのかみてみよう. 測定に用いられる単位は，**1センチメートル線量当量**と**70マイクロメートル線量当量**である. これは実用量（9.2.7項参照）でのべた$Hp(10)$，$Hp(0.07)$にあたる. 線量限度の具体的な数値は，告示（放射線を放出する同位元素の数量等をさだめる件）に示されている. **表9・10**に放射線障害防止法で使われる単位，**表9・11**に線量限度を示す.

9・5　放射線防護に関係するその他の法令

　放射線防護に関係のある法令には，放射線障害防止法のほかに，放射線を扱う場面に応じて，いくつかの法令がある. たとえば，病院や診療所の場合は医療法施行規則，ほかの職種（船員と公務員を除く）は電離放射線障害防止規則の規制をうける. また放射線防護ではないが，放射線を扱う業務の資格に関係する法令もある.

9・5・1　医療法施行規則

　医療法は医療に関係することがらの全般をカバーする法律で，その細則にあたるのが「**医療法施行規則**」である. 医療法施行規則の第24条から第30条までに，放射線防護についての内容がさだめられている. 基本的な原則は放射線障害防止法と同じであるが，異なる部分もある. たとえば，X線発生装置（医療法では「**エックス線装置**」という. 管電圧[12]が10キロボルト以上）は，放射線障害防止法では規制外である. また，診療用放射線照射器具，陽電子断層撮影診療用放射性同位元素のように，医療法に独自の区分がある. **表9・12**に医療法施行規則の概要を示す.

解説⑫
X線管にかける電圧のこと. 管電圧とX線のエネルギーとは異なる. 管電圧50kVのX線のエネルギーはぴったり50keVではなく，50keVより低い値にピークをもち，最大50keVの広い分布を示す.

第9章◇放射線障害の防護

第9章　放射線障害の防護

表9・10　放射線障害防止法で用いられる単位

測定の対象	単位
場所の測定	
放射線の量	・1 cm 線量当量率または 1 cm 線量当量. ・70 μm 線量当量率または 70 μm 線量当量（70 μm 線量当量率が 1 cm 線量当量率の 10 倍をこえるおそれのある場所, 70 μm 線量当量が 1 cm 線量当量の 10 倍をこえるおそれのある場所）.
放射性同位元素による汚染の状況	・Bq/cm^3：排気または空気中の濃度, 排液または排水中の濃度. ・Bq/cm^2：表面密度.
被ばく線量の測定	
外部被ばく	・1 cm 線量当量（H_{1cm}）. ・70 μm 線量当量（$H_{70μm}$）, 中性子線は 1 cm 線量当量（H_{1cm}）. ・外部被ばくの実効線量は H_{1cm}. ・皮ふの等価線量は $H_{70μm}$. ・眼の水晶体の等価線量は H_{1cm} または $H_{70μm}$ のうち適切なほう. ・妊娠中である女子の腹部表面の等価線量は H_{1cm}.
内部被ばく	・誤って吸入または経口摂取したときはただちに摂取量（Bq）を測定. ・放射性核種ごとにさだめられた吸入（または経口）摂取した場合の実効線量係数（mSv/Bq）で実効線量を算出・評価. ・経口摂取以外であれば, 作業室内の空気中濃度と作業時間から摂取量の推定も可.

表9・11　放射線障害防止法における線量限度

場所における放射線の量, 空気中・排気中・排液または排水中濃度, 表面密度	
管理区域	・放射線の量：3 月間につき 1.3 mSv をこえるおそれのある場所. ・空気中濃度：3 月間の平均濃度が限度の 1/10 をこえるおそれのある場所. ・表面密度：表面密度限度の 1/10 をこえるおそれのある場所.
使用施設内の人が常時立ち入る場所	・放射線の量：1 週間につき 1 mSv 以下. ・空気中濃度：濃度限度以下. ・表面密度：表面密度限度以下.
排気設備, 排水設備の能力	・放射線の量：排気中・排液中の濃度を限度以下にできない場合は, 工場または事業所等の境界において 1 年間につき 1 mSv 以下（廃棄施設の基準）. 4 月 1 日を始期とする 1 年間につき 1 mSv 以下（廃棄の基準）. ・排気中または空気中濃度：3 月間の平均濃度が濃度限度以下（排気口）. ・排液中または排水中濃度：濃度限度以下（排水口）. ・表面密度：表面密度限度の 1/10 以下（管理区域の出口）.
工場または事業所の境界	・放射線の量：3 月間につき 250 μSv 以下. ・排気中または空気中濃度：3 月間の平均濃度が濃度限度以下. ・排液中または排水中濃度：3 月間の平均濃度が濃度限度以下.

9・5　放射線防護に関係するその他の法令

表9・11　放射線障害防止法における線量限度（つづき）

放射線業務従事者の被ばく線量限度	
実効線量限度	・100 mSv/5年（平成13年4月1日以降5年ごとに区分した各期間）. ・50 mSv/年（4月1日を始期とする1年間）. ・女子：5 mSv/3月（妊娠不能と診断された者，妊娠の意思のない旨を許可届出使用者または許可廃棄業者に書面で申し出た者，妊娠中の者を除く，「3月」は4月1日，7月1日，10月1日，1月1日を始期とする各3月間）. ・妊娠中の女子の内部被ばく：1 mSv（許可届出使用者等が妊娠の事実を知ったときから出産までの期間）.
等価線量限度	・眼の水晶体：150 mSv/年（4月1日を始期とする1年間）. ・皮ふ：500 mSv/年（4月1日を始期とする1年間）. ・妊娠中の女子の腹部表面：2 mSv（許可届出使用者または許可廃棄業者が妊娠の事実を知ったときから出産までの期間）.
緊急作業に係る線量限度	・実効線量：100 mSv. ・眼の水晶体の等価線量：300 mSv. ・皮ふの等価線量：1 Sv. ・女子については妊娠不能と診断された者，妊娠の意思のない旨を許可届出使用者または許可廃棄業者に書面で申し出た者に限る.

表9・12　医療法施行規則の概要

項目	概要
定義，届出	・機器：エックス線装置（管電圧10 kV以上），診療用高エネルギー放射線発生装置（1 MeV以上の電子線またはエックス線），診療用粒子線照射装置（陽子線，重イオン線），診療用放射線照射装置（一定量をこえる密封された放射性同位元素を内蔵），診療用放射線照射器具（密封された放射性同位元素），放射性同位元素装備機器（特定の密封された放射性同位元素），診療用放射性同位元素，陽電子断層撮影診療用放射性同位元素. ・届出する者：病院または診療所の管理者. ・届出：装置等を設置する前に都道府県知事に届出. エックス線装置の場合は，設置後10日以内.
装置等の防護	・防護の基準がさだめられている装置：エックス線装置，診療用高エネルギー放射線発生装置，診療用粒子線照射装置，診療用放射線照射装置.
構造設備	・構造設備の基準がさだめられている施設等は以下の12種類. ・エックス線診療室，診療用高エネルギー放射線発生装置使用室，診療用粒子線照射装置使用室，診療用放射線照射装置使用室，診療用放射線照射器具使用室，放射性同位元素装備機器使用室，診療用放射性同位元素使用室，陽電子断層撮影診療用放射性同位元素使用室，貯蔵施設，運搬容器，廃棄施設，放射線治療病室.
管理者の義務	・場所について：管理区域，敷地の境界等. ・被ばく防止：放射線診療従事者，患者，患者の入室制限. ・測定：放射線の量と放射性同位元素による汚染の状況の測定について，装置，場所，期間（1月または6月をこえない期間ごとに1回）がさだめられている. ・その他，注意事項の掲示，記帳，事故の場合の措置など.

第9章◇放射線障害の防護

第 9 章　放射線障害の防護

表9・12　医療法施行規則の概要（つづき）

項目	概要
限度	・管理区域：放射線の量：3月間につき 1.3 mSv をこえるおそれのある場所；空気中濃度：3月間の平均濃度が限度の 1/10 をこえるおそれのある場所；表面密度：表面密度限度の 1/10 をこえるおそれのある場所；(放射線障害防止法と同じ). ・病室：3月間につき 1.3 mSv 以下. ・放射線治療病室：画壁の外側が 1週間につき 1 mSv 以下. ・敷地の境界：3月間につき 250 μSv 以下；(放射線障害防止法と同じ). ・放射線診療従事者の実効線量限度, 等価線量限度, 緊急時（緊急放射線診療従事者という）の実効線量限度, 等価線量限度は, いずれも放射線障害防止法と同じ, 表9・11参照.

9·5·2　電離放射線障害防止規則，人事院規則

電離放射線障害防止規則は「**電離則**」という略称でよばれることもある. 労働安全衛生法（労働災害の防止のための法律）の細則にあたる. 放射線業務従事者の安全確保についての内容が大半を占める. 放射線障害防止法では規制外となっている 1 MeV 未満のエネルギーのエックス線も規制の対象になっている. X線装置やγ線装置を取り扱う場合には, 管理区域ごとにエックス線作業主任者, ガンマ線透過写真撮影作業[⑬]主任者を選任することになっている. 放射線障害防止法では対象外となっている核燃料物質を取り扱う業務も含まれている. **表9・13**に電離放射線障害防止規則の概要を示す.

電離放射線障害防止規則では国家公務員と船員が対象外となっている.「**職員の放射線障害の防止（人事院規則 10–5）**」は, 国家公務員を対象とする放射線防護の法令である. 船員の場合には, 船員法に基づく「船員電離放射線障害防止規則」がある.

9·5·3　原子力基本法，原子力規制委員会設置法

原子力基本法は, 放射線防護についてではなく, 原子力利用（原子力の研究, 開発, 利用）の基本原則をさだめた法律である. 原子力基本法では, 五つの用語（原子力, 核燃料物質[⑭], 核原料物質[⑮], 原子炉, 放射線）を定義している. 五つ目の「放射線」が, 放射線障害防止法で定義される「放射線」と同一である. 原子力基本法の第3条には「原子力規制委員会」という項目がある.

原子力規制委員会は, 環境省の外局として設置された. 平成 23 年（2011 年）3月 11 日に発生した東北地方太平洋沖地震にともなう原子力発電所の事故を契機にあきらかとなった, 原子力利用に関係するさまざまな問題点を解消して, 安全の確保をはかるために設置された, という趣旨が「原子力規制委員会設置法」の第1条に書かれている. 放射線障害防止法は, 平成 25 年（2013 年）から原子力規制委員会の所掌となった.

9·5·4　放射線に関係するその他の法令

放射線に関係のあるその他の法令には, 放射線を取り扱う資格に関する法令などがある.「**診療放射線技師法**」は, もとは診療エックス線技師法とよばれていたが,

---

解説 ⑬
工業分野などでの品質検査において, γ線を用いて写真撮影をおこなうこと.

解説 ⑭
原子炉の燃料として使用できるウランとトリウムの化合物, プルトニウムの化合物も含まれる.

解説 ⑮
ウラン鉱, トリウム鉱など, 核燃料物質の原料となるもの.

9・5　放射線防護に関係するその他の法令

表9・13　電離放射線障害防止規則の概要

項目	概要
定義	・放射線の定義：アルファ線，重陽子線，陽子線，ベータ線，電子線，中性子線，ガンマ線，エックス線．放射性同位元素についてはTh（トリウム），U（ウラン），Pu（プルトニウム）も含まれる． ・放射線業務：エックス線装置，サイクロトロン，ベータトロンその他荷電粒子を加速する装置の使用または装置の検査；エックス線管またはケノトロンのガス抜き；放射性物質を装備した機器の取り扱い；放射性物質の取り扱い；原子炉の運転；坑内における核燃料物質の掘採． ・エックス線装置のうち管電圧が10kV以上のものは「特定エックス線」と定義．
放射線防護	・外部放射線の防護：照射筒と濾過板，間接撮影時の措置，透視時の措置，標識の表示，放射線装置室，警報装置，立入禁止（エックス線装置，放射性同位元素装備機器を使用室以外の場所で使用するときは，5m以内は立入禁止）． ・汚染の防止：放射性物質取扱作業室，放射性物質取扱用具，汚染検査，貯蔵施設，排気または排液の施設，保管廃棄施設，容器，保護具．
作業主任者	・エックス線作業主任者：エックス線装置の使用または検査，エックス線管またはケノトロンのガス抜き業務．管理区域ごとに選任． ・ガンマ線透過写真撮影作業主任者：管理区域ごとに選任． ・免許は都道府県労働局長が与える． ・エックス線作業主任者免許は診療放射線技師免許をうけた者，原子炉主任者免状の交付をうけた者，第1種放射線取扱主任者免状の交付をうけたものにも与える．ガンマ線透過写真撮影作業主任者の場合は，上記のほか第2種放射線取扱主任者免状の交付をうけた者にも与える．
限度	・管理区域：外部放射線による実効線量と空気中の放射性物質による実効線量との合計が3月間につき1.3mSvをこえるおそれのある場所． ・放射線業務従事者の実効線量限度，等価線量限度，緊急作業時の実効線量限度，等価線量限度は，いずれも放射線障害防止法と同じ，表9・11参照．

昭和58年（1983年）に改称された．診療放射線技師の免許，国家試験，業務などがさだめられている．業務には，放射線のほかに磁気共鳴画像診断装置，超音波診断装置，眼底写真撮影装置も含まれている．

　臨床検査技師に関する法律施行規則の中にも，検体検査用放射性同位元素に関する内容がある．**表9・14**に放射線に関係のあるわが国の法令を示す．

第9章 放射線障害の防護

表9・14 放射線に関係のあるわが国の法令

法令	解説（法律に基づく規則の場合は法律名をかっこ内に記載）
放射性同位元素等による放射線障害の防止に関する法律	放射線障害の防止と公共の安全確保を目的とする．略称は放射線障害防止法．表9·8，表9·9，表9·10，表9·11 参照．
医療法施行規則	医療法に基づき，病院または診療所における放射線防護を規制する規則（医療法）．表9·12 参照．
電離放射線障害線防止規則	放射線障害から労働者を保護するための規則（労働安全衛生法）．表9·13 参照．
職員の放射線障害の防止	人事院規則10−5．一般職の国家公務員を放射線障害から保護するための規則（国家公務員法）．
放射性医薬品の製造及び取扱規則	放射性医薬品を製造する場合等における放射線障害防止の技術的基準についてさだめた規則（薬事法）．
放射性同位元素等車両運搬規則	事業所の外における鉄道，軌道，索道，無軌条電車，自動車および軽車両による放射性同位元素等の運搬方法についてさだめた規則（放射線障害防止法）．
船員電離放射線障害防止規則	船員を放射線障害から保護するためにさだめられた規則（船員法）．
薬局等構造設備規則	放射性医薬品を取り扱う薬局等の構造設備の基準についてさだめた規則（薬事法）．
原子力基本法	原子力利用の推進によって，エネルギー資源の確保，学術の進歩，産業の振興をはかるにあたっての方針をさだめた法律．
原子力規制委員会設置法	原子力利用における事故の発生を想定し，安全の確保をはかるための規制委員会の設置と所掌事項についてさだめた法律．
核原料物質，核燃料物質及び原子炉の規制に関する法律	核原料物質（ウラン鉱，トリウム鉱等），核燃料物質（ウラン，トリウム等），原子炉（核燃料物質を燃料として使用する装置）などの規制をさだめた法律．
診療放射線技師法	診療放射線技師の資格，試験，業務等についてさだめた法律．
臨床検査技師等に関する法律	臨床検査技師の資格，業務についてさだめた法律．衛生検査所に検体検査用放射性同位元素をそなえようとするときの都道府県知事への届出について記載されている（第20条の4第4項）．

◎ ウェブサイト紹介

ICRP（国際放射線防護委員会）

http://www.icrp.org

　　国際放射線防護委員会のホームページ．ICRP の活動に関する情報や，ICRP の刊行物（ICRP Publications, Annals of the ICRP）のリストがある．刊行物によってはPDF が閲覧できる．

日本アイソトープ協会

https://www.jrias.or.jp

　　放射性同位元素の販売や廃棄をおこなっている．放射性同位元素に関する普及啓発もしており，出版物の刊行や講習会の開催をおこなっている．

RI 規制関連法令集

　　http://www.nsr.go.jp/activity/ri_kisei/kanrenhourei

　　　　原子力規制委員会内，RI 規制関連法令（放射線障害防止法）に関する情報がある．

法令等データベースサービス

　　https://www.mhlw.go.jp/hourei

　　　　厚生労働省の法令データベースサービス．電離放射線障害防止規則や医療法施行規則に関する情報がある．

◎ 参考図書

館野之男：放射線と健康，岩波書店（2001）

近藤民夫：わかる放射線，共立出版（1992）

日本アイソトープ協会：アイソトープ法令集 I，放射線障害防止法関係法令，丸善（2018）

日本アイソトープ協会：アイソトープ法令集 II，医療放射線関係法令，丸善（2015）

日本アイソトープ協会：アイソトープ法令集 III，労働安全衛生・輸送・その他関係法令，丸善（2011）

日本アイソトープ協会：放射線障害の防止に関する法令－概要と要点－（改訂10版），丸善（2014）

ICRP: The 1990 Recommendation of the International Commission on Radiological Protection, Publication 60, Annals of the ICRP, Vol.21, Nos.1-3 (1991)

訳書　日本アイソトープ協会：国際放射線防護委員会の1990年勧告，丸善（1991）

ICRP: The 2007 Recommendation of the International Commission on Radiological Protection, Publication 103, Annals of the ICRP, Vol.37, Nos.2-4 (2007)

訳書　日本アイソトープ協会：国際放射線防護委員会の2007年勧告，丸善（2009）

◎ 演習問題

問題1　A～Eの事項ともっとも関連の深い語句を，イ～ホの中からひとつずつ選べ．

　　1) A．等価線量　　　　　　イ．人体
　　　 B．実効線量　　　　　　ロ．モニタリング
　　　 C．預託実効線量　　　　ハ．環境
　　　 D．線量預託　　　　　　ニ．臓器・組織
　　　 E．周辺線量当量　　　　ホ．内部被ばく

　　2) A．電離放射線障害防止規則　　　イ．許可届出使用者
　　　 B．人事院規則10-5　　　　　　　ロ．国家公務員
　　　 C．医療法施行規則　　　　　　　ハ．放射性医薬品
　　　 D．放射線障害防止法　　　　　　ニ．診療用放射線照射器具
　　　 E．薬局等構造設備規則　　　　　ホ．エックス線作業主任者

問題2　放射線加重係数（ICRP2007年勧告）について正しいものには○，誤っているものには×をつけよ．

　　A．確定的影響をもとにしてさだめられている．
　　B．中性子ではエネルギーが大きくなると値が大きくなる．
　　C．陽子は2である．
　　D．ミュー粒子は2である．
　　E．放射線の線量率にかかわらず同一の値である．

第 9 章　放射線障害の防護

問題 3　放射線加重係数（ICRP2007 年勧告）に関するつぎの記述のうち，正しいものの組合せはどれか.
A. 光子では 1 である.
B. アルファ粒子では 20 である.
C. 荷電パイ中間子では 1 である.
D. 中性子では 25 である.
1　A と B　　2　A と C　　3　B と C　　4　B と D　　5　C と D

問題 4　組織加重係数（ICRP2007 年勧告）について正しいものには◯，誤っているものには×をつけよ.
A. 骨髄と乳房の係数は同じ値である.
B. 生殖腺の係数は臓器・組織の中でもっとも大きい.
C. 脳は「残りの臓器・組織」のひとつである.
D. 肺，結腸，胃の係数は同じである.
E. 前立腺（♂）が「残りの臓器・組織」に追加された.

問題 5　組織加重係数（ICRP2007 年勧告）に関するつぎの記述のうち，正しいものの組合せはどれか.
A. 確率的影響を評価するための係数である.
B. 線量率によって係数の異なる臓器・組織がある.
C. 年齢によらず，臓器・組織ごとに一定の値が与えられている.
D. 臓器・組織の等価線量にこの係数を乗じ，全身にわたって積算することによって実効線量が与えられる.
1　ABC のみ　　2　ABD のみ　　3　ACD のみ　　4　BCD のみ
5　ABCD すべて

問題 6　放射線障害防止法について正しいものには◯，誤っているものには×をつけよ.
A. 1 メガ電子ボルト以上のエネルギーのエックス線は規制の対象となる.
B. 核燃料物質は規制の対象となる.
C. 使用の許可の申請先は原子力規制委員会である.
D. 一定の規模をこえる施設は定期検査を毎年うけなければならない.
E. 放射線取扱主任者の選任は，許可申請の前におこなわなければならない.

問題 7　放射線障害防止法の職業被ばくに関するつぎの記述のうち，正しいものの組合せはどれか.
A. 実効線量限度は 100 mSv/5 年（平成 13 年 4 月 1 日以降 5 年ごとに区分した各期間）である.
B. 緊急作業に係る実効線量限度は 100 mSv である.
C. 妊娠中の女子の腹部表面の等価線量は，許可届出使用者または許可廃棄業者が妊娠の事実を知ったときから出産までの期間に 2 mSv である.
D. 皮ふの等価線量限度は 150 mSv/年（4 月を始期とする 1 年間）である.
1　ABC のみ　　2　ABD のみ　　3　ACD のみ　　4　BCD のみ
5　ABCD すべて

問題 8　医療法施行規則について正しいものには◯，誤っているものには×をつけよ.
A. エックス線装置（管電圧 10 kV 以上）は，設置前に届け出なければならない.
B. エックス線装置設置の届出先は，都道府県知事である.
C. 病室の線量限度は 3 月間につき 1.3 mSv 以下である.
D. 放射線治療病室では，画壁の外側での線量が 1 週間につき 1.3 mSv 以下でなければならない.
E. 治療に用いられる密封されたセシウム 137 装置は，診療用放射線照射装置に分類される.

演　習　問　題

問題9　電離放射線障害防止規則に関するつぎの記述のうち，正しいものの組合せはどれか．

A．放射線業務をおこなう国家公務員を防護するのが目的である．

B．エックス線装置（管電圧10 kV以上）は，規制の対象とならない．

C．原子炉の運転は，放射線業務に含まれる．

D．ガンマ線透過写真撮影作業主任者は，管理区域ごとに選任しなければならない．

1　AとB　　2　AとC　　3　BとC　　4　BとD　　5　CとD

問題10　ICRP2007年勧告における被ばくの三つのカテゴリー「職業被ばく」，「公衆被ばく」，「患者の医療被ばく」について説明せよ．

第9章◇放射線障害の防護

225

Chapter

第 10 章

環境と放射線

10・1　環境放射線の概要
10・2　自然放射線源
10・3　人工放射線源
10・4　職業被ばく
10・5　医療被ばく

第10章
環境と放射線

本章で何を学ぶか

われわれが放射線というものの存在を知ることになったのは，X線が発見された19世紀の終わりごろであるが，地球が誕生したときから，放射線はこの環境にずっと存在していて，いまもかわらない．X線に象徴されるように，人はみずから放射線を発生させる技術を身につけたが，それだけではない．たとえば，鉱石を採掘することによって，これまで地下に眠っていた放射性物質がわれわれの環境にはいりこみ，ジェット機で高い高度を飛行すれば，ふだん以上の宇宙線をあびる．

本章では，われわれの環境や身のまわりには，いったいどれくらいの放射線源が存在するのか，それらがどれくらいの被ばくをもたらすのかについて学ぶ．

10・1 環境放射線の概要

われわれをとりまく環境からの放射線については，さまざまな観点から学術的に調べられてきた．今では厖大な情報が蓄積されている．そのような情報を収集して，定期的に公開している国際的な組織として，**UNSCEAR**（United Nations Scientific Committee on the Effects of Atomic Radiation，**原子放射線の影響に関する国連科学委員会**）がある．UNSCEAR はもともと，増加しつつあった大気圏内核実験による放射性フォールアウト[①]の状況を調査するために 1955 年に組織され，1958 年に最初の報告書が刊行された．「原子（atomic）」という名称がはいっているのは，原子爆弾が当初の調査対象だったからである．

UNSCEAR は数年おきにレポート（Report）というかたちで，調査結果を刊行し，その数はこれまでで 25 以上ある．しばしば数百ページをこえる厚い冊子である．核実験だけではなく，人類をとりまく環境中のあらゆる種類の電離放射線とその人体影響を含む内容になっていて，放射線に関する情報の宝庫といえる．

本章の内容はおもに UNSCEAR の 2008 年報告書を参考にしている．ここに示す数値（被ばく線量，人口など）は 2008 年までの時点でのデータである．またそれぞれのカテゴリーにおける被ばく線量は，あくまで世界全体での平均値を示しているので，日本での状況はこれらと異なる場合があることを理解しておいていただきたい．

10・1・1 放射線源の種類

放射線といえば，放射線診断で使われるX線や核実験にともなう放射性フォールアウトが連想されるが，それ以外にもたくさんある．たとえば空からの宇宙線，大地からの γ 線などである．ここでは「電離放射線を放出するもの（放射線源）」を「自然放射線源」と「人工放射線源」に区分する．宇宙線や大地からの γ 線は前者，X線や放射性フォールアウトは後者に属する．**表10・1** に自然放射線源と人工放射線源の具体例を示す．

解説 ①

英語では nuclear fallout．放射性降下物ともいう．核実験や大規模な放射線事故などで生じた，放射性物質を含む塵のこと．

10・1 環境放射線の概要

表 10・1 自然放射線源と人工放射線源

項目	解説
自然放射線源　natural sources of radiation	
宇宙からの放射線 cosmic radiation	・銀河放射線，太陽放射線，バンアレン帯からの放射線の3種類． ・地上での被ばくには銀河放射線から生じた二次宇宙線（ミュー粒子，中性子，電子，光子）がおもに寄与する． ・高度が高いほど宇宙線線量は大きくなる．高高度で航空機飛行すると被ばく量は増える． ・宇宙線生成核種もある．重要なのは ^{14}C（炭素14）．
大地からの放射線 terrestrial radiation	・大地に存在する放射性核種からの放射線．おもな放射性核種は ^{40}K（カリウム40），^{238}U（ウラン238）系列，^{232}Th（トリウム232）系列の三つ． ・外部被ばくは，これらの放射性核種からの γ 線による． ・経口摂取による内部被ばくは，おもに ^{40}K による． ・吸入による内部被ばくは，おもに ^{238}U 系列の崩壊で生じる ^{222}Rn（ラドン222）と ^{232}Th 系列の崩壊で生じる ^{220}Rn（ラドン220，別名「トロン」）という気体状の放射性核種による．
人間の活動によって高められた放射線源 enhanced sources of NORM（naturally occurring radioactive material）	・もともと土壌中にあって地上からは隔離されていた放射性物質が，化石燃料の採掘など人間の産業活動によって地上に持ち出され，加工，燃焼，廃棄などによって，あらたな被ばく源としてもたらされた放射線源． ・人間の活動としては，金属の採掘と精錬，リン酸工業，石炭の採掘と火力発電，石油と天然ガスの掘削，レアアースとチタン工業，ジルコニウムとセラミックス工業がある． ・被ばく源となる放射性核種は ^{40}K（カリウム40），^{238}U（ウラン238）系列，^{232}Th（トリウム232）系列の三つ．
人工放射線源　man-made sources of radiation	
大気圏内核実験 atmospheric nuclear testing	・1945年から1980年の間に502回の大気圏内核実験，ピークは1962年．大半は旧ソビエト連邦と米国，その他フランス，中国，英国． ・環境に大量の放射性物質を放出．被ばくに寄与（2000年まで）した核種は線量の大きい順に ^{137}Cs（セシウム137），^{14}C（炭素14），^{90}Sr（ストロンチウム90），^{95}Zr（ジルコニウム95），2000年〜2100年の期間は ^{137}Cs と ^{14}C，2100年以降は ^{14}C の寄与が大きいと予測される． ・地下核実験は1,800回以上おこなわれている．放射性物質の環境への放出は大気圏内核実験にくらべるとずっと少ない．実験場の地下に残留する放射性核種が将来的にあらたな被ばく源になる可能性がある． ・実験をおこなったのは，上記の5カ国のほかにインド，パキスタン，北朝鮮．
原子力発電 nuclear power production	・核燃料サイクルとよばれる一連の工程（ウランの採鉱と精錬，ウラン濃縮と燃料加工，原子炉の運転，燃料再処理，固体廃棄物の処分）からなっている． ・世界で約440基の発電用原子炉．主なタイプはPWR（軽水減速・冷却加圧型）とBWR（軽水減速・沸騰水型）． ・気体（希ガス，^3H トリチウム，^{14}C 炭素14，^{131}I ヨウ素131）と液体（おもに ^3H）の放射性物質を放出．
その他の人工放射線源 other man-made sources	・放射性同位元素の製造と利用：たとえば医療用放射性同位元素．製造の場での被ばくは「職業被ばく」，患者の被ばくは「医療被ばく」であるが，製造工場からの放出，患者の家族や自宅に搬送するさいの同行者の被ばくは「公衆被ばく」である． ・ほかに研究用原子炉，消費者商品に含まれる放射性物質，身元不明線源（orphan sources，管理の対象外となり放置あるいは放棄された線源），放射線事故（表7・3参照）などがある．

〔UNSCEAR，2008 より抜粋〕

第10章◇環境と放射線

229

第 10 章 環境と放射線

10·1·2　被ばく形態の区分

　被ばく形態には，公衆の被ばく，職業被ばく，医療被ばくの三つがある．第9章「放射線障害の防護」でも同様に被ばくのカテゴリーを区分しているが，すこし異なる部分がある．職業被ばくと医療被ばくは，ICRP の勧告で定義されるものとほぼ同じである．たとえば，医療診断や治療による患者の被ばくは「医療被ばく」，同じ診断や治療の場面での医師や医療スタッフの被ばくは「職業被ばく」である．

　公衆の被ばくは，放射線に関係する職業につかず，放射線を使う医療をうけなくても，それでもあびる被ばくのことである．このような放射線には，空からの宇宙線や大地からの放射線もあれば，かつておこなわれた核実験による放射性フォールアウトの残留放射線がある．ICRP 勧告では，これらさけることのできない放射線の多くが特別に扱われている．ICRP2007 年勧告には，現存被ばく状況（管理の決定をしなければならない時にすでに存在する被ばく）というカテゴリーがあるが，線量限度はもうけられていない．また，体内の放射性カリウム 40(^{40}K) のように「制限できない」もの，宇宙線のように「制御になじまない」ものは，放射線防護法令から「除外」できるかもしれないとしている．**表10·2** に三つの被ばく形態を示す．

表10・2　三つの被ばく形態

被ばく形態	解説
公衆被ばく public radiation exposure	・公衆の構成員があびる被ばく．職業被ばくと医療被ばくを除く，すべての被ばく． ・自然放射線源には宇宙からの放射線，大地からの放射線，人間の活動によって高められた自然放射線源がある．年間被ばく線量の世界平均は 2.4 mSv． ・人工放射線源には大気圏内核実験，原子力発電，放射性同位天素（たとえば医療用）の製造と利用，放射性物質を含む消費者商品，放射線事故などがある．年間被ばく線量の世界平均は 0.01 mSv 以下．
職業被ばく occupational radiation exposure	・作業工程の中になんらかの放射線源が含まれる職業において，作業者がその作業の過程でうける被ばく． ・自然放射線源による職業被ばく（航空機乗務員，地下採鉱など），核燃料サイクル，放射線の医学利用，放射線の工業利用，教育，獣医学，放射性物質の運搬，防衛活動などがある．職業人口の半分以上が自然放射線源による職業被ばく，そのつぎに多いのが放射線の医学利用． ・年間被ばく量の世界平均は 0.005 mSv．管理体制や技術の向上で被ばく量は減少傾向（自然放射線源による職業被ばくを除く）．
医療被ばく medical radiation exposure	・診断や治療の一部として放射線発生装置や放射性核種を使うことによって患者がうける被ばく． ・放射線診断，核医学，放射線治療の三つのカテゴリーがある．放射線診断が大半を占める． ・世界の国を医療レベルの高い順に四つのグループ（ヘルスケアレベル I，II，III，IV）にわけて被ばく状況をみる． ・年間被ばく線量の世界平均は 0.6 mSv．人工放射線源による被ばくの中ではもっとも寄与率が大きい．

〔UNSCEAR, 2008 より抜粋〕

10・2 自然放射線源

10・2・1 自然放射線源の種類

自然放射線源の大半は，人類が誕生して以来ずっと存在してきたものである．国や地域によって，あるいは生活様式によって左右されるという特徴もある．大きくわけると，宇宙からの放射線と大地からの放射線がある．人も動物も微生物も，同じ場所にいるかぎり，同じ量の自然放射線をあびる．何万年もまえ人類が原始的な生活をしていたころにはあびなかったが，今はあびる危険のでてきた自然放射線もある．鉱石をえるために大地を掘りおこすことによって，地下深く眠っていた放射性物質が掘りだされて燃料や製品となり，やがて廃棄される．燃料，製品そして廃棄物はいずれも放射線源になる．これら文明と技術の進歩ゆえに被ばくするようになったものは「人間の活動によって高められた自然放射線源」とよばれる．

10・2・2 宇宙からの放射線

宇宙空間は電離放射線でみちている．宇宙の放射線は，その起源によって太陽系の外でうまれる「**銀河放射線**」，太陽からやってくる「**太陽放射線**」，地球磁場によってうみだされる「**バンアレン帯の放射線**」の三つがある．**表10・3**に宇宙からの放射線の概要を示す．このうち，地上や航空機の被ばくにもっとも関係が深いのが銀河放射線である．太陽放射線はおもに比較的エネルギーの低い陽子からなり，地上にはあまりとどかないが，大気圏外の宇宙飛行には影響する．また太陽には11年周期の活動があり，これが宇宙線全体の量に影響する．太陽活動が最大のときに銀河宇宙線の強度は最小になる．バンアレン帯の放射線は，地球の磁場が陽子や電子をとらえた結果，地球のまわりに形成されるきわめて放射線強度の高いふたつの帯（高度3,000kmと高度22,000km）である．宇宙飛行には影響するが，地上にはあまりとどかない．

宇宙線の強さは高度によって異なる．銀河宇宙線の主成分は陽子であるが，これら**一次宇宙線**が大気中の原子と衝突して中性子，陽子，パイ中間子などをつくる．これらがさらに核反応や崩壊をおこしてミュー粒子，電子，γ線となり，やがて地表にふりそそぐ．大気中での連鎖反応を核カスケード（nucleonic cascade）といい，その結果生じる放射線を二次宇宙線という．**二次宇宙線**は大気の中で少しずつ減衰するので，地表にとどくのはわずかであるが，高いところほど放射線は強くなる．**図10・1**に高度と宇宙放射線の強さの関係を示す．ジェット機の飛行高度は，6,100メートル〜12,200メートルなので，地表より多くの放射線をあびる．標高4,000メートルの高地も同様である．海面高度ではミュー粒子による被ばくが最大である．

宇宙では放射性核種も生成され，**宇宙線生成核種**（cosmogenic radionuclide）とよばれる．あらゆる種類の放射性核種ができるが，ヒトの摂取量からして無視できないのは，^{3}H（水素3，トリチウム），^{14}C（炭素14），^{22}Na（ナトリウム22），^{7}Be（ベリリウム7）である．生成量が多いのは^{7}Be（年間1,960PBq（ペタベクレル））であるが，ほとんどの被ばくは^{14}Cによるもの（生成量は年間1.54PBq，被ばく量

第 10 章　環境と放射線

表 10・3　宇宙からの放射線

種別	解説
銀河放射線 galactic cosmic radiation	・太陽系の外で生じる宇宙線．陽子（85.5％），アルファ粒子（12％），電子（2％）からなる（一次宇宙線）． ・大気圏にはいると，大気中の原子と衝突して中性子，陽子，パイ中間子などをつくり，これらがさらに核カスケードによってミュー粒子や電子をつくり（二次宇宙線），やがて地表にとどく． ・海面高度ではミュー粒子による被ばくが80％．緯度や人口分布などさまざまな要因を考慮した海面高度での宇宙線線量の世界平均は31 nGy/時間． ・高度，緯度，太陽活動②の影響をうける． ・高度が高いほど宇宙線量は高い．高度4,000 mでは海面高度の4倍． ・緯度が高いほど宇宙線量は高い（約10％の差）．赤道が最小，極地に近づくほど高い．おもに中性子の量が異なる． ・11年周期の太陽活動の影響をうける．活動の活発な時期（太陽黒点（sunspot）が増える時期，最近では2001年ごろ）には銀河宇宙線の強さは最小（約1.8倍の差）．
太陽放射線 solar cosmic radiation	・磁気の攪乱によって太陽の表面で生じる．おもに陽子． ・エネルギーが低いので地表にはとどかないが，高高度では影響がある． ・太陽放射線は地球の磁場に影響して，銀河放射線の強さを左右するが，地表での被ばくにはあまり関係しない． ・太陽の関与としては，銀河放射線の強さへの太陽活動の影響（上記）のほうが重要．
バンアレン帯からの放射線 Van Allen radiation belts	・バンアレン帯は，地球の磁気が陽子や電子を捕獲することによって生じる放射線強度の強い帯． ・地球のまわりにふたつ（高度3,000 kmと高度22,000 km）ある． ・高度3,000 km（internal belt）での線量は，陽子が数十Sv，電子が数千Sv．南米の南大西洋異常帯（the South Atlantic Anomaly）とよばれる地点では，バンアレン帯が地表にやや接近している． ・地表での被ばくにはあまり関係しないが，宇宙飛行には影響する．
宇宙線生成核種 cosmogenic radionuclides	・宇宙線と大気との相互作用で生成する放射性核種．ほとんどが成層圏の上部で生成する． ・^{3}H（水素3，トリチウム），^{14}C（炭素14），^{22}Na（ナトリウム22），^{7}Be（ベリリウム7）など．被ばくに寄与するのはおもに^{14}C．

〔UNSCEAR，2008より抜粋〕

解説 ②

太陽の表面では黒点（sun-spot），フレア（solar flare，太陽面爆発）などさまざまな変化がある．これらの変化を総称して太陽活動（solar activity）という．磁気嵐，オーロラなどのかたちで地球にも影響する．

は年間 12 μSv）である．

10・2・3　大地からの放射線

地球にはその成分としてたくさんの放射性核種が含まれている．その中で被ばくに関係するのは，^{40}K（**カリウム 40**），^{238}U（**ウラン 238**）**系列**，^{232}Th（**トリウム232**）**系列**の3種類である．^{238}U 系列は，^{238}U から始まる14段階の崩壊をして安定核種の ^{206}Pb（鉛206）になる．^{232}Th 系列は，^{232}Th から始まる11段階の崩壊をして安定核種の ^{208}Pb（鉛208）になる．外部被ばくと内部被ばくにわけてみていこう．

外部被ばくは，大地からの γ 線である．われわれは地球という線源からの γ 線を足もとからあびているのである．^{40}K，^{238}U 系列，^{232}Th 系列のいずれもが線源である．土壌中の放射能は，^{40}K（kg あたり 412 Bq），^{238}U（kg あたり 33 Bq），^{232}Th（kg あたり 45 Bq）と ^{40}K が圧倒的に多いが，γ 線の強さは三つ同じくらい

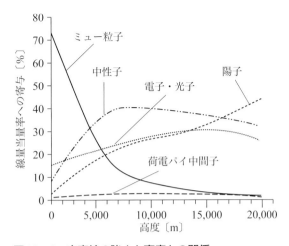

図10・1 宇宙線の強さと高度との関係
〔UNSCEAR, 2008〕
地表面での被ばくにはおもにミュー粒子が寄与している。航空機が飛行する高さでは，中性子，電子・光子，陽子の寄与が大きくなる。

で，合計の線量率は1時間あたり50〜60 nGy（ナノグレイ）である．

　建物に逃げこめば大丈夫か，というとそうではない．むしろ屋内のほうが線量は高めである．屋内では下からだけではなく，建材に含まれるγ線をあびるからである．全世界で平均すると，屋内の線量は屋外の1.4倍である．どのような建材が使われているかによって異なり，石材を使う地域では高く，木材を使う地域では低い．

　口からの飲食物の摂取（ingestion，**経口摂取**）による内部被ばくは，^{40}K によるものが主体である．地球上の全カリウムのうち0.0117%が^{40}Kである．カリウムは人体の成分（成人0.18%，小児0.2%）であり，かならず^{40}Kも含まれている．つまり人体そのものが線源になる．^{40}K による年間平均被ばく量は，成人で0.165 mSv，小児で0.185 mSvと無視できない被ばく量である．日本の場合には，魚介類を多く摂取するという食習慣とも関係して，^{210}Pb（鉛210）と^{210}Po（ポロニウム210）からの被ばくが経口摂取による内部被ばくの大半を占めている．

　呼吸器からの**吸入**（inhalation）による内部被ばくには，^{238}U系列と^{232}Th系列が関係する．崩壊の途中で「気体」を生じる段階があるというのがこれらの系列の特徴である．^{238}U系列では6段階目の崩壊で^{222}Rn（**ラドン222**，半減期3.824日）が，^{232}Th系列では5段階目の崩壊で^{220}Rn（**ラドン220**，別名「**トロン**」，半減期55.6秒）が生じる．^{222}Rn（ラドン）と^{220}Rn（トロン）をくらべると，影響が大きいのは半減期の長いラドンである．気体であるから，屋外でも屋内でも呼吸するたびに吸入する．また屋外より屋内のほう高濃度になる．建材からでるだけでなく，窓やすきまからはいりこみ，室内でこもるからである．ラドンの場合は屋外の4倍になる．ときどき換気をすればましになる．ラドンとトロンによる年間平均被ばく量は，それぞれ1.15 mSv，0.1 mSvである．ラドンによる被ばくは自然放射線源の中で最大である．日本ではラドンとトロンによる被ばく量は低く，世界平均

第 10 章　環境と放射線

表10・4　大地からの放射線

種別	解説
外部被ばく external radiation exposure	・地球に存在する自然放射性核種（原始放射性核種）からのγ線. ・花崗岩のような火成岩に多く，堆積岩に少ない傾向がある. ・被ばくに関係するのは，^{40}K（カリウム40），^{238}U（ウラン238）系列，^{232}Th（トリウム232）系列の三つ．量的に多いのは^{40}K．被ばく量は三つとも同じくらい. ・屋外での線量の世界平均は 50 ～ 60 nGy/時間. ・建築物の建材に大地の物質を使っていれば，屋内では立体的に被ばくするので，屋外より被ばく量は高い．世界平均で，屋内の線量は屋外の1.4倍. ・屋内線量が高いのは，ハンガリー，スペイン，スウェーデン，イタリア，イランなど，低いのはアイスランド，米国，ニュージーランドなど．日本は約50 nGy/時間，屋内外で差がない. ・土壌中の成分によって大地からの放射線量がとくに高い地域（高バックグラウンド自然放射線地域）がある．インドのケララとマドラス（1,500 nGy/時間），イランのラムサール（765 nGy/時間），イタリアのオルヴィエト（560 nGy/時間），中国の陽江（370 nGy/時間）など. ・年間平均被ばく線量は0.48 mSv（屋外0.07 mSv，屋内0.41 mSv）.
内部被ばく（経口摂取） internal radiation exposure (injestion)	・口からの飲食物の摂取によって取り込まれる放射性核種による内部被ばく. ・^{40}K（カリウム40）の寄与がもっとも大きい．年間被ばく量は成人0.165 mSv，小児0.185 mSv. ・^{238}U（ウラン238）系列と^{232}Th（トリウム232）系列による被ばく量は0.120 mSv．おもに寄与している核種は^{210}Po（ポロニウム210）．^{40}Kと合計すると，経口摂取による内部被ばくの年間平均被ばく線量は0.29 mSv.
内部被ばく（吸入） internal radiation exposure (inhalation)	・呼吸によって取り込まれる放射性核種による内部被ばく. ・土壌から舞い上がった「粒子」に含まれる放射性核種からの内部被ばくもあるが，寄与は小さい. ・^{238}U系列の崩壊で生じる^{222}Rn（ラドン222，半減期3.824 日）と^{232}Th系列の崩壊で生じる^{220}Rn（ラドン220，別名「トロン」，半減期55.6秒）の寄与が大半．このふたつが「気体」だからである. ・大地からの拡散で大気にはいる. ・屋内では，建築材料から拡散するだけでなく，屋外のラドンが家屋のすきまから移流や拡散によって侵入する．屋内のラドン濃度は屋外の4倍. ・屋内ラドン濃度は国や地域によって 10 Bq/m^3 ～ 200 Bq/m^3 とばらつきがあり，平均で約30 ～ 40 Bq/m^3，高いのはチェコ，フィンランドなど（100 Bq/m^{3}以上），低いのはインドネシア，エジプトなど（10 Bq/m^{3}程度）．日本は約15 Bq/m^3. ・半減期の長いラドンの寄与（1.15 mSv）がトロン（0.1 mSv）より大きい．世界全体でみると自然放射線源による被ばくの中で寄与率が最大.

〔UNSCEAR，2008 より抜粋〕

の40％程度である．**表10・4**に大地からの放射線の概要を示す．

10・2・4　人間の活動によって高められた放射線源

　原子力利用のためにウランを採掘するが，これはウランという放射性物質をとることが目的なので，この項ではとりあげない．人間の産業活動によって高められた放射線源とは，もともと放射性物質をとることが目的ではないのに，とりだした鉱

10・2　自然放射線源

表10・5　自然放射線源からの被ばく線量

放射線源		年間実効線量〔mSv〕	
		平均	範囲
宇宙からの放射線	中性子以外の電離放射線	0.28	
	中性子	0.10	
	宇宙線生成核種	0.01	
	合計	0.39	0.3 〜 1.0（海面高度〜高地）
大地からの放射線（外部被ばく）	屋外	0.07	
	屋内	0.41	
	合計	0.48	0.3 〜 1.0（土壌中，建材中の放射性核種成分によって変動する）
大地からの放射線（内部被ばく，吸入）	^{238}U 系列と ^{232}Th 系列	0.006	
	ラドン（^{222}Rn）	1.15	
	トロン（^{220}Rn）	0.1	
	合計	1.26	0.2 〜 10（室内でのラドンガスの蓄積度によって変動する）
大地からの放射線（内部被ばく，経口摂取）	^{40}K	0.17	
	^{238}U 系列と ^{232}Th 系列	0.12	
	合計	0.29	0.2 〜 1.0（食物中，飲料水中の放射性核種成分によって変動する）
総計		2.4	1.0 〜 13

〔UNSCEAR, 2008〕

解説 ③
英語では rare-earth element，希土類元素ともいう．希な鉱物からえられることに由来する．31 種類あるレアメタル元素のうち，17 種類がレアアースの元素．ネオジム（Nd），セリウム（Ce）などがある．

解説 ④
ジルコニウム（Zr）は原子番号 40 の元素．原子炉の燃料棒などに使われる．ジルコニウムを含む鉱石であるジルコン砂はジルコニウムとケイ素（Si）を含む化合物で，鉱石にはウランやトリウムなどの放射性核種も含まれる．

石などに放射性物質が含まれていて，それが結果的に放射線源になる場合である．さまざまな鉱石と化石燃料（石炭，石油，天然ガス）がこれにあたる．英語では**NORM**（naturally occurring radioactive material，自然起源の放射性物質）と略称され，ICRP勧告でもとりあげられている．

おおまかに 6 種類のカテゴリーがある．金属の採掘と精錬（metal mining and smelting），リン酸工業（phosphate industry），石炭の採掘と火力発電（coal mines and power generation from coal），石油と天然ガスの掘削（oil and gas drilling），レアアース③とチタン工業（rare earth and titanium oxide industries），ジルコニウム（Zr）④とセラミックス工業（zirconium and ceramic industries）である．金属を加工する段階でできるスラグはセメントに，コールタールはさまざまな用途に使われる．石炭を燃焼させると生じる灰（ash）は吸入されて内部被ばくのもとになる．灰の一部は建材にも使われる．リン酸工業でつくられる製品には肥料や石膏がある．これらの工業の製品や廃棄物は，いずれもが放射線源となる．

鉱石や化石燃料に由来し，被ばくのもとになる放射性物質は，おもに ^{238}U 系列と ^{232}Th 系列のものである．^{238}U 系列では，^{238}U（半減期44.7億年）のほかに，^{226}Ra（ラジウム 226，半減期 1 600 年），^{222}Rn（ラドン 222，半減期 3.824 日），^{210}Pb（鉛 210，半減期 22.3 年），^{210}Po（ポロニウム 210，半減期 138.4 日）があ

第10章◇環境と放射線

235

る．^{232}Th系列では，^{232}Th（半減期140.5億年）のほかに，^{228}Ra（ラジウム228，半減期5.75年），^{228}Th（トリウム228，半減期1.912年）がある．これらの放射性核種による被ばくには大きな地域差があり，世界的な平均値はわかっていない．

表10·5に自然放射線源による年間平均被ばく線量を示す．ラドンによる被ばくの割合が高いのがわかる．2.4 mSvという値は年間総被ばく量の世界平均であって，国や地域によって1 mSv以下から7 mSv以上までの範囲内で分布している．日本での自然放射線源からの年間平均被ばく量は約2.1 mSvである．

10·3 人工放射線源

10·3·1 人工放射線源の種類

人工放射線源は，人間がつくりだした放射線源であるが，X線のような放射線発生装置はここには含めず，放射性物質だけをとりあげる．地球規模で大量の放射性物質を放出したのは，大気圏内核実験である．また，多くの国で電気エネルギー生産の手段となっている原子力も規模の大きい人工放射線源である．それ以外の工業や防衛活動にも人工放射線源をともなうものがある．

10·3·2 核実験に関係する人工放射線源

1945年から1980年の間に502回の**大気圏内核実験**（atmospheric nuclear test）がおこなわれた．集中的におこなわれた時期は，1952年〜1954年，1957年〜1958年，1961年〜1962年である．ピークとなる1962年には100回以上おこなわれた．1980年10月以降はおこなわれていない．**地下核実験**（underground nuclear test）は1,800回以上おこなわれているが，環境への放射性物質の放出量は大気圏内核実験にくらべればずっと低いので，ここではとりあげない．

大気圏内核実験は，大量の放射性物質を環境に放出した．おもな放射性核種は^{3}H（トリチウム），^{14}C（炭素14），^{90}Sr（ストロンチウム90）など約20種類である．放出量が多いのは^{131}I（ヨウ素131）と^{140}Ba（バリウム140）であるが，半減期が短い（それぞれ8.02日，12.75日）ので長くは残留しない．経口摂取（ingestion）による内部被ばくには，^{137}Cs（セシウム137，半減期30.07年）と^{90}Sr（ストロンチウム90，半減期28.78年）の影響が大きい．吸入（inhalation）による内部被ばくには，^{144}Ce（セリウム144，半減期284.9日），^{106}Ru（ルビジウム106，半減期373.6日），^{95}Zr（ジルコニウム95，半減期64.02日）などが影響するが，いずれも半減期が比較的短いので，被ばくの影響は1985年ごろには無視できるレベルになっている．

長期的にみて重要なのは，^{3}H（トリチウム，半減期12.33年）と^{14}C（炭素14，半減期5,730年）である．おもに経口摂取による内部被ばくである．^{3}Hの影響は20世紀のあいだに無視できるほどまで減少した．**図10·2**に大気圏内核実験による平均年間被ばく線量の推移を示す．ピーク時の1960年代前半には0.1 mSvをこえた時期もある．今後も長くつづくのは^{14}Cの影響である．

10·3 人工放射線源

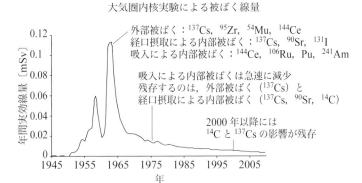

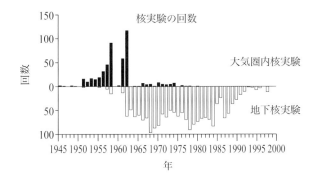

図10・2 大気圏内核実験による被ばく線量と年次別の実験実施回数
〔UNSCEAR, 2000；UNSCEAR, 2008 より抜粋〕
上図は被ばく線量，下図は核実験実施状況の推移を示す．大気圏内核実験のピークは1962年．被ばく線量のピークは1963年前後にある．

10·3·3 原子力発電に関係する人工放射線源

原子力発電（nucleat power production）は，**核燃料サイクル**（nuclear fuel cycle）とよばれる一連の行程からなっている．ウランの採鉱と精錬（uranium mining and milling），ウラン濃縮と燃料加工（uranium enrichment and fuel fabrication），原子炉の運転（nuclear power reactor），燃料再処理（fuel reprocessing）そして固体廃棄物の処分（solid waste disposal）である．よく知られているのは原子炉運転のステップであるが，どの行程からも被ばくのもとになる放射性物質がでる．

世界では約440基の発電用原子炉がある．主要な原子炉のタイプは，軽水減速・冷却加圧型（**PWR**）⑤，軽水減速・沸騰水型（**BWR**）⑥，重水冷却・減速型（HWR），ガス冷却・グラファイト減速型（GCR）そして軽水冷却・グラファイト減速型（LWGR）である．もっとも多いのはPWRで，総発電量の90%はPWRとBWRによる．日本でも同じである．

原子炉運転では気体あるいは液体のかたちで放射性物質が放出される．気体では希ガス⑦（たとえば ^{133}Xe，キセノン133，半減期5.3日），^{3}H（トリチウム，半減期12.33年），^{14}C（炭素14，半減期5,730年），^{131}I（ヨウ素131，半減期8.05

解説⑤
軽水減速・冷却加圧型原子炉（pressure water reactor）．軽水は通常の水．軽水を原子炉の冷却材および中性子の減速材として使用し，沸騰しない高温高圧水で蒸気を発生させて発電するタイプの原子炉．

解説⑥
軽水減速・沸騰水型原子炉（boiling water reactor）．軽水を原子炉の冷却材および中性子の減速材として使用し，これを炉心で沸騰させて発電するタイプの原子炉．

解説⑦
不活性ガスともいう．ヘリウム，ネオン，アルゴン，クリプトン，キセノン，ラドンの6元素．大気中での存在量がきわめて少ない．

日），粒子状物質（たとえば^{88}Rb（ルビジウム88，半減期17.8分）が含まれる）などがある．液体では^{3}Hが多い．半減期の長い^{14}C（炭素14）が長期的な被ばくをもたらすので重要である．施設から半径50 km以内および半径2,000 km以内での被ばくは，いずれも年間10 µSv以下と試算される．現状どおりの稼働があと100年つづいたと仮定した場合で，1人あたりの年間被ばく量の世界平均は0.2 µSv以下と推定される．

10・3・4　その他の人工放射線源

　工業，医療，研究などで使われる放射性同位元素も人工放射線源である．たとえば医療では^{131}I（ヨウ素131）や^{99m}Tc（テクネチウム99m）がよく使われる．これらの放射性同位元素は原子炉やサイクロトロン内の核反応でつくられる．研究用原子炉も人工放射線源である．

　消費者商品（consumer products）の中には放射性物質を含むものがある．かつては時計の針に塗る発光塗料として^{226}Ra（ラジウム226）が使われたこともあるが，その後もっと毒性の低い^{147}Pm（プロメチウム147）と^{3}H（トリチウム）におきかわった．いまはほとんど使われていないが，年代物の時計などには^{147}Pmや^{3}Hを含むものがある．煙感知器のイオン化型とよばれるものには微量の^{241}Am（アメリシウム241）が含まれるが，いまは放射線障害防止法の規制対象になっている．1940年代以前につくられた陶器やガラス用品には彩色にウランが使われているものがある．また化石や鉱石などのコレクターズアイテムも，ときに放射性物質を含む．

　原子力発電をはじめとする人工放射線源による被ばくは，場所や状況によって大きく異なるので，平均被ばく線量を割り出すのはむつかしい．**表10・6**に人工放射線源による年間平均被ばく量の推定値を示す．

表10・6　人工放射線源からの被ばく線量（核実験を除く）

施設から半径50 km以内		
核燃料サイクル	採鉱と精錬 燃料加工 原子炉運転 燃料再処理	25 µSv 0.2 µSv 0.1 µSv 2 µSv
その他	放射性廃棄物の運搬 二次産物	<0.1 µSv 0.2 µSv
施設から半径2,000 km以内		
核燃料サイクル	燃料加工 原子炉運転 燃料再処理	<0.01 µSv <0.01 µSv 0.02 µSv
固体廃棄物の処分，環境中への放出		
核燃料サイクル	環境中に放出された放射性核種	0.2 µSv
その他	固体廃棄物の処分	<0.01 µSv

〔UNSCEAR, 2008〕

10・4 職業被ばく

10・4・1 職業被ばくの種類

職業被ばくには，原子力発電，医学利用，工業利用などがある．最近とくに重要視されているのが「自然放射線源による職業被ばく」である．**表10・7**に職業被ばくに関係のある職業カテゴリーの具体例を示す．

10・4・2 自然放射線源

自然放射線源による職業被ばくには，航空機乗務員の宇宙線被ばくと，鉱石や化石燃料の地下採鉱にともなう大地の放射線への被ばくがある．後者は「人間の活動によって高められた放射線源」すなわち NORM（自然起源の放射性物質，10・2・4項参照）への被ばくであり，ここでは「職業上の被ばく」を問題にする．

解説⑧
航空機の飛行のふたつのカテゴリーのうち，軍用飛行（military aviation）ではないものを民間飛行（civilian aviation）という．

表10・7　職業被ばくに関係のある職業カテゴリー

カテゴリー	業種
自然放射線源への被ばく exposure to natural sources of radiation	・民間飛行　civilian aviation⑧ ・石炭採鉱　coal mining ・石炭以外の鉱石の採鉱　other mineral mining ・石油と天然ガス工業　oil and natural gas industries ・鉱山以外でラドンへの被ばく　workplace exposure to radon other than in mines
核燃料サイクル nuclear fuel cycle	・ウラン採鉱　uranium mining ・ウラン精錬　uranium milling ・ウラン濃縮と転換　uranium enrichment and conversion ・燃料加工　fuel fabrication ・原子炉運転　reactor operation ・廃炉　decommissioning ・燃料再加工　fuel reprocessing ・核燃料サイクルでの研究　research in the nuclear fuel cycle ・廃棄物管理　waste management
医学利用 medical uses	・放射線診断　diagnostic radiology ・歯科放射線　dental radiology ・核医学　nuclear medicine ・放射線治療　radiotherapy ・その他の医学利用　all other medical uses
工業利用 industrial uses	・工業用照射　industrial irradiation ・工業用ラジオグラフィー　industrial radiography ・発光剤工業　luminizing ・放射性同位元素の製造　radioisotope production ・検層　well logging ・加速器運転　accelerator operation ・その他の工業利用　all other industrial uses
その他 miscellaneous	・教育機関　educational establishments ・獣医学　veterinary medicine ・その他の職業　other occupations
防衛活動 military activities	・すべての防衛活動　all military activities

〔UNSCEAR, 2008〕

第 10 章　環境と放射線

1990 年代までは，人工放射線源への被ばく（核燃料サイクル，医学・工業利用など）が，職業被ばくの主体だと考えられてきた．最近になって自然放射線源への職業被ばくが注目されだしたのは，その職業人口が大きく，被ばく線量が比較的高いからである．職業被ばく人口は世界全体で約 2,280 万人と推定されるが，そのうちの半数以上を占める約 1,300 万人が，自然放射線源への被ばくである．

宇宙からの放射線の強さは高度とともに増加する（図 10·1 参照）．高度 1 万メートルを飛行すれば，陽子と中性子は地上の何倍にもなる．航空機乗務員は世界で約 30 万人いる．年間で 600 時間飛行するとして，平均で年間約 3 mSv を被ばくする．

地下採鉱（ウランを除く）にたずさわる職業人の数は，約 1,270 万人で自然放射線源による職業被ばくの 95 % 以上を占める．石炭の採鉱（約 690 万人）がもっとも多く，石炭以外の採鉱（約 460 万人）がこれにつぐ．採鉱には地下での作業だけでなく，精錬や加工など地上での作業も含まれている．被ばくのもとになるのは ^{238}U（ウラン 238）系列と ^{232}Th（トリウム 232）系列の放射性核種である．この職業群では，平均で年間約 2.9 mSv を被ばくする．

10·4·3　核燃料サイクル

原子力発電に関係する一連の工程（核燃料サイクル[9]）には，ウラン採鉱，原子炉運転など，いくつかの工程が含まれる（10·3·3 項参照）．職業被ばく人口は世界全体で約 66 万人，その大半（約 44 万人）が原子炉運転の従事者である．職業人口は 1980 年代から増加し 1990 年代前半には約 53 万人いたが，その後減少した．被ばく線量は平均で年間約 2.5 mSv（1980 年代）から 1.0 mSv（2000 年以降）と減少している．

ウラン採鉱（uranium mining）は，現在はカナダ，オーストラリアなど 10 か国でおこなわれている．1980 年以前には 30 万人近く（当時の被ばく線量は平均で年間 5 mSv 以上）いた従事者が，現在では 1 万人程度になっている．被ばく線量は平均で年間約 1.9 mSv である．

それ以外の工程に従事する職業人口の概数と被ばく線量は，ウラン精錬（uranium milling）が 3,000 人（平均年間被ばく線量 1.1 mSv），ウラン濃縮（uranium enrichment）[10]が 1.8 万人（0.1 mSv），燃料加工（fuel fabrication）が 2 万人（1.6 mSv），燃料再処理（fuel reprocessing）が 7.6 万人（0.9 mSv）である．核燃料サイクル全体でみると，平均の年間被ばく線量は 1.0 mSv で，1980 年以前（4.4 mSv）にくらべると大きく減少している．

10·4·4　放射線の医学利用

放射線の医学利用にともなう職業被ばく人口は，世界全体で約 740 万人である．「人工放射線源」への職業被ばくの 75 % を占める．放射線診断，歯科放射線，核医学，放射線治療の四つのカテゴリーがある．

職業人口の約 9 割を占めるのが**放射線診断**（diagnostic radiology）である．一般的な X 線撮影，CT（コンピューター断層撮影），乳房撮影（マンモグラフィー）の三つが主体で，それ以外に心臓カテーテル検査，血管造影法，インターベンショナル法（interventional procedures）[11]などがある．職業人口は 1980 年以前にくらべる

解説 ⑨

原子力発電を維持するための核燃料のサイクル．ウラン鉱石の採掘から始まり，ウラン燃料の濃縮，加工などを経てつくられた核燃料を使って原子炉を運転する．さらに使用ずみの燃料の再利用へと進む．ウラン資源を有効に利用するためのサイクル．

解説 ⑩

天然のウランの大半はウラン 238 で，核燃料に使えるウラン 235 は 0.7 % しか含まない．ウラン 235 の含有量を高める工程をウラン濃縮という．ガス拡散法，遠心分離法などがある．

解説 ⑪

インターベンショナル・ラジオロジー（interventional radiology，IVR と略される）あるいは画像下治療ともいう．X 線や CT などでからだの中をみながら病気の治療をおこなう方法．からだの深い部位にある臓器や血管の治療やがんの治療に用いられる．

と約10倍増加した．平均の年間被ばく線量は約0.5mSvである．インターベンショナル法ではやや高い（約1.6mSv）．

1980年以前と比較した職業人口の増加は，核医学で2倍（現在約12万人），放射線治療で3倍（約26万人）である．技術上の進歩にともなって被ばく量は減り，平均の年間被ばく量は，核医学で0.7mSv，放射線治療で0.5mSvである．歯科放射線の職業人口にはあまり変化がなく現在約40万人である．平均の年間被ばく量は0.06mSvでもっとも低い．放射線の医学利用全体でみると平均の年間被ばく量は0.5mSvである．

10·4·5　放射線の工業利用

放射線の工業利用にともなう職業被ばく人口は約87万人である．職種は多岐にわたっているが，人数の上で比較的多いのが工業用ラジオグラフィー（職業人口全体の20%），工業用照射（3%），放射性同位元素の製造（3%）である．それ以外では，検層（0.4%），発光剤工業（0.3%），加速器運転（0.3%）がある．これらのどれにも分類されない職種が，職業人口の残り73%を占める．

工業用ラジオグラフィーは，放射線を照射することによって内部の構造や欠損をみる非破壊検査である．X線と^{192}Ir（イリジウム192），^{60}Co（コバルト60），^{137}Cs（セシウム137）などを装備した密封線源が使われる．常設の施設に放射線源があってそこでおこなう場合（single-location）と，照射機器を現場にもっていってそこで検査する場合（multiple-location,「現場ラジオグラフィー」ともよばれる）がある．常設の施設でおこなうほうが被ばく線量は少ないが，職業人口としては現場ラジオグラフィーが大半を占める．

工業用照射は，医薬品の殺菌，食品の保存，重合体の合成などのためにおこなわれる照射である．^{60}Coや^{137}Csからのγ線と電子線が用いられる．照射線量はきわめて高く，高度に管理された照射施設の中でおこなわれる．

放射性同位元素の製造には，たとえば放射性医薬品の製造がある．PET（陽電子断層撮影）で使われる放射性核種は，サイクロトロン施設でつくられる．検層（well logging）[12]では，石油，金属，天然ガスなどを掘削するときに地層の特性を調査するためにγ線や中性子が使われる．発光剤工業は，放射線の工業利用としては，もっとも古いものである．かつては職業人口が多かったが，いまでは減少している．被ばく線量も，以前よりずっと減少している．加速器運転による職業被ばくとは，核物理学研究に関係するものを指している．

これ以外にも多くの工業利用がある．たとえば，土壌水分計（soil moisture gauge），厚さ計（thickness gauge）[13]，X線回折（X-ray diffraction）などがある．これら職業被ばくの従事者数や被ばく線量の状況は十分に把握されていない．工業利用全体をみると，職業人口は1980年以前にくらべて2倍に増加し，平均の年間被ばく線量は1.6mSvから0.3mSvに減少している．

10·4·6　その他の職業被ばく

職業被ばくをともなう職業カテゴリーとしてはほかに，教育機関，獣医学，放射性同位元素の運搬，防衛活動などがある．防衛活動を除くと，教育機関での職業被

解説⑫
掘削された坑井（こうせい，地下にむけて掘られた小さい穴）において，地下の状態を調査すること．放射線のほかに電気，音波などが使われる．

解説⑬
工業の分野で，製品の厚さを一定にたもつために厚さを連続的に計測するための装置．放射線の透過や散乱の原理を応用した厚さ計では，ラップや紙などの薄いものにはβ線，鋼板などの厚いものにはγ線が用いられる．

第 10 章　環境と放射線

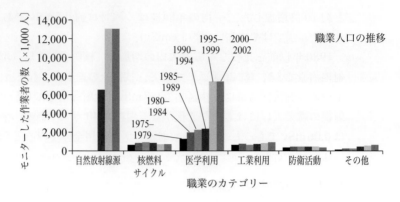

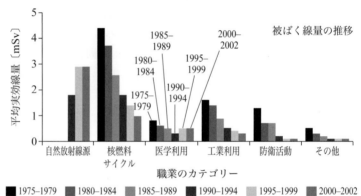

図 10・3　職業被ばく（カテゴリー別の職業人口と被ばく線量の推移）
〔UNSCEAR, 2008 より抜粋〕
1975 年～ 2002 年を 6 個の区間にわけ，それぞれの区間における職業人口と平均被ばく線量を示す．被ばく量は，核燃料サイクル，工業利用，防衛活動，その他のカテゴリーで減少傾向にあるが，自然放射線源による職業被ばく（1989 年以前のデータはない）だけがそうではない．医学利用については，1995 年をはさんで減少傾向から漸増傾向に転じている．

ばくが約 50 万人（全体の 60 ％）でもっとも多い．1980 年以前にくらべると 2.5 倍増えている．大学などの高等教育機関で放射線を扱う人々である．平均の年間被ばく線量は 0.08 mSv である．防衛活動における職業被ばくには，核兵器の製造と試験，軍艦における原子力エネルギーの利用などが含まれる．職業人口の年代変化はあまりなく，約 30 万人～ 40 万人である．平均の年間被ばく線量は 1980 年以前（1.3 mSv）より減って 0.14 mSv である．

　図 10・3 に職業被ばくを六つのカテゴリー（自然放射線源，核燃料サイクル，医学利用，工業利用，防衛活動，その他）にわけて，職業人口と平均年間被ばく線量の 1980 年以前から現在までの推移を示す．自然放射線源と医学利用の職業人口が多く，1980 年以降の被ばく線量は，ほとんどのカテゴリーで減少傾向にあるのに，自然放射線源だけが例外であるのがわかる．

10・5　医療被ばく

10・5　医療被ばく

10・5・1　医療被ばくの種類

　医療被ばくは，診断や治療の一部として放射線発生装置や放射性核種を使うことによって患者がうける被ばくである．医療被ばくには，放射線診断，核医学，放射線治療の三つのカテゴリーがある（**表10・8**）．医療被ばくは，個人の疾患の診断や治療のために，ある程度の被ばくを承知した上での被ばくであるという点で，公衆の被ばくや職業被ばくとは異なっている．医療被ばくは，UNSCEAR報告書でとくに詳細に解説されている．

　医療被ばくの患者数や被ばく件数は，国によって大きく異なる．おおむね医療のレベルが高くなるほど，医療被ばくも増加する．そこで世界の国を医療レベルによって四つのカテゴリー（**ヘルスケアレベル** I，II，III，IV）にわけてデータを整理する．カテゴリーは「人口あたりの医師の数」で区分する．1,000人あたり少なくとも1人医師がいる場合がヘルスケアレベル I，1,000人〜2,999人あたり1人の場合がレベル II，3,000人〜10,000人あたり1人の場合がレベル III，10,000人あたり1人未満の場合がレベル IV である．もっとも医療レベルの高いグループがレベル I に相当する．日本も含めていわゆる先進諸国がこのレベルにはいる．世界での人口分布でみると，全人口（調査時点で約65億人，現在は約75億人）の約50%がレベル II に属する．それにつぐ25%がレベル I，残りの25%がレベル III＋レベル IV である．

10・5・2　放射線診断

　放射線診断（diagnostic radiology）では，X線発生装置からのX線をからだの外から照射する．からだのさまざまな部位のX線撮影，乳房撮影（マンモグラフィー），コンピューター断層撮影（CT）などがある．医療被ばくの中では圧倒的に件数が多い．世界全体で，年間36億件の放射線診断がおこなわれる．その3分の2は，ヘルスケアレベル I の国においてである．1,000人あたりの診断件数の世界平均は，年間562件（うち歯科放射線は74件）となる．ヘルスケアレベル I では年間1,600件（うち歯科放射線は275件），レベル II では年間348件（歯科放射線16件），レベル III，IV はそれより低い．ヘルスケアレベル I については，1,000人あたりの診断件数は1980年以前（年間1,200件）より33%増えている．日本はレベル I の国の中でもとくに放射線診断が多い．1,000人あたりの件数は，ヘルスケアレベル I の平均が年間約1,600であるのに対して，日本は2,400である．日本での100万人あたりの医師（2,061人），放射線科医（37人），診療放射線技師（326人）の数は，ヘルスケアレベル I における平均（それぞれ3,530人，77人，370人）よりやや少ないが，放射線診断機器の数は多い．診断用X線装置（100万人あたり690.5台），乳房撮影（22.8台），歯科用X線装置（1,030.3台），CT（92.6台）の数は，乳房撮影を除けばヘルスケアレベル I における平均（それぞれ370台，28台，660台，32台）より多い．

　放射線診断による年間被ばく量の世界平均は0.62 mSvである．ヘルスケアレベ

第 10 章　環境と放射線

表10・8　医療被ばくの種類

種別	解説
放射線診断 diagnostic radiology	・X線を使った放射線診断. ・頻度の高いのは胸部X線検査（chest radiography）で，直接撮影のほかに間接撮影（chest photofluorography），透視（chest fluorography）がある．透視はあまり使われない．ほかに四肢・関節（limbs and joints），脊椎（spine），骨盤・股関節（pelvis/hip），頭部（head），腹部（abdomen），上部消化管（upper gastrointestinal tract：upper GI），下部消化管（lower GI），胆囊造影（cholecystography），乳房撮影（mammography）など. ・血管造影検査（angiography），コンピューター断層撮影（computed tomography），インターベンショナル法（interventional radiology，画像下治療）などは患者の被ばく線量が高い. ・歯科放射線診断（dental radiology）は別個のカテゴリーとされることがある．骨密度測定（bone mineral densitometry）における DEXA 法（dual-enerugy X-ray absorptiometry）は新しい手法である. ・医療被ばくの中ではもっとも頻度が高い（世界で年間 36 億件）. ・放射線診断1件あたりの平均被ばく量は 1.28 mSv. ・1人あたりの年間実効線量の世界平均は 0.62 mSv.
核医学 nuclear medicine	・放射性核種をからだに投与する診断. ・陽電子放射断層撮影（positron emission tomography，PET）で使われるのは ^{11}C（炭素11，半減期20分，脳灌流），^{13}N（窒素13，半減期10分，心筋灌流），^{15}O（酸素15，半減期2分，酸素・血流），^{18}F（フッ素18，半減期110分，グルコース代謝）. ・^{99m}Tc（テクネチウム99m，半減期6時間，脳，肝臓，骨などいくつかの臓器のシンチグラフィー[⑭]），^{201}Tl（タリウム201，半減期73時間，心筋灌流），^{11}C（炭素11，半減期20分，脳灌流），^{67}Ga（ガリウム67，半減期78時間，腫瘍・炎症シンチグラフィー）などがある. ・世界で年間 3,300 件の核医学診断. ・核医学診断1件あたりの平均被ばく線量は 6.0 mSv. ・1人あたりの年間実効線量の世界平均は 0.031 mSv.
放射線治療 radiotherapy	・からだの外から照射する遠隔照射療法（teletherapy）と密封された小線源をからだの表面や内部に固定して至近距離から照射する小線源照射療法（brachytherapy，ブラッキー照射治療法）がある. ・遠隔照射療法では，X線装置（病巣の深さによって 50 kV から 300 kV），密封放射性核種（^{60}Co，^{137}Cs）を装備した照射装置，直線加速器（linear accelerator，ライナック）が使われる．もっともよく使われるのは直線加速器で，MV（メガボルト）レベルのX線や電子線をだす．陽子や重粒子の加速器も使われる. ・小線源照射療法の初期には ^{226}Ra（ラジウム226）が使われたが，いまでは ^{125}Ir（イリジウム125），^{60}Co（コバルト60）などが使われる. ・永久挿入ブラッキー照射治療法（小線源を永久的に埋め込む，前立腺がんなど深部の腫瘍に適用される）では，^{125}I（ヨウ素125），^{103}Pd（パラジウム103），^{198}Au（金198）が使われる. ・小線源照射療法は，しばしば遠隔照射療法と組み合わせて用いられる. ・世界で年間 510 万件の放射線治療．そのうち遠隔治療照射法が 90 % 以上を占める.

〔UNSCEAR，2008 より抜粋〕

解説 ⑭
英語は scintigraphy．体内に投与した放射性核種からでる放射線を検出して，その分布を画像化する画像診断法.

244

表10・9 放射線診断による被ばく線量と年代による変化（ヘルスケアレベルⅠ）

診断の種類	診断1件あたりの平均実効線量〔mSv〕			
	1970 ～ 1979	1980 ～ 1990	1991 ～ 1996	1997 ～ 2007
胸部X線検査 chest radiography	0.25	0.14	0.14	0.07
腹部X線 abdomen X-ray	1.9	1.1	0.53	0.82
乳房撮影 mammography	1.8	1	0.51	0.26
CTスキャン CT scan	1.3	4.4	8.8	7.4
血管造影検査 angiography	9.2	6.8	12	9.3

〔UNSCEAR, 2008〕

ルⅠだけをみると，その値は1.92 mSvと高い．これは自然放射線源への総被ばく量が2.4 mSvであること，さまざまな職業被ばくの被ばく量がこれよりずっと低いことを考えると無視できない線量である．また診断用機器の改良にともなって，一般のX線診断や乳房撮影による被ばく量は減少しているが，全体の平均値がこれほど高いのは，この中に被ばく線量の高いCTが含まれているからである．**表10・9**に放射線診断による被ばく量を示す．放射線診断全体で平均した診断1件あたりの平均被ばく量は1.28 mSvである．最近の調査によると，日本人の医療被ばくによる年間平均被ばく量は3.8 mSv程度と推定され，自然放射線源への平均被ばく量（2.1 mSv）をうわまわっている．

10・5・3 核医学

核医学（nuclear medicine）では診断のために放射性核種をからだに投与する．よく用いられている放射性核種には，^{99m}Tc（テクネチウム99m，半減期6時間），^{201}Tl（タリウム201，半減期73時間），^{131}I（ヨウ素131，半減期8日），などがある．また**PET**（positron emission tomography，**陽電子放射断層撮影**）[15]で使われるのは，^{11}C（炭素11，半減期20分，脳），^{13}N（窒素13，半減期10分），^{15}O（酸素15，半減期2分），^{18}F（フッ素18，半減期110分）などの放射性核種である．

世界全体で，年間3,300万件の核医学診断がおこなわれる．その90%はヘルスケアレベルⅠの国においてである．ヘルスケアレベルⅠでの1,000人あたりの診断件数の平均値は，年間22.1件で1980年以前（年間11件）から倍増している．日本では年間10.2件である（人口をかけた総数は約130万件）．ドイツ（1,000人あたり46.7件，総数385万件）では核医学がよく用いられている．

核医学での被ばくは放射性核種による内部被ばくであり，放射性核種の種類や投与量によって被ばく線量は異なる．年間被ばく量の世界平均は0.031 mSv，ヘルスケアレベルⅠだけをみると0.12 mSvである．核医学全体で平均した診断1件あたりの平均被ばく量は6.0 mSvである．

解説 ⑮
英語は positron emission tomography（PET），ポジトロン（positron, 陽電子）が電子と結合するときに発生する放射線を検出する装置を使う．がんの診断をはじめ，脳血流量や心筋血流量の検査に用いられる．

第10章 環境と放射線

10·5·4 放射線治療

放射線治療（radiation therapy または radiotherapy）には，からだの外から照射する**遠隔照射療法**（teletherapy）と密封された小線源をからだの表面や内部に固定して至近距離から照射する**小線源照射療法**（brachytherapy）がある．遠隔照射療法には，X線，密封された放射性核種（⁶⁰Co，コバルト60；¹³⁷Cs，セシウム137，⁶⁰Coが多い）または**直線加速器**（linear accelerator，ライナック）[16]が用いられる．小線源照射療法には，かつては²²⁶Ra（ラジウム226）がよく使われたが，いまでは¹³⁷Cs（セシウム137），¹⁹²Ir（イリジウム192）⁶⁰Co（コバルト60）などが使われる．

世界全体で，年間510万件の放射線治療がおこなわれる．うち遠隔照射療法が470万件，小線源照射療法が40万件である．治療全体の70%はヘルスケアレベルIの国においておこなわれ，1,000人あたりの治療件数の平均値は年間2.4件（うち小線源照射療法0.12件）である．またヘルスケアレベルIでは，直線加速器による治療が遠隔照射療法の70%を占めている．人口100万人あたりの施設と機器の数についてヘルスケアレベルIでの平均値と日本をくらべると，放射線治療施設が3.4施設（日本は5.7施設），直線加速器が5.41台（日本は5.81台），小線源照射療法施設が1.37施設（日本は2.70施設）である．

放射線治療はおもにがんの治療に用いられる．遠隔照射療法は，からだの一部に対して高い線量を複数回照射する．ヘルスケアレベルIにおける疾患別の総被ばく線量の具体例をあげると，白血病16Gy（グレイ），乳がん51Gy，婦人科がん51Gy，肺がん60Gy，脳腫瘍53Gy，皮ふがん54Gy，前立腺がん67Gyなどである．日本でもほぼ同程度の線量が使われる．小線源照射療法の場合には，総被ばく線量がやや低く，頭頸部がん29Gy，乳がん10Gy，婦人科がん28Gy，前立腺がん47Gyとなる．

表10·10に，医療被ばくの線量を自然放射線源からの線量とともに示す．

表10·11に，本章でのべたすべての線源からの被ばく量をまとめる．

表10·10　医療被ばくと他の線源からの被ばく量の比較

放射線源	1人あたりの年間実効線量〔mSv〕	寄与度〔%〕
自然バックグラウンド放射線	2.4	79
放射線診断	0.62	20
歯科放射線	0.0018	<0.1
核医学	0.031	1.1
放射性フォールアウト	0.005	<0.2
合計	3.1	100

〔UNSCEAR, 2008〕

解説⑯

線形加速器ともいう．電子またはイオンを直線的に走らせながら加速し，高エネルギーの電子ビームやイオンビームをつくる．大型のものは素粒子の研究などに，小型のものは医療用や工業用に用いられる．

10・5 医療被ばく

表10・11 さまざまな放射線源からの1人あたりの平均年間被ばく線量

放射線源	被ばく線量 (世界平均) 〔mSv〕	1人あたりの被ばく 線量の範囲〔mSv〕	備考
自然放射線源			
吸入による内部被ばく (ラドンガス)	1.26	0.2 ～ 10	家屋の種類によって はさらに高線量.
大地からの放射線によ る外部被ばく	0.48	0.3 ～ 1	地域によってはさら に高線量.
経口摂取による内部被 ばく	0.29	0.2 ～ 1	
宇宙からの放射線	0.39	0.3 ～ 1	高度が大きいと線量 は増加.
自然放射線源の合計	2.4	1 ～ 13	10 ～ 20 mSv を被ば くする集団が存在.
人工放射線源			
放射線診断 (放射線治療を除く)	0.6	0 ～ 数十	ヘルスケアレベルに よって 0.03 ～ 2.0 mSv のひらき. 国に よっては自然放射線 源からの被ばく量よ り高い.
大気圏内核実験	0.005	実験場周辺ではいま でも高線量の地点が ある.	平均被ばく線量は 1963 年のピーク (0.11 mSv) から減 少.
職業被ばく	0.005	0 ～ 20	作業者の平均被ばく 線量は 0.7 mSv;そ の大半は自然放射線 源への被ばく(とく に採鉱におけるラド ン)の寄与.
チェルノブイリ事故	0.002	1986 年には 30 万人 以上の作業者が約 150 mSv;周辺住民 の 35 万人以上が 10 mSv 以上を被ばく.	北半球では 1986 年 の最大値 0.04 mSv から減少. 甲状腺線 量はもっと高い.
核燃料サイクル (公衆被ばく)	0.0002	施設から 1 km 以内 で最大 0.02 mSv.	
人工放射線源の合計	0.6	0 ～ 数十	個人の被ばく線量は おもに医療の受療状 況, 職業被ばく, 核 実験場や核事故地点 に近いかどうかによ る.

〔UNSCEAR, 2008〕

第 10 章　環境と放射線

◎ ウェブサイト紹介

UNSCEAR（原子放射線の影響に関する国連科学委員会）

http://www.unscear.org

　　　UNSCEAR のホームページ．UNSCEAR の活動に関する情報や刊行物
　　　（UNSCEAR Publications）の情報がある．刊行物の PDF が閲覧できる．

原子力百科事典 ATOMICA

http://www.rist.or.jp/atomica

　　　高度情報科学技術研究機構が運営する．原子力に関連する情報がある．

環境放射線データベース

http://www.kankyo-hoshano.go.jp

　　　原子力規制庁（原子力規制委員会の事務局）が運営する．環境における放射能レ
　　　ベルなどの情報がある．

◎ 参考図書

飯田博美：放射線衛生学（改訂第五版），医療科学社（2001）

UNSCEAR (United Nations Scientific Committee on the Effects of Atomic Radiation):
Source and Effects of Ionizing Radiation, UNSCEAR 2008 Report to the General
Assembly with Scientific Annexes, (Annex A: Medical radiation exposures; Annex B:
Exposure of the public and workers from various sources of radiation)(2008)

UNSCEAR (United Nations Scientific Committee on the Effects of Atomic Radiation):
Source and Effects of Ionizing Radiation, UNSCEAR 2000 Report to the General
Assembly with Scientific Annexes, (Annex B: Exposures from natural radiation sources;
Annex C: Exposures to the public from man-made sources of radiation; Annex D:
Medical radiation exposures; Annex E: Occupational radiation exposures) (2000)

訳書　放射線医学総合研究所監訳：放射線の線源と影響，実業公報社（2002）

◎ 演習問題

問題1　A〜Eの事項ともっとも関連の深い語句を，イ〜ホの中からひとつずつ選べ．

　　　1) A．ラドン 222　　　　　　　　イ．発光塗料
　　　　　B．ラドン 220　　　　　　　　ロ．大気圏内核実験
　　　　　C．タリウム 201　　　　　　　ハ．核医学
　　　　　D．プロメチウム 147　　　　　二．ウラン 238 系列
　　　　　E．セシウム 137　　　　　　　ホ．トリウム 232 系列

　　　2) A．アルファ線　　　　　　　　イ．一次宇宙線
　　　　　B．エックス線　　　　　　　　ロ．二次宇宙線
　　　　　C．陽子　　　　　　　　　　　ハ．内部被ばく
　　　　　D．電子線　　　　　　　　　　二．コンピューター断層撮影
　　　　　E．ミュー粒子　　　　　　　　ホ．放射線治療

問題2　宇宙からの放射線について正しいものには○，誤っているものには×をつけよ．

　　　A．線量は地表面より高地のほうが大きい．
　　　B．線量は赤道付近がもっとも大きい．
　　　C．銀河宇宙線からの一次宇宙線の主成分は中性子である．
　　　D．宇宙線の中では，太陽放射線の寄与がもっとも大きい．
　　　E．炭素 14 は宇宙線生成核種のひとつである．

演習問題

問題3 自然放射性核種の吸入による内部被ばくに関するつぎの記述のうち，正しいものの組合せはどれか．
　　A．トロン（ラドン220）がおもな被ばく源である．
　　B．カリウム40がおもな被ばく源である．
　　C．気体状の放射性核種がおもな被ばく源である．
　　D．屋内での被ばく量は，屋外での被ばく量より大きい．
　　1　AとB　　2　AとC　　3　BとC　　4　BとD　　5　CとD

問題4 大地からの放射線による外部被ばくについて正しいものには○，誤っているものには×をつけよ．
　　A．ウラン235系列の放射性核種が寄与している．
　　B．ウラン238系列の放射性核種が寄与している．
　　C．カリウム40は寄与していない．
　　D．土壌の成分によって放射線量がとくに高い地域がある．
　　E．屋内での被ばく量は，屋外での被ばく量より大きい傾向がある．

問題5 大気圏内核実験に関するつぎの記述のうち正しいものの組合せはどれか．
　　A．1981年以降はいちども実施されていない．
　　B．地下核実験にくらべると，環境中への放射性物質の放出量が多い．
　　C．インドとパキスタンも実施したことがある．
　　D．長期にわたって影響をもたらす放射性核種は炭素14である．
　　1　ABCのみ　　　2　ABDのみ　　　3　ACDのみ
　　4　BCDのみ　　　5　ABCDすべて

問題6 職業被ばくについて正しいものには○，誤っているものには×をつけよ．
　　A．職業被ばくの中では，医学利用の職業人口がもっとも多い．
　　B．人工放射線源への職業被ばくの中では，医学利用の職業人口がもっとも多い．
　　C．大学で実験をする研究者の被ばくは，職業被ばくには含まれない．
　　D．航空機の乗務員の宇宙線への被ばくは，職業被ばくに含まれる．
　　E．工業利用における職業被ばくには，事業所の外での被ばくも含まれる．

問題7 職業被ばくに関するつぎの記述のうち，正しいものの組合せはどれか．
　　A．自然放射線源による職業被ばくの人口はきわめて少ない．
　　B．医学利用における職業被ばくの人口は増加傾向にある．
　　C．工業利用における職業被ばくでは平均被ばく線量が減少傾向にある．
　　D．防衛活動における職業被ばくでは平均被ばく線量が増加傾向にある．
　　1　AとB　　2　AとC　　3　BとC　　4　BとD　　5　CとD

問題8 医療被ばくについて正しいものには○，誤っているものには×をつけよ．
　　A．医療レベルの高いヘルスケアレベルⅠに属する国の人口は，世界全体の約50％を占める．
　　B．放射線診断の中では，CTによる被ばく量は通常のX線撮影より高い．
　　C．テクネチウム99mは，陽電子放射断層撮影に使われる放射性核種である．
　　D．脳のシンチグラフィーは核医学の手法のひとつである．
　　E．放射線治療のうち遠隔照射療法でもっともよく使われているのはセシウム137の照射装置である．

問題9 日本における自然放射線源による被ばくに関するつぎの記述のうち，正しいものの組合せはどれか．
　　A．経口摂取による内部被ばくに対する寄与が大きいのは鉛210とポロニウム210である．
　　B．ラドンとトロンによる内部被ばくの線量は，世界平均より低い．
　　C．宇宙放射線による被ばく量は，北極にくらべて大きい．

第10章◇環境と放射線

249

D. 年間平均被ばく線量は 3.1 mSv である.

1 AとB　　2 AとC　　3 BとC　　4 BとD　　5 CとD

問題 10　医療被ばくについて，その概要，被ばく線量および世界の動向を説明せよ.

付録——放射線生物学基本用語集

　一般用語とは，すこし違った意味あいで使う用語や，同義語がいくつもあるので，まぎらわしい用語をまとめてとりあげ，解説した．（江島）

ア 行

安全側に
放射線の危険度を実際よりも少し高めに設定すること．たとえば，ある放射線障害をおこす線量が$1.2 \sim 1.4\,\mathrm{Gy}$であると推定される場合に，これを$1\,\mathrm{Gy}$とみつもると，実際よりも安全側に評価したことになる．

萎縮
器官や組織を構成する細胞が死んで数が減ることなどによって器官や組織の容積が減少することをいう．放射線による後期障害のひとつ．

依存性
「～依存性がある」とは「～によって変化する」の意味である．たとえば，放射線感受性が線質によって変化する場合に，放射線感受性は「線質に依存する」あるいは「線質依存性がある」という表現をする．

遺伝的影響
放射線を被ばくした人の子孫にあらわれる放射線の影響のこと．類似の用語に「遺伝的障害（genetic injury）」，「遺伝性影響（hereditary effect）」がある．ICRP1964年勧告までは "genetic injury" が使われていたが，1966年以降の勧告では "hereditary effect" が使われ「遺伝的影響」と邦訳されてきた．もっとも新しいICRP2007年勧告の邦訳では "genetic" には「遺伝的」または「遺伝学的」という訳語を，"hereditary" には「遺伝性」という訳語をわりあてている．したがって「身体的影響（somatic effect）」の対語は「遺伝性影響（hereditary effect）」ということになるが，「遺伝的影響（hereditary effect）」という訳語が慣用的に用いられることが多い．本書ではすべて「遺伝的影響（hereditary effect または genetic effect）」で統一した．

因子・要因
「因子」と「要因」はどちらも英語ではファクター（factor）に相当する．ある結果を生じるもとになる諸要素のこと．

エネルギー
電磁放射線の場合には，放射線のエネルギーと波長との積が一定であるから，波長の短い放射線ほどエネルギーが高くなる．ただし，エネルギーの高い放射線はいつもLETが高いとは限らないことに注意．

疫学
人間の集団の健康状況に変化がみられる場合，この変化の原因を探って予防をはかるための学問を疫学という．疫学の代表的な手法として，ケース・コントロール研究とコホート研究がある（第8章参照）．

$LD_{50/30}$
$LD_{50/60}$
動物の個体の放射線感受性を比較するさいに用いる指標．被ばくをうけた動物の半数が30日以内に死亡するような線量のこと．半致死線量ともいう．ただし，ヒトの場合は$LD_{50/60}$（被ばくをうけた人の半数が60日以内に死亡するような線量）が用いられる．

251

付録——放射線生物学基本用語集

カ 行

概　念　　　おおまかな考え方のこと．英語ではconcept（コンセプト）である．

回復・修復　放射線障害が軽減すること．「修復」がDNA損傷などの放射線損傷をもとに戻す
　　　　　　分子レベルでの過程を指すのに対して，「回復」は細胞，組織あるいは個体のレベ
　　　　　　ルで放射線障害が軽減する現象を指す．

潰瘍・びらん　皮ふや粘膜の一部に欠損が生じた状態のこと．組織の一部の細胞が死んで，その部分
　　　　　　が脱落することによる．放射線による後期障害のひとつとしておこることがある．程
　　　　　　度が軽い場合はびらん（糜爛）という．本書ではひらがなの「びらん」で統一した．

化学的因子　まわりの化学的な環境や条件のうち，関係する因子のこと．化学的因子には，たと
化学的要因　えばpH，酸素濃度，塩濃度などがある．

角質細胞　　角質細胞あるいは角化細胞は英語でkeratinocyte（ケラチノサイト）という．上皮
ケラチノサイト　組織を構成するおもな細胞で，ケラチンという物質を産生する特徴がある．

核　種　　　原子核を構成する陽子と中性子の数に基づいて分類した原子の種類のこと．同じ元
　　　　　　素でも複数の核種が存在することがあり，そのなかで放射性崩壊をするものを放射
　　　　　　性核種という．

確定的影響　その影響の重篤度が線量の大きさとともにかわり，そのためにしきい線量がありう
　　　　　　るような放射線の影響のこと．がんと遺伝的影響を除くすべての放射線影響がこれ
　　　　　　に該当する．ICRP1977年勧告では「非確率的影響（non-stochastic effect）という
　　　　　　名称で「確率的影響（stochastic effect）」の対語として用いられた．その後「確定
　　　　　　的影響（deterministic effect）」という名称になった．「有害な組織反応（harmful
　　　　　　tissue reaction）」ともよばれる．

核燃料　　　ウランやプルトニウムなどのように，原子炉の中で原子核反応によって熱源にする
　　　　　　ために用いる物質のこと．

確率的影響　その重篤度ではなくその影響のおこる確率がしきい線量のない線量の関数とみなされ
　　　　　　る放射線の影響のこと．がんと遺伝的影響がこれに該当する．ICRP1977年勧告から
　　　　　　使われるようになり，「確率的影響（stochastic effect）は，放射線防護における主要
　　　　　　問題である」と位置づけられて，現在にいたる．ただし，それ以前にもその重要性
　　　　　　の指摘がある．たとえばICRP1966年勧告では「放射線に対するいかなる被ばくに
　　　　　　も白血病その他の悪性腫瘍を含む身体的効果および遺伝的効果を発現させる危険がい
　　　　　　くらかあるという慎重な仮定に基づいている；この仮定は，まったく安全な放射線の
　　　　　　線量というものは存在しないということを意味している」と記載されている．

付録＝放射線生物学基本用語集

化合物・分子　　2種類以上の元素が化学的に結合した物質のこと．たとえば，水は水素と酸素という2種類の元素からなる化合物である．

活性・活性化　　生体物質や細胞などが，その機能を発揮するようになること．それまではたらいていなかった酵素反応が始まったり，卵が受精することによってさまざまな変化がおこる場合などが，これにあたる．

管　球　　　　　X線を発生するためのX線管を管球と略称することがある．

還元・還元剤　　ほかの分子や原子と反応して，自身は酸化され，相手の分子を還元する物質のこと．言い換えると，酸化還元反応で相手の分子や原子に電子を与える物質のこと．

がん・癌　　　　ひらがなで「がん」という場合には，組織の種類にかかわりなく悪性の腫瘍を指す
腫瘍　　　　　　場合が多い．悪性腫瘍には，上皮性の細胞に由来する「癌腫」，上皮性以外の細胞に由来する「肉腫」，血球細胞に由来する「白血病」がある．このうち癌腫を「癌」とよぶ場合もある．本書の中では，悪性腫瘍全般を指して「がん」を使っている．

感受性　　　　　広い意味では，生物が環境からの刺激によって影響をうける度合いのことである．放射線感受性とは，放射線によって障害をうける度合いのことで，放射線感受性が高いとは，障害をうける度合いが高いことをあらわす．「放射線感受性が低い」ときには「放射線抵抗性である」という表現を使う場合もある．

緩照射　　　　　低い線量率の放射線を長時間にわたって与えるような照射法のこと．慢性照射ともいう．環境放射線からの「被ばく」などがこれにあたる．急照射（または急性照射）の対語．

器官・臓器　　　生物の個体の中で，特定の機能が特定の部分に局在し，またその部分が形態的に独立性をもっている場合に，その部分を器官という．英語ではともにorgan．とくに高等動物の器官のことを「臓器」という．本書では「器官」で統一した．ただし，第9章「放射線障害の防護」の中では，慣用的な用語として「臓器・組織」を用いている箇所もある．

機能・構造　　　生物の形態や構造に対して，作用やはたらきという意味で「機能」という用語を用いる．放射線障害でも，組織の一部が欠損したり変形したりする構造的な障害に対して，外見上は変化がみられないが，はたらきが異常をきたす場合を機能的な障害という．

吸　収　　　　　生物学で「吸収」とは，細胞膜を通して物質を細胞の中に取り入れたり，小腸粘膜をとおして栄養素を取り入れることを指す．放射線生物学では，生体分子が放射線のエネルギーを与えられることを指す場合もある．

253

付録── 放射線生物学基本用語集

急性障害　照射から短時間のあいだにあらわれる放射線障害を急性放射線障害（acute radiation injury）という．類似の用語に「急性影響（acute effect）」，「急性効果（acute effect）」，「早期障害（early injury）」，「早期影響（early effect）」などがある．本書では「早期障害（early injury）」で統一した．障害が一過性で長くは持続しないような障害を指す用語として「急性障害」が使われることがある．この場合は「慢性障害（chronic injury）」の対語となる．

急照射　高い線量率の放射線を1回で短時間に与えるような照射法のこと．急性照射ともいう．通常の照射実験や放射線治療は急照射が用いられる場合が多い．緩照射（または慢性照射）の対語．

局　所　からだの限局された一部を指す．放射線の全身被ばくに対して，からだの一部だけが放射線をあびる場合には局所被ばく（または局所照射）という．

系　統　生物学で「系統」とは，種々の生物のあいだの進化上の類縁関係を指す．生物間の系統を研究する学問を「系統学」「系統分類学」あるいはたんに「分類学」という．したがって，「系統的に」は「分類学的に」とほぼ同義である．

血　球　血液中に浮遊している細胞をいう．赤血球と白血球とに大別され，白血球にはさらにいくつもの種類がある（第6章参照）．

欠　損　失うこと，あるいは欠如していること．

減　衰　放射線が物質を通過するさいに，吸収や散乱によって放射線量が減少していくこと．減弱ともいう．また，放射性物質が崩壊することによって放射能が減少していくことを指す場合もある．

抗がん剤
制がん剤　がんの治療の目的で使われる薬剤のこと．がん細胞のDNAに直接傷害を与えるアルキル化剤や，細胞の代謝を阻害する代謝拮抗剤がその代表例である．

後期障害　照射から長期間（数か月から数年ないし数十年）たってからあらわれる放射線障害のこと．類似の用語に「晩発障害（late injury）」，「晩発影響（late effect）」，「晩発効果（late effect）」，「後期影響（late effect）」などがあるが，本書では「後期障害（late injury）」で統一した．「早期障害（early injury）」の対語．確定的影響の中の後期障害は「遅発性の組織反応（delayed tissue reaction）」ともよばれる．

付録══放射線生物学基本用語集

紅斑 色素沈着	「紅斑」とは，放射線によって皮ふの表面が紅色を呈する症状のこと．被ばく後，数時間であらわれて数日で消失する初期紅斑と，その後1週間程度たってからふたたびあらわれる主紅斑がある．一部をひらがなで「紅はん」と表記することもある．本書では「紅斑」で統一した．いっぽう，「色素沈着」とは，生体内に色素が病的に沈着すること．皮ふが放射線を被ばくした場合には，紅斑が消えたあとにメラニン色素が沈着する．後期障害のひとつである．
個　体	独立に生きていくことが可能な生物の単位のことを個体という．たとえば，人体とゾウリムシはともに個体である．物質の形状を区別する場合に用いる「固体」とは違う．
骨　髄	骨の内部の骨髄腔という場所に存在する組織で，主要な造血組織である．骨髄には，すべての血球細胞のもとになる前駆細胞が存在し，これが分化・成熟したあとに血液中に放出される．

サ　行

細菌 バクテリア	細菌とバクテリア（baciteria, baciterium の複数形）は同義である．単細胞の原核生物で，核がなく細胞の外側に細胞壁をもっている．大腸菌も細菌の一種である．
再　生	器官や組織の一部が失われたときに，細胞が増殖してその部分がおぎなわれる現象のこと．人体では，外傷した皮ふが回復したり，切除された肝臓の一部がふたたびもとに戻る場合などが，これにあたる．
再生不良性貧血	造血幹細胞の異常によって血球細胞が産生されなくなり，骨髄の造血組織が小さくなったり，血液中の血球数が減少する病気．放射線の後期障害としておこることがある．
細胞小器官 細胞内小器官 細胞器官 オルガネラ	細胞小器官，細胞内小器官，細胞器官，オルガネラ（organelle）はいずれも同義語．人体にいろいろな器官が存在するように，細胞の中にもさまざまな機能を受け持つ構造が存在する．核，ミトコンドリア，小胞体などがある（第1章参照）．本書では「細胞小器官」で統一した．
作用・影響 反応	ある対象（たとえば細胞や人体）に対して外からはたらきかけることを作用という．関連用語に「影響」と「反応」とがある．放射線が人体にはたらきかけることが「作用」であり，その結果，人体に引き起こされるのが「反応」であり「影響」である．
散　乱	粒子が分子や原子にあたって方向をかえること．
次元 ディメンション	英語では dimension．時間，質量，長さなどを基本量として，ある物理的な量をそれらの組合せとして表現したもの．「単位」と同様の意味で使うことがある．

255

付録── 放射線生物学基本用語集

疾　患　　　　病気のこと．

指　標　　　　物事の見当をつけるための目印のこと．たとえば，「細胞の生存率を指標にして放射線の影響を調べる」というように用いる．

しゃへい　　　放射線をさえぎること．本書では「しゃへい」で統一した．
遮蔽・遮へい

腫　脹　　　　はれること．

症候群　　　　疾患でひとつの症状がほかのいくつかの症状をともなっていることがある．これらをまとめて症候群といい，症候群は基本的にひとつの原因によっているとされる．

身体的影響　　放射線を被ばくした個人にあらわれる放射線の影響のこと．類似の用語に「身体的障害（somatic injury）」があり，「遺伝的障害（genetic injury）」の対語として用いられる．本書では「身体的影響（somatic effect）」で統一した．「遺伝的影響（hereditary effect または genetic effect）」の対語．

親和性　　　　一般に，ふたつのものの結合性が強い場合に「親和性が高い」という．放射線生物学でよく用いられる「電子親和性の物質」とは，電子との結合性が強い物質という意味である．

生化学　　　　生化学（biochemistry）あるいは生物化学（biological chemistry）は，生命現象を化学的に解析する生物学の一分野である．そのうち遺伝子レベルでの解析を中心としたものを分子生物学という．

成　熟　　　　細胞や個体が，それらに特有のはたらきが十分にできるような状態に達することを成熟という．血球や配偶子のもとになる幹細胞が分化して血球や配偶子になるような細胞レベルでの成熟と，性的な成熟のような個体レベルでの成熟とがある．

生殖・増殖　　生物の個体が自分と同じ種類の新しい個体をつくることを生殖という．関連用語に
分裂　　　　　「繁殖」「増殖」「分裂」がある．繁殖は生殖とほぼ同義に用いられる．単細胞生物の場合には，増殖と分裂は生殖とほぼ同義の場合もあるが，ヒトでは両者は異なる．

生物学的因子　まわりの生物学的な環境や条件のうち，関係する因子のこと．生物学的因子には，
生物学的要因　たとえば細胞の種類，細胞周期，遺伝的背景などがある．

絶対的・相対的　絶対的とは，何者とも比較したり置き換えたりできないこと．相対的の対語にあたる．たとえば，死亡者10人という値は絶対的なものであるが，1人にくらべると相対的に高く，100人にくらべると相対的に低くなる．

付録＝＝放射線生物学基本用語集

繊維芽細胞 線維芽細胞 ファイブロブラスト	結合組織という組織に存在する細胞のひとつで，英語では fibroblast．皮ふなどから樹立した培養細胞の多くは繊維芽細胞である．「線維」と表記する場合も多いが，本書では「繊維」で統一した．
造　影	放射線診断をする場合に，生体組織と放射線透過度の違う物質を注入すると，生体組織の強調された画像がえられる．このときに用いる物質を造影剤といい，造影剤を用いる診断を造影という．
早期障害	照射から短時間（数時間から数週間）のあいだにあらわれる放射線障害のこと．類似の用語に「急性障害（acute injury）」，「急性影響（acute effect）」，「急性効果（acute effect）」，「早期影響（early effect）」などがあるが，本書では「早期障害（early injury）」で統一した．「早期の組織反応（early tissue reaction）」ともよばれる．
促　進	生物活動や活性を高めることを促進という．対語は抑制または阻害である．発がんの場合の促進はプロモーション（promotion）ともいい，イニシエーションをおこした細胞をさらにがん化にむけて進める作用をいう．

タ 行

対照群 実験群	放射線の影響をみる実験や調査をおこなう場合，放射線以外の条件については同等の，照射しない試料や集団を選んでこれと比較するという方法を用いる．前者を「実験群」というのに対して後者を「対照群」といい，実験や調査には不可欠なものである．
大腸菌	ヒトなどのほ乳類の動物の腸に寄生する腸内細菌．とくに大腸菌 K12 株は分子生物学では欠くことのできない生物材料となっている．
脱　落	はがれて落ちること．
単　体	ただ 1 種類の元素からなる純物質のこと．たとえばダイアモンドは炭素からなる単体，オゾンは酸素からなる単体であるが，水は水素と酸素の 2 種類からなるので単体ではない．
単離・分離	化学の用語で，混合物の中からひとつの物質だけを純粋に取り出すこと．さらに広義に，遺伝子の中からある特定の遺伝子だけを取り出すことを「単離」という場合がある．
致　死	死にいたるあるいは死にいたらせること．放射線の細胞致死効果とは，放射線が細胞を殺すはたらきのことである．

257

付録——放射線生物学基本用語集

定性的   もとは化学用語の定性分析（物質の性質を調べること）からきたもの．転じて，「質的に」という意味．定性的に調べるとは，その性質を質的に調べるという意味．

定量的   もとは化学用語の定量分析（物質の量を調べること）からきたもの．転じて，「量的」にという意味．定量的に調べるとは，量的に調べるという意味．

透　過   放射線が物質を通り抜けること．

淘　汰   通常は生物進化で用いることばで，「選択」ともいう．ある環境に適応する度合いの違いによって集団の中で生き残るものとそうでないものとの差がでてくること，あるいは適応度が低いために排除されること．生物進化だけでなく，人体の中で特定の細胞が排除される場合に，「淘汰」ということもある．

動　態   動く状態，変動している状態のこと．生体の中では，細胞が分裂して増えたり，死んでなくなったりする状態を指して細胞動態という．

ナ 行

内分泌   生物学では「外分泌」の対語．組織が産生した物質を，管などを通してではなく直接に血液や体液中に分泌すること．内分泌をする組織を内分泌腺という．

妊　性   稔性ともいう．生殖の能力をもっていること．英語では sterility．妊性を失った状態を不妊という．

ハ 行

排　泄   排出と同義語．代謝の過程で体内に生じた有害な物質を体外にだすことをいう．

発　生   生物学で「発生」とは，卵が分裂をくりかえして胚になり，さらに成体となって死ぬまでの全過程を指す．

パラメーター   もとは数学の用語で，助変数あるいは媒介変数（parameter）のこと．パラメータと表記することもあるが，本書では「パラメーター」で統一した．いくつかの変数の間の関数関係をあらわすために用いる補助的な変数のこと．放射線生物学では，放射線感受性の程度を D_0，α/β などの値で表現する場合，これらをパラメーターということがある．

ヒト・人
人間   人間あるいは人類を生物の中のひとつの種としてあらわす場合には，カタカナで「ヒト」という．分類上は，霊長目，ヒト上科，ヒト属のホモサピエンス（*Homo sapiens*）種である．

258

付録＝放射線生物学基本用語集

BUdR・BrdU ブロモデオキシ ウリジン	5-ブロモデオキシウリジンの略称．BUdR と BrdU のふたつの略記法があるが，本書では「BUdR」で統一した．チミジンとよく似た構造をしたヌクレオシド（第1章参照）で，チミジンを構成する原子のひとつが臭素（ブロム）と入れかわったもの．チミジンのかわりに細胞の DNA に取り込まれると，放射線増感効果を引き起こす．
被ばく・被曝 被爆	放射線をあびること．放射線以外の有害物質にさらされる場合にも用いる．被曝と被爆の2種類の漢字があり，被曝は放射線やほかの化学物質にさらされることを指し，被爆は爆弾や原爆などをうけることをいう．本書では両者を「被ばく」で統一した．
評　価	放射線影響において評価という場合には，放射線の影響や危険度を調べるだけでなく，一定の安全基準に基づいて，その影響をみつもることをいう．
病理学	病気の原因を研究する学問を総称して病理学（pathology）という．「病理学的」という場合には，器官や組織の形態的な変化を調べる病理解剖学や病理組織学の手段を使った解析や検査を指すことが多い．
不活性化 不活化	活性化の対語で不活化あるいは失活ともいう．英語では inactivation．酵素などが本来の機能やはたらきを失うこと．ウイルスや細菌などが感染力を失う場合にも用いる．
物理的因子 物理的要因	まわりの物理的な環境や条件のうち，関係する因子のこと．物理的因子には，たとえば温度，放射線の線量率，放射線の線質などがある．「物理学的因子（要因）」ということもある．
不　妊	生殖細胞の分化や成熟が抑えられることによって，受精能力をもつような卵や精子がつくられず，子孫をもうけることができなくなること．おもな放射線障害のひとつである．
分　化	細胞が変化して特殊な形や機能をもつように変化すること．生物の発生の場合を例にとると，受精後しばらくは細胞分裂をくりかえすだけであるが，ある時期になると一部の細胞が変化して特定の組織や器官をつくるように分化する．
分　裂	生物学で分裂という場合には細胞分裂を指すことが多い．1個の細胞がふたつにわかれることで増殖と同義．
崩壊・壊変	「崩壊」と「壊変」は同義語で，原子核がほかの原子核にかわる現象で，放射性崩壊・放射性壊変ともいう．英語では decay または disintegration．本書では「崩壊」で統一した．

付録 — 放射線生物学基本用語集

防　護　放射線防護のこと．放射線による被ばくや汚染を制限すること．

放射性核種
放射性同位体
放射性同位元素
RI
原子核を構成する陽子と中性子の数に基づいて分類した原子の種類のことを核種という．その中で放射性崩壊をするものを放射性核種（radionuclide）という．同義語として「放射性同位体（radioisotope：RI）」「放射性同位元素（radioacitive element）」がある．とくに，わが国の防護法令では「放射性同位元素」という用語が用いられている．本書では，法令に関わる場合を除いて「放射性核種」で統一した．

ほ乳類　分類学上は，脊椎動物のうち，ほ乳動物綱に属する動物を指す．ヒト，マウス，ハムスターなどはいずれもほ乳類に属する．また，ほ乳類の動物の組織の一部を取り出して培養したものを培養ほ乳類細胞という．漢字では「哺乳類」であるが，本書では「ほ乳類」で統一した．

マ 行
マウス・ラット
ネズミ
マウス（*Mus musculus*），ラット（*Rattus norvegicus*）はいずれもほ乳類の中のげっし（齧歯）類に属する動物で，実験動物としてよく使われる．ラットはマウスより大型である．両者をあわせてネズミとよぶことがある．

密封線源
非密封線源
密封とは放射性物質の保管方法のひとつで，カプセルに封入したり金属表面に電着したりすることでまわりに散逸して汚染しないような状態にしていること．密封の条件は法令でさだめられており，そのような線源を密封線源という．これに対して，密封線源以外の線源を非密封線源という．放射線障害防止法などの法令では，保管や使用などに関して特別の規制がある．

免　疫　体外から侵入した感染体や異物に対して，生体がこれらの侵入をこばむ機構のこと．自然免疫と獲得免疫があるが，後者を指すことが多い．免疫反応をおこさせるもとになる物質を抗原，生体が産生するタンパク質で抗原と結合する性質のあるものを抗体という．

毛細血管　脊椎動物では，動脈や静脈などの血管は末端部で細く網状に分岐して血液と組織とのあいだで物質交換をする．このような血管には毛細動脈，毛細静脈，真毛細血管があり，これらを総称して毛細血管または末梢血管という．

モデル　複雑な事象を単純化して理解しやすくしたものをモデルという．たとえば，放射線をあびて細胞が死ぬという現象を単純化して理解するために用いられるモデルのひとつが1標的1ヒットモデルである．

ヤ 行
抑　制　生物活動や活性が低下することを抑制または阻害という．これと反対の用語は促進である．

260

付録＝放射線生物学基本用語集

ラ 行

落 屑　　　　はがれて落ちること．放射線による皮ふの障害として，皮ふの組織の落屑（らくせつ）がある．

罹 患　　　　病気にかかること．罹病ともいう．罹患率とは，病気にかかる人の割合である．

演習問題解答

◎第1章

問題1 答
1) A—ロ　B—ホ　C—イ　D—ハ　E—ニ
2) A—ハ　B—ホ　C—ロ　D—イ　E—ニ

問題2 答
A—×　(原核細胞には真核細胞にみられるような膜構造はない)
B—×　(おもな構成成分はDNAとタンパク質)
C—○
D—○
E—×　(G_2期の核に含まれるDNA量はG_1期のそれの2倍)
F—○
G—○
H—×　(精子は一倍体)

問題3 答　4
説明
1　放射線感受性の高いのはG_1期〜S期の移行期とM期で，G_0期の細胞は放射線感受性が低い.
2　分裂をしない細胞はG_0期で停止している.
3　腫瘍細胞・正常細胞のいずれにおいても，通常はM期がもっとも短い.
4　「M」は，mitosis(有糸分裂)の頭文字.「有糸」は染色体や紡錘体のような糸状の構造がみえることからきている.
5　DNA合成がおこなわれるのはS期である.
参照　1·2·4，4·5·5項(第4章)

問題4 答　2
説明　細胞が膨潤するのは，アポトーシスではなくネクローシスの特徴である.
参照　1·2·5項

問題5 答　4
説明　血友病はX染色体連鎖劣性遺伝疾患，フェニルケトン尿症は常染色体劣性遺伝疾患である.
参照　1·3·5，1·3·6項，表1·7

問題6 答
1) グアニン：19%　シトシン：19%　チミン：31%
説明　DNAではアデニンとチミン，グアニンとシトシンが向かい合っているからアデニンとチミン，グアニンとシトシンの含量はそれぞれ同じである.またこれら四つの塩基を合計すると100%になる.
参照　1·3·2項

262

2) 5′-AUGGUGCACCUGACUCCUGAGGAG-3′

説明　もとのDNA鎖に対してRNA鎖の方向性（5′-3′の向き）は逆である．DNAの塩基，A，T，G，Cと向かい合うRNAの塩基はそれぞれU，A，C，Gである．Aの向かい側にはTではなくUがくることに注意．図示すると下のようになる．転写されたRNA鎖の塩基配列を5′→3′方向に記載しなおしたものが解答である．

参照　1·3·3項

5′-CTCCTCAGGAGTCAGGTGCACCAT-3′——もとのDNA鎖
3′-GAGGAGUCCUCAGUCCACGUGGUA-5′——転写されたRNA鎖

問題7　**答**

A．常染色体劣性またはX染色体連鎖劣性

説明　常染色体優性と仮定した場合，患者の遺伝子型は *Aa*，患者以外の遺伝子型はすべて *aa* である．*aa* の両親から *Aa* の子供がうまれることはない．つまり，常染色体優性である可能性はない．常染色体劣性と仮定した場合，患者の遺伝子型は *aa*，患者以外の遺伝子型は *AA* または *Aa* である．この家系図の場合，もし両親が *Aa* であれば，*AA*，*Aa*，*aa* のいずれかの遺伝子型の子供がうまれる可能性がある．つまり常染色体劣性である可能性はある．X染色体連鎖劣性と仮定した場合，この家系図の患者は男性であるから，遺伝子型は X^*Y である（X^* は異常なX染色体上のアレルを示す）．父親は正常だから XY である．母親は XX か XX^* の両方の可能性がある．もし母親が XX^* であれば，この家系図のとおりになる可能性がある．つまりX染色体連鎖劣性である可能性はある．

B．常染色体優性

説明　常染色体優性と仮定した場合，両親の遺伝子型はともに *Aa* である．*Aa* の両親からは *AA*，*Aa*，*aa* のいずれかの遺伝子型の子供がうまれる可能性がある．この家系図のようにすべての子供が偶然に *aa* である可能性もある．つまり常染色体優性である可能性はある．常染色体劣性と仮定した場合には両親の遺伝子型はともに *aa*，X染色体連鎖劣性と仮定した場合には母と父の遺伝子型はそれぞれ X^*X^*，X^*Y である．このような両親から正常な子供がうまれる可能性はない．したがって常染色体劣性あるいはX染色体連鎖劣性である可能性はない．

問題8　**答**　人体が被ばくしてからさまざまな障害があらわれるまでの過程は，その時間経過によって，物理的過程，化学的過程，生物学的過程の3段階にわけて考える場合がある．物理的過程は，$10^{-17} \sim 10^{-15}$ 秒のあいだにおこる出来事で，放射線が物質と相互作用をして電離や2次電子の放出をもたらす．化学的過程は，10^{-3} 秒以内におこる出来事で，放射線と物質の相互作用でできた2次電子が，生体分子や水に作用してラジカルをつくる．生物学的過程があらわれるまでの時間は，秒の単位から世代の単位まで幅が広い．DNA損傷のような生体分子の障害，細胞や組織レベルでの障害のほかに，発がんのように10年以上の潜伏期を経てあらわれる障害がある．遺伝的影響の場合には，世代をこえてあらわれる．

参照　1·1·4項

問題9　**答**　DNAは高分子化合物の名称である．DNAは遺伝情報の担い手ではあるが，遺伝子と同義ではない．遺伝子とは「1個のタンパク質（または機能性RNA：rRNAやtRNAなど）の情報をもつDNAの一区画」である．ヒトのゲノムには約 3×10^9 塩基対のDNAがあるが，遺伝子が占める部分はその1/4程度である．また，1個の遺伝子に着目すると，その中

にはふたつの領域がある．タンパク質の情報をもつのが「エキソン」とよばれる領域で，遺伝子全体の4～5%を占めるにすぎない．それ以外の部分は「イントロン」とよばれる．

　　参照　1·3·2項

問題10　答　発がんの二段階説では，発がん過程をイニシエーションとプロモーションというふたつの段階にわけて考える．もともとは，マウスの皮ふを用いた発がん実験に基づいている．イニシエーションは，発がんの引き金ともいうべきもので，発がん物質（放射線を含む）によってもたらされる．遺伝子の突然変異をともなう場合が多い．イニシエーション作用をもつものをイニシエーターという．プロモーションは，イニシエーションによって生じた初期のがん細胞の増殖を促して，発がんを促進する過程である．プロモーション作用をもつものをプロモーターという．プロモーター単独では，発がんはおこりにくい．

　　参照　1·4·2項

◎ 第2章

問題1　答　α線，β線，中性子線などは高速の粒子である．個々の粒子線のもつエネルギーとは運動エネルギーであり，単位はeVである．電磁波である電離放射線にはX線とγ線がある．両者はエネルギーが同じであれば，本質的に同じものであり，そのエネルギーは$h\nu$（hはプランク定数，νは振動数）で，単位はeVである．

　　参照　2·1節

問題2　答　粒子線では，透過性は主として放射線のもつエネルギーと電荷量によってきまる．物質は正電荷の原子核と負電荷の電子よりなるので，クーロン力による相互作用が主となるからである．また，質量も透過性にかかわっている．以下は，同じエネルギーで同じ物質を透過する場合の比較である．α線は電荷が2であり，He核なので重く，透過性は低く，真っすぐ進む．β線は電荷が1で，電子なので軽く，ジグザグに進むが，透過性はα線よりは大きい．中性子線は，電荷がなく重いので，原子核に直接当たるまではまっすぐに進む．透過性は極端に大きい．いっぽう，γ線（X線）は波長が短く，エネルギーの大きいものほど透過性が高い．ただし，γ線（X線）の場合，物質と相互作用をおこすと消滅するので（コンプトン効果による散乱線もいずれは光電効果で消滅する），透過性を考える場合，個々のγ線（X線）ではなく集団としての透過性をみていることに注意する必要がある．

　　参照　2·2節

問題3　答　ある一定のエネルギーをもったX線（γ線）の集団が物質に入射すると，通過するあいだに物質の原子番号ZとX線（γ線）のエネルギーによりきまっている確率で，光電効果，コンプトン効果，電子対生成がおこり，個々のX線（γ線）が消滅，散乱する．つまり，光電効果，コンプトン効果，電子対生成をおこす確率を全部たした確率で進行方向に進むX線（γ線）の数が減っていくのである．物質を単位長さ進むあいだに減る確率を線減弱係数とよび，それを物質の密度で割った確率を質量減弱係数という．ある通過点で，減る確率（線減弱係数）にその点で存在するX線（γ線）の本数（I；フルエンス率，3·1·1項参照）をかけると，減るX線（γ線）の本数になる（μI）．いっぽう，減る本数は数学的に$-dI/dx$（x；長さ）であるので，$-dI/dx = \mu I$となり，これを解くと$I = I_0 e^{-\mu l}$（I_0は入射時の本数）となる．

　　参照　2·2·5，2·2·6，2·2·7項

ANSWERS

問題4 **图** X線（γ線）が入射すると水分子を構成している軌道電子にエネルギーの全部（光電効果）あるいは一部（コンプトン効果）を与えてX線（γ線）は消滅，散乱する．ただし，軌道電子を分子から引き離すエネルギー（イオン化エネルギー）はさし引いておく必要がある．エネルギーをもらった電子（2次電子）は高速で水中を動く．このあいだに，たくさんのまわりにある水分子を電離，励起する．この電離，励起された水分子はいくつかの過程を経て水素ラジカル（H•），水酸化ラジカル（OH•）や水和電子（e_{aq}）となる．このなかで生物影響にもっとも重要な役割をはたすのがOH•である．G値とは放射線のエネルギー100 eVあたりに生成あるいは壊れる化学物質の数で定義される．

　　　　　参照 2·3節

問題5 **图** α線やβ線では，α線やβ線が注目している分子の近傍を通過するさいに，電離，励起作用でその分子を電離，励起し，作用する場合が直接作用である．いっぽう，間接作用とは，水や注目していない分子がいったんα線やβ線により電離，励起されたのち，ラジカル化し，そのラジカルが注目している分子を間接的に攻撃する場合をいう．また，X線（γ線）では，X線（γ線）のエネルギーを受け継いだ2次電子が直接的，間接的に注目分子に作用する．間接作用の証拠として，希釈効果や，温度を下げたとき，水分を減らしたとき（乾燥）に放射線の影響が小さくなることがあげられる．

　　　　　参照 2·4節

問題6 **图** 低LET放射線においては，その生物作用は間接作用が2/3を占める．つまり，水やそのほかの分子をいったんラジカル化したあと，ラジカル化分子がDNAなど目的分子を攻撃する．そのため，ラジカル化分子が目的分子に到達する前にSH基やOH基をもつ化合物がラジカルを還元すると，間接作用は消えてしまうのである．それが化学的防護効果である．細胞内にはSH基をもつグルタチオンが存在し，一定の化学防護作用をうけおっている．そこに酸素が加わることでラジカルとSH基との反応よりもすみやかにラジカルと反応し過酸化ラジカルをつくる．過酸化ラジカルは簡単には還元されずに目的分子を攻撃する．これが酸素効果である．空気中では，酸素効果のための酸素分圧は十分である（解説㉟参照）．しかし，SH化合物と酸素では，酸素の方がだいぶ速くラジカルと反応するにせよ，SH化合物とのラジカルのとりあいであるので，SH化合物量が増えれば多少酸素効果は減る．

　　　　　参照 2·5·1，2·5·3，2·5·4項

問題7 **图** 放射線防護剤は，基本的に間接作用を担うラジカルを還元する物質であるから，SH基やOH基をもった化合物である．また，酸素分圧を下げても防護効果はえられるので，血流量を下げる効果をもつセロトニンや物理的に血管をしばることでもある程度の効果はある．また，人体影響でもっとも感受性が高いのは白血球系であるので（7·1·1項参照），被ばく後，白血球の分化を促すG-CSFなどの投与により広義の防護効果をえることが可能である．いっぽう，増感剤は低酸素の状態で酸素のかわりをする化合物であるから，電子親和性の高い‘酸化剤’である必要がある．

　　　　　参照 2·5節

問題8 **图** 3

　　　　　説明 電子対生成には最低1 MeVが必要．光電効果は診断用に重要．皮ふ線量の低減には高エネルギーX線が有効で，高線量ではない．

　　　　　参照 2·2節

265

演習問題解答

問題9　答　4
　　　説明　ラジカルは不対電子をもつもの．OHイオンは不対電子をもたない．間接作用には
ラジカルが関与．間接作用の割合は2/3程度．
　　　参照　図2·15
問題10　答　1
　　　説明　銅フィルタは発生制動X線の平均エネルギーを高くするもの．スーパーオキシドな
どの活性酸素は，防護剤により還元され無害なものにかわる．酸素効果は，還元剤の存在
下で観察され，低LET放射線にみられる．

◎ 第3章

問題1　答　フルエンス，エネルギーフルエンス，照射線量の単位（SI単位系）は，それぞれ〔1/
m〕または〔m^{-1}〕，〔J/m〕または〔$J·m^{-1}$〕，〔C/kg〕または〔$C·kg^{-1}$〕で，名称は与えられ
ていない．空気カーマ，吸収線量の単位は，それぞれ〔J/kg〕または〔$J·kg^{-1}$〕，〔J/kg〕ま
たは〔$J·kg^{-1}$〕で線量測定に業績のある Louis Harold Gray（1905 〜 1965）にちなんで Gy
（グレイ）の名称が与えられている．等価線量，実効線量は防護目的で定義され，その単位は
〔J/kg〕または〔$J·kg^{-1}$〕，〔J/kg〕または〔$J·kg^{-1}$〕で，名称は，放射線防護に功績のあった
Rolf Maximilian Sievert（1896 〜 1966）の名前をつけて，Sv（シーベルト）とよぶ．
　　　参照　3·1，3·4節
問題2　答　定義されている放射線はX線（γ線），物質は空気．X線が測定空間内に入射し，空気
分子と相互作用（光電効果，コンプトン効果，電子対生成）をおこし，2次電子の運動エネ
ルギーとしてX線のエネルギーの全部あるいは一部がわたされる．それらの2次電子がと
まるまでに生成した全電離（2次電離）を電流としてとらえる．電圧が小さいと，電離によ
り生じた＋と－がふたたび結合し，電圧が大きすぎると2次電離の加速でさらに電離が増
えるので，最適な電圧を選ぶ必要がある（本章では述べていないが，計測学などで学んだ
と思う）．また，定義と測定の一致のために電子平衡状態が要求される．
　　　参照　3·1·2項
問題3　答　ともに単位は〔J/kg〕であり，名称も Gy で同じである．しかし，吸収線量がすべて
の放射線およびすべての物質に定義されているのに対して，空気カーマはX線や中性子線
などの透過性の高い間接放射線にのみ定義され，また対象物質は空気である．吸収線量は，
物質や生体が吸収したエネルギーであるから，物質に対する影響や生体に対する影響を考
えるうえでもっとも基本となる線量である．いっぽう空気カーマは，考えている空間での
2次電子や反跳荷電粒子に与えたエネルギーの総和なので，その場での放射線がどれくら
いなのかを示す目的がある．X線の場合，エネルギーが極端に大きくなければ，空気カー
マは空気吸収線量に近似的に一致する．
　　　参照　3·1·3，3·1·4項
問題4　答　生体や組織がまったく同じ吸収線量を吸収しても，LET の違いによって生物影響が
違ってくる．X線，γ線，β線，加速電子線などの低 LET 放射線間では影響は同じである
が，α線などでは同じ吸収線量で数 〜 20 倍程度生物影響が大きくなる．これは，電離密度
が高いと，分裂阻害や突然変異の原因となる DNA 傷害を少ないエネルギー吸収でおこす
ことができることに起因する．RBE は同じ生物効果のための線量比（基準放射線線量/対象

放射線線量）であらわし，基準放射線は X 線である．

参考 比の分母がどちらかわからなくなったら，比が 1 以上になるように考えたらよい．RBE 以外にも OER（3·5·2 項），DRF（表 2·2）などで同様に扱える．RBE 値は同じエネルギーの同種の放射線であっても生物影響として何をとるかで異なるので，防護目的には ICRP でどの値がその放射線に対して妥当かをきめる．それが，放射線加重係数である．

参照 3·2 節，3·4·1 項

問題5 **圏** 放射線による傷害は，増殖死でも，突然変異誘導にしても，ヒット理論などからわかるように基本的に確率的な事象である．組織障害は，おもに幹細胞などの増殖死が原因となっている．たとえば，全体の 20% の幹細胞が傷害をうけてはじめて組織機能の低下があらわれたとすると（つまり組織の機能には余裕がある），その線量までは機能障害はみとめられないが（しきい値の存在），その線量をこえると確定的に影響がでる．ただし，どの幹細胞が傷害をうけるかはわからない（確率的）．いっぽう，発がん能を獲得する確率は幹細胞が傷害をうける確率より格段に低い．ある組織の 20% に傷害がでたとして，同様の傷害をうけた人が，たとえば 100 人いてはじめてそのうちの 1 人にがんが生じるというほどに頻度が低い．線量を 1/10 に下げても 1,000 人いれば傷害の総量は同じになるので（全員の傷害を加算），やはりそのうち 1 人にがんが生じると考えるのである．ただし，線量を下げていった場合のデータは存在しないので，どんなに線量を下げても，確率は低くなるにせよ，がん発生は確率的におこる（しきい値なし）とするのである．

参照 3·3·4 項

問題6 **圏** 単位質量の生体が物理的に同じエネルギーを吸収したとしても，LET の大きさにより，生物効果には違いが生じる．つまり，低 LET 放射線にくらべ高 LET 放射線では，何倍もの影響がでるのである．そこで，高 LET 放射線の吸収線量にあらかじめその倍数をかけておけば，複合的な被ばくに対して生物影響を低 LET 放射線換算したものとして統一的に扱える．それが等価線量である．倍数としては RBE を用いたいところではあるが，なにを生物影響とするかにより RBE 値が異なってくるので，その放射線に妥当な値を ICRP が決定する．放射線加重係数である．いっぽう，実効線量では，確率的影響が対象である．吸収線量や等価線量は，単位質量あたりにきめられているので，組織による発がん確率の情報を含んでいない．そこで，おもに原爆被ばく者のがん発生データをもとに，それぞれの組織が同じ線量をうけた場合にどの程度の確率でがんが生じるのかを，全身に放射線をあびた場合を 1 として，割合で示したのが組織加重係数である．等価線量にこれをかけて求めたのが実効線量である．なお，両者とも単位は〔J/kg〕，名称は Sv（シーベルト）である．

参照 3·4·1，3·4·2 項

問題7 **圏** 酸素増感比とは，酸素非存在下で同じ生物効果を与えるのに必要な線量が酸素存在下での線量の何倍かであらわす．換言すると，酸素があると非酸素存在下の何倍の効果があるかを示す値である．低 LET 放射線においては，酸素があると，ない場合の通常 2.5 ～ 3 倍の効果を示す．細胞内の SH（グルタチオンなど）との競合でラジカルなどが酸素により過酸化ラジカルのような長寿命のなおされにくい傷にかわることにより放射線影響が増強されるのである．いっぽう，高 LET では，活性酸素が密に生じる結果，過酸化水素ができ酸素を供給したり，SH により化学的に修復されにくい傷ができたりする．そのため，酸素非存在下でも，細胞は酸素があるがごとき感受性を示す．

演習問題解答

参照　3·5節

問題8　答　4

説明　誤り；1　kg あたりでなく m^2 あたり．2　β 線は定義にはいらない．3　吸収線量は 20 倍しない．5　放射線加重係数は 1 でよいが，組織加重係数が 0.12 である．

問題9　答　1，4

説明　誤り；2　19 倍．3　λ は何時間たっても λ のままである．5　放射平衡は，半減期の大きな親から小さな娘ができる場合に成立する（本シリーズ『放射化学』を参照）．つまり，λ の小さな親核種から大きな娘核種ができる場合である．正解；4　100 Bq を 100 秒間測定しても，1 分あたりに換算したものが dpm（3 章解説㉗）であるから，6,000 dpm である．6,000 dpm を効率 30％ で計算すると 1,800 cpm になる．dpm は何秒計測したかによらない．ただし，計測時間が増えるほど値の精度が増す．

問題10　答　2，3

説明　誤り；2　高 LET（α 線など）では，OER は 1 に近い．3　無酸素では壊死する．耐性になるのは「低酸素性」が正解．選択肢 4 は正しい；2·5·4 酸素効果におけるグルタチオンの役割（p. 43）にあるように，酸素効果はグルタチオンが存在して初めてあらわれるらしい．

◎ 第4章

問題1　答　第 4 章「本章で何を学ぶか」で示したように，組織障害は基本的に細胞死（増殖死とリンパ球の間期死）で説明が可能で，発がんと遺伝的影響は体細胞と生殖細胞の突然変異で説明できる．

問題2　答　数十グレイをこえる線量では多くの細胞が間期死をおこすが，数グレイでは間期死をおこすのはリンパ球である．この線量では幹細胞のように増殖が盛んな細胞が増殖死をおこす．増殖死は数回の分裂後に分裂ができなくなった状態であるが，細胞自体は生理的には生きている．増殖死の原因は分裂期に不安定型染色体異常などの形成であり，この異常は DNA 合成時に放射線による傷が修復されずに残ってしまうことなどによるものと考えられる．

問題3　答　再増殖は分割照射の間に生残した細胞が増殖し，がん細胞が増える過程である．放射線による細胞死はヒット理論に示されるように確率的なものである．つまり，ある線量を与えると何分の 1 が生き残るというふうに細胞数を減らすことになる．いっぽう，がんの局所制御（第 4 章解説⑦）にはがん細胞がある一定数以下になる必要があると考えられる（あとは免疫細胞などによりがん組織は消滅あるいは制御される）．これらのことから，放射線治療の対象となるがん組織の最初の細胞数が多いほどがん細胞を一定数以下にするための線量が増えることを意味する．そのため，正常組織の放射線線量も増えることになるので不都合である．

問題4　答　4

説明

1 はポアソン分布におおいに関係する．2 は両者に重要．3 は確率論が成立するための基本的条件．4 の回数は両者においてきまったものではない．5 は両者におおいに関係する．

問題5　答　がん細胞，培養細胞，正常組織の幹細胞

参照　表 4·2

ANSWERS

問題6 **答** まず，D_0 は線量−生存率曲線において高線量域の直線部分のある生存率に必要な線量 A を知り，次にその生存率に 0.37% をかけた生存率になるための線量 B を求め B−A を計算して求める．次に，n は高線量域の直線部分を y 軸に向かって伸ばしてゆき，直線が y 軸と交わる点の座標 $(0, n)$ を調べることでえられる．D_q はこの直線が D 軸（横軸）と交差する点の座標 $(D_q, 0)$ から知ることができる．この直線の式は $\ln S = \ln(n \times e^{-\alpha D}) = \ln n + \ln e^{-\alpha D}$ であらわされる．$\alpha = 1/D_0$ であるから，結局，$\ln S = \ln n + \ln e^{-D/D_0}$ となる．ここで，$D = D_q$ のとき $\ln S = 0$ なので代入すると，$0 = \ln n - D_q/D_0$ がえられる（$\ln e^{-D_q/D_0} = -D_q/D_0$）．そこで，3者の関係は $\ln n = D_q/D_0$ となる．

参照　第4章解説㉒

問題7 **答** 外挿値−標的の数−SLD 回復，低線量域の放射線耐性−準しきい値−SLD 回復，放射線感受性−平均致死線量−PLD 回復，飛跡間事象−2次曲線の曲がりの程度−SLD 回復，飛跡内事象−低線量率照射時の生存率曲線−なし（SLD 回復は線で結ばなくとも正解とする）

問題8 **答** 3，5

説明　1．S 期後半は放射線耐性．2．D_0 が大きくなると感受性は下がる．5．空気中では酸素分圧は酸素効果をうむに十分大きい（図3·12）．4．システインは SH 基を含むアミノ酸でむしろ防護的（表2·2）．増殖が盛んな細胞は放射線感受性が上がる．

問題9 **答** 3

説明

1．直線−2次曲線モデルで分割照射に関係するのは β 項（D^2 項）で，1本の飛跡によりできた傷が分割の間に修復されると考える．2．PLD 回復では D_0 がかわり傾きがかわるので，高線量域で増加が大きくなっていく．一方，SLD 回復では高線量域でも D_0 はかわらない．3．接触阻害は対数増殖期ではなく，定常期あるいはプラトー期でおこる．

参照　図4·21

問題10 **答** 2

説明

1．アポトーシスは発生時期や成人でもみられるし，また照射された培養がん細胞でもみられる．3．再分布の効果は現在のところ放射線治療では利用できていない．4．ヒット理論はあくまでポアッソン分布を仮定したときの理論で低線量域での予測も示している．1 Gy 以下のヒット理論で説明できない現象については，それぞれの中で考えなければならない．5．1 標的 1 ヒット理論ではこれでよいが，多重標的 1 ヒット理論では D_0 は高線量域で調べなければならない．

参照　4·2·3 項

問題11 **答** X 線発見当初からおこなわれてきたがん治療では軟 X 線に近いエネルギーのため透過性が低く，がん組織に線量を届けるためには大線量が必要であり，そのため皮膚での線量が増え，皮膚への影響が大きすぎて治療が困難であった．その後，深部治療用 X 線装置が開発され，がんへの線量を上げることが可能となったが，なお皮膚への影響は大きかった．リニアックの時代になってさらにエネルギーが大きくなり，ビルドアップの領域が広がり，皮膚線量は急速に減った．最近では重粒子線治療や陽子線治療の導入でブラッグピークを利用可能となり，がん組織への線量増大とともに正常組織への線量を抑えることに成功している．一方，コンピュータの処理能力のスピードアップにより，X 線 CT，MRI の短時間

での画像処理が可能になり，がん組織の三次元画像が容易にえられるようになると，がん組織に絞った照射によって，正常組織への影響を最小限にすることができるようになってきている．

問題12 图 分割照射を開始すると，まず放射線感受性な毛細血管に近い酸素性細胞が効率よく死にいたる．その細胞が取り除かれると，その周囲にあった酸素性非分裂細胞や低酸素性非分裂細胞に酸素や栄養素が行きわたるようになり，それらが酸素性的にかわる．そこで，次の照射をおこなえば，酸素性にかわった細胞は放射線感受性なので，容易に取り除かれることになる．これの繰り返しによって，がん組織に存在する放射線抵抗性の低酸素性細胞や分裂していない細胞も失われてゆき，がんが縮小してゆき局所制御の状態へと導かれていく．

問題13 图 4

説明

温熱感受性な時期はS期である．温熱による細胞死はおもに間期死である．ヒートショックタンパク質は温熱耐性に関与していると考えられている．正常組織とがん組織の温熱に対する感受性の差は，培養系での正常細胞とがん細胞の温熱感受性では基本的に説明できない．培養系では両者に差があるという報告と全くないという報告が存在する．したがって，正解は4．

問題14 图 定義は，治療比（治療可能比）＝正常組織耐用線量/がん治癒線量．正常組織耐用線量は正常組織の5%に障害がでる線量．がん治癒線量はがん組織の80〜90%に障害がでる線量のことである．

問題15 图 5

説明

加速炭素線は高LET，高RBEであるとともにブラッグピークをもつ．中性子線の線量分布はX線などに似ていて皮膚での線量が高くなるので皮膚障害により使用が困難である．生体に及ぼす影響は反跳陽子によるものなのでLET，RBE共に高い．陽子線はLETがある程度大きいが（人によっては中LETと表現しているが，低LET放射線に分類する方が多くみられる），RBEはX線と比較してほぼ同じである．しかし，ブラッグピークをもち線量分布はがん治療に向いている．深部治療用250 kV X線は皮膚線量のほうが深部線量より大きい．したがって，正解はE．

問題16 图 感受性はつぎの順である．造血系がん－扁平上皮がん－肺がん－前立腺がん－骨肉腫

問題17 图 関係式は生物学的等価線量＝分割総線量×相対的効果率．相対的効果率は以下に示す．

$$1 + \dfrac{d}{\dfrac{\alpha}{\beta}}$$

問題18 图 1

説明

再分布の利用による治療改善は現時点でかならずしもなされていない．培養系でも7 Gyをこえないと細胞周期依存性は明確にあらわれない．また，多くのがん組織では細胞がG$_1$期にとどまっていたりG$_1$期をゆっくりと進む割合が多いので，培養系でおこなわれるような

わけにはいかないのである．正解は1．

問題19 图 細胞の放射線感受性は酸素の存在に強く依存する．そのため，がん組織中の低酸素性細胞は強く放射線耐性となる．これががん治療を困難にするひとつの要因となっている．そこで，分割による再酸素化機能するわけであるが，他に低酸素性細胞を強制的に酸素化できるとがん治療の改善につながるかもしれない．この目的で高圧酸素や酸素のかわりになる親電子性薬剤の開発がおこなわれてきた．これが低酸素性細胞増感剤である．いっぽう，酸素の存在下で多量の還元剤が与えると細胞の放射線感受性が下がることが知られている．SH基やOH基をもった薬剤である．これらの薬剤を正常組織だけに与えることができれば，放射線の正常識における副作用を抑えることができるかもしれない．これが放射線防護剤である．両薬剤とも膨大な数がおもに培養系で試されてきた．しかし，両薬剤とも培養系では非常に良い成績を残したものの，実際に臨床応用になるとその強い副作用のため，現在薬として利用されているものはごく少数に限られている．

問題20 图 がん組織は自ずから新生血管の誘導をおこなう．この新生毛細血管は温熱に弱いという性質がある．その結果，がんは熱を逃せなくなり温度をためこんで感受性になるのである．また，毛細血管新生を誘導する遺伝子発現が放射線に耐性な低酸素性細胞で高くなり，温熱がこの低酸素性によく効くことを考えれば，放射線両方との併用効果が期待できる．さらに，放射線分割後の再増殖を血管新生阻害剤が効くようであるので，再増殖に深く関わっているがん幹細胞の除去にも温熱が効果をもつ可能性がある．総合すると放射線と温熱の併用期待がもてる．ただし，がん組織での温熱の線量分布はいまだに改善されていないことが問題として残る．

◎ **第5章**

問題1 图
1) A—ニ　B—ハ　C—ホ　D—ロ　E—イ
2) A—ホ　B—ニ　C—ロ　D—イ　E—ハ

問題2 图
A—×　（DNA2本鎖切断は生成数としてはDNA1本鎖切断より少ない）
B—○
C—○
D—○
E—×　（サイレント突然変異はタンパク質の異常として検出できない）
F—×　（むしろ分裂遅延のおこりにくい細胞が高感受性になる）
G—○
H—×　（特定の薬剤に対する抵抗性を指標にする）

問題3 图　4
　説明　相同組換えによる修復は，おもに細胞周期のS期でおこなわれる．
　参照　5·1·2，5·2·2項

問題4 图　3
　説明　分裂期（M期）以外の時期（G_1期，S期，G_2期）に照射された細胞にも染色体異常が生じる．

演習問題解答

参照　5·4·1，5·4·4項

問題5　答　3

説明　二動原体染色体，環状染色体，部分欠失は不安定型染色体異常，相互転座，逆位は安定型染色体異常である．

参照　5·4·3，1·3·6項，表1·7

問題6　答　1 Gy

説明　非照射群と照射群のP.E.はそれぞれ0.95(285/300)，0.75(225/300) である．非照射群と照射群の突然変異率は，実験値から計算した突然変異率をP.E.で補正した（P.E.で割った）値だから，それぞれ$\{12/(25 \times 10^5)\}/0.95$，$\{180/(25 \times 10^5)\}/0.75$である．照射群の突然変異率を非照射群のもので割ると $[\{180/(25 \times 10^5)\}/0.75] \div [\{12/(25 \times 10^5)\}/0.95] = 19$ となる．6 Gy の X 線によって突然変異率は19倍になり，自然突然変異率の18倍分が6 Gyで誘発されたことになる．自然突然変異率の4倍になる線量，言い換えれば自然突然変異率の3倍分を誘発する線量は6 Gyの1/6すなわち1 Gyである．

問題7　答　DNA の塩基損傷を修復するしくみには，塩基除去修復とヌクレオチド除去修復がある．塩基除去修復では，損傷をうけた塩基だけが取り除かれる．ヌクレオチド除去修復では，損傷した塩基を含む広い領域が取り除かれる．脱アミノ化，脱プリン化，DNA1本鎖切断のように，比較的軽い塩基損傷は，塩基除去修復で修復される．DNAの立体構造を大きく変化させるような損傷，たとえば紫外線によるピリミジン二量体，発がん性化学物質による分子付加体やアルキル化損傷などは，ヌクレオチド除去修復で修復される．

参照　5·2·1項

問題8　答　DNA2本鎖切断を修復するしくみには，相同組換え修復と非相同末端結合修復がある．相同組換え修復は，損傷のない無傷の相同配列を鋳型の一部として借りることによって損傷前のDNAを復元する．非相同末端結合修復は，相同配列に依存することなく，切断端を直接に再結合する．相同組換え修復は，忠実にもとの配列を復元できるが，損傷部位の近くに相同配列が存在する必要があるので，機能できる時期が限定（たとえば，複製直後の相同配列が近くに存在する，細胞周期のS期）されている．非相同末端結合修復は，再結合の忠実度（fidelity）が相同組換えよりも低いが，いつでも機能できるので，2本鎖切断修復全体に占める割合は，こちらのほうが大きい．

参照　5·2·2項

問題9　答　体細胞におこった突然変異は，その細胞が分裂すると娘細胞に伝えられるが，子孫の世代まで伝わることはない．生殖細胞におこった突然変異は，子孫の世代にまで伝わる可能性がある．突然変異によってもたらされる放射線の影響は，確率的影響に分類され，体細胞の突然変異は「がん」，生殖細胞の突然変異は「遺伝的影響」の原因になる．

参照　5·3·3項

問題10　答　生成された染色体異常が細胞の生存にどう作用するかによって安定型と不安定型にわける．細胞の生存への影響が少ない安定型染色体異常には相互転座と逆位があり，細胞の生存への影響が少ないので，被ばくしてから長期間を経たあとでも残る．不安定型異常には，二動原体染色体，環状染色体，部分欠失があり，これらが生じると細胞分裂の阻害や遺伝情報の喪失によって細胞が死ぬので，被ばくからの時間経過にともなって減少していく．

ANSWERS

参照　5·4·3参照

◎ 第6章

問題1 答　ラットの精巣に放射線をあてたあと，精細管中の生殖細胞が順次分化していく過程に対する影響を顕微鏡で調べた．その結果をまとめて，分裂頻度が高く，将来にわたって分裂する回数が多く，形態的に機能的に未分化な細胞の放射線感受性が高いとした．つまり，分裂がさかんな未分化な細胞の感受性が高いという結論である．

参照　6·1·1項

問題2 答

① 分裂を終了した組織．放射線感受性は低い（神経）．

② 分裂が非常にゆっくりとおこっている組織．感受性は①よりは大きい（肝臓）．

③ 分裂速度の速い組織．ただし，組織自体の大きさは一定している．放射線感受性は高い（造血系組織）．

④ 分裂速度が速く，組織は成長している．放射線感受性は高い（がん組織）．

ただし，③，④を分化しているが分裂のさかんな血液系の分化した幹細胞，未分化で分裂がさかんな造血幹細胞などとしても正解．

参照　6·1·2項

問題3 答　基本的にそれぞれの血球の幹細胞は放射線感受性が高く，一時的に分裂をしなくなり，各血球への供給はすぐに止まる．しかし，血球の寿命が長い場合は，血球数は徐々に減るだけであり，そのうちに幹細胞が回復してきて供給がもとに戻るので，大きな血球数変化にいたらない．これが赤血球である．顆粒球や血小板数はそれぞれの寿命が短いため，すぐに影響をうけ減り，幹細胞の回復とともに数も戻ってくる．リンパ球は白血球と同様であるのに加えて，分裂しないにもかかわらず，放射線感受性が非常に高い（間期死）ので，数の減少も極端に速い．

参照　6·2·1項

問題4 答　要因には実質細胞の寿命，放射線影響がでるまでの潜伏期，機能的小単位（FSU）の構造，体積効果，回復力などが関係する．末梢血赤血球数の変化が遅いのは，赤血球の寿命が長いためであり，結果として赤血球の感受性は低くなる．潜伏期が長い例として，白内障があげられる．放射線被ばく後，数年は白内障にならなくてすむ．また，FSUの不明瞭な皮膚では，幹細胞が比較的感受性であるにもかかわらず，組織の放射線感受性は低めになっている．肝臓や腎臓は非常に重要な器官であるので，組織全体が被ばくをうけると重大な結果をうむが，被ばくが部分的であればほぼ正常な機能を担える（体積効果）．最後に回復力の例として肺をあげる．感受性自体は比較的耐性であるが，回復力に乏しいため，胸部治療の場合，極力被ばくをさける必要がある．

参照　6·2·1, 6·2·2, 6·2·3, 6·3·3項

問題5 答　血管系の中で比較的放射線感受性な細胞として内皮がある．これは，毛細血管を構成する主たる細胞であるので，毛細血管がもっとも放射線にやられやすい．その結果，たとえば皮ふなどでは，照射後の浮腫や難治性潰瘍，壊死の原因となる．つまり，これらは血管系を介した2次的影響と考えることができる．

参照　6·2·4項

273

演習問題解答

問題6　圏　胎児期をすぎると卵原細胞は分裂をやめ，原始卵胞（第1次卵母細胞）でとどまる．性的成熟期にはいり，減数分裂をへて第2次卵母細胞となり，排卵する．放射線感受性は原始卵胞では低く，卵母細胞で高くなる．つまり，分化過程で放射線感受性が'高くなる'ことが精巣の場合と異なる．また，成熟した女性では卵原細胞への影響は考えなくともよいが，男性では精原細胞からの分化がつづいていて，精原細胞の傷害は影響の原因となりうる．いっぽう，卵母細胞をささえている卵胞細胞の放射線感受性も高いので，ホルモン分泌を介して卵母細胞の成熟に影響を与えることは，女性の特徴である．原始卵胞は比較的放射線耐性なので，若い女性のほうが妊娠に対しては耐性である．

　　　参照　6・1・1，6・3・2項

問題7　圏　眼の水晶体上皮はとくに放射線感受性が高い．水晶体上皮はゆっくりと分裂し，細胞核を失いながら水晶体内へと移行する．水晶体内部は，繊維組織やクリスタリンで構成され，透明性を維持している（クリスタリンのシャペロン機能によるといわれている）．それが，生理的に老人性に，また病理的に紫外線や糖尿病により透明性をたもてなくなったのが白内障である．いっぽう，放射線も白内障を誘発するが，始まる場所が老人性のものとは異なる．放射線の場合，後極から始まるが，老人性のものは赤道部から始まる．しかし，白内障の後期になると両者のあいだに区別はつかなくなる．

　　　参照　6・3・1項

問題8　圏　5

　　　説明　表6・2をみると，1990年勧告と2007年勧告で，組織のとりかた，しきい値のとりかた，および数値自体について少し異なっている．しかし，選択肢5.においては，勧告では0.1 Gyであるのに対し，2 Gyと著しく異なるので，これがまちがい．

問題9　圏　2

　　　説明　表6・3の5年間に5%に副作用の出る線量（≃しきい値）をみると，白内障では体積効果はない．

問題10　圏　5−1−4−3−2

　　　説明　どの表を使うか，組織の中のなにに注目しているのか，などにより，順位は微妙に変化するが，おおよそどの程度かは念頭においておくとよい．

◎ 第7章

問題1　圏

　　　1）A—ニ　B—ホ　C—イ　D—ハ　E—ロ

　　　2）A—ニ　B—イ　C—ホ　D—ハ　E—ロ

問題2　圏

　　　A—×　$LD_{50/30}$ は半致死線量，半数致死線量または中間致死線量という．ちなみに平均致死線量（D_0）は細胞の致死率に関係のある指標．

　　　B—○　ヒトの $LD_{50/60}$ は約4 Gy，マウスの $LD_{50/60}$ は約8 Gyである．

　　　C—○

　　　D—×　おもに白血球（好中球）の減少が原因である．

　　　E—○

　　　F—×　0.25 Gy程度である．

ANSWERS

　　　G—×　精神遅滞である.

　　　H—×　皮ふに付着した放射性核種による被ばくや, 治療用の ^{60}Co による被ばくは外部被ばくである.

問題3　答　3

　　　説明　2週間以内に死亡するのは消化管死である. 骨髄死は数週間〜数か月の範囲内におこる.

　　　参照　7·1·5項, 表7·1

問題4　答　5

　　　説明　^{222}Rn（ラドン）は気体状の放射性核種なので, 吸入されて肺にはいり, そこで沈着すると肺がんの原因になる.

　　　参照　7·4·2, 7·4·3項

問題5　答　4

　　　説明

　　　A　誤　着床前期の被ばくは, 胚の死をもたらす. 生き残った胚は正常に発生する.

　　　B　正　受精後8〜15週に感受性の高い時期がある.

　　　C　誤　胎内被ばくによる精神遅滞は確定的影響なので, しきい線量が存在する.

　　　D　正　胎児は小児と同じで, 成人より発がんのリスクが高い.

　　　参照　7·3節

問題6　答　②

　　　説明　被ばく線量が①1〜2Gyの場合には, 24時間以内に下痢がおこることはない. 被ばく線量が③3.5〜5Gyの場合には, 1週間をすぎても吐き気と嘔吐が残る.

　　　参照　図7·5

問題7　答　食欲不振, 吐き気, 嘔吐, 下痢

　　　参照　表7·4

問題8　答　全身被ばくした場合には, 全身のさまざまな部位が障害をうけるが, 個体の生存への影響が重大な部位での障害が致死の原因になる. 比較的低い線量域（10Gyまで）では, 造血器系の障害がおもな死因となり, 数週間以内に死亡する. この死亡様式を「骨髄死」という. 血球のもとになる造血幹細胞が, 新しい血球を供給できなくなり, おもに白血球（好中球）の減少による感染により死亡する. 消化管も障害をうけるが, 致死的とはならない. 10Gyより大きい線量域では, 消化管の障害がおもな死因となり, 2週間以内に死亡する. この死亡様式を「消化管死」という. 腸上皮肝細胞が, 新しい細胞を供給できなくなり, 腸の構造と機能がそこなわれ, 電解質の喪失や感染により死亡する. この線量をあびると, 造血器系も致命的な障害をうけている.

　　　参照　7·1·2, 7·1·4, 7·1·5項

問題9　答　マウスなどの実験動物では, 胎児期の被ばくによるおもな障害は, 発育遅延である. 大きな奇形は少ないが, 造血器系や生殖腺などに小さな奇形と機能障害が誘発されることがある. ヒトでも, 胎児期の被ばくによって発育遅延がおこるが, もっとも顕著な影響は精神遅滞である. とくに受精後8〜15週に被ばくすると, 精神遅滞がおこりやすい.

　　　参照　7·3·5, 7·3·6項

275

演習問題解答

問題10　图　放射性核種の影響をうけやすい部位は，放射性核種と直接にふれる可能性の高い「皮ふ」，放射性核種が吸入されて侵入する「肺」，水・食物などの摂取によって侵入した放射性核種が通過する「消化管」である．また，放射性核種が血流にのって全身をまわると，それぞれの核種の化学形や代謝上の性質によって特定の器官に集積することがある．とくに「骨」は，多くの放射性核種（向骨性核種）が集積しやすい部位である．骨に集積した放射性核種は骨髄にも障害を与える．それ以外に，^{125}Iや^{131}Iが集積しやすい甲状腺，^{238}Uが集積しやすい腎臓のような部位もある．肝臓も放射性核種の障害をうけやすい．

　　　　参照　7·4·3項，表7·10

◎ 第8章

問題1　图
　　　1) A—ハ　B—ホ　C—ロ　D—ニ　E—イ
　　　2) A—ロ　B—ニ　C—ホ　D—ハ　E—イ

問題2　图
　　　A—○
　　　B—○
　　　C—×　（致死率は低いが発生率は高い）
　　　D—○
　　　E—○
　　　F—×　（約3）
　　　G—○
　　　H—×　（マウスでの遺伝的影響を調べるのに用いられる）

問題3　图　4
　　　説明　固形がんにくらべると白血病の潜伏期は短く，被ばく後2～3年たってから増加しはじめる．固形がんの中では，小児の甲状腺がんがチェルノブイリ事故の4年後にあらわれてきたという事実がある．
　　　参照　8·2·1，8·2·2項

問題4　图　3
　　　説明　単位線量あたりの誘発率で示す方法は「直接法」であり，照射実験のできる実験動物ではこれによる推定ができる．照射実験のできないヒトでは「間接法」が使われ，倍加線量（自然発生する突然変異と同数の突然変異を生じるに必要な線量）を使う方法がそのひとつである．
　　　参照　8·5節

問題5　图　3
　　　説明　原爆被ばく者の調査で，統計的に有意な発がんリスクの上昇がみられる器官には，骨髄（白血病），胃，結腸，肺，乳房，卵巣，膀胱，甲状腺などがあり，逆に，発がんリスクの上昇が有意でない器官には，胆囊，子宮，前立腺などがある．
　　　参照　8·2·2項　表8·2

問題6　图
　　　1) 甲状腺がん（表8·2でがん罹患のリスクにくらべてがん死亡のリスクが低いもの）

276

ANSWERS

    2）乳がん，甲状腺がん

    3）結腸がん，肝臓がん

問題7   答   1.2 Gy

    説明   高線量率での倍加線量は，自然突然変異率 8×10^{-6} を誘発する線量だから $\{(8 \times 10^{-6}) \div (2 \times 10^{-7})\} \times 0.01 = 0.4$ Gy である．低線量率での倍加線量はこれに DDREF 3 をかけることによってえられる．

    参照   8·5·2 項

問題8   答   相対リスクは，被ばく群と対照群のがん発生率（またはがん死亡率）の比で，被ばく群でのリスクが対照群の何倍になるかをあらわす．絶対リスクは，被ばく群と対象群のあいだのがん発生件数（またはがんによる死亡件数）の増加をあらわす．もともと発生率の高いがんでは絶対リスクのほうが，もともと発生率の低いがんでは，相対リスクのほうが大きめの値を示す傾向がある．

    参照   8·1·3，8·1·4 項

問題9   答   放射線発がんリスクを修飾する物理的因子には，線量率と線質がある．ほかの放射線影響と同様に，放射線発がんでも線量率効果（線量率の低下とともに影響が減る）がみられる．線量率効果の指標となる DDREF（線量・線量率効果係数）は 2 前後の値になる．放射線発がんでは，線質効果（線量が同じであれば，中性子や α 線のような高 LET 放射線の影響は強い）もみられる．線質効果の指標となる RBE（生物学的効果比）は，放射線の種類や推定の方法によって幅広い範囲の値をとる．放射線発がんリスクを修飾する生物学的因子には，被ばく時の年齢と性差がある．被ばく時の年齢が低いほどリスクが高く，また に女性は男性よりリスクが高い傾向がある．

    参照   8·3·1，8·3·2 項

問題10   答   眼や体毛の色など目にみえる形質にあらわれる劣性の突然変異（劣性の可視突然変異）を検出する特定座位検定法が代表的で，原理はつぎのとおりである．ある遺伝子についてホモの変異体（aa）の雌のマウスをあらかじめ準備し，これに正常な雄のマウス（AA）をかけあわせて子供をつくらせる．雄の生殖細胞に突然変異（A → a）がおこり，この精子が受精すれば，50% の確率で子供に変異体（aa）が生じる．子供にあらわれる変異体の数から雄の生殖細胞における突然変異を推定する．7 種類の座位を用いるシステム，6 種類の座位を用いるシステムなどがある．このような目にみえる突然変異のかわりに，酵素活性をはかるという生化学的な方法で突然変異を検出するシステムもある．

    参照   8·4·1，8·4·2 項

◎ 第9章

問題1   答

    1）A—ニ   B—イ   C—ホ   D—ハ   E—ロ

    2）A—ホ   B—ロ   C—ニ   D—イ   E—ハ

問題2   答

    A—×   確率的影響をもとにしてさだめられている．

    B—×   あるエネルギーにピークをもつ連続関数である．

    C—○

演習問題解答

D—×　ミュー粒子は1である.

E—○

問題3　答　1

説明　荷電パイ中間子では2である．中性子ではエネルギーの連続関数である．

問題4　答

A—○

B—×　1990年勧告ではもっとも大きい値（0.20）であったが，2007年勧告では0.8になり，骨髄や結腸など（0.12）より小さくなった．

C—×　1990年勧告では「残りの臓器・組織」のひとつであったが，2007年勧告では臓器・組織のリストにはいって0.01という値が与えられた．

D—○

E—○

問題5　答　3

説明　線量率の高低によらず，臓器・組織ごとに一定の値が与えられている．

問題6　答

A—○

B—×　核燃料物質は放射線障害防止法における放射線の定義にはいっていない．

C—○

D—×　定期検査は3年または5年ごとである．

E—○

問題7　答　1

説明　皮ふの等価線量限度は500 mSv/年（4月を始期とする1年間）である．

問題8　答

A—×　設置後10日以内に届け出なければならない．

B—○

C—○

D—×　1週間につき1 mSv以下でなければならない．

E—○

問題9　答　5

説明　国家公務員の防護については人事院規則10-5でさだめられている．エックス線装置（管電圧10 kV以上）は「特定エックス線」として規制される．

問題10　答　職業被ばくは，作業者がそのみずからの仕事の結果としてうけるすべての放射線被ばくである．人工放射線源だけでなく自然放射線源（宇宙線など）への被ばくも含まれる．公衆被ばくは，職業被ばくと患者の医療被ばく以外の公衆のすべての被ばくを含む．通常の自然バックグラウンド放射線は除かれる．患者の医療被ばくは，患者がみずからの医学または歯学の診断あるいは治療の一部としてうける被ばくである．放射線防護の三つの基本原則（正当化，防護の最適化，線量限度の適用）のうち，「正当化」と「防護の最適化」は三つのカテゴリーに適用されるが，「線量限度の適用」は，患者の医療被ばくには適用されない．

参照　9·3·1項

ANSWERS

◎ 第10章

問題1 图
1) A—ニ　B—ホ　C—ハ　D—イ　E—ロ
2) A—ハ　B—ニ　C—イ　D—ホ　E—ロ

問題2 图
A—○
B—×　線量は緯度が高いほど大きい．赤道付近はもっとも小さい．
C—×　主成分は陽子である．
D—×　寄与がもっとも大きいのは銀河放射線である．
E—○

問題3 图　5
説明　トロン（ラドン220）ではなくラドン（ラドン222）がおもな被ばく源である．カリウム40は吸入による内部被ばくにはあまり寄与しない．

問題4 图
A—×　ウラン238系列，トリウム232系列，カリウム40が寄与している．
B—○
C—×　カリウム40は存在量が多く，ウラン238系列，やトリウム232系列とともに被ばくに寄与している．
D—○
E—○

問題5 图　2
説明　インドとパキスタンが実施したのは，地下核実験である．

問題6 图
A—×　自然放射線源による職業被ばくがもっとも多い．
B—○
C—×　教育機関における被ばくは，職業被ばくのひとつのカテゴリーである．
D—○
E—○

問題7 图　3
説明　自然放射線源による職業被ばくの人口はほかのカテゴリーより多い．防衛活動における職業被ばくでは平均被ばく線量も工業利用と同様に減少傾向にある．

問題8 图
A—×　世界人口の約50％を占めるのは，ヘルスケアレベルⅡに属する国の人口である．ヘルスケアレベルⅠに属する国の人口は約25％である．
B—○
C—×　テクネチウム99mは，シンチグラフィーに使われる．陽電子放射断層撮影に使われるのは，炭素11，窒素13，酸素15，フッ素18などである．
D—○
E—×　もっともよく使われているのは直線加速器である．

279

演習問題解答

問題9　**圏**　1
　　説明　宇宙放射線による被ばく量は緯度が高いほど大きく，北極ではもっとも大きくなる．
年間平均被ばく線量は 2.1 mSv である．

問題10　**圏**　医療被ばくには，放射線診断，核医学，放射線治療の三つのカテゴリーがある．この
うち診断件数がもっとも多いのは，放射線診断である．その件数は増加傾向にある．放射線
診断による年間被ばく量の世界平均は 0.62 mSv であり，人工放射線源による被ばくの中で
はもっとも大きい．近年普及しつつある CT による被ばくの寄与が大きい．核医学の件数も
増加傾向にある．放射線治療には，遠隔照射療法と小線源照射療法とがあり，件数が多いの
は前者である．現在もっとも普及しているのは，直線加速器による遠隔照射療法である．
　　参照　10·5節

参考文献

第1章

1) Hall, E. J. : Radiation and Life, 2nd ed., Pergamon Press (1984)
2) Alberts, B., et al. : Molecular Biology of the Cell, 5th ed., Garland Publishing Inc. (2008)

第2章

1) 日本アイソトープ協会編：ラジオアイソトープ・講義と実習，丸善
2) 石川友清編：放射線概論 ― 第1種放射線取扱主任者試験用テキスト，通商産業研究社（1989）
3) 日本アイソトープ協会：改訂版・放射線取扱の基礎 ― 第1種放射線取扱主任者試験の要点，丸善（1993）
4) 坂本澄彦：放射線取扱主任者シリーズ1　放射線生物学，秀潤社（1998）

第3章

1) 日本アイソトープ協会編：ICRP publication 42 ICRPが使用しているおもな概念と量の用語解説，丸善（1986）
2) 菅原　努，青山　喬：放射線基礎医学（第9版），金芳堂（2000）

第4章

1) Hall, E. J.（浦野宗保訳）：放射線科医のための放射線生物学（第4版），篠原出版（2002）
2) 青山喬　編：放射線基礎医学　第12版，金芳堂（2013）
3) 村田貴史，他：切除不能肝癌に対する温熱療法，Oncologyの進歩，Vol.2, No.2, 43-46 (1992)
4) 曽我憲二，他：新潟医学会雑誌，Vol.111, No.5, 301-305 (1997)
5) 阿部成宏・三浦雅彦：癌幹細胞に関する知見とその概念に基づいた癌治療戦略，The Journal of JASTRO, Vol.21, No.1, 1-11 (2000)
6) 道振義貴，他：がん幹細胞を標的とした免疫療法，顕微鏡，Vol.46, No.2, 100-104 (2011)
7) 三浦雅彦：放射線生物学の動向，RADIOISOTOPES, Vol.60, No.10, 433-442 (2011)
8) 辻井博史：陽子線治療の進歩と展望，The Journal of JASTRO, Vol.6, No.2, 63-76 (1994)
9) 小林久隆：近赤外線を用いた標的分子特異的がん治療，Isotope News, No.697, 2-6 (2012)

第5章

1) Meyn, R. E. and Withers, H. R. (eds.) : Radiation Biology in Cancer Research, Raven Press (1980)
2) Nias, A. H. : An Introduction to Radiobiology 2nd ed., John Wiley & Sons (1998)
3) 古庄敏行編：臨床染色体診断法，金原出版（1996）

第7章

1) Hall, E. J.（浦野宗保訳）：放射線科医のための放射線生物学（第4版），篠原出版（2002）
2) Mettler F. A. Jr. & Upton, A. C. : Medical Effects of Ionizing Radiation, 3rd ed., Saunders (2008)
3) UNSCEAR (United Nations Scientific Committee on the Effects of Atomic Radiation) : Source and Effects of Ionizing Radiation, UNSCEAR 1986 Report to the General Assembly with Scientific Annexes, (Annex C : Biological effects of pre-natal irradiation) (1986)
4) UNSCEAR (United Nations Scientific Committee on the Effects of Atomic Radiation) : Source and Effects of Ionizing Radiation, UNSCEAR 1988 Report to the General Assembly with Scientific Annexes, (Annex D : Exposures from the Chernobyl accident ; Annex G : Early effects in man of high

doses of radiation) (1988)

5) UNSCEAR (United Nations Scientific Committee on the Effects of Atomic Radiation) : Source and Effects of Ionizing Radiation, UNSCEAR 2008 Report to the General Assembly with Scientific Annexes, (Annex C : Radiation exposure in accidents ; Annex D : Health effects due to radiation from the Chernobyl accident) (2008)

第8章

1) ICRP : The 2007 Recommendation of the International Commission on Radiological Protection, Publication 103, Annals of the ICRP, Vol. 37, Nos. 2-4 (2007)
   訳書　日本アイソトープ協会：国際放射線防護委員会の 2007 年勧告，丸善（2009）

2) ICRP : Low-Dose Extrapolation of Radiation Related Cancer Risk, Publication 99, Annals of the ICRP, Vol. 35, No. 4 (2005)
   訳書　日本アイソトープ協会：放射線関連がんリスクの低線量への外挿，丸善（2011）

3) UNSCEAR (United Nations Scientific Committee on the Effects of Atomic Radiation) : Sources and Effects of Ionizing Radiation, UNSCEAR 1993 Report to the General Assembly, with Scientific Annexes, United Nations (1993)
   訳書　放射線医学総合研究所監訳：放射線の線源と影響（原子放射線の影響に関する国連科学委員会の総会に対する 1993 年報告書，附属書付），実業公報社（1995）

4) UNSCEAR (United Nations Scientific Committee on the Effects of Atomic Radiation) : Sources and Effects of Ionizing Radiation, UNSCEAR 1994 Report to the General Assembly, with Scientific Annexes, United Nations (1994)
   訳書　放射線医学総合研究所監訳：放射線の線源と影響（原子放射線の影響に関する国連科学委員会の総会に対する 1994 年報告書，附属書付），実業公報社（1996）

5) UNSCEAR (United Nations Scientific Committee on the Effects of Atomic Radiation) : Source and Effects of Ionizing Radiation, UNSCEAR 2000 Report to the General Assembly with Scientific Annexes, (Annex G : Biological effects at low radiation doses ; Annex I : Epidemiological evaluation of radiation-induced cancer) (2000)

6) UNSCEAR (United Nations Scientific Committee on the Effects of Atomic Radiation) : Source and Effects of Ionizing Radiation, UNSCEAR 2001 Report to the General Assembly with Scientific Annexes, (Annex : Hereditary effects of radiation) (2001)

7) UNSCEAR (United Nations Scientific Committee on the Effects of Atomic Radiation) : Source and Effects of Ionizing Radiation, UNSCEAR 2006 Report to the General Assembly with Scientific Annexes, (Annex A : Epidemiological studies of radiation and cancer) (2006)

第9章

1) ICRP : The 1990 Recommendation of the International Commission on Radiological Protection, Publication 60, Annals of the ICRP, Vol.21, Nos.1-3 (1991)
   訳書　日本アイソトープ協会：国際放射線防護委員会の 1990 年勧告，丸善（1991）．

2) ICRP : The 2007 Recommendation of the International Commission on Radiological Protection, Publication 103, Annals of the ICRP, Vol.37, Nos.2-4 (2007)
   訳書　日本アイソトープ協会：国際放射線防護委員会の 2007 年勧告，丸善（2009）

3) 日本アイソトープ協会：アイソトープ法令集 I，放射線障害防止法関係法令，丸善（2018）

4) 日本アイソトープ協会：アイソトープ法令集 II，医療放射線関係法令，丸善（2015）

5) 日本アイソトープ協会：アイソトープ法令集 III，労働安全衛生・輸送・その他関係法令，丸善（2011）

REFERENCE BOOKS

第10章

1) UNSCEAR (United Nations Scientific Committee on the Effects of Atomic Radiation) : Source and Effects of Ionizing Radiation, UNSCEAR 2008 Report to the General Assembly with Scientific Annexes, (Annex A : Medical radiation exposures; Annex B : Exposure of the public and workers from various sources of radiation) (2008)

2) UNSCEAR (United Nations Scientific Committee on the Effects of Atomic Radiation) : Source and Effects of Ionizing Radiation, UNSCEAR 2000 Report to the General Assembly with Scientific Annexes, (Annex B : Exposures from natural radiation sources; Annex C : Exposures to the public from man-made sources of radiation; Annex D : Medical radiation exposures; Annex E : Occupational radiation exposures) (2000)

訳書　放射線医学総合研究所監訳：放射線の線源と影響，実業公報社（2002）

索　引

数　字

1センチメートル線量当量	217
1標的1ヒット理論	75
1分間の計測数	61
1分間の崩壊数	61
1本鎖切断	109
2次電子	32
2次電離	32
2本鎖切断	109
6-4光産物	110
6-TG	118
6-チオグアニン	118
70マイクロメートル線量当量	217
8-ヒドロキシグアニン	108

アルファベット

acute radiation sickness	161
acute radiation syndrome	161
ALALA	209
ambient dose equivalent	207
anorexia	162
apoptosis	11
AP部位	109
AT	124, 186
ataxia telangiectasia	124
atmospheric nuclear test	235
bone marrow syndrome	158
Bq	59
Bq/mmol	60
brachytherapy	246
BWR	237
Bリンパ球	138
C/kg	49
cancer	21
caspase	11
cell cycle	10
Cell cycle Time	91
Cell Loss Factor	92
cm^2/g	36
collective effective dose	206
collective equivalent dose	206
committed equivalent dose	206

committed effective dose	206
cosmogenic radionuclide	231
counts per minute	61
cpm	61
critical organ	171
CT	243
DDREF	183
deterministic effect	203
diagnostic radiology	240, 243
diarrhea	162
directional dose equivalent	207
disintegration per minute	61
DNA	12
DNAグリコシラーゼ	111
DNA鎖切断	108, 109
DNA修復	111
DNA修復欠損	115
DNA損傷	108
DNAポリメラーゼ	111
DNAリガーゼ	113
dose and dose-rate effect factor	183
dose commitment	206
doubling dose	190
Doubling Time	91
dpm	61
ED$_{50}$	162
effective dose	205
equivalent dose	204
eukaryote	8
eV	29
external exposure	168
extrapolation number	78
FISH	120
Frickeの線量計	39
g/cm^2	36
G$_1$/S boundary	96
G$_1$/S境界	96
G$_0$期	10
G$_1$期	10
G$_2$期	10
G$_2$期の遅延	96
gastrointestinal syndrome	158
gene	19

gene expression	15
germ cell	19
GF	92
Growth Fraction	92
growth retardation	167
Gy	50
G値	38
Heat Shock Protein	99
heredity	19
histone	12
HPRT	118
HSP	99
hyperfractionation法	93
hyperthermia	98
ICRP	202
ICRP1990年勧告	209
ICRP2007年勧告	181, 211
ICRP勧告	207
ICRU	202
ingestion	169
inhalation	169, 233
internal exposure	168
International Commission on Radiation Units and Measurement	202
International Commission on Radiological Protection	202
International X-ray and Radium Protection Commission	202
interventional procedures	240
IXRPC	202
J/kg	50, 59
J/m^2	49
keV/μm	52
LD$_{50/30}$	155
LD$_{50/60}$	155
LET	52
life span study	177
linear accelerator	246
linear energy transfer	52
log phase	96
logarithmic growth phase	96

INDEX

LQ モデル	122, 178
LSS	177
L モデル	178
man·Sv	206
MC	193
mean lethal dose	76
meiosis	19
mental retardation	168
metastasis	21
microcephaly	168
mitosis	10, 19
M 期	10, 96
naturally occurring radioactive material	235
nausea	162
neurological syndrome	157
NORM	235
nuclear fuel cycle	237
nuclear medicine	245
nucleat power production	237
oedema	157
OER	62
operational quantities	207
organ	7
orphan source	160
oxygen enhancement ratio	62
personal dose equivalent	207
PET	245
PET 診断	32
PHA	118
plateau phase	96
PLD 回復	94
PLD 固定	94
positron emission tomography	245
Potential Doubling Time	92
PRCF	193
prodromal symptom	162
prokaryote	8
PWR	237
quasi-threshold	78
radiation sickness	161

radiation therapy	246
radiation weighting factor	204
radionuclide	169
radiotherapy	246
RBE	53
redistribution	95, 97
relative biological effectiveness	53
rem	202
reoxygenation	94
repopulation	91
RNA	14
roentgen	202
Roentgen	3
SCE	119
SH 基	41
SLDR	80
SLD 回復	93
somatic cell	19
stationary phase	96
stochastic effect	204
sublethal damage	80
sublethal damage recovery	80
Sv	59, 202
synchronization	96
S 期	10
Tc	91
TD	148
teletherapy	246
tissue	7
tissue weighting factor	205
Tp	92
transcription	15
translation	15
tumor	21
Tvol	92
T リンパ球	138
underground nuclear test	235
United Nations Scientific Committee on the Effects of Atomic Radiation	228
UNSCEAR	228
vascular endothelial growth factor	99
VEGF	99

Volume Doubling Time	92
vomiting	162
well logging	241
XP	115
X 線	28, 30
X 染色体	13
X 染色体連鎖	19
X 線によるがん治療	34
X 線による診断	33
Y 染色体	13

記号

/m²	49

ギリシャ

α 線	28, 32
β 線	28, 32
γ 線	28, 30
δ 線	32
Φ	92

ア

悪性形質転換	183
悪性腫瘍	21
亜致死損傷	80
アデニン	14
アバスチン	99
アポトーシス	11, 55, 68, 124
アミノ酸	16
アルカリ脆弱部位	109
安定型異常	120
胃	146
胃がん	180

285

索 引

一次宇宙線	231
一次卵母細胞	144
胃腸管症候群	158
遺伝	19
遺伝子	15, 19
遺伝子型	20
遺伝子発現	15
遺伝的影響	187, 202
遺伝的障害	56
イニシエーション	22
医療被ばく	243
医療法施行規則	217
インターベンショナル法	240
イントロン	15
宇宙からの放射線	231
宇宙線生成核種	231
ウラン 238 系列	232
疫学	177
エキソン	15
壊死	132
エックス線作業主任者	220
エックス線装置	217
エネルギーフルエンス	49
エネルギーフルエンス率	49
エリアモニタリング	207
エレクトロンボルト	29
遠隔照射療法	246
塩基除去修復	111
塩基損傷	108
嘔吐	162
温度効果	40
温熱感受性	99
温熱耐性	99
温熱治療	97
温熱療法	98

カ

カーマ	50
外挿値	78
解糖系	99
介入	211
回復期	162

外部被ばく	168
化学的過程	5
核医学	245
核カスケード	231
核型	123
確定的影響	56, 147, 203
確定的影響についてのしきい線量	
	148
核燃料サイクル	237, 240
確率的影響	57, 176, 204
過酸化水素	43
可視突然変異	189
過剰絶対リスク	180
過剰相対リスク	180
カスパーゼ	11
加速再増殖	93
加速電子線	32
活性酸素	43
荷電粒子平衡	51
カリウム 40	232
がん	21
がん幹細胞	93
間期	68
間期死	55, 68, 125, 138
がん原遺伝子	23
間質性肺炎	145
環状染色体	120
乾性皮ふ炎	135
間接作用	39
間接法	190
間接放射線	50
感染	159
ガンマ線透過写真撮影作業主任者	
	220
がん抑制遺伝子	23
希ガス	237
器官	7
器官形成期	167
希釈効果	40
機能的サブユニット	140
機能的小単位	140
キャサレット	133
吸収線量	51
急性の肺炎	145
急性放射線症	161
吸入	169, 233

強直性脊椎炎	201
局所制御	93
銀河放射線	231
緊急時被ばく状況	211
近接照射療法	143
グアニン	14
空気カーマ	50
空気カーマ率	51
グリア細胞	141
クリスタリン	144
クリプト	136
グルタチオン	41
グレイ	50
クロマチン	12
計画被ばく状況	211
経口摂取	169, 233
計数効率	61
ケースコントロールスタディ	177
血管系障害	142
血管新生阻害治療	97
血管内皮増殖因子	98
結合組織の放射線感受性	133
血小板数	139
決定器官	171
ゲノム	15
ゲノム不安定性	126
下痢	162
原核生物	8
原子放射線の影響に関する国連科	
学委員会	228
原子力規制委員会	220
原子力基本法	220
原子力発電	237
減数第一分裂	19
減数分裂	19
検層	241
現存被ばく状況	211
現場ラジオグラフィー	241
高 LET 放射線	53, 95
高圧酸素処置	94
行為	211
後期障害	56, 164, 202
工業用照射	241
工業用ラジオグラフィー	241

286

INDEX

口腔粘膜	146	細胞内 SH 基	94	衝突阻止能	52
抗原刺激	138	参考レベル	213	除去修復	111
向骨性核種	171	酸素 15	245	職員の放射線障害の防止	220
交差	19	酸素効果	42	職業被ばく	239
光子	28	酸素増感比	62	食欲不振	162
甲状腺がん	180	酸素増感率	62	真核生物	8
好中球	139	散乱線	33	神経系症候群	157
光電吸収	33			人工放射線源	235
光電効果	33	シーベルト	58, 202	人事院規則 10−5	220
高バックグラウンド自然放射線地域		紫外線	33, 109	腎臓	142, 145
	234	歯科放射線	243	身体的影響	202
後方散乱	32	しきい値	56	身体的障害	55
国際 X 線・ラジウム防護委員会		色素性乾皮症	115	診断参考レベル	213
	202	事故	161	親電子性薬剤	94
国際 X 線単位委員会	201	自己と非自己	138	心膜炎	147
国際放射線単位測定委員会	202	自然起源の放射性物質	235	診療放射線技師法	220
国際放射線防護委員会	202	自然放射性核種	169		
固形がん	180	自然放射線源	231	水酸化ラジカル	38
個人線量当量	207	自然放射線源による職業被ばく		水晶体	144
個人モニタリング	207		239	スーパーオキシド	43
骨親和性核種	171	実効線量	59, 205	スプライシング	15
骨髄系幹細胞	137	実効半減期	169		
骨髄死	158	湿性皮ふ炎	135	精原細胞	132
骨髄症候群	158	実用量	207	精子	164
コホート	177	質量減弱係数	36	生殖細胞	19, 55, 116
コンピューター断層撮影	243	シトシン	14	精神遅滞	168
コンプトン吸収	33	姉妹染色分体	13	性染色体	13
コンプトン効果	33	姉妹染色分体交換	119	生存率	75
コンプトン電子	33	集団実効線量	206	生体内でのコロニー形成系	134
		集団等価線量	206	制動 X 線	30
		周辺線量当量	207	正当化	207
サ		重粒子線	32	生物学的過程	5
		寿命短縮	56	生物学的効果比	53
再酸素化	94	寿命調査コホート	177	赤血球	140
再生不良性貧血	56	腫瘍	21	接触阻害	96
再増殖	91, 93	腫瘍コード	91	絶対リスク	178
最大飛程	32	シュワン細胞	141	セルトリ細胞	133
最適化	207	準しきい値	78	線エネルギー付与	52
再分布	95, 97	生涯リスク	178	全か無か (all or none) の法則	166
細胞	6	消化管	170	前駆期	161
細胞死	55	消化管死	158	前駆症状	162
細胞周期	10	照射線量	49	線減弱係数	35
細胞周期時間の平均	91	照射線量率	51	潜在的回収能補正係数	193
細胞周期チェックポイント	124	小線源照射療法	246	潜在的倍加時間	92
細胞小器官	8	常染色体	13	線質効果	184
細胞喪失比	92	常染色体性	19	染色体異常	118, 165
細胞内 pH	100	小頭症	168	染色体型異常	118

287

索 引

染色分体型異常	118	多重標的1ヒットモデル	78	等価線量	58, 204
選択係数	193	タリウム201	245	同期化	96
先天的奇形	167	単一遺伝子疾患	21	動原体	13
セントロメア	12	炭素11	245	特定座位検定法	187
潜伏期	56, 161, 180	タンパク質	15	突然変異	55, 115
線量・線量率効果係数	148, 183			突然変異原	110
線量限度	209	チェルノブイリ事故	161	突然変異成分	193
線量拘束値	213	地下核実験	235	突然変異体	115
線量制限体系	209	致死突然変異	189	トランスフォーメーション	183
線量預託	206	窒素13	245	トリウム232系列	232
線量率効果	183	チミン	14	トリボンドー	132
		チミングリコール	109	トロトラスト	172, 176
増感剤	44	チミンダイマー	110	トロン	233
臓器	7	着床	166		
早期障害	56, 202	着床前期	166		
造血幹細胞	139	中間致死線量	154	**ナ**	
相互転座	120	中枢神経死	157		
増殖	9	中性子線	31	内皮	141
増殖細胞比	92	中性子と物質の相互作用	36	内部被ばく	168
増殖死	55, 68, 69, 125, 132	腸炎ショック	159	鉛210	233
増殖死の定量的解析	69	腸死	158		
相対リスク	178	腸上皮幹細胞	136	二項分布	69
相同組換え修復	113	直接作用	39	二次宇宙線	231
相同染色体	13	直接法	190	二次的障害	142
組織	7	直線−2次曲線モデル	94	二次卵母細胞	144
組織加重係数	59, 205	直線加速器	246	二動原体染色体	120
組織障害のしきい値	148			二倍体	19
組織や器官の障害	56	低LET放射線	53	ニモラゾール	94
阻止能	52	低酸素性細胞	44, 62, 94	乳がん	180
		定常期	96	ニュートリノ	30
		低線量率	148	乳房撮影	243
タ		適応応答	125	人間の活動によって高められた放	
		テクネチウム99m	245	射線源	234
大気圏内核実験	235	テロメア	12	妊娠期間	166
体細胞	19, 55, 116	転移	21		
胎児	165	電子対生成	34	ヌクレオソーム	12
胎児期	167	電磁波	28	ヌクレオチド	12
対数増殖期	95	電子平衡	49	ヌクレオチド除去修復	113
体積効果	141	転写	15		
体積倍加時間	92	点突然変異	115	脳死	157
太陽活動	231	電離	31	脳浮腫	159
耐容線量	148	電離則	220		
太陽放射線	231	電離箱	49		
多因子疾患	21	電離放射線障害防止規則	220	**ハ**	
ダウン症候群	123				
唾液腺	147	同位体	28	肺	145, 170
多重標的1ヒット理論	77	透過性	31	胚	165

倍加時間	91	フルエンス	49	保健物理学	200
倍加線量	190	フルエンス率	49	ポロニウム210	233
肺がん	180	プログラム死	11	翻訳	15
配偶子	19	プロモーション	22		
バイスタンダー効果	126	プロモーター	23		
肺線維症	145	分化	9	**マ**	
ハイパーサーミア	98	分裂期	68		
胚盤胞	166	分裂死	125	末梢血	140
肺胞	145	分裂遅延	124	末梢血リンパ球	118
吐き気	162			まれ	75
白内障	56, 144	平均致死線量	76	マンモグラフィー	243
発育遅延	167	平板効率	69		
発がん	56, 176	ベクレル	59	ミエロパチー	141
白血病	180	ベルゴニー	132	ミスマッチ修復	114
白血病治療	137	ヘルスケアレベル	243	ミトコンドリア	8, 11
発症期	162			身元不明線源	160
発生	166	ポアソン分布	69, 71	ミュータジェン	110
発熱	162	崩壊定数	60, 61	ミュータント	115
バンアレン帯の放射線	231	方向性線量当量	207		
半減期	59, 60	放射性核種	28, 59, 61, 169	毛細血管拡張性失調症	124, 186
半数致死線量	154	放射性同位元素	215		
伴性	19	放射性同位体	28		
半致死線量	154	放射線	31	**ヤ**	
		放射線疫学	176		
ヒートショックタンパク	99	放射線化学収率	38	有効半減期	169
非荷電粒子	50	放射線加重係数	58, 204	有糸分裂	19
光回復	111	放射線管理学	200	優性	19
脾コロニー	137	放射線事故	160		
ヒストン	12	放射線宿酔	161	陽子	231
飛跡間事象	94	放射線障害防止法	214	陽子線	32, 36
非相同末端結合修復	113	放射線診断	240, 243	ヨウ素131	245
飛程	52	放射線耐性	62, 63	陽電子	28
人・シーベルト	206	放射線治療	246	陽電子消滅	32
皮ふ	134, 170	放射線の医学利用	240	陽電子放射断層撮影	245
比放射能	60, 61	放射線の工業利用	241	預託実効線量	206
表現型	20	放射線の強さ	49	預託等価線量	206
表皮幹細胞	134	放射線の透過性	31		
ピリミジン二量体	110	放射線発がん	176		
疲労	162	放射線発生装置	215	**ラ**	
		放射線被ばく状況に基づくアプ			
不安定型異常	120	ローチ	211	ライディッヒ間質細胞	133
フィトヘマグルチニン	118	放射線防護	200	ライナック	246
浮腫	157	放射線防護効果	41	ラジカルスカベンジャー	41
不対電子	38	放射線防護体系	209	ラジカルの生成	38
フッ素18	245	放射線ホルミシス	125	ラドン220	233
物理的過程	5	放射阻止能	52	ラドン222	233
プラトー期	96	放射能	59	卵巣	144

索 引

卵胞細胞	145	リンパ球	55, 68, 164	劣性	19
				劣性可視突然変異	188
リスク	177	類しきい値	78	レム	202
リニアック	34			レントゲン	3, 202
粒子線	28	励起	31	レントゲン〔R〕	49

〈編著者略歴〉

江 島 洋 介（えじま ようすけ）
1975 年　東京大学理学部生物学科卒業
1981 年　理学博士（東京大学）
現　在　県立広島大学名誉教授

木 村　博（きむら ひろし）
1970 年　東京大学理学部生物学科卒業
1975 年　理学博士（東京大学）
現　在　滋賀医科大学名誉教授

● 本書の内容に関する質問は、オーム社ホームページの「サポート」から、「お問合せ」
の「書籍に関するお問合せ」をご参照いただくか、または書状にてオーム社編集局宛
にお願いします。お受けできる質問は本書で紹介した内容に限らせていただきます。
なお、電話での質問にはお答えできませんので、あらかじめご了承ください。
● 万一、落丁・乱丁の場合は、送料当社負担でお取替えいたします。当社販売課宛にお
送りください。
● 本書の一部の複写複製を希望される場合は、本書扉裏を参照してください。

放射線技術学シリーズ

放 射 線 生 物 学 （改訂 3 版）

2002 年 2 月 25 日　　第 1 版第 1 刷発行
2011 年 11 月 25 日　　改訂 2 版第 1 刷発行
2019 年 9 月 20 日　　改訂 3 版第 1 刷発行
2025 年 1 月 20 日　　改訂 3 版第 7 刷発行

監 修 者　日本放射線技術学会
編 著 者　江 島 洋 介
　　　　　木 村　博
発 行 者　村 上 和 夫
発 行 所　株式会社 オ ー ム 社
　　　　　郵便番号　101-8460
　　　　　東京都千代田区神田錦町 3-1
　　　　　電 話 03（3233）0641（代表）
　　　　　URL https://www.ohmsha.co.jp/
© 日本放射線技術学会 2019

印刷・製本　小宮山印刷工業
ISBN978-4-274-22398-3　Printed in Japan

日本放射線技術学会が責任をもって監修する教科書
放射線技術学シリーズ

放射化学（改訂3版）
B5判・204頁・定価（本体4,800円【税別】）
東 静香・久保直樹 共編

主要目次
- 第1章 放射能と同位体
- 第2章 壊変現象
- 第3章 天然放射性核種と人工放射性核種
- 第4章 放射性同位体の化学 他

MR撮像技術学（改訂3版）
B5判・440頁・定価（本体5,300円【税別】）
笠井俊文・土井 司 共編

主要目次
- 第1章 MR撮像技術の原理
- 第2章 MR装置の構成
- 第3章 MRの物理と数学の基礎知識
- 第4章 MRI造影剤 他

放射線生物学（改訂3版）
B5判・308頁・定価（本体5,200円【税別】）
江島洋介・木村 博 共編著

主要目次
- 第1章 放射線生物学の基礎
- 第2章 放射線生物作用の初期過程
- 第3章 放射線生物学で用いる単位と用語
- 第4章 放射線による細胞死とがん治療 他

核医学検査技術学（改訂3版）
B5判・482頁・定価（本体6,300円【税別】）
大西英雄・市原 隆・山本智朗 共編

主要目次
- 第1章 核医学検査の基礎知識
- 第2章 放射性医薬品
- 第3章 核医学機器
- 第4章 核医学技術 他

X線撮影技術学（改訂2版）
A4変判・336頁・定価（本体5,500円【税別】）
小田敍弘・土井 司・安藤英次 共編

主要目次
- 第1章 DR画像の基礎と最適化へのアプローチ
- 第2章 撮影基準面（線）と体位
- 第3章 頭部・頸部
- 第4章 胸部・胸郭・腹部 他

放射線計測学（改訂2版）
B5判・234頁・定価（本体4,800円【税別】）
西谷源展・山田勝彦・前越 久 共編

主要目次
- 第1章 物理学的・化学的関連諸量の単位と定義
- 第2章 放射線計測機器
- 第3章 放射線計測の基礎
- 第4章 応用計測 他

CT撮影技術学（改訂3版）
B5判・280頁・定価（本体4,800円【税別】）
山口 功・市川勝弘・辻岡勝美・宮下宗治・原田耕平 共編

主要目次
- 基礎編 第1章 CT装置の原理と構造
- 　　　 第2章 画像再構成と画像表示 他
- 臨床編 第8章 造影検査
- 　　　 第9章 CTの安全管理 他

放射線安全管理学（改訂2版）
B5判・256頁・定価（本体5,000円【税別】）
西谷源展・鈴木昇一 共編

主要目次
- 第1章 放射線安全管理の基本理念
- 第2章 国際放射線防護委員会の勧告
- 第3章 放射線源
- 第4章 放射線の防護 他

放射線治療技術学（改訂2版）
B5判・408頁・定価（本体5,600円【税別】）
熊谷孝三 編著

主要目次
- 第1章 放射線治療概論
- 第2章 放射線治療の歴史
- 第3章 放射線治療の物理
- 第4章 放射線治療の生物学 他

医療安全管理学
B5判・296頁・定価（本体4,500円【税別】）
佐藤幸光・東村享治 共編

主要目次
- 第1章 概論 医療安全の基礎知識
- 第2章 放射線診療における安全管理
- 第3章 放射線検査別の安全に関する留意点
- 第4章 放射線機器の安全管理

放射線システム情報学
B5判・270頁・定価（本体4,800円【税別】）
奥田保男・小笠原克彦・小寺吉衞 共編

主要目次
- 第1章 放射線技術領域における医療情報とは
- 第2章 ネットワークの復習
- 第3章 病院情報システム
- 第4章 PACS 他

放射線物理学
B5判・216頁・定価（本体4,800円【税別】）
遠藤真広・西臺武弘 共編

主要目次
- 第1章 放射線の種類と基本的性質
- 第2章 原子の構造
- 第3章 原子核の構造
- 第4章 原子核の壊変 他

もっと詳しい情報をお届けできます．
◎書店に商品がない場合または直接ご注文の場合も右記欄にご連絡ください．

ホームページ　https://www.ohmsha.co.jp/
TEL/FAX　TEL.03-3233-0643　FAX.03-3233-3440

（定価は変更される場合があります）